"十二五"普通高等教育本科国家级规划教材
普通高等教育"十一五"国家级规划教材
普通高等教育农业农村部"十三五"规划教材
全国高等农业院校优秀教材

饲料分析与检测

第三版

贺建华　主编

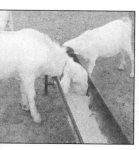

U0209274

中国农业出版社
北京

内 容 简 介

现代养殖正向智慧养殖和精准养殖发展，为适应培养快速、精准的饲料分析和检测技术人才的需求，根据行业发展趋势，参考国内外的教材、现行的国家或行业标准检测方法，在"十二五"普通高等教育本科国家级规划教材《饲料分析与检测》（第二版）的基础上，扩充了编写人员，对部分分析方法进行了修改和更新，编写了《饲料分析与检测》（第三版）。

全书共分为 11 章，包括：绪论，饲料样本的采集与制备，饲料常规养分分析，纤维物质、饲料能值、氨基酸、维生素、微量元素、有毒有害物质和特殊指标的检测以及饲料加工质量监测项目的分析。与《饲料分析与检测》（第二版）相比，调整了部分章节的内容，增加了特殊指标的分析一章，根据教材使用情况建议又把附录加上去了。本版教材章节的安排更合理，层次清楚，目录中章节列到三级，以便于查找。分析方法更多地采用了国标方法。

本教材可供动物科学专业等本科教学使用，也可供相关行业人员参考使用。

第三版编审人员

主　编　贺建华（湖南农业大学）

副主编　赵国琦（扬州大学）

　　　　王志祥（河南农业大学）

　　　　田科雄（湖南农业大学）

　　　　林　海（山东农业大学）

参　编　丁斌鹰（武汉轻工大学）

　　　　马清泉（东北农业大学）

　　　　田　河（沈阳农业大学）

　　　　左建军（华南农业大学）

　　　　孙龙生（扬州大学）

　　　　侯永清（武汉轻工大学）

　　　　郭荣富（云南农业大学）

　　　　范志勇（湖南农业大学）

　　　　曾秋凤（四川农业大学）

　　　　赵玉蓉（湖南农业大学）

　　　　焦洪超（山东农业大学）

审　稿　陈代文（四川农业大学）

　　　　刘建新（浙江大学）

第一版编审人员

主　编　贺建华（湖南农业大学）

副主编　王　安（东北农业大学）

　　　　　王小霞（北京农学院）

　　　　　赵国琦（扬州大学）

参　编　王志祥（河南农业大学）

　　　　　车向荣（山西农业大学）

　　　　　田　河（沈阳农业大学）

　　　　　田科雄（湖南农业大学）

　　　　　孙龙生（扬州大学）

　　　　　侯永清（武汉工业学院）

　　　　　黄美华（湖南农业大学）

审　稿　王康宁（四川农业大学）

　　　　　刘建新（浙江大学）

第二版编审人员

主　编　贺建华（湖南农业大学）

副主编　王　安（东北农业大学）

田科雄（湖南农业大学）

赵国琦（扬州大学）

参　编　王志祥（河南农业大学）

车向荣（山西农业大学）

田　河（沈阳农业大学）

林　海（山东农业大学）

孙龙生（扬州大学）

侯永清（武汉工业学院）

郭荣富（云南农业大学）

范志勇（湖南农业大学）

审　稿　王康宁（四川农业大学）

刘建新（浙江大学）

第三版前言

精准农业、智慧农业和生态农业是现代农业发展的主方向，培养能快速检测和精准检测的专业人才尤为重要。这次新冠肺炎疫情的爆发与流行使我们更清醒地认识了精准和快速检测的重要意义。优质安全和高效的动物性食品生产必须以优质安全的饲料为基础。饲料分析与检验是定性和定量评判饲料的主要手段。随着消费者对食品安全特别是对动物源性食品的安全意识的增强，饲料分析与检测的内涵也在扩展。评价一种饲料产品的营养价值和特性主要从以下几方面进行：①饲料原料的营养性和安全性；②配方的先进性和科学性；③日粮生产过程的质量控制。我国饲料工业整体上已经接近发达国家的水平，具备生产优质安全动物饲料的技术和设备条件，但是生产环节的控制相对滞后。因此，为保证产品质量，必须严控质量保障体系和加强饲料检测和监测的力度，强化企业的质量管理认证体系。

饲料分析与检测是饲料生产质量控制的重要环节之一，也是饲料产品质量保证的技术措施。饲料分析与检测的主要任务是研究饲料原料和产品的物理特性和化学组成，如物理性状，营养成分含量、抗营养成分、有毒有害物质、病原微生物和生物安全性等；研究饲料原料生产、产品生产和产品贮藏过程中质量的动态变化过程。

"饲料分析与检测"课程是动物科学专业的重要专业课，动物医学专业的选修课，是重要的专业技能培训课程。《饲料分析与检测》主要为动物科学专业等的本科教学而编写，也可供养殖和饲料企业的技术人员参考使用。

《饲料分析与检测》是经教育部批准的"面向 21 世纪课程教材"，第一版出版以后，得到了全国同行的普遍好评，2008 年获得"全国高等农业院校优秀教材奖"。第二版于 2008 年批准为普通高等教育"十一五"国家级规划教材，2014年被评为"十二五"普通高等教育本科国家级规划教材，2017 年被列入普通高等教育农业农村部"十三五"规划教材。

本次修订,我们邀请全国 10 多所高校承担此门课程教学的教师,认真讨论了各院校在教材使用中发现的问题,借鉴了各校关于课程改革和实践性课程教学的经验,参阅了国内外同类教材的结构和内容,精准把握精、新、实用的原则,对各章节内容进行了调整和充实,由原来的九章变成了十一章,主要是将原来的第九章拆分成了三章,分别是饲料加工质量监测项目的分析与检测、饲料中有毒有害物质的分析与测定以及一些特殊指标的分析与测定。

教材编写组由湖南农业大学、四川农业大学、东北农业大学、华南农业大学、扬州大学、山东农业大学、沈阳农业大学、河南农业大学、云南农业大学和武汉轻工大学等 10 所大学的富有教学经验和高级职称的教师组成。全书共十一章(另有附录),分工如下:第一章,贺建华;第二章,范志勇,赵玉蓉;第三章,田河,丁斌鹰;第四章,田科雄;第五章,孙龙生;第六章,赵国琦;第七章,王志祥,郭荣富;第八章,侯永清,丁斌鹰;第九章,左建军,范志勇;第十章,林海,焦洪超;第十一章,曾秋凤;附录,马清泉。

本教材承蒙四川农业大学陈代文教授和浙江大学刘建新教授认真审阅,并提出了许多宝贵意见,对此深表谢意。教材编写得到湖南农业大学动物科技学院陈清华教授,研究生杨玲、胡睿智、何荣香、孟田田等的帮助,在此一并表示衷心的感谢。

由于编者水平有限,不当之处在所难免,恳请读者批评指正。

编　者

2020 年 6 月

第一版前言

《饲料分析与检测》是全国高等农业院校"十五"规划教材。该课程为动物科学类专业的重要专业课、动物医学专业的选修课，是重要的专业技能培训课程。

当今动物生产的主题是动物源性食品的优质安全生产和可持续性发展。优质安全的动物源性食品生产必须以优质安全的饲料为基础。饲料分析与检测是评判饲料质量的主要手段。随着消费者对食品安全特别是对动物源性食品的安全意识的增强，饲料分析和检测的内涵也在扩展。评价一种饲料产品的营养价值和特性主要从以下三方面着手：①饲料原料的营养性和安全性；②配方的先进性和科学性；③日粮生产过程的质量控制。我国饲料工业整体上已经接近发达国家的水平，具备生产优质安全动物饲料的技术和设备条件，但是生产环节的控制相对滞后。因此，为保证产品质量，必须严控质量保障体系，加强饲料检测和监测的力度，强化企业的质量管理认证体系。

饲料分析与检测是饲料生产质量控制的重要环节之一，也是饲料产品质量保证的技术措施。饲料分析与检测的主要任务是研究饲料原料和产品的物理特性和化学组成，如物理性状、营养成分含量、抗营养成分、有毒有害物质、病原微生物和生物安全性等；研究饲料原料生产、产品生产和产品贮藏过程中质量的动态变化过程。

本教材编写人员由湖南农业大学、东北农业大学、北京农学院、扬州大学、沈阳农业大学、河南农业大学、山西农业大学和武汉工业学院等8所大学的富有教学经验和高级职称的教师组成。全书共分九章（另有附录），分工如下：第一章，王安、贺建华；第二章，黄美华；第三章，田河（第一、二、三、四、五节）、车向荣（第六、七、八、九、十节）；第四章，孙龙生；第五章，田科雄；第六章，赵国琦；第七章，王志祥；第八章，侯永清、车向荣；第九章，王小霞

（第一、二、三、四节）、黄美华（第五、六节）；附录，贺建华、王安。

本教材承蒙浙江大学刘建新教授和四川农业大学王康宁教授的认真审阅，并提出了许多宝贵意见，在此深表谢意。在教材编写过程中，还得到了东北农业大学韩友文教授的细心指导和帮助，得到湖南农业大学动物科技学院陈清华老师和研究生易昌华、聂新志、黄春红等的帮助，在此一并表示衷心的感谢。

由于编者水平有限，不当之处在所难免，恳请读者批评指正。

编　者

2004 年 12 月

第二版前言

"饲料分析与检测"课程为动物营养与饲料加工专业的专业课，动物科学专业的重要专业基础课，动物医学专业的选修课，是重要的专业技能培训课程。《饲料分析与检测》主要为动物营养与饲料加工专业、动物科学专业等本科教学而编写，也可供养殖和饲料企业的技术人员参考使用。

《饲料分析与检测》第一版作为"面向21世纪课程教材"出版以后，得到了全国同行的普遍好评，2008年获得"全国高等农业院校优秀教材奖"。本教材第二版被教育部批准为"普通高等教育'十一五'国家级规划教材"。

当今动物生产的主题是动物性食品的优质安全、高效生产和可持续发展。优质安全和高效的动物性食品生产必须以优质安全的饲料为基础。饲料分析与检验是评判饲料质量的主要手段。随着消费者对食品安全特别是对动物源性食品安全意识的增强，饲料分析和检测的内涵也在扩展。评价一种饲料产品的营养价值和特性主要从以下几方面进行：①饲料原料的营养性和安全性；②配方的先进性和科学性；③日粮生产过程的质量控制。我国饲料工业整体上已经接近发达国家的水平，具备生产优质安全动物饲料的技术和设备条件，但是生产环节的控制相对滞后。因此，为保证产品质量，必须严控质量保障体系，加强饲料检测和监测的力度，强化企业质量管理认证体系。

饲料分析与检测是饲料生产质量控制的重要环节之一，也是饲料产品质量保证的技术措施。饲料分析与检测的主要任务是研究饲料原料和产品的物理特性和化学组成，如物理性状，营养成分含量、抗营养成分、有毒有害物质、病原微生物和生物安全性等；研究饲料原料生产、产品生产和产品贮藏过程中质量动态变化过程。

饲料营养价值的评定方法与体系的改进依赖于饲料分析与检测技术的进步。从1809年德国科学家提出的用干草等价评定饲料营养价值，到猪禽等非反刍动物理想氨基酸模式、饲料营养物质生物学效价的评定，期间大致经过三个阶段：第一阶段，从德国莫格林农业研究所的 Thaer 在 1809 年提出"干草当量"体系开始，到 1860 年德国 Weende 试验站的 Henneberg 与 Stohmann 二人创建了分析测定水分、粗灰分、粗蛋白质、粗脂肪、粗纤维与无氮浸出物的概略养分分析方法。第二阶段是以可消化营养物质作为评定指标为主要特征。在概略养分测定的基础上，通过消化试验测得饲料的可消化营养物质量，即根据可消化粗蛋白质（DCP）、可消化粗脂肪（DEE）、可消化碳水化合物的总和来评定饲料营养价值的综合指数。1874 年由 Woeff 首次提出了"TDN"（总消化养分）的概念，并经 Henry 修订推广，以"TDN"作为表示饲料综合营养价值的参数，这一阶段已经有了有效能的概念。第三阶段以研究饲料能量及营养物质在动物体内的代谢、转化为特征。即以各种形式的能量和营养物质的生物学利用率来表示饲料的营养价值。如消化能、代谢能和净能体系，可消化氨基酸，真可消化氨基酸等。随着科学技术的进步，分子生物学的技术与方法在其他学科的应用已越来越广泛，利用分子生物技术来评价饲料的营养特性以及饲料原料的安全性工作也在逐渐开展。

本教材编写组由湖南农业大学、东北农业大学、扬州大学、沈阳农业大学、河南农业大学、山西农业大学、云南农业大学、山东农业大学和武汉工业学院 9 所大学具有教学经验和高级职称的教师组成，具体编写分工如下：第一章，贺建华、王安；第二章，范志勇；第三章，田河（第一、二、三、四、五节）、车向荣（第六、七、八、九、十、十一节）；第四章，孙龙生；第五章，田科雄；第六章，赵国琦；第七章，王志祥、郭荣富；第八章，侯永清、林海；第九章，范志勇、贺建华。

本教材承蒙浙江大学刘建新教授和四川农业大学王康宁教授的认真审阅，并提出了许多宝贵意见，对此深表谢意。在教材编写过程中，还得到湖南农业大学动物科技学院赵玉蓉副教授和陈清华博士以及研究生邓惠中、张文俊、任芬芬、邓婷婷等的帮助，在此一并表示衷心的感谢。

由于编者水平有限，错误和不当之处在所难免，恳请读者批评指正。

编　者

2010 年 12 月

目 录

第三版前言

第一版前言

第二版前言

第一章 绪论 ……………………………………………………………… 1

第一节 概述 …………………………………………………………… 1

第二节 饲料养分的变异 ……………………………………………… 3

一、自然变异 ……………………………………………………… 3

二、生产与加工 …………………………………………………… 3

三、掺假 …………………………………………………………… 4

四、损坏与变质 …………………………………………………… 4

第三节 饲料质量检测方法 …………………………………………… 4

一、物理方法 ……………………………………………………… 4

二、化学方法 ……………………………………………………… 6

第四节 分析结果的数据处理 ………………………………………… 7

一、有效数字及其运算规则 ……………………………………… 7

二、饲料分析结果数据处理的基本方法 ………………………… 9

三、饲料养分的表示与换算 ……………………………………… 10

本章小结 ………………………………………………………………… 12

思考题 …………………………………………………………………… 12

第二章 饲料样本的采集与制备 ……………………………………… 13

第一节 样本的采集与制备方法 ……………………………………… 13

一、样本采集的目的与要求 ……………………………………… 13

二、样本采集的原则与方法 ……………………………………… 14

三、不同形态饲料样本的采集与制备方法 ……………………… 15

第二节 风干样本与半干样本的制备 ………………………………… 19

一、风干样本的制备 ……………………………………………… 19

二、半干样本的制备 ……………………………………………… 19

第三节 样本的登记与保管 …………………………………………… 20

本章小结 ………………………………………………………………… 20

思考题 ·· 21

第三章 饲料常规养分分析 ·· 22

第一节 概述 ·· 22

第二节 饲料水分的测定 ·· 23

一、水分的表示方法 ·· 23

二、烘箱干燥法 ·· 24

附 3-1 水分的其他测定方法 ·· 26

第三节 饲料含氮化合物的测定 ·· 30

一、凯氏定氮法 ·· 31

二、自动定氮仪测定法 ·· 34

三、紫外分光光度法 ·· 35

附 3-2 饲料中纯蛋白质的测定 ······································ 36

附 3-3 动物性饲料中挥发性盐基氮的测定 ·························· 36

第四节 饲料脂类的测定 ·· 38

一、索氏提取法 ·· 38

二、鲁氏残留法 ·· 39

三、酸性溶剂与乙醚联合提取法 ······································ 40

四、氯仿-甲醇提取法 ··· 41

附 3-4 Tecator 公司脂肪测定仪操作步骤 ··························· 42

附 3-5 脂肪酸的测定 ··· 43

第五节 饲料粗灰分的测定 ·· 46

第六节 饲料无氮浸出物（NFE）计算——差值计算 ···················· 47

附 3-6 饲料中可利用糖（碳水化合物）的测定 ······················ 48

第七节 常量元素的分析与检测 ·· 51

一、饲料中钙含量的测定 ·· 52

二、饲料中磷含量的测定 ·· 55

三、饲料中水溶性氯化物含量的测定 ·································· 58

本章小结 ·· 61

思考题 ·· 62

第四章 纤维物质的分析与测定 ···································· 63

第一节 粗纤维的分析与测定 ·· 63

附 4-1 滤袋技术在纤维测定中的应用（手工法） ···················· 64

第二节 饲料纤维的分析与测定（Van Soest 分析法） ·················· 66

第三节 非淀粉多糖的分析与测定 ·· 70

本章小结 ·· 73

思考题 ·· 73

第五章　总能的测定 ··· 74

　第一节　概述 ··· 74

　第二节　总能测定的原理与方法 ·· 74

　　附5-1　氧弹式自动热量计操作规程 ································· 83

　本章小结 ·· 84

　思考题 ·· 84

第六章　氨基酸的分析与测定 ·· 85

　第一节　概述 ··· 85

　第二节　饲料添加剂的氨基酸质量标准与检测 ······················ 86

　　一、饲料级 DL-蛋氨酸及其类似物的质量标准与检测方法 ········· 86

　　二、饲料级 L-赖氨酸盐酸盐的质量标准与检测方法 ·············· 89

　第三节　饲料中氨基酸质量检测 ·· 90

　　一、高效液相色谱法的分析与测定 ····································· 90

　　附6-1　LKB 高效液相色谱系统（HPLC）分析 ···················· 95

　　二、氨基酸的自动分析 ·· 95

　　附6-2　生物样本中游离氨基酸的分析与测定（磺基水杨酸沉淀法） ········· 104

　　附6-3　谷物和饲料中蛋白质、赖氨酸（DBL）的百分含量测定

　　　　　［染料结合法（DBC）］ ··· 104

　　附6-4　菜籽饼粕中有效赖氨酸含量的测定（酸性橙-12 染料结合法） ······· 106

　　附6-5　HPLC 测定菜籽饼粕中的有效赖氨酸（二硝基氟苯法） ········· 107

　　附6-6　鸡饲料中氨基酸消化率的测定 ······························· 110

　本章小结 ·· 112

　思考题 ·· 112

第七章　维生素的分析与测定 ·· 113

　第一节　概述 ··· 113

　第二节　维生素 A 的分析与测定 ·· 114

　　一、饲料添加剂维生素 A 乙酸酯含量的测定 ······················· 114

　　二、饲料添加剂维生素 A 棕榈酸酯含量的测定 ···················· 115

　　三、饲料中维生素 A 含量的测定 ····································· 116

　第三节　维生素 D 的分析与测定 ·· 119

　　一、饲料添加剂维生素 D_3 含量的测定 ····························· 119

　　二、饲料中维生素 D_3 含量的测定 ·································· 122

　第四节　维生素 E 的分析与测定 ·· 125

　　一、饲料添加剂 DL-α-生育酚乙酸酯含量的测定 ··················· 125

　　二、饲料中维生素 E 含量的测定 ····································· 127

　第五节　维生素 K_3 的分析与测定 ··································· 130

一、饲料添加剂维生素 K$_3$ 含量的测定 ·················· 130

二、饲料中维生素 K$_3$ 含量的测定 ·················· 131

第六节　维生素 B$_1$ 的分析与测定 ·················· 133

一、饲料添加剂维生素 B$_1$ 含量的测定 ·················· 133

二、饲料中维生素 B$_1$ 含量的测定 ·················· 134

第七节　维生素 B$_2$ 的分析与测定 ·················· 138

一、饲料添加剂维生素 B$_2$ 含量的测定 ·················· 138

二、饲料中维生素 B$_2$ 含量的测定 ·················· 139

第八节　维生素 B$_6$ 的分析与测定 ·················· 143

一、饲料添加剂维生素 B$_6$ 含量的测定 ·················· 143

二、饲料中维生素 B$_6$ 含量的测定 ·················· 144

第九节　烟酸、烟酰胺和叶酸的分析与测定 ·················· 146

一、饲料添加剂烟酸含量的测定 ·················· 147

二、饲料添加剂烟酰胺含量的测定 ·················· 147

三、饲料添加剂叶酸含量的测定 ·················· 148

四、添加剂预混合饲料中烟酸、叶酸含量的测定 ·················· 149

五、饲料中烟酰胺含量的测定 ·················· 152

六、饲料中叶酸含量的测定 ·················· 153

第十节　维生素 B$_{12}$ 的分析与测定 ·················· 155

一、饲料添加剂维生素 B$_{12}$ 含量的测定 ·················· 155

二、添加剂预混合饲料中维生素 B$_{12}$ 含量的测定 ·················· 156

第十一节　泛酸的分析与测定 ·················· 158

一、饲料添加剂 D-泛酸钙含量的测定 ·················· 159

二、预混合饲料中泛酸含量的测定 ·················· 160

第十二节　生物素的分析与测定 ·················· 161

一、饲料添加剂 D-生物素含量的测定 ·················· 162

二、预混合饲料中 D-生物素含量的测定 ·················· 163

第十三节　维生素 C 的分析与测定 ·················· 164

一、饲料添加剂维生素 C 含量的测定 ·················· 164

二、饲料中总抗坏血酸含量的测定 ·················· 165

第十四节　氯化胆碱的分析与测定 ·················· 166

一、饲料添加剂氯化胆碱含量的测定 ·················· 167

二、预混合饲料中氯化胆碱含量的测定 ·················· 168

本章小结 ·················· 169

思考题 ·················· 169

第八章　微量元素的分析与测定 ·················· 170

第一节　微量元素的定性检测 ·················· 170

一、饲料级微量元素添加剂的定性检测 ·················· 170

　　二、饲料中微量元素的定性检测 ･･ 171
　第二节　微量元素的定量检测——滴定分析法 ･･････････････････････････････ 173
　　一、硫酸铜含量的测定（碘量法）･･ 173
　　二、硫酸锌含量的测定 ･･ 174
　　三、硫酸亚铁含量的测定 ･･ 175
　　四、硫酸锰含量的测定 ･･ 175
　　五、亚硒酸钠含量的测定 ･･ 177
　　六、氯化钴含量的测定 ･･ 178
　　七、碘化钾含量的测定 ･･ 178
　第三节　原子吸收光谱法 ･･ 179
　　附 8-1　几种特殊样品的预处理方法 ･･････････････････････････････････････ 185
　第四节　原子荧光光谱法 ･･ 188
　第五节　等离子发射光谱法 ･･ 190
　本章小结 ･･ 192
　思考题 ･･ 192

第九章　饲料加工质量监测项目的分析与检测 ･･････････････････････････ 193
　第一节　饲料的显微镜检测 ･･ 193
　第二节　饲料中杂质与不完善粒的分析与检测 ･･････････････････････････ 201
　　一、饲料中杂质的分析与检测 ･･ 201
　　二、饲料中不完善粒的分析与检测 ･････････････････････････････････････ 203
　第三节　饲料容重与密度的测定 ･･･ 205
　　一、饲料原料容重的测定 ･･ 205
　　二、颗粒饲料密度的测定 ･･ 206
　第四节　饲料粉碎粒度的测定 ･･ 207
　第五节　配合饲料混合均匀度的测定 ･･････････････････････････････････････ 208
　　一、配合饲料混合均匀度的测定 ･･ 208
　　二、微量元素预混合饲料混合均匀度的测定 ････････････････････････････ 210
　第六节　颗粒饲料硬度的测定 ･･ 211
　第七节　颗粒饲料淀粉糊化度的测定 ･･････････････････････････････････ 212
　　附 9-1　饲料淀粉糊化度测定简易方法 ･･････････････････････････････････ 214
　第八节　颗粒饲料粉化率与含粉率的测定 ･････････････････････････････････ 215
　第九节　水产配合饲料在水中稳定性的测定 ･･････････････････････････････ 216
　本章小结 ･･･ 217
　思考题 ･･ 217

第十章　饲料中有毒有害物质的分析与测定 ････････････････････････････ 218
　第一节　饲料中有毒有害化合物的分析与测定 ･････････････････････････････ 218
　　一、饲料中黄曲霉毒素 B_1 的分析与测定 ･･････････････････････････････ 218

二、配合饲料中游离棉酚的分析与测定 ⋯⋯⋯⋯⋯⋯⋯⋯⋯⋯⋯⋯⋯⋯ 220

三、油菜籽与菜籽饼粕中异硫氰酸酯（TIC）的分析与测定 ⋯⋯⋯⋯⋯⋯ 221

四、油菜籽与菜籽饼粕中噁唑烷硫酮（OZT）的分析与测定 ⋯⋯⋯⋯⋯⋯ 222

附 10-1 噁唑烷硫酮的紫外吸收定量测定 ⋯⋯⋯⋯⋯⋯⋯⋯⋯⋯⋯⋯⋯ 223

五、菜籽饼粕中腈的分析与测定 ⋯⋯⋯⋯⋯⋯⋯⋯⋯⋯⋯⋯⋯⋯⋯⋯⋯ 224

六、饲料中氰化物的分析与测定 ⋯⋯⋯⋯⋯⋯⋯⋯⋯⋯⋯⋯⋯⋯⋯⋯⋯ 225

七、饲料中三聚氰胺的分析与测定 ⋯⋯⋯⋯⋯⋯⋯⋯⋯⋯⋯⋯⋯⋯⋯⋯ 227

八、饲料中盐酸克伦特罗与莱克多巴胺的分析与测定 ⋯⋯⋯⋯⋯⋯⋯⋯ 230

九、饲料中亚硝酸盐的分析与测定 ⋯⋯⋯⋯⋯⋯⋯⋯⋯⋯⋯⋯⋯⋯⋯⋯ 234

附 10-2 白菜中亚硝酸盐的测定（Peter Griess 法） ⋯⋯⋯⋯⋯⋯⋯⋯ 235

第二节 饲料中一些有毒有害元素的分析与测定 ⋯⋯⋯⋯⋯⋯⋯⋯⋯⋯⋯⋯ 236

一、饲料中砷的分析与测定 ⋯⋯⋯⋯⋯⋯⋯⋯⋯⋯⋯⋯⋯⋯⋯⋯⋯⋯⋯ 236

二、饲料中铅的分析与测定［饲料重金属（以铅计）含量测定］ ⋯⋯⋯⋯ 238

三、饲料中氟的分析与测定 ⋯⋯⋯⋯⋯⋯⋯⋯⋯⋯⋯⋯⋯⋯⋯⋯⋯⋯⋯ 241

四、饲料中汞的分析与测定 ⋯⋯⋯⋯⋯⋯⋯⋯⋯⋯⋯⋯⋯⋯⋯⋯⋯⋯⋯ 242

五、饲料中镉的分析与测定 ⋯⋯⋯⋯⋯⋯⋯⋯⋯⋯⋯⋯⋯⋯⋯⋯⋯⋯⋯ 244

六、饲料中铬的分析与测定 ⋯⋯⋯⋯⋯⋯⋯⋯⋯⋯⋯⋯⋯⋯⋯⋯⋯⋯⋯ 246

第三节 饲料中有害微生物的分析与测定 ⋯⋯⋯⋯⋯⋯⋯⋯⋯⋯⋯⋯⋯⋯⋯ 248

一、饲料中沙门氏菌的测定方法 ⋯⋯⋯⋯⋯⋯⋯⋯⋯⋯⋯⋯⋯⋯⋯⋯⋯ 248

附 10-3 培养基与试剂制备 ⋯⋯⋯⋯⋯⋯⋯⋯⋯⋯⋯⋯⋯⋯⋯⋯⋯⋯ 253

二、饲料中霉菌的测定方法 ⋯⋯⋯⋯⋯⋯⋯⋯⋯⋯⋯⋯⋯⋯⋯⋯⋯⋯⋯ 259

附 10-4 培养基与稀释液制备 ⋯⋯⋯⋯⋯⋯⋯⋯⋯⋯⋯⋯⋯⋯⋯⋯⋯ 261

本章小结 ⋯⋯⋯⋯⋯⋯⋯⋯⋯⋯⋯⋯⋯⋯⋯⋯⋯⋯⋯⋯⋯⋯⋯⋯⋯⋯⋯⋯ 262

思考题 ⋯⋯⋯⋯⋯⋯⋯⋯⋯⋯⋯⋯⋯⋯⋯⋯⋯⋯⋯⋯⋯⋯⋯⋯⋯⋯⋯⋯⋯ 262

第十一章 一些特殊指标的分析与测定 ⋯⋯⋯⋯⋯⋯⋯⋯⋯⋯⋯⋯⋯⋯⋯⋯⋯ 263

第一节 饲料中酶活性的分析与测定 ⋯⋯⋯⋯⋯⋯⋯⋯⋯⋯⋯⋯⋯⋯⋯⋯⋯ 263

一、大豆制品中尿素酶活性的分析与测定 ⋯⋯⋯⋯⋯⋯⋯⋯⋯⋯⋯⋯⋯ 263

附 11-1 尿素酶活性快速测定法——酚红法 ⋯⋯⋯⋯⋯⋯⋯⋯⋯⋯⋯ 264

附 11-2 pH 增值法（ΔpH 法） ⋯⋯⋯⋯⋯⋯⋯⋯⋯⋯⋯⋯⋯⋯⋯⋯⋯ 265

二、大豆制品中抗胰蛋白酶活性的分析与测定 ⋯⋯⋯⋯⋯⋯⋯⋯⋯⋯⋯ 265

三、饲用植酸酶活性的分析与测定 ⋯⋯⋯⋯⋯⋯⋯⋯⋯⋯⋯⋯⋯⋯⋯⋯ 266

第二节 鱼粉新鲜度及鱼粉掺假的分析与测定 ⋯⋯⋯⋯⋯⋯⋯⋯⋯⋯⋯⋯⋯ 268

一、鱼粉新鲜度的分析与测定 ⋯⋯⋯⋯⋯⋯⋯⋯⋯⋯⋯⋯⋯⋯⋯⋯⋯⋯ 268

二、鱼粉掺假的检测方法 ⋯⋯⋯⋯⋯⋯⋯⋯⋯⋯⋯⋯⋯⋯⋯⋯⋯⋯⋯⋯ 272

第三节 饼（粕）类饲料蛋白溶解度的分析与测定 ⋯⋯⋯⋯⋯⋯⋯⋯⋯⋯⋯ 273

本章小结 ⋯⋯⋯⋯⋯⋯⋯⋯⋯⋯⋯⋯⋯⋯⋯⋯⋯⋯⋯⋯⋯⋯⋯⋯⋯⋯⋯⋯ 274

思考题 ⋯⋯⋯⋯⋯⋯⋯⋯⋯⋯⋯⋯⋯⋯⋯⋯⋯⋯⋯⋯⋯⋯⋯⋯⋯⋯⋯⋯⋯ 274

目　录

附录 ……………………………………………………………………… 275

　　一、常用固态化合物的分子式与分子质量对照表 ……………………… 275

　　二、常用缓冲溶液的配制方法 …………………………………………… 275

　　三、筛号与筛孔直径对照表 ……………………………………………… 282

　　四、容量分析基准物质的干燥 …………………………………………… 283

　　五、酸碱指示剂（18～25℃） …………………………………………… 283

　　六、混合酸碱指示剂 ……………………………………………………… 284

　　七、有机溶剂的物理常数 ………………………………………………… 285

　　八、相对原子质量表 ……………………………………………………… 285

　　九、普通酸碱溶液的配制 ………………………………………………… 286

主要参考文献 ……………………………………………………………… 288

第一章 绪 论

第一节 概 述

动物为了生存、生长和繁衍后代等各种生命活动，必须从外界摄取食物。动物的食物称为饲料。可见饲料不是一个确切的化学实体，而是一系列物质的统称。一种看似营养价值高、质量好的饲料，如果不通过系统分析，不通过物理学、化学或生物学手段进行检测，就无法确保这种饲料对畜禽有真正价值。例如两种看起来差不多的苜蓿干草，可能其中一种粗蛋白质含量为12%，另一种则为18%，这只有通过化学分析才能判断出来。但三聚氰胺事件告诉人们仅知道饲料的化学组成是不够的，还必须进一步通过动物试验来确定饲料中养分的利用率和安全性。

在长期生产实践活动中，人类很早就有了对饲料营养价值的认识，罗马时代的普利尼就认识到"适时收割的干草要比成熟时期收割的好"，并思考其内涵。这些直观经验性的认识，为饲料分析与检测形成独立的技术提供了宝贵的材料。人类社会进入18世纪后，随着实验科学的产生，研究动物和生命有机体的科学得到迅速发展，加之在化学、物理学、生物学发展的推动下，饲料分析与检测知识的积累也大大加速，并且有了质的飞跃。饲料营养价值的评定方法与体系的改进依赖于饲料的分析与检测技术的进步。从1809年德国科学家提出的用干草等价评定饲料营养价值，到猪禽等非反刍动物理想氨基酸模式、饲料养分生物学效价的评定，大致经过三个阶段。第一阶段从1809年德国莫格林农业研究所的Thaer提出"干草当量"体系开始，到1864年德国Weende试验站的Henneberg与Stohmann二人创建了分析测定水分、粗灰分、粗蛋白质、粗脂肪、粗纤维与无氮浸出物的概略养分分析方法。第二阶段是以可消化养分作为评定指标为主要特征。在概略养分测定的基础上，通过消化试验测得饲料的可消化养分量，即根据可消化粗蛋白质（DCP）、可消化粗脂肪（DEE）、可消化碳水化合物的总和来评定饲料营养价值的综合指数。1874年由Woeff首次提出了"TDN"（总消化养分）的概念，并经Henry修订推广，以"TDN"作为表示饲料综合营养价值的参数，这一阶段已经有了有效能的概念。第三阶段以研究饲料能量和养分在动物体内的代谢、转化为特征。即以各种形式的能量和养分的生物学利用率来表示饲料的营养价值。如消化能、代谢能和净能体系，可消化氨基酸、真可消化氨基酸和标准可消化氨基酸等。随着科学技术的进步，分子生物学的技术与方法在其他学科的应用已越来越广泛，利用分子生物学技术来评价饲料的营养特性以及饲料原料的安全性的工作也在逐渐开展。近年来仿生法评定猪禽有效能、瘤胃模拟技术得到了长足发展，虚拟仿真实验技术也开始进入本科教学课堂。

1809年，德国科学家Thaer提出了以干草为标准（干草等价）衡量其他饲料营养价值的评定方法。最先是根据水、稀酸、稀碱及酒精处理饲料的结果，同时参照实际饲养效果，来判别饲料的相对营养价值,并提出了饲喂动物的饲料定额。由此启动了制定饲养标准的研究,大大促进了饲料分析与检测技术的发展。到 1864 年,德国 Weende 试验站的 Henneberg 和 Stohmann 二人创始了分析测定水分、粗灰分、粗蛋白质、粗脂肪、粗纤维与无氮浸出物的饲料分析方案。该方案是以动物营养学和分析化学为基础建立的,沿用至今积累了大量的饲料分析基础数据,该法测定的各类物质,并非化学上某种确定的化合物,也非动物可完全利用的物质。后来,Van Soest 等对粗纤维的分析提出了改进方案,能将纤维素、半纤维素及木质素分别测定。随着生产与科学技术的发展,以及生产实际的需求,在概略养分分析的基础上,开发了许多预测饲料营养价值的分析方法,如近红外光谱法用于奶和食品以及饲料的干物质、蛋白质和脂肪等成分的快速测定等。现代分析技术应用于饲料科学领域,可积极推动饲料科学向前发展。

所谓质量乃物质本身固有品质的优劣程度。它具有两层含意:含量和行业标准。例如,某化工业生产中要求五水硫酸铜含量大于或等于 98.5%,砷含量小于或等于 10mg/kg。而饲料工业要求五水硫酸铜含量要大于或等于 98.5%,但砷含量必须小于或等于 5mg/kg。现有一批五水硫酸铜,其含量为大于或等于 98.5%,其中砷含量为 9mg/kg。对于化工业来说这是一批质量合格的产品,对于饲料工业来说该产品不合格。在饲料工业中,不合格的饲料原料不可能生产出优质的配合饲料,而优质的饲料原料生产出的配合饲料也不一定优质。此外,在运输、贮藏和使用过程中均应注意保证饲料的质量,如果混合和贮藏条件或饲喂方式欠佳,也可使谷物和饲料丧失其优良品质,使其饲养的效果相应下降。

饲料的安全性是指饲料中不应存在对动物健康和生产性能造成危害的有毒有害物质和因子。评价一种饲料或成分是否安全,应看其是否对饲养动物的健康、生产性能造成损害;是否会在动物产品中残留、蓄积或转移而危害人体健康;是否会通过动物的排泄物而污染环境。

影响动物生产的最基本因素,包括动物本身的遗传特性、饲料、饲养管理。要使动物达到最佳生产性能,这三个因素同等重要,各占 1/3。经济效益是衡量畜牧业生产成功与否的最终标准,饲料占动物生产总成本的 60%~70%,可见在动物生产过程中,要取得最佳的经济效益,饲料尤为重要。各国发布的饲料营养成分表,只是一些饲料营养价值评定研究积累的数据的平均值,不同饲料样本中养分含量本身存在很大变异。借助线性规划技术优化最优成本饲料配方,这在当前饲料工业生产上已被普遍应用,通过降低饲料成本而又保持其质量,或者提高饲料质量而保持其成本不变,以此来提高饲料效率将直接提高动物生产的效率,以便以最低的成本生产出含有各种养分的日粮来满足动物营养上的需要。为尽量减少营养超量,总是将日粮配合成所含有的全部养分非常接近于动物的需要。这些指标的安全系数小,并且对饲料组分的质量变异比较敏感。所以,饲料分析与质量检测是低成本日粮配方成败与否的一个关键,生产者必须认识到饲料分析与质量检测的实际意义。

一般来说,饲料工业应用的分析方法可分为两部分。一是工厂内部所使用的方法,这些方法适合于本工厂的情况(生产规模、技术先进性)及其实验室设备能力,并且通常是快速而简便、可靠的分析方法。例如在收购豆粕(饼)时,可应用尿素酶活性快速测定法——酚红法。在抽查配合饲料混合均匀度时,可检测配合饲料中某种矿物元素含量,计算出变异系数,再与合格的数值比较,来确定配合饲料的均匀情况。二是国家所规定的(国标)一整套分析方法,当厂与厂之间以及厂向质检部门提供有关质量数据时,应采用国家规定的分析方法。如发生质量纠纷，在进行申诉过程中，有关质量的数据应该采用国家规定的方法。作为标准的分析方法，重点在于不同实验室所测定的结果有高度的再现性，而不在于其简单、快速和同一实验室结果的重复性。

第二节 饲料养分的变异

饲料中养分含量是决定饲料营养价值的重要方面，但养分的变异受许多因素的影响，主要有自然因素和人为因素。

一、自然变异

不同农场与不同年份间采样、作物品种、土壤肥力、气候、收获时成熟程度不一样，使得不同来源饲料养分含量会出现较大变异。例如，选自中国饲料成分及营养价值表上的数据，通过计算，得到其变异系数。玉米（34 个样）中粗蛋白质（平均含量 8.96%）和无氮浸出物（平均含量 73.08%）含量的变异系数分别是 9.94% 和 2.91%；高粱（15 个样）中粗蛋白质（平均含量 8.39%）和无氮浸出物（平均含量 74.10%）含量的变异系数分别是 17.58% 和 3.95%；大豆（20 个样）中粗蛋白质（平均含量 38.05%）和粗脂肪（平均含量 16.82%）含量的变异系数分别是 5.19% 和 11.61%。整体而言，样本中养分含量高的其变异系数较小，而养分含量较低的其变异系数较大。

中国饲料成分及营养价值表上的数据基本上是两套数据——有些报道是以风干样为基础，指养分占风干饲料的百分含量，有些报道则是以干物质为基础，指养分占饲料干物质的百分含量。由于饲料在组成上有这些变异范围，所以具体饲料应该具体分析，并应切合实际地加以应用。不过，在大多数情况下并没有充足的时间来采样分析众多的饲料，或者一些饲料批量太少以至于这样做并不合算。所以饲料成分及营养价值表在实际生产中的作用是：①作为买卖交易时的参考依据；②为制定标准日粮的配方，以满足动物的营养需要量时必要的参数。在有条件的饲料加工厂自建化验室，要针对具体饲料原料做相应分析，方可生产出更加科学合理的配合饲料。

二、生产与加工

农产品加工技术不同使得副产品质量差异较大。例如，高标准成套碾米机所生产的米糠主要含的是胚芽和米粒种皮外层，而低标准碾米机则生产出混杂有相当一部分稻壳的低质米糠。通过计算得到米糠（12 个样，数据来自中国饲料成分及营养价值表）中粗纤维的变异系数为 19.32%。由于对农产品的要求不同而使得副产品的质量差异较大。例如，小麦加工面粉时，一等面粉的副产品小麦麸中的粗纤维含量要低于二等面粉，通过计算得一麦麸（20 个样，数据来自中国饲料成分及营养价值表）中粗纤维的变异系数为 15.93%；在溶剂浸出过程中，热处理温度过低或过高所生产的大豆粕质量都比热处理工艺温度适当所产的大豆粕质量差，还有传统压榨技术生产的豆饼与浸提生产的豆粕质量差异较大，计算得到豆粕（饼）（14 个样，数据来自中国饲料成分及营养价值表）中脂肪的变异系数为 42.62%；由于加工调制的技术和方法等不同使得苜蓿干草的质量差异较大，例如，苜蓿干草（13 个样，数据来自中国饲料成分及营养价值表）中粗蛋白质和粗纤维的变异系数分别是 16.77%

和 13.26%。

三、掺假

个别的饲料生产者或经营者为获取高额利润常采用以次充好，以假乱真，蓄意混进杂质，故意增减某些成分等方式欺骗用户。三聚氰胺事件就是一种典型的掺假行为。另外鱼粉可能会用羽毛粉、皮革粉、鱼干粉以及非蛋白氮（尿素）等物质掺假。米糠可能会用稻壳粉或石粉掺假。磷酸氢钙可能用石粉掺假。豆粕（饼）可能用玉米皮饼掺假。掺假不但影响饲料原料质量，也影响配合饲料的质量。因此，在采购饲料原料时必须进行质量检验。

四、损坏与变质

在不适当的运输、装卸、贮藏以及加工过程中饲料原料会因损坏变质，失去其原有品质，如高水分玉米收获后，在不适当的运输装卸情况下，非常容易损坏和被真菌污染。鱼粉在不适当的条件下贮藏会发热、自燃。米糠中脂肪含量较高，如果含水分较高，极容易发生酸败，酸败作用还促使其脂溶性维生素尤其是维生素 A 的损失。饲料谷物在不适当的贮藏条件下通常会被虫蚀损失，不能把生虫子的饲料与没有生虫子的饲料同存一库，避免引起新的虫害。由于劣质饲料原料不可能生产出优的配合饲料，所以，选择优质饲料原料并保持其品质是配合优质饲料至关重要的环节。

第三节　饲料质量检测方法

优质饲料原料一般指的是其养分含量和可利用率较高的饲料。合格的饲料原料一般指的是原料粒度、养分含量以及杂质含量等符合要求的饲料。只有合格的饲料原料方能生产出合格的产品。要保证饲料原料合格，必须进行饲料分析与检测。饲料分析与检测包括物理方法和化学方法。物理方法主要包括感观评定、容重测定、显微镜检测、分筛等。化学方法主要包括定性分析、半定量分析、定量分析。

一、物理方法

1. 感官评定　此法是对样品不加以任何处理，直接通过感觉器官进行鉴定。

（1）视觉：观察饲料的形状，色泽，颗粒大小，有无霉变、虫子、硬块、异物、掺杂物等。

（2）味觉：通过舌舔感觉饲料的涩、甜、苦、哈、香等滋味；通过牙咬感觉饲料的硬度，判断饲料有无异味和干燥程度等。但应注意不要误尝对人体有毒有害的物质。

（3）嗅觉：通过鼻子嗅辨饲料的气味，判断饲料霉变、腐败、焦味，脂肪酸败、氧化等情况。

（4）触觉：将手插入饲料中或取样品在手上，用指头捻、手抓，感触饲料的粒度大小、软硬度、温度、结块、黏稠性、滑腻感、有无夹杂物及水分含量等情况。

感官评定是最普通、最初步、简单易行的鉴定方法。技术人员的经验和熟练度十分重要，有经验的检验人员判断结果的准确性很高。

2. 容重测定

（1）容重及测定意义：容重是指单位体积的饲料所具有的质量，通常以 1L 体积的饲料质量计。各种饲料均有其一定的容重。测定饲料样品的容重，并与标准纯品的容重进行比较，可判断有无异物混入和饲料的质量。如果饲料原料中含有杂质或掺杂物，容重就会改变（或大或小）。在判断时，应对饲料样品进行仔细观察，特别要注意细粉粒。一般来说，掺杂物常被粉碎得特别细小以逃避检查。在容重测定结果的基础上，检验分析人员做进一步的外观鉴别和化验分析。常见饲料的容重见表 1-1。

表 1-1 常见饲料的容重（kg/m³）

（引自夏玉宇，朱丹，饲料质量分析检验，1994）

饲料名称	容重	饲料名称	容重
小麦（皮麦）	580	大麦混合糠	290
大麦	460	大麦细糠	360
黑麦	730	豆饼	340
燕麦	440	豆饼（粉末）	520
粟	630	棉籽饼	480
玉米	730	亚麻籽饼	500
玉米（碎的）	580	淀粉糟	340
碎米	750	鱼粉	700
糙米	840	$CaCO_3$	850
麸	350	贝壳粉（粗）	630
米糠	360	贝壳粉（细）	600
脱脂米糠	426	盐	830

（2）容重的测定方法：有排气式容重器测定法和简易测定法。此处仅介绍简易测定法。

①样品制备：饲料样品应彻底混合，无须粉碎。

②仪器与设备：粗天平（感量 0.1g）；1 000mL 量筒 4 个；不锈钢盘（30cm×40cm）4 个；小刀、药匙等。

③测定步骤：用四分法取样，然后将样品非常轻而仔细地放入 1L 量筒内，用药匙调整容积，直到正好达 1L 刻度为止（注意：放入饲料样品时应轻放，不得打击）。将样品从量筒中倒出并称量。反复测量 3 次，取平均值，即为该饲料的容重。

3. 外观观察 验收饲料原料时要对饲料样品做仔细的观察，特别要注意细粉粒。一般来说，掺杂物有时被粉碎得特别细小以逃避检查。检验分析人员应做进一步的观察，如饲料的形状、颜色、粒度、松软度、硬度、组织、气味、霉菌和污点等外观鉴别。

4. 显微镜检测 饲料显微镜检测的主要目的是凭外表特征（体视显微镜检测）或细胞特点（复式显微镜检测），对单独的或者混合的饲料原料和杂质进行鉴别和评价。如果将饲料原料和掺杂物或污物分离开来以后再做比例测量，则可根据显微镜检测方法对饲料原料做定量鉴定。总之，无掺假或污染的饲料原料，其化学成分将与本地区推荐或使用的标准或者平均值非常接近。借助饲料显微镜检测能检测出饲料的纯度，有经验者还能对质量做令人满意的鉴定。用显微镜检查饲料质量已有几十年的历史，目前已经较少使用。但实际上，这种方法具有快速准确、分辨率高等优点。与化学方法相比，这种方法不仅设备简单（用50～100倍放大镜和100～400倍立体显微镜）、耐用、分析费用少，而且可以检查出用化学方法不易检出的某些掺假物质等。商品化饲料加工企业和自己生产饲料的大型饲养场都可以采用这种方法。

5. 浮选技术（即密度分离法）　把样品浸泡在溶液里（有机溶剂或水），然后搅拌使密度不同的物质分开，供鉴别。

6. 分筛　可用来判断颗粒粒度、细粉和异物含量及种类。

（1）颗粒粒度测定：粒度对原料的混合特性和可制粒性是一个非常重要的影响因素，也是饲料或原料在散仓内堵塞或起拱的重要原因，同时也是影响饲料利用率的重要因素。

粒度测定方法：将饲料样品通过孔径大小不同的一组分样筛（例如筛孔直径为 0.5mm、1mm、2mm），分别测定各级饲料的质量，按照公式计算颗粒的平均粒度。同时，也判断饲料样品中的异物种类和数量。

分级筛的层数有 4 层、8 层、15 层等。饲料粉碎机的试验方法（GB/T 6971—2007）中，规定了使用 4 层筛法来测定饲料成品的粗细度。将 100g 饲料样品，用孔径为 2.00mm、1.10mm、0.425mm 和底筛（盲筛）组成的分样筛，在振动机上振动筛分，各层筛上物用感量为 0.1g 的天平分别称量，按下式计算算术平均粒径（Φ，mm）。

$$\Phi = \frac{1}{100} \times \left(\frac{a_0 + a_1}{2} \times p_0 + \frac{a_1 + a_2}{2} \times p_1 + \frac{a_2 + a_3}{2} \times p_2 + \frac{a_3 + a_4}{2} \times p_3 \right)$$

式中：a_0、a_1、a_2、a_3 分别为由底筛上数各层筛的孔径（mm），筛比为 2～2.35；a_4 为假设的 2.00mm 孔径筛的筛上物能全部通过的孔径，此处按筛比为 2 计算时，$a_4 = 4.00$mm；p_0、p_1、p_2、p_3 分别为由底筛上数各层筛的筛上物质量（g）。

（2）细粉含量测定：细粉含量可反映颗粒饲料的加工质量，主要与饲料的调制和颗粒饲料的黏结性有关。

测定方法：将原始样品称量，然后通过一定孔径的分样筛，仔细收集细粉并称量，计算细粉的百分含量。也可称取筛上物质量，计算筛上物百分含量。

同一批生产的饲料的不同部分的细粉含量差异很大，因此需要检测多个样品或进行多次检测试验，以获得代表该批产品的检测结果。

二、化学方法

检测饲料原料的化学成分，通常包括概略养分分析和纯养分分析，并通过与标准做比较评价其质量。化学分析可显示出被分析原料的各种养分含量，数据可直接用于饲料配合。这种方法需要装备精良的实验室和训练有素的化学分析人员或者技术员工。而且化学分析的总费用是较高的。所以这种方法的应用主要限于饲料厂的商品化生产。饲料蛋白质用凯氏定氮法测定，以粗蛋白质表示（含氮量×6.25）。所得结果不能揭示氮源到底来自原料中的蛋白质，还是掺杂物中的蛋白质或者样品中掺和的非蛋白氮。另外，这种分析方法无法反映动物对原料所含养分的利用情况。为了使这种方法得到最佳应用，可利用其他饲料质量检测方法对化学分析数据做相应的分析判断。

为了检测影响饲料质量的某种物质是否存在，建立了许多快速化学实验法。如大豆制品的尿素酶活性分析可以反映出大豆制油加工过程中蒸炒是否充分以及养分的可利用情况；加上几滴50％的盐酸溶液，并注意二氧化碳气泡的形成，即可鉴别出米糠中掺和的石灰石粉末。而在鉴定饲料原料和全价饲料的真实质量上，化学方法与物理方法结合起来更好。在饲料加工生产过程中采用各种方法进行饲料质量检测是最理想的。然而，实际上饲料生产的规模影响检测方法的应用。对日产量大，价格和质量具有竞争性的商品化饲料生产者来说，保证进厂饲料原料和出厂饲料产品两者的质量都非常重要。有必要将物理方法，化学方法，快速的、简单的以及复杂的等各种方法相结合，从而把所有的饲料质量检测方法全部利用起来，进行综合评定。对于小规模的饲料生产企业和饲养场，一般无力提供装备精良的实验室进行化学分析，要想做到全面分析是有困难的。

第四节　分析结果的数据处理

有效数字及其运算规则、分析结果准确性和重复性的正确表示方法，是饲料分析检验和质量控制的重要基础。

一、有效数字及其运算规则

为了取得准确的分析结果，不仅要准确进行测量，而且要正确记录与计算。正确记录数据的位数非常重要，这就设计了有效数字。

（一）有效数字

有效数字是实际上能测得的数字。有效数字保留的位数，应根据分析方法与仪器的准确度来确定。有效数字的位数不仅表示测得数值的大小，还反映测量的准确程度。例如，要求称取试样 0.500 0g 和 0.5g，尽管试样从质量来看没有本质差异，但在准确度要求上是不同的。前者是 4 位有效数字，需要用感量 0.000 1g 分析天平称量，而后者只需要感量 0.1g 天平称量。一般应使测得的数值中只有最后一位是可疑的。如上例中，在分析天平上称样 0.500 0g，因为分析天平只能称准至 0.000 2g，则实际质量应为 （0.500 0±0.000 2）g。按照这个规则，无论计量仪多么精密，其测定值的最后一位数总是估计出来的。又如 10.54mL，不但表示用滴定管测量出的体积大小，而且表示测得的体积准确到小数点后第 2 位；10.54 有 4 位有效数字，其中最后一位数 4 是可疑数。

"0" 可以是有效数字，也可以不是有效数字。"0" 在数字中有两种意义：一种作为数字定位，另一种则作为有效数字。"0" 在数首，不是有效数字，只起定位作用。例如 0.18 中的 "0" 就不是有效数字，有效数字是 2 位。"0" 在数尾，并在小数点后，是有效数字，例如 0.180 中尾数 "0" 就是有效数字，这个数是 3 位有效数字；如果数字中没有小数点，尾数的 "0" 不能说明是否为有效数字，例如 1 800，不能说是 4 位有效数字，因为后面的 "0" 是起定位作用还是起定值作用，含混不清，如果表示 3 位有效数字，只能写成 1.80×10^3，如果表示 4 位有效数字，只能写成 1.800×10^3。如果 "0" 在数字中间，则要看具体情况而定，如 0.018g，中间的一个 "0" 不是有效数字，而 0.108g 中间的一个 "0" 是有效数字。例如，在分析天平上称量物质得到表 1-2 的数据。

表 1-2　称样数据表

	物质			
	坩埚	样品 1	样品 2	称量纸
质量（g）	18.680 0	1.708 5	0.240 4	0.016 0
有效数字	6 位	5 位	4 位	3 位

对于滴定管、移液管和吸量管，它们都能测量溶液体积到 0.01mL。所以当用 50mL 滴定管测量溶液体积时，如测量体积小于 10mL，应记录为 3 位有效数字，如 8.13mL。当用 25mL 移液管移取溶液时，应记录为 25.00mL。当用 5mL 吸量管吸取溶液时，应记录为 5.00mL。当用 50mL 容量瓶配制溶液时，则应记录为 50.00mL。总而言之，测量结果所记录的数字应与所用仪器测量的准确度相适用。

（二）运算规则

（1）除有特殊规定外，一般可疑数表示末位有 1 个单位误差。

（2）确定了有效数字应保留的位数后，应对不必要的位数进行修约。

①复杂运算时，其中间过程多保留一位，最后结果需取应有位数。

②加减法计算的结果，其小数点后的保留位数，应与参与运算各数中小数点后位数最少的数字相同。

③乘除法计算的结果，其有效数字保留的位数，应与参与运算各数中有效数字位数最少者相同。

（3）注意：定量分析运算中，有时会遇到一些倍数或分数的关系，如水的相对分子质量 $= 2 \times 1.008 + 16.00 = 18.02$。$2 \times 1.008$ 中的 2 不能看作一位有效数字。因为它是非测量所得到的数，是自然数，可视为无限有效。在定量的常量分析中一般是保留 4 位有效数字，但注意有些指标分析中，只要求保留 2 位或 3 位有效数字。

（三）数字的修约规则

确立了有效数字的位数后，对不必要的位数进行修约时，应按照"数字修约规则"进行。

（1）在拟舍弃的数字中，若左边的第一个数字≤4 时，则舍弃，即所拟保留的末位数不变。

例如：16.231 6 修约到保留 1 位小数，将 16.231 6 修约为 16.2。

（2）在拟舍弃的数字中，若左边的第一个数字≥6 时，则进 1，即所拟保留的末位数字加 1。

例如：16.281 6 修约到保留 1 位小数，将 16.281 6 修约为 16.3。

（3）在拟舍弃的数字中，若左边的第一个数字等于 5，当其右边的数字并非全部为零时，则进 1，即所拟保留的末位数字加 1。

例如：4.050 1 修约到保留 1 位小数，将 4.050 1 修约为 4.1。

（4）在拟舍弃的数字中，若左边的第一个数字等于 5，当其右边的数字全部为零时，所拟保留的末位数字若为奇数，则进 1，若为偶数（包括"0"）则不进。

例如：将下列数字修约到只保留 1 位小数。修约前 0.150 0，修约后 0.2；修约前

0.550 0，修约后 0.6；修约前 2.050 0，修约后 2.0。

（5）在拟舍弃的数字中，若为 2 位以上数字时，不得连续进行多次修约，应根据所拟舍弃的数字中左边第一个数字的大小，按上述规定一次修约得出结果。

例如：将 35.454 62 修约到只保留 2 位小数。正确做法：修约前 35.454 62，修约后 35.45。不正确做法：修约前一次修约为 35.455，二次修约为（结果）35.46。

二、饲料分析结果数据处理的基本方法

在定量分析中，确保测定结果一定的准确度，对准确把握饲料品质十分重要。然而，绝对准确的测定结果是没有的，即使让技术上最熟练的分析人员，使用最精密的仪器，纯度最高的药品、试剂，采用最恰当的方法，也不可能获得绝对准确的结果。即误差是绝对存在的，准确是相对的，因此饲料分析人员应尽可能使自己的测定结果准确，不仅同一个样品的平行测定结果非常接近，而且测定的平均结果符合客观情况。

（一）准确度

准确度是指测定值与真实值之间的符合程度。测定值与真实值之间差别越小，则测定结果的准确度越高。因此，准确度通常用误差（E）的大小表示。误差是指测定值（x_i）或测定值的平均值（$\bar{x}$）与真实值（T）之间的差异。误差越小，准确度越高。误差有两种表示方法，即绝对误差和相对误差。

（1）绝对误差：指测定值或测定值的平均值与真实值之差，即

$$E = x_i - T \text{ 或 } E = \bar{x} - T$$

（2）相对误差：指绝对误差在真实值中所占的百分比，即

$$相对误差 = \frac{E}{T} \times 100\%$$

测定值或测定值的平均值大于真实值，则误差为正值；如果测定值或测定值的平均值小于真实值，则误差为负值。

（二）精密度

实际工作中，被测定样品的真实值往往并不知道，因此实际分析工作中，一方面通过质量保证和质量控制系统以确保分析结果准确、接近真实值，另一方面根据在相同条件下，多次测定值之间相互接近的程度即精密度来判断、评价测定结果。

精密度是指在同一条件下，测定同一均匀样品时，多次平行测定结果之间的符合程度。精密度大小用偏差来表示。偏差是指测定值与测定值的平均值之差。偏差越小，精密度越高。偏差又分为绝对偏差和相对偏差两种。分析中通常采用绝对偏差或相对偏差表示两个平行测定结果的精密度。

（1）绝对偏差：指测定值（x_i）与测定值的平均值（$\bar{x}$）之差，用 d_i 表示，可用下式计算。

$$d_i = x_i - \bar{x}$$

（2）相对偏差：指绝对偏差占测定值的平均值的百分比，即

$$相对偏差 = \frac{d_i}{\bar{x}} \times 100\%$$

绝对偏差或相对偏差都是表示一次测定两个平行样结果的偏差。然而，要衡量两个以上

平行测定结果数据的分散程度并以此表示其精密度时，则需要用平均偏差或相对平均偏差来表示；当进行多个平行测定时，也可以采用标准偏差和变异系数来表示测定结果数据的分散程度。

（3）平均偏差和相对平均偏差：平均偏差是指各个偏差的绝对值的平均值，即

$$\bar{d} = \frac{|d_1| + |d_2| + \cdots + |d_n|}{n} = \frac{\sum |x_i - \bar{x}|}{n}$$

相对平均偏差是指平均偏差占平均值的百分比，即

$$相对平均偏差 = \frac{\bar{d}}{\bar{x}} \times 100\%$$

（4）标准偏差和变异系数：以数理统计方法处理数据，常用标准偏差来衡量精密度。标准偏差又称均方根偏差，当测定次数 $n \rightarrow \infty$ 时，其定义为

$$\delta = \sqrt{\frac{(x - \mu)^2}{n}}$$

式中：μ 为无限多次测定的平均值。

在分析工作中，在测定次数很多，但 $n < 20$ 时，标准偏差可按下式计算。

$$S = \sqrt{\frac{\sum d_i^2}{n-1}} = \sqrt{\frac{\sum (x_i - \bar{x})^2}{n-1}}$$

一般分析工作中，更多采用相对标准偏差（又称变异系数）来反映测定结果的精密度。变异系数是指标准偏差在平均值中所占的百分比，即

$$CV = \frac{S}{\bar{x}} \times 100\%$$

实际工作中，变异系数能更合理地反映出测定结果的精密度。

（三）准确度和精密度的关系

准确度和精密度是评价测定结果的两种不同方法，它们之间有一定的关系。精密度好是保证准确度的先决条件。精密度差，所测结果不可靠；精密度好，测定结果的准确度也不一定高，偏离真实值远的高精密度测量，结果的准确度是很低的。

准确度是由系统误差和偶然误差所决定的，而精密度是偶然误差所决定的，在测定过程中，虽然有很高的精密度，也不能说明结果准确，即单从精密度看，不考虑系统误差，仍不能得出正确的结论，只有消除了系统误差之后，精密度才可以作为准确度的量度，用来评价测定结果的好坏。

因此，对于饲料分析工作者，既要使自己的测定结果有较高的精密度，还要有效控制或消除方法和仪器带来的系统误差，才能使测定结果准确可靠。

三、饲料养分的表示与换算

（一）分析结果的表示

通常饲料分析结果，以在同一条件下，同一分析人员对同一均匀样品进行两次平行测定，如果平行测定结果的精密度符合所采用检测方法的规定要求，以两个平行测定结果平均值给出测定结果。分析结果有效数字保留位数根据分析项目采用的分析方法中要求确定，如

果没有要求，一般保留到小数点后面 2 位。

例：某实验室某位分析人员按照《饲料中粗蛋白的测定 凯氏定氮法》（GB/T 6432—2018）进行豆粕中粗蛋白质含量的测定，两个平行测定结果为 43.70% 和 45.86%。

两个测定结果的平均值为：（45.86%＋43.70%）/2＝44.78%

按照方法要求，当粗蛋白质含量在 25% 以上时，允许相对偏差为 1%，因此，判断能否使用该分析人员所做的两个平行测定结果的平均数来给出分析结果，首先要计算出相对偏差。

相对偏差＝（45.86－44.78）/44.78×100%＝2.41%

从相对偏差计算结果看，超过了方法标准中不超过 1% 的要求，因此不能以该平行测定结果平均值报告测定结果，必须找出原因，重新测定，直到符合要求。训练有素的化验人员一般一次测定数据的有效率都在 95% 以上，个别测定需要重复进行，一般最多不超过 3 次。如果同样条件下，同一个人、同一个样品连续测定 3 次，都不符合要求，就不要再盲目重复进行分析，应停下来仔细查找原因。

（二）饲料养分的表示基础

1. 原样基础 有时称为鲜样基础，是指未经处理的按采集时的原来状态所测定的养分质量分数。以这种基础表示各种饲料的养分质量分数，因干物质含量不同，变异很大，不易比较。

2. 风干基础 空气中自然存放基础或假定干物质基础，一般干物质含量为 88% 左右。这种基础有助于比较不同水分含量的饲料，常规饲料分析绝大多数是在风干状态下进行的，大多数饲料以风干状态饲喂，所以风干基础比较实用。

3. 绝干基础 无水状态或 100% 的干物质状态。用于比较不同水分含量的饲料。绝干基础排除了因水分变化带来的差异。

（三）不同基础表示的饲料养分含量换算

饲料种类繁多，形态各异，不同饲料之间的营养成分或营养价值比较很难进行，因此在制定饲料营养价值表时需要所有饲料在同一基础或状态，这就需要解决不同状态之间的饲料营养成分含量的换算问题。

（1）应用下列比率关系，可将饲料成分的一种基础表示的数值，换算为另一种基础表示的数值。

$$\frac{饲料某养分\ A\ 基础下的含量}{该饲料在\ A\ 基础下的干物质含量}＝\frac{饲料某养分\ B\ 基础下的含量}{该饲料在\ B\ 基础下的干物质含量}$$

例：某饲料含粗蛋白质 4.0%，含水 75%，以风干基础（干物质含量为 88%）表示的粗蛋白质含量为 X，则

$$4\%：（100\%－75\%）＝X：88\%\qquad X＝14.1\%$$

换算为绝干基础时的粗蛋白质含量则为

$$4\%：（100\%－75\%）＝X：100\%\qquad X＝16.0\%$$

（2）如果样本是新鲜饲料（高水分状态），首先计算其总水分含量。新鲜饲料中总水分含量按下式计算。

$$新鲜饲料中总水分含量＝A＋（1－A）×B$$

式中：A 为鲜样中初水分含量；B 为风干样中吸附水含量。

由风干基础的结果换算成原样基础中的某种养分含量 X 公式为

$$X = W \times (1-A)$$

式中：X 为以原样基础表示的某种养分含量；W 为以风干基础表示的某种养分含量；A 为原样中初水分含量。

由风干基础的结果换算成以绝干基础的某种养分含量 X 公式为

$$X = \frac{W}{1-B}$$

式中：X 为以绝干基础表示的某种养分含量；W 为以风干基础表示的某种养分含量；B 为以风干基础表示的吸附水含量。

例：新鲜苜蓿初水分含量 74%，风干苜蓿吸附水含量 9%、粗蛋白质含量 16%。试计算①新鲜苜蓿的总水分含量，②新鲜苜蓿的粗蛋白质含量，③绝干苜蓿的粗蛋白质含量。

解：　　新鲜苜蓿的总水分含量 $=74\%+(1-74\%)\times 9\% \approx 76.3\%$

新鲜苜蓿的粗蛋白质含量 $=16\%\times(1-74\%)\approx 4.2\%$

$$干苜蓿的粗蛋白质含量 = \frac{16\%}{1-9\%} \approx 17.6\%$$

本章小结

饲料质量受饲料来源、加工方式和运输、贮藏条件等因素的影响。饲料的安全性越来越受到关注。饲料的养分含量会因自然因素、生产与加工、人为掺假以及运输贮藏过程中的损坏与变质等而产生变异。饲料质量检测包括物理方法和化学方法。

思考题

1. 什么是饲料和饲料分析？
2. 什么是饲料的质量和饲料的安全性？
3. 比较概略养分分析和纯养分分析的优缺点。

第二章 饲料样本的采集与制备

饲料样本的采集与制备是饲料分析中两个极为重要的步骤，决定分析结果的准确性以及是否具有实用价值。采样的基本原则是所采集的样本必须具有代表性。采样常用的方法有四分法和几何法。样本的制备是指原始样本或次级样本经过一定的处理成为分析样本的过程。包括半干样本和风干样本制备。半干样本是将含水量高的新鲜样本如青绿多汁饲料等置于60～70℃的烘箱中烘干粉碎过筛制备而成的；风干样本则是将含水量较低的饲料样本如玉米、谷物籽实和糠麸等风干粉碎过筛制备而成的。一般要求粉碎后的样本应通过40～60目的标准筛。制备好的样本应保存在磨口广口瓶中，贴好标签并进行样本登记，样本应保存在低温、避光、干燥的环境中。

第一节 样本的采集与制备方法

饲料分析结果的准确性取决于样本的代表性，因此饲料样本的采集与制备方法是饲料分析与检测的重要环节。

一、样本采集的目的与要求

（一）采样的目的

由一种物品中采集供分析用的样本称为采样或取样。采样是饲料分析的第一步。采样的根本目的是通过对样品理化指标的分析，客观地反映受检饲料原料或产品的品质。因此，所采取的样本必须具有代表性，即能够代表全部被分析的原料物品。否则无论以后的分析方法和处理多么严谨、精确，所得出的分析结果都毫无科学性、公正性和实用价值。对饲料加工业而言，采样正确与否将影响其多方面的决策，例如配方设计时对原料的选择；原料供应商的决策；对一批原料的取舍与对加工程度的确定；对产品的鉴定——产品是否符合其规格要求与保证值；对全部保证项目，在规定的期限内是否稳定以及加工条件是否控制与官方检验的必要性等。显然，饲料生产和质量控制人员的许多决策问题需要以采集样本的指标为依据。因此，正确的采样应该是从有不同代表性的区域取几个样点，然后把这些样本充分混合，使之成为整个饲料的代表样本，然后再从中分出一小部分作为分析样本用。其最后分析的结果就作为整个被采取样本饲料的平均值。

（二）采样的要求

要使采样合乎规范化，则必须加强管理。管理人员必须熟悉各种原料、加工工艺、产品；必须严格规定各种采样方法的步骤以及采用特定的仪器设备。管理人员还必须指导采样人员掌握正确的采样方法及了解采样原料的基本特点。

对采样系统的要求包括两方面：一是对采样人员的教育与培训；二是对采样工具（包括手动和自动）的正确设计与安装。

采样人员应通过专门培训，且具有高度责任心和熟练的采样技能方能上岗。在采样过程中，要认真按操作规程进行，并做到随机，客观，避免人为和主观因素的影响，及时发现和报告一切异常的情况。

采样工具的制造原料要求耐磨损而且是不易损坏的材料（如不锈钢）。

二、样本采集的原则与方法

(一) 常用样本类别与定义

（1）标准样本：是指由权威实验室仔细分析化验后的样本。如再由其他实验室进行分析化验，可用标准样本来校正或确定某一测定方法或某种仪器的准确性。

（2）商业样本：是指由卖方发货时，一同送往买方的样本。

（3）参考样本：指具有特定性质的样本，在购买原料时可作为参考比较，或用于鉴定成品与之有无颜色、结构及其他表现特征上的区别。

（4）备用样本：指在发货后留下的样品，供急需时备用。

（5）仲裁样本：指由公正的采样员所采取的样本。然后送仲裁实验室分析化验，以有助于买卖双方在商业贸易工作中达成协议。

（6）化验样本：指送往化验室或检验站分析的样本。

(二) 样本采集的原则与方法

1. 采样的原则　采样的原则是所采集的样本必须具有代表性。为此，应遵循正确的采样方法，尽可能地采取被检测饲料的各个不同部分，并把它们磨碎至所需程度（粉碎粒度要求 40～60 目），以有利于增加其均匀性和便于溶样。

2. 采样的方法　采样的一般方法是首先采取原始样本。由生产现场如田间、牧地、仓库、青贮窖和试验场等的大量分析对象中采集的样本称原始样本。原始样本应尽量从大批量饲料或大面积牧地上，按照不同的部位和不同深度和广度来采取，以保证每一小部分与其全部的成分完全相同，使其具有代表性。然后再从原始样本中采取分析样本。为了使样本的取舍均匀一致，对于均匀性的物品，即单相的液体或搅拌均匀的籽实、磨成粉末的各种糠麸等饲料以及研碎的物品，可用四分法来缩减原始样本。方法是：将籽实、粉末及可研碎的物品置于一张方形纸或塑料布上（大小视样本量而定），提起纸的一角，使籽实或粉末等流向对角，随即提起对角使籽实或粉末等流回，如此将四角轮流反复提起，使其反复移动混合均匀，然后将籽实、粉末等铺平成方形，用药铲、刀子或其他适当器具，从中划一"十"字或以对角线相连接，将样本分成四等份，除去对角的两份，将剩余的两份如前述混合均匀后，再分成四等份，重复上述过程，直至剩余样本与分析样本所需用量相接近时为止。

对于大量的籽实、粉末和等均匀性饲料的分析样本采样，也可在洁净的地板上堆成锥形，然后将其移至另一处，移动时将每一铲饲料倒于前一铲饲料之上，这样使籽实、粉末等由锥顶向下流动到周围，如此反复移动三次以上，即可混合均匀。最后，将饲料堆成圆锥形，将顶部略压平成圆台状，再从上部中间分割为"十"字形四等份，弃去对角线的两等份（即缩减二分之一），然后如上法缩减至适当数量为止。一般饲料样本缩减取样至 500g 左右作为分析用样本，送实验室供化学分析之用。

对于不均匀的物料如各种粗饲料，块根、块茎饲料，家畜屠体等，则需要较复杂的采样技术。其复杂程度随物料体积和不均匀程度而定，一般可采用几何法取样，具体方法如下：把整个一堆物料看成一种规则的几何体，如立方体、圆锥体、圆柱体等，取样时先将该几何体分成若干体积相等的部分（或在想象中将其分开），这些部分必须是在原样中均匀分布的，而不只是在表面或只是在一面。从这些部分取出体积相等的样本，称之为支样，将这些支样混合后即为"初级样本"。如此，重复取样多次，得到一系列逐渐减少的样本，称"初级样本""次级样本""三级样本"……然后由最后一级样品中制备分析用样本。

对配合饲料或混合饲料的取样，其采样方法相对而言比较容易。如在水平卧式或垂直式混合机（搅拌机）里的饲料采样，只要确定饲料已充分混合均匀，就可以直接从混合机的出口处定期（或定时）取样，而取样的间隔应该是随机的。

混合饲料中不同成分的颗粒大小及吸湿性可能不一样，这将给混合饲料准确采样带来麻烦。因此，在某些情况下，可将混合饲料含有的成分单独进行分析。但必须注意在称量上要准确无误并且是混合均匀的饲料。

三、不同形态饲料样本的采集与制备方法

（一）粉料与颗粒料

对于磨成粉末的各种谷物和糠麸以及配合饲料或混合饲料、预混合饲料等饲料的采样，由于贮存的方式不同，又分为散装取样、袋装取样、仓装取样三种。所选用的取样器探棒（又称探管或探枪）可以是有槽的单管或双管，具有锐利的尖端（图 2-1）。

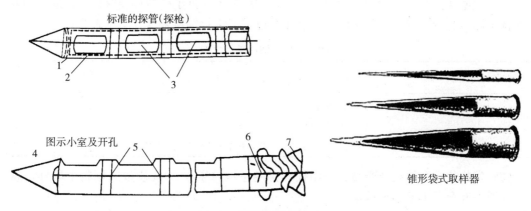

图 2-1 取样器探棒示意图

1. 外层套管 2. 内层套管 3. 分隔小室 4. 尖顶端 5. 小室间隔 6. 锁扣 7. 固定木柄

1. 散装 散装的原料应在机械运输过程的不同场所（如滑运道、供送带等处）取样。

如果在机械运输过程中未能取样，可用探棒取样，但应该避免因饲料原料不匀而造成的错误取样。

（1）散装车厢原料及产品：使用抽样锥自每车至少 10 个不同角落处采样。方法是使用

短柄大锥的探棒，从距离边缘 0.5m 和中间 5 个不同的地方，不同的深度选取。将从汽车运输粉状或颗粒状产品中采取的原始样本置于样本容器后，以四分法缩样。

（2）散装货柜车原料及产品：从专用汽车和火车车厢里采取粉状或颗粒状产品的原始样本可使用抽样锥，自货柜车 5~11 个不同角落处抽取样品，也可以卸车时用长柄勺、自动选样器或机械选样器等，间隔相同时间，截断落下的料流采取，置于样本容器中混合后，再按四分法缩样至适量。散装料的取样如图 2-2 所示。

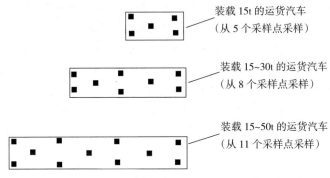

装载 15t 的运货汽车
（从 5 个采样点采样）

装载 15~30t 的运货汽车
（从 8 个采样点采样）

装载 15~50t 的运货汽车
（从 11 个采样点采样）

图 2-2　散装料取样示意图

2. 袋装（包装）　关于袋装原料的取样，可以在袋装货运时应用探棒从几个袋中取样，以获得混合的样品。一般可按原料总袋数的 10% 采取原始样本。

（1）袋装车厢原料及产品：用抽样锥随意地自至少 10% 袋数的饲料中取样。方法是对编织袋包装的粉状或颗粒状饲料的原始样本，用取样器从料袋的上下两个部位取样，或将料袋放平，从料袋的头到底斜对角插入取样器，插取样器前用软刷刷净选定的位置，插入时应使槽口向下，然后转 180°，再取出，取完样本后将袋口封好；而用聚乙烯衬的纸袋或编织袋包装的散装成品的原始样本，则用短柄锥形袋式、大号取样器从拆了线的料袋内上、中、下三个部位采样。对颗粒状产品的原始样本，是用勺子在拆了线的口袋取样。将采取的原始样本置于样本容器中混合后，按四分法缩样至适量。袋装饲料采样方案见表 2-1。

表 2-1　袋装饲料采样方案

饲料包装单位（袋）	取样包装单位（袋）
10 以下	每袋取样
10~100	随机化选取 10 袋
100 以上	从 10 个包装单位取样，每增加 100 个包装单位需补采 3 个单位

（2）袋装货柜车原料及产品：使用抽样锥随意地自至少 10% 袋数的饲料中取样，置于样本容器中混合后再缩样至适量。

3. 仓装　一种方法是在饲料进入包装车间或成品库的流水线或传送带上，贮塔下、料斗下、秤上或工艺设备上采取原始样本。其方法是用长柄勺，自动或机械式采样器，间隔时间相同，截断落下的饲料流。选择的时间应根据产品移动的速度来确定，同时要考虑到每批采取的原始样本的总质量。对于饲料磷酸盐、动物饲料粉和鱼粉应不少于 2kg，而其他饲料产品则不低于 4kg。

另一种方法是贮藏在饲料库中的散装产品的原始样本的采取，料层在 1.5m 以下时用车厢和探棒取样，料层在 1.5m 以上时，使用有旋杆的探管取样。采样前先将表面划分成六等份，在每一份的四方形对角线的四角和交叉点五个不同地方采样。料层厚度在 0.75m 以下时，从两层中采取，即从距料层表面 10～15cm 深处的上层和靠近地面上的下层采取。当料层厚度在 0.75cm 时，应从三层中采取，即从距料层表面 10～15cm 深处的上层、中层和靠近地面的下层采取。在任何情况下，原始样本都是上层、中层、下层依次采取的。颗粒状产品的原始样本是使用长柄勺或短柄大号锥形探管，在不少于 30cm 深处采取的。

贮藏在贮塔中的粉状或颗粒状产品的原始样本的取样，是在其移入另一贮塔或仓库时采集的。

将所采取的原始样本（包括散装、袋装和仓装）混合搅拌均匀，用四分法采取 500g 样品，用粉碎机粉碎过 1mm 筛网，混合均匀后盛于两个样品瓶中，一份供鉴定或分析化验用，另一份供检查用（注意封闭，放置干燥洁净处保存一个月）。如为不易粉碎的样品，则应尽量磨碎。尤其要注意的是，如果所采取的样本为添加剂预混合饲料，由于其粒度较小，故制备时应避免样品中小颗粒的丢失。

（二）液体原料

1. 动物性油脂　在一批饲料中由 10％的包装单位中采集平均样本，最少不低于三个包装单位。在每一包装单位（如桶）中的上、中、下三层分别取样，由一批饲料中采取的平均样本为 600g 左右。所使用的取样工具是空心探管（这种取样器是一个镀镍或不锈钢的金属管子），直径为 25mm，长度为 750mm、管壁具有长度为 715mm、宽度为 18mm 的孔，孔的边缘应为圆滑的，管的下端应为圆锥形的，与内壁成 15°角，管上端装有把柄。采样时先打开装有饲料油脂的容器，然后在距油脂层表面约 50cm 深处取样。油脂样本应放在清洁干燥的罐中，通过热水浴加热至油膏状充分搅拌均匀。

2. 糖蜜　糖蜜等浓稠饲料由于富有黏性或含有固形物，故其取样方法特殊。一般可在其卸料过程中采用抓取法采样，可定时用勺等器皿随机取样（约 500g）。例如，分析用糖蜜平均样本可直接由工厂的铁路槽车或仓库采集。用特制的采样器通过槽车和仓库上面的舱口在上、中、下三层采集。所采集的样本体积为每吨糖蜜至少 1L。原始样本用木铲充分搅拌后即可作为平均样本。

（三）副食及酿造加工副产品

这类饲料包括酒糟、粉渣、豆渣等。其采样方法是：在木桶、贮藏池或贮藏堆中分上、中、下三层取样，按桶、池或堆的大小每层取 5～10 个点，每个采样点取 100g 放入瓷桶内，充分混合后随机取分析样本约 500g，用其中 200g 测定初水分，其余放入大瓷盘中，在 60～65℃恒温干燥箱中干燥。对于豆渣和粉渣等含水较多的样本，在采样过程中应注意勿使汁液损失，及时测定干物质百分含量。为避免腐败变质，可滴加少量氯仿或甲苯等防腐剂。

（四）油饼类

大块的油饼类采样，一般可以从堆积油饼的不同部位选取不少于五大块，然后从每块中切取对角的小三角形（图 2-3），将全部小三角形块锤

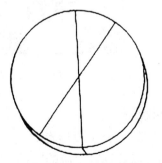

图 2-3　块饼类饲料采样示意图
（引自胡坚等，动物饲养学实验指导，1994）

碎混合后，再用四分法取分析样本 200g 左右，经粉碎机粉碎后装入样本瓶中。小块的油饼采样，要选取具有代表性者数十片，粉碎后充分混合，用四分法取供分析的样本约 200g。

（五）块根、块茎和瓜类

此类饲料因其含水量大和不均匀性，采样时应有多个单独样本以消除每个样本间的差异。样本个数应根据成熟均匀与否以及所测定的营养成分而定（表 2-2）。

表 2-2 块根、块茎和瓜类取样数量

（引自张丽英，饲料分析及饲料质量检测技术，2003）

种类	个数（个）
一般的块根、块茎饲料	10～20
马铃薯	50
胡萝卜	20
南瓜	10

采样方法：从田间或贮藏窖内随机分点采取原始的 15kg，按大、中、小分堆称量求出比例，按比例取 5kg，先用水洗干净，洗涤时注意勿损伤样本的外皮，洗涤后用布拭去表面的水分。然后，从各个块根的顶端至根部纵切具有代表性的对角 1/4、1/8 或 1/16 直至适量的分析样本，迅速切碎后混合均匀，取 300g 左右测定初水分，其余样本平铺于洁净的瓷盘内或用线串联置于阴凉通风处风干 2～3d，然后在 60～65℃的恒温干燥箱中烘干。

（六）新鲜青绿饲料及水生饲料

牧地青绿饲料可按牧地类型划分地区分点采样，每区选 5 个以上的采样点，每个采样点 1m² 的范围，在此范围内离地面 3～4cm 处割取牧草，除去不可食草，将各点原始样本剪碎，混合均匀后取分析样本 500～1 000g。栽培的青绿饲料应视田地面积按上述方法等距离分点，每点采一至数株，切碎混合后取分析样本（图 2-4）。此法也适用于水生饲料，但应注意采样后要晾干样品外表游离水分，然后切碎取分析样本。

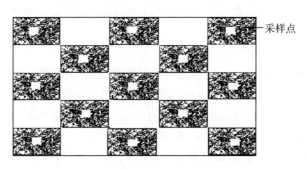

图 2-4 草地及田间采样示意图

（引自胡坚，动物饲养学实验指导，1994）

（七）青贮饲料

青贮饲料的样品一般在圆形青贮窖、青贮塔或长方形青贮壕内采取。取样前应除去覆盖的泥土、秸秆以及发霉变质的青贮饲料。然后按图 2-5 和图 2-6 中所示的采样点分层取样，原始样本重 500～1 000g。长方形青贮壕视其长度大小可分为若干段，每段设采样点分层取样。

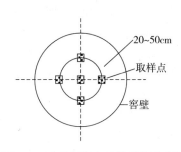

图 2-5 圆形青贮窖采样部位示意图
(引自胡坚，动物饲养学实验指导，1994)

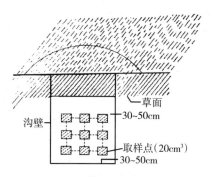

图 2-6 长方形青贮窖采样部位示意图
(引自胡坚，动物饲养学实验指导，1994)

（八）粗饲料

应用几何法在秸秆或干草的堆垛中选取 5 个以上不同部位的点采样，每个点采样约 200g，作为原始样本。然后将采取的原始样本放在纸或塑料布上，剪成 1～2cm 长度，充分混合后取分析样本约 300g，粉碎过筛装瓶。应当注意的是，在采取原始样本和分析样本过程中，应尽量避免叶片的脱落损失，以免影响其营养成分的含量，制备样本时少量难以粉碎的秸秆渣屑应当捶碎、弄细、均匀混入全部分析样本中，绝不能丢弃，保持样本的完整性或具有代表性。

第二节 风干样本与半干样本的制备

一、风干样本的制备

风干样本是指饲料原样本中不含有游离水，仅含有一般吸附于饲料蛋白质、淀粉等的吸附水，且吸附水的含量在 15% 以下的样本。例如籽实、糠麸、油饼、干草、秸秆、乳粉、血粉、肉骨粉等。风干样本的制备可按照四分法取得样本后，将样本经过一定处理如剪碎或捶碎等，再用饲料粉碎机粉碎。粉碎后的样品应经过 40～60 目标准筛，以使其具备均质性，便于溶样。粉碎过程应尽可能迅速，以避免样品吸湿及组成成分可能发生的变化。对于不易粉碎的粗饲料如秸秆渣屑等，在粉碎机里会残留极少量难以通过筛孔的部分，应尽量弄碎后一并均匀混入样品中，绝不能丢弃，以避免引起分析误差。粉碎完毕的样本 200～300g 装入磨口广口瓶里保存，贴上标签，注明样本名称、制样日期和制样人等。样本应密封存放于干燥通风且不受阳光直接照射的地方，要注意保持样本的稳定性，避免虫蛀、微生物以及植物细胞自身呼吸作用等的影响。

二、半干样本的制备

新鲜样本含有大量的游离水和少量的吸附水，两种水分的总量占样本重的 70%～90%，这类饲料包括青绿饲料、多汁饲料（含水饲料）、青贮饲料等。按照四分法和几何法，由新鲜样本中取得分析样本后，再将分析样本分成两部分。一部分分析鲜样 300～500g，用作初水分的测定，得出半干样本。半干样本经过饲料粉碎机磨细，通过 40 目筛孔，混匀装入磨口广口瓶中，贴上标签。另一部分分析鲜样可供作胡萝卜素等在高温下易被破坏的养分的测定用。

新鲜样本由于水分含量高，不易粉碎和保存，因此通常要先测定其中的初水分，制备成半干样本后作为分析样本。所谓初水分是指将新鲜样本置于60～65℃的恒温干燥箱中烘8～12h，除去部分水分，然后回潮使其与周围环境条件下的空气湿度保持平衡，在此条件下鲜样所失去的水分。

初水分的测定方法：一种方法是取鲜样200～300g，迅速切碎成1～2cm长，放入已知质量的搪瓷盘中称量，再将装有鲜样的搪瓷盘放置于120℃烘箱中烘10～15min灭酶活，然后迅速将搪瓷盘移入60～70℃烘箱中烘8～12h，取出放置于室内空气中冷却回潮24h后称量，再将搪瓷盘放入60～70℃烘箱中烘2h，按上述方法回潮后称量，直至两次称量之差不超过0.5g为止，最低值进行初水分含量的计算。

另一种方法是取新鲜样本200～300g，迅速切碎成1～2cm长，放入已知质量的搪瓷盘中称量，再将装有新鲜样本的搪瓷盘放置于120℃烘箱中烘10～15min灭酶活，然后迅速将搪瓷盘移入60～70℃烘箱中烘8～12h，取出后移入干燥器中（以$CaCl_2$为干燥剂），冷却30min后称量，再将搪瓷盘放入60～70℃烘箱内烘0.5～1h取出，移入干燥器中冷却30min称量，直至前后两次质量之差不超过0.5g为止。计算公式如下。

$$初水分含量 = \frac{新鲜样本质量（g）-半干样本质量（g）}{新鲜样本质量（g）} \times 100\%$$

第三节　样本的登记与保管

制备好的样本应存入干燥且洁净的磨口广口瓶内，作为分析样本。瓶外要贴上标签，标明样本名称及采样时间、采样人等，对某些饲料还应当有额外标明：如秸秆类饲料的收获期，调制与贮存的方法；青绿饲料的生长阶段及收获时期；青贮饲料的原料种类及收获时期、青贮方式、品质鉴定结果与混合比例；块根、块茎类饲料的收获期，贮藏时间与条件等。记录本上应详细描述样本，注明下列内容：①样本名称（包括一般名称、学名、俗名）和种类（必要时须注明品种、质量等级）；②生长期（成熟程度）、收获期、茬次；③调制和加工方法及贮存条件；④外观性状及混杂度；⑤采样地点及采集部位；⑥生产厂家和出厂日期；⑦质量；⑧采样人和分析人姓名。

样本保存时间的长短应有严格规定，这主要取决于饲料原料更换得快慢及水分含量。此外，某些饲料在饲喂后可能会出现问题，故该饲料样本应长期保存备查。而一般条件下原料样本应保留两周，成品样本应保留一个月（或与对客户承诺的保险期相同）。但有时为了特殊目的其饲料样本需保留1～2年。对于这类需长时间保存的样本可用锡箔纸软包装，经抽真空充氮气后密封，在冷库中保存备用。

✎ 本章小结

掌握正确的采样与制备方法是饲料分析的重要环节。要获得准确的分析结果，必须依靠正确的采样方法、熟练的采样与制备的技能、严格的规范管理。因此，学习本章内容，应全面了解各类饲料的采样方法与原则，重点掌握半干样本和风干样本的制备方法。

思 考 题

1. 采样的目的是什么? 在采样过程中怎样才能获得有代表性的样品? 不同种类、不同形状和形态的饲料应如何采样?

2. 常用的采样方法有哪几种?

3. 如何制备半干样本与风干样本?

4. 怎样测定样品的初水分?

5. 对于制备好的样本, 应如何登记与保管?

第三章　饲料常规养分分析

饲料常规养分分析方法是评定饲料营养价值的基本方法之一，也是进一步分析与评价饲料营养价值的基础。

第一节　概　　述

饲料概略养分分析是德国科学家 Henneberg 和 Stohmann 于 1864 年在德国 Weende 试验站提出的分析方法（feed proximate analysis），因此，也有称这种方法为 Weende 饲料分析体系之说。根据这一方法的分析方案，将饲料养分分为 6 个组分来进行分析测定，即水分、粗灰分、粗蛋白质（含氮量×6.25）、粗脂肪（乙醚浸出物）、粗纤维和无氮浸出物。但是每一类都不是一种纯的化合物，而是包括相当复杂的多种物质，所以又称为"概略养分"。这种方法的优点是设备简单，操作容易，根据近似成分的数量及其间的互相关系，可以概略地确定某种饲料的营养价值，并作为进一步分析的基础。概略养分分析法的主要缺点是：①粗蛋白质含量是根据含氮量估计的，以含氮量乘以 6.25 换算为粗蛋白质（按蛋白质平均含氮16％计算）。但是很多饲料和动物产品样品中含有非蛋白氮，计算结果有一定偏差。②粗纤维的测定方法误差大，不能确切反映植物细胞壁中纤维素、半纤维素和木质素的含量。③粗脂肪、无氮浸出物含量也不能真实反映出脂类和可溶性碳水化合物的含量。④饲料粗灰分含量数据并不能反映其矿物质营养价值，因而，在营养上的意义不大。但是，概略养分分析法自建立以来在教学、科研和生产中积累了大量的实验数据，对养殖业的发展起了非常重要的作用，故一直沿用。尽管做了许多修正，但基本上无大变化，其分析方案见表 3-1。

表 3-1　饲料概略养分分析组分简表

（引自杨胜，饲料分析及质量检测技术，1996）

组分	过程[①]	主要成分
水分（H_2O）	以刚超过水的沸点温度（100±2）℃，加热至恒重，所减少的质量即为水分含量	水分和挥发性物质
粗灰分（Ash）	（550±25）℃灼烧至恒重	矿物质
粗蛋白质（CP）	凯氏定氮法（含氮量×6.25）	蛋白质、游离氨基酸、非蛋白氮（NPN）
粗脂肪（乙醚浸出物，EE）	干燥物乙醚回流浸提	脂肪、油、蜡、色素、树脂
粗纤维（CF）[②]	经弱酸、弱碱煮沸 30min 后过滤	纤维素、半纤维素、木质素

（续）

组分	过程①	主要成分
无氮浸出物（NFE）	由 100％减去其他 5 类物质含量后所得，是一个计算值	淀粉、糖、部分半纤维素、木质素

①每组分的测定可以单独取样，也可以只取一个样，依次测定干物质、粗脂肪、粗纤维，然后再分样测定粗灰分和粗蛋白质，无氮浸出物是由 100％减去其他物质后所得，是一个计算值。

②碳水化合物＝粗纤维＋无氮浸出物。

第二节　饲料水分的测定

按照概略养分分析程序，饲料中养分首先可以分成水分和干物质。测定饲料的水分含量，就可以计算出干物质含量。饲料中的水分包括游离水和结合水，因此测定也可以分两步进行，先测定初水分（游离水），再测定吸附水（结合水），然后计算出饲料的总水分。饲料水分的测定方法可分为直接法和间接法两大类。直接法是利用水分自身的理化性质来测定的，常用的有质量法（常压干燥法、减压干燥法、蒸馏法等）和化学法（如卡尔·费希尔法）。间接法是利用水分含量与其物理化学性质的相关性为基础的方法。此外，近红外吸收光谱法、中子活化法、气相色谱法以及核磁共振等近代仪器分析方法也已引入饲料水分测定中。但这些方法需要价格昂贵的仪器，不易普及。在具体分析工作中，还应考虑饲料中是否有挥发性物质存在，是否需低温真空、某些化合物是否可起化学变化等，具体情形不同，采用的分析方法也不同，现行水分测定仍以干燥法为标准分析方法。

测定饲料中水分，不仅间接获得了干物质含量，而且也获得其他营养成分的分析制备样品，使不同饲料中各种营养成分的相互比较有一致的基础，同时对饲料在贮存、加工、运输过程中防止某些成分的转化、变性、霉烂等也有指导意义。

一、水分的表示方法

饲料水分含量有两种表示方法。一种是以包括全部水分在内的原样（鲜样）基础表示，即

$$水分含量 = \frac{m_水}{m} \times 100\%$$

式中：$m_水$ 为水分质量（g）；m 为饲料质量（g）。

另一种是以干物质为基础表示，即

$$水分含量 = \frac{m_水}{m_干} \times 100\%$$

式中：$m_水$ 为水分质量（g）；$m_干$ 为饲料中干物质量（g）。

不仅水分，饲料中的其他各种成分的含量，也有上述两种表示方法。由于饲料在放置和分析过程中，其水分因蒸发而减少，而干物质则不会因水分的变化而受影响，故各种成分的含量常以干物质为基础来表示。

二、烘箱干燥法

烘箱干燥法是美国公职分析化学家协会（Association of Official Analytical Chemists，AOAC）的方法，将样品放在（105±2）℃烘箱中烘至恒重，所失质量即代表水分含量。这种方法有一定误差，因为在水分蒸发的同时，一些短链脂肪酸和有机酸有挥发损失。

对青绿多汁饲料等高水分饲料需在（65±5）℃烘箱中测定初水分含量，同时获得半干样本，便于进一步测定其他成分。

（一）初水分的测定（半干样本的制备）

1. 原理　新鲜样本由于水分含量高，不易粉碎和保存，因此通常要先测定其中的初水分，然后进行制样获得半干样本。将新鲜样本置于（65±5）℃的恒温干燥箱中烘 8～12h，然后回潮使其与周围环境条件的空气温度保持平衡。在这种条件下失去的水分称为初水分。

2. 主要仪器设备

（1）搪瓷盘：20cm×15cm×3cm。

（2）电热恒温干燥箱。

（3）普通天平：感量 0.01g。

3. 测定步骤

（1）称量搪瓷盘：在普通天平上称取搪瓷盘的质量。

（2）称量样品：用已知质量的搪瓷盘在普通天平上称取新鲜样本 200～300g。

（3）灭酶：将装有新鲜样本的搪瓷盘放入 120℃烘箱中烘 10～15min。目的是使新鲜饲料中存在的各种酶失活，以减少对饲料养分分解造成的损失。

（4）烘干：将搪瓷盘迅速放在 60～70℃烘箱中烘一定时间，直到样品干燥容易磨碎为止。烘干时间一般为 8～12h，取决于样本含水量和样本数量。含水低、数量少的样本也可能只需 5～6h 即可烘干。

（5）回潮和称量：取出搪瓷盘，放置在室内自然条件下冷却 12～24h，然后用普通天平称量。

（6）再烘干：将搪瓷盘再次放入 60～70℃烘箱中烘 2h。

（7）再回潮和称量：取出搪瓷盘，同样在室内自然条件下冷却 12～24h，然后用普通天平称量。

如果两次质量之差超过 0.5g，则将搪瓷盘再放入烘箱，重复（6）和（7）步骤，直至两次称量之差不超过 0.5g 为止。最低的质量即为半干样本的质量。将半干样本粉碎至一定细度即为分析样本。

4. 结果计算

（1）计算公式：

$$初水分含量 = \frac{新鲜样本质量（g）-半干样本质量（g）}{新鲜样本质量（g）} \times 100\%$$

（2）重复性：每个试样，应取两个平行样进行测定，以其算术平均值为结果。两个平行样测定值相差不得超过 0.2%，否则应重做。

（二）吸附水的测定

1. 原理　将风干（或半干）试样置于（105±2）℃烘箱中，在标准大气压下烘干，直至恒重，烘后所失去的水分即为吸附水。实际上在此温度下烘干所失去的不仅是吸附水，还含有一部分胶体水分，此外，也有少量挥发油挥发及少量碳水化合物分解。与此同时，试样中的脂肪也可能氧化而使质量增加。

此法适用于测定配合饲料及单一饲料中的吸附水含量，不适用于奶制品、植物及动物的油脂等。

2. 主要仪器设备

（1）分析天平：感量 0.000 1g。

（2）实验室用样品粉碎机或研钵。

（3）分样筛：40 目、60 目。

（4）电热恒温干燥箱（烘箱）：可控温度为（105±2）℃。

（5）干燥器：用氯化钙或变色硅胶作干燥剂。

（6）称样皿：玻璃或铝制，直径 40mm 以上，高 25mm 以下。

（7）坩埚钳和药匙。

3. 测定步骤

（1）取洁净称样皿置于（105±2）℃烘箱中烘 1h 取出，在干燥器中冷却 30min（冷却至室温），称量（准确称至 0.000 2g）。

（2）将称样皿再烘 30min，同样冷却，称量，直称至两次质量之差小于 0.000 5g 为恒重。

（3）用已恒重的称样皿称取 2 份平行试样，每份 2～5g（含水量 0.1g 以上，试样厚度为 4mm 以下），准确称至 0.000 2g。

（4）将称样皿半开盖，在（105±2）℃烘箱中烘 6～8h（从温度至 105℃开始计时）后取出，盖好称样皿盖，在干燥器中冷却 30min，称量。

（5）再同样烘干 1h，冷却，称量，直至两次质量之差小于 0.002g 为止，以其中较小的值进行计算。

测定吸附水后的试样，也可保留作测粗脂肪和粗纤维之用。

4. 结果计算

（1）计算公式：

$$吸附水含量 = \frac{水分质量}{样本质量} \times 100\% = \frac{m_1 - m_2}{m_1 - m_0} \times 100\%$$

式中：m_1 为烘干前试样及称样皿质量（g）；m_2 为烘干后试样及称样皿质量（g）；m_0 为已恒重的称样皿质量（g）。

（2）重复性：每个试样，应取两个平行样进行测定，以其算术平均值为结果。两个平行样测定值相差不得超过 0.2%，否则应重做。

（三）高水分饲料中总水分的计算

高水分饲料经预先干燥处理后，其原样中总水分含量按下式计算。

$$饲料中总水分含量 = A + (1 - A) \times B$$

式中：A 为测得的初水分含量；B 为测得的半干样本中吸附水分含量。

注意事项：

①某些含脂肪高的样品，烘干时间长反而增重，乃脂肪氧化所致，应以增重前那次称量为准。

②含糖分高的易分解或易焦化试样，应使用减压干燥法测定水分。

◆ 附 3-1 水分的其他测定方法

（一）减压干燥法

1. 原理 减压干燥法又称真空干燥法，将饲料样本置于低压（真空度 80kPa 以下）、低温（60～70℃）下干燥，可避免某些含碳水化合物、脂肪、挥发性物质的饲料在 (105±2)℃下干燥时发生分解、挥发和化学反应，引起测定结果的误差，从而取得较好的分析结果，但此法干燥时间较长，操作较复杂。

2. 主要仪器设备

（1）实验室用样品粉碎机或研钵。

（2）分样筛：40 目。

（3）分析天平：感量 0.000 1g。

（4）电热真空干燥箱：附抽气装置，在使用范围（60～70℃）内能保持±1℃。为除去烘箱恢复常压时空气中的水分，进气管应连接空气脱水装置。

（5）铝盒：直径 40mm 以上，高 25mm 以下。

（6）干燥器：用氯化钙或变色硅胶作干燥剂。

3. 测定步骤 在烘干且已知质量(m_1，g）的铝盒内，放入半干样本 2～3g，准确称量（m_2，g），放入真空干燥箱中，密闭箱门后，启动抽气机使箱内压力降为 80kPa 以下，调节干燥箱温度为 60～65℃，4h 后缓慢转动进气窗，使之恢复常压。取出铝盒并迅速盖严盒盖，放入干燥器中冷却至室温（约 30min），取出称量，如此重复操作，每次干燥 1～2h，直至恒重（m_3，g）。

4. 结果计算

（1）计算公式：按最低质量（m_3，g）由下式计算。

$$吸附水含量 = \frac{m_2 - m_3}{m_2 - m_1} \times 100\%$$

（2）重复性：每个试样，应取两个平行样进行测定，以其算术平均值为结果。两个平行样测定值相差不得超过 0.2%，否则应重做。

（二）蒸馏法

1. 原理 蒸馏法主要有两种。一种是将样品放入沸点比水高的矿物油中加热，水分蒸发，冷凝后收集于标有刻度的接收管中，根据水的体积可求得样品中水的含量。另一种是将样品与同水互不混溶的有机溶剂共热，以共沸混合蒸气形式将水蒸出，冷凝后收集于刻度管中，待水与有机溶剂分层后，测量水的体积可求得样品中水的含量。常用有机溶剂的物理常数见附录七。当饲料中含热不稳定成分较多时，应选用低沸点的溶剂。

以上两种方法，以后者应用较多，其优点在于加热温度恒定，而且不易产生其他挥发性成分，影响测定结果；但其缺点是一套装置只能测定一份样品，当样品数量较多时，需多套装置。

2. 主要仪器设备

（1）实验室用样品粉碎机或研钵。

（2）分样筛：40目。

（3）蒸馏式水分测定装置：如图3-1所示。其刻度管部分可根据溶剂密度选择（密度小于水应选择图3-2A所示构型；密度大于水应选择图3-2B所示构型）。

3. 主要试剂　有机溶剂150mL，在使用前加入2~3mL蒸馏水，将水分蒸馏除去，残留溶剂用于样品测定。

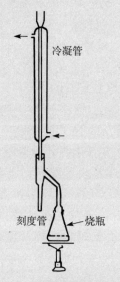

图3-1　蒸馏式水分测定装置

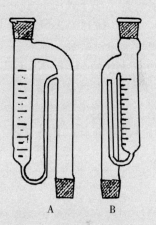

图3-2　两种构型的刻度管

4. 测定步骤

（1）准确称取适量样品（m，g；以含水分3~4.5mg为宜），置于表面光洁的纸上，卷成圆筒，小心放入烧瓶中。

（2）加入有机溶剂7mL，连接蒸馏装置，加热。先缓慢蒸馏，以每秒从冷凝管流下2~3滴为宜。待刻度管内的水增加不显著时，可加速蒸馏至每秒4~5滴。

（3）待无水分馏出时，撤去热源停止加热，用吸管吸取少量溶剂，从冷凝臂上口用力冲洗管壁附着的水分，一并回收于刻度管内。

（4）取下刻度管，冷却至25℃，准确读出刻度管内水的体积（V，mL），精确至0.05mL。

5. 结果计算

$$水分含量 = \frac{V}{m} \times 100\%$$

注意事项：

①附录七所列有机溶剂可分为轻于水和重于水两组。选用重于水的溶剂，其优点是可使样品浮于溶剂上部，不接触烧瓶底部，避免过热、炭化，缺点是溶剂冷凝后，须通过水层才能进入刻度接收管下部，易形成乳浊液，为此可加入少量戊醇或异丁醇。

②此法产生误差的主要原因：样品中的水分未完全挥发、少量水溶性物质将一同蒸出、部分水分附着于冷凝管壁、少量水分溶于有机溶剂中。

（三）卡尔·费希尔法

1. 原理　此法为非水氧化还原滴定法。卡尔·费希尔试剂（以下简称卡·费试剂）是一定量的碘与无水吡啶、无水甲醇及二氧化硫的混合液。样品用无水有机溶剂提取，当滴入卡·费试剂时，水即参与碘和二氧化硫的氧化还原反应：

$$I_2 + SO_2 + H_2O \Longrightarrow 2HI + SO_3$$

此反应是可逆的，加入无水吡啶吸收产生的 HI 和 SO_3，反应即可进行完全。

$$I_2 + SO_2 + H_2O + 3C_5H_5N \longrightarrow 2C_5H_5N \cdot HI + C_5H_5N \cdot SO_3$$

$$（氢碘酸吡啶）（硫酸酐吡啶）$$

由于硫酸酐吡啶不稳定，可加入无水甲醇，使之成为稳定的甲基硫酸氢吡啶。

$$C_5H_5N \cdot SO_3 + CH_3OH \Longrightarrow C_5H_5N（H）SO_4 \cdot CH_3$$

总的滴定反应可写成

$$I_2 + SO_2 + H_2O + 3C_5H_5N + CH_3OH \Longrightarrow 2C_5H_5N \cdot HI + C_5H_5N（H）SO_4 \cdot CH_3$$

滴定终点的判断有两种方法。一是试剂中的碘可作为自身指示剂，当溶液中有水存在时呈浅黄色，接近终点为琥珀色，到达终点时稍过量的碘呈现棕黄色。此法适合于含水量高于 1% 的样品，且其提取液应为无色或极浅色溶液。另一种方法称为永停法，即在溶液中插入两支电极，并与检流计连接，当有过量碘时，溶液电极电位（或电流）会发生变化，由此可确定终点。此法灵敏度高，适合于含水量较低、样品溶液有色的滴定。

卡·费试剂的有效浓度由其中碘的浓度决定。但新配的卡·费试剂，由于各种副反应而使碘的浓度下降。例如：

$$C_5H_5N \cdot I_2 + C_5H_5N \cdot SO_3 + C_5H_5N + 2CH_3OH \longrightarrow 2C_5H_5N \cdot HI + C_5H_5N \begin{matrix} SO_4 \cdot CH_3 \\ \\ CH_3 \end{matrix}$$

故应放置一定时间，待稳定后用含水酒石酸钠（$NaC_4H_4O_6 \cdot 2H_2O$）作基准物质（含水量为 15.66%）标定其准确浓度。

2. 主要仪器设备

（1）实验室用样品粉碎机或研钵。

（2）分样筛：40 目。

（3）卡·费水分测定仪。

3. 主要试剂

（1）无水甲醇（含水量应低于 0.05%）：量取 200mL 甲醇置于烧瓶中，加镁条（或镁屑）15g 和碘 0.5g，装上冷凝管（上端管口接氯化钙干燥管），回流至金属镁变为白色絮状甲醇镁，再加 800mL 甲醇，继续回流至镁条溶解。分馏，收集 64～65℃ 馏分的甲醇。

（2）无水吡啶（含水量应低于 0.1%）：取 200mL 吡啶于蒸馏瓶中，加苯 40mL，加热蒸馏，收集 110～116℃ 馏分的吡啶。

（3）碘：预先置于硫酸干燥器中干燥48h。

（4）无水硫酸钠。

（5）5A分子筛。

（6）二氧化硫：钢瓶装或由硫酸分解亚硫酸钠制备，气体应通过硫酸或无水硫酸钠干燥。

（7）卡·费试剂：配制时称取85g碘于干燥的1L棕色试剂瓶中，加入670mL无水甲醇盖上瓶塞，摇动至碘全部溶解，加入270mL无水吡啶，混匀，置于凉水中冷却，通入干燥二氧化硫气体60～70g（在天平上称量），完毕后加塞，放于暗处24h后标定。标定时在滴定装置的反应瓶中预先加入50mL无水甲醇以淹没电极，接通仪器电源，启动电磁搅拌器，先用卡·费试剂滴定甲醇中残留痕量水分至终点（即微安表指针到达一定刻度值，并保持1min不变），记录滴定管中卡·费试剂用量（设为V_0，mL）。用微量注射器吸取20μL（相当于20mg）蒸馏水，从进样口注入反应瓶中，继续滴定至原终点，记录滴定管中卡·费试剂读数（设为V，mL）。按下式计算卡·费试剂的滴定度T（mg/mL）。

$$T = \frac{m}{V - V_0}$$

式中：m为加入的蒸馏水质量（mg）；$V - V_0$为扣除空白后的卡·费试剂用量（mL）。

4. 测定步骤

（1）准确称取适量样品（含水量20～40mg）于称量瓶中。

（2）在反应瓶中先加入50mL无水甲醇，用卡·费试剂滴定至微安表指针到达与标定溶液浓度相同时的刻度值，并保持1min不变。记录滴定管内卡·费试剂读数（V_0，mL）。

（3）开启进样口胶塞，迅速将称量的样品投入，加塞，开动搅拌器，使样品中的水分被甲醇充分萃取。用卡·费试剂滴定至原终点，记录滴定管内液面读数（V，mL）。

5. 结果计算

$$水分含量 = \frac{T \times (V - V_0)}{m \times 1\,000} \times 100\%$$

式中：T为卡·费试剂的滴定度（mg/mL）；$V - V_0$为扣除空白值后的卡·费试剂用量（mL）；m为样品质量（g）。

注意事项：

①此法仅适用于低水分样品，如谷物等。

②为使甲醇能将样品中的水分充分提出，要求样品粒度不低于40目。样品在粉碎时，应尽量防止水分挥发损失。

③如果样品中含维生素C等还原性物质，则此法不能应用。

（四）冷冻干燥机干燥测定法

水的固、液、气三态由温度和压力决定。当压力降到610Pa，温度在0.009 8℃时，水的三态可共存，此状态点为三相平衡点。当压力低于610Pa时，无论温度怎样变化，水都不会变成液态，此时，若对冰加热，冰只能越过液态直接变成气态。同样，若保持温度不变，降低压力，也会得到同样结果。

真空冷冻干燥法测水分含量即是根据水的这种性质，将试样先经冷冻后放入冷冻干燥机，试样中水的结晶体不经过变成液体而直接进入气体阶段，可防止试样中很多挥发性物质损失。此方法目前越来越受到重视。

（五）水分快速测定仪测定法

水分快速测定仪如图3-3所示。

此法适用于饲料厂或养殖场购买含水分的谷物时，其特点是测定速度快，有利于保证购买饲料原料的质量。

测定时将定量样品放置在水分快速测定仪内部的天平秤盘上，打开天平和红外线加热装置。在红外线的直接辐射下，样品中游离水分迅速蒸发，当游离水分充分蒸发失重相对稳定后，即能通过水分快速测定的光学投影读数窗，直接读出试样物质含水率。

图3-3　水分快速测定仪

第三节　饲料含氮化合物的测定

饲料含氮化合物总称为粗蛋白质，包括纯蛋白质和氨化物。蛋白质是由氨基酸以肽键构成的多肽高分子化合物，存在于一切动植物体中，是一切细胞和组织的基本组成成分，承担着体内各种复杂的生理、生化功能，是体现生命现象的物质基础。动物从饲料中摄取蛋白质及其分解产物，以组成自身的蛋白质。因此，蛋白质含量是评价饲料营养价值的主要指标。

饲料中氨化物是一些非蛋白质态的含氮化合物，如核酸、生物碱、含氮碳水化合物、含氮类脂、卟啉、酰胺、色素以及硝态氮等。因此，用测定总氮量计算出的蛋白质，实际上包括纯蛋白物质和非蛋白氮物质，总称为粗蛋白质。

各种蛋白质中都含有一定比例的氮。长期以来，人们用测定总氮量来估计蛋白质含量。由总氮量换算蛋白质含量时，通常采用系数6.25。这是按蛋白质中平均含氮量为16％推算而来的。其实，不同饲料中蛋白质含氮比例是有差别的。因此，应当提倡不同饲料采用不同的比例系数。例如，荞麦、玉米、豌豆系数为6.25，稻米为5.95，全小麦、大麦、谷子为5.8，大豆为5.71，小麦麸为6.31，牛奶为6.38。只有对含氮比尚不清楚的饲料采用平均比例系数6.25。

蛋白质的测定方法分为直接法和间接法两类。直接法是利用蛋白质物理性质或化学性质，直接测定蛋白质含量的方法。常用的有紫外吸收光度法、折光法、双缩脲法、酚试剂法、染料结合法等，但其中有些方法不适合于混合饲料分析。间接法则是通过测定样品中的总氮量，进而推算出蛋白质含量的方法，即粗蛋白质的测定方法。常用的有凯氏定氮法、杜马斯法、奈氏比色法和次氯酸比色法等。

长期以来，人们不断致力于凯氏定氮法的改进，在缩短消化时间和提高氮的回收率等方面做了大量深入的研究，目前已提出数十种催化剂。为提高凯氏定氮法的仪器自动化水平，近年来已研制出几种自动或半自动的蛋白质分析仪。随着科学技术的进步，近代仪器分析方法如中子活化法、分光光度法、X 射线分光光度法、紫外分光光度法和红外分光光度法等，也用于蛋白质的测定中。

一、凯氏定氮法

凯氏定氮法于 1833 年由凯达尔（Kjedehl）首创，后经多人改进，迄今仍广泛应用于土壤、肥料、饲料和食品的分析中。该法具有较高的准确度和精确度，美国公职分析化学家协会（AOAC）、国际谷物化学协会（ICC）等组织都将其确定为法定分析方法。

1. 原理 饲料中的有机物在浓硫酸的作用下被消化，其中真蛋白质和氨化物中的氮转化为 $(NH_4)_2SO_4$ 中的氮，其他非氮物质则以 CO_2、H_2O 和 SO_2 形式逸出：

$$2CH_3CHNH_2COOH + 13H_2SO_4 \xrightarrow[\triangle]{\text{催化剂}} (NH_4)_2SO_4 + 6CO_2\uparrow + 12SO_2\uparrow + 16H_2O$$

消化液在浓碱的作用下进行蒸馏，放出的 NH_3 用硼酸吸收：

$$(NH_4)_2SO_4 + 2NaOH \longrightarrow 2NH_3\uparrow + 2H_2O + Na_2SO_4$$

$$4H_3BO_3 + NH_3 \longrightarrow NH_4HB_4O_7 + 5H_2O$$

然后以甲基红-溴甲酚绿作指示剂，用盐酸标准溶液滴定：

$$NH_4HB_4O_7 + HCl + 5H_2O \longrightarrow NH_4Cl + 4H_3BO_3$$

根据盐酸标准溶液的浓度和消耗的体积，即可计算出含氮量，乘以相应的蛋白质换算系数（一般用 6.25），即为粗蛋白质含量。

2. 主要仪器设备

（1）实验室用样品粉碎机或研钵。

（2）分样筛：40 目。

（3）分析天平：感量 0.000 1g。

（4）消煮炉或电炉。

（5）滴定管：酸式，25mL、10mL。

（6）凯氏烧瓶：250mL 或 500mL。

（7）凯氏蒸馏装置：常量直接蒸馏式、微量蒸馏式或半微量水蒸气蒸馏式。

（8）锥形瓶：150mL 或 250mL。

（9）容量瓶：100mL。

（10）通风橱。

3. 主要试剂

（1）浓硫酸：化学纯。

（2）硫酸铜：化学纯。

（3）无水硫酸钾或硫酸钠：化学纯。

（4）40%氢氧化钠溶液：分析纯，40g 溶于 100mL 蒸馏水。

（5）2%硼酸溶液：分析纯，2g 溶于 100mL 蒸馏水。

（6）混合指示剂：甲基红 0.1%乙醇溶液，溴甲酚绿 0.5%乙醇溶液，两溶液等体积混合，阴凉处保存 3 个月以内。

（7）0.1mol/L（或 0.05mol/L）盐酸标准溶液（邻苯二甲酸氢钾法标定）：8.4mL（或 4.2mL）盐酸（GB 622，分析纯），用蒸馏水定容到 1L。

（8）蔗糖：分析纯。

（9）硫酸铵：分析纯。

4. 测定步骤

（1）试样的消煮：称取 0.5～1g 试样（含氮量 5～80mg，精确至 0.000 2g），于光洁纸上，卷成圆筒水平插入凯氏烧瓶颈中，无损失地倒入凯氏烧瓶底部，加入硫酸铜 0.4g，无水硫酸钾或硫酸钠 6g，与试样混合均匀，再加浓硫酸 10mL 和 2 粒玻璃珠，在凯氏烧瓶或消化管口加一小漏斗，放在通风柜里的电炉或消煮炉上小火加热，待瓶内样品泡沫消失，反应缓和时，加强火力（360～410℃）。消煮的温度以硫酸蒸气在瓶颈上部 1/3 处冷凝回流为宜。如瓶壁溅有黑色固体，应小心拿起烧瓶，待冷却后，轻轻摇进消煮液中或加少量浓硫酸冲洗，再继续加热。直至溶液呈淡黄色或绿色澄清后，再继续消煮 30min。

试剂空白测定：另取凯氏烧瓶或消化管 1 个，加入硫酸铜（$CuSO_4 \cdot 5H_2O$）0.4g，无水硫酸钾或硫酸钠 6g，浓硫酸 10mL，与加有试样的处理方法相同，加热消化至溶液澄清。

（2）氮的蒸馏：

①常量直接蒸馏法（主要用于含氮量低的样本）：蒸馏装置见图 3-4。

待 4（1）中的试样消煮液冷却后，加蒸馏水60～100mL，摇匀，冷却。沿瓶壁小心加入 40%氢氧化钠溶液 50mL，立即与蒸馏装置相连。蒸馏装置冷凝管口浸入 20mL 2%硼酸溶液内，加混合指示剂 2 滴，轻摇凯氏烧瓶，使溶液混匀，加热蒸馏，直到馏出液体积约为 150mL。移动三角瓶，使冷凝管口离开液面，再蒸馏 1～2min。用少许蒸馏水冲管口并入三角瓶，即可滴定。

②半微量蒸馏法：蒸馏装置见图 3-5。

将试样的消煮液冷却，加蒸馏水 20mL，转入 100mL 容量瓶，冷却后用蒸馏水稀释至刻度，摇匀，为试样分解液。取 20mL 2%硼酸溶液，加混合指示剂 2 滴作为吸收液，使半微量蒸馏装置的冷凝管末端浸入此溶液。蒸馏装置的蒸气发生瓶的水中应加甲基红指示剂数滴，硫酸数滴，且保持此液为橙红色。

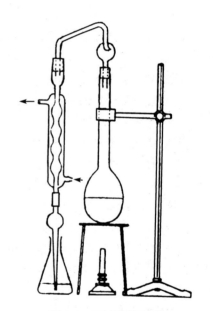

图 3-4　直接蒸馏装置

否则补加硫酸。准确移取试样分解液 10～20mL 注入蒸馏装置的反应管中。用少量蒸馏水冲洗进样入口。塞好入口玻璃塞，再加 10mL 40%氢氧化钠溶液，小心提起玻璃塞使之流入反应管，将玻璃塞塞好。且在入口处加水 5～10mL 封好，防止漏气，蒸馏 4min，使冷凝管末端离开吸收液面，再蒸馏 1min，用水洗冷凝管末端，洗液均流入吸收液，滴定。

③微量蒸馏法：微量蒸馏法的测定装置和方法与半微量蒸馏法基本一致，只是所测样本量较少，消耗的试剂相应减少。

（3）滴定：吸收氨后的吸收液立即用 0.05mol/L 盐酸标准溶液滴定，溶液由蓝绿色变

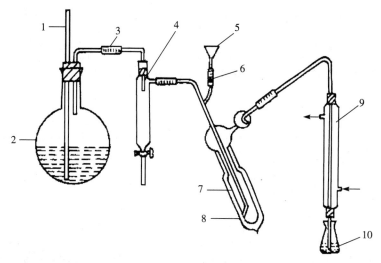

图 3-5　半微量蒸馏装置

1. 安全管　2. 蒸气发生瓶　3. 导管　4. 气水分离管　5. 样品入口　6. 玻璃珠
7. 反应管　8. 隔热套　9. 冷凝管　10. 吸收液

为灰红色为终点。

（4）空白测定：称取蔗糖 0.1g 代替试样，按上述步骤进行空白测定，消耗 0.05mol/L 盐酸标准溶液的体积不得超过 0.3mL。

5. 结果计算

（1）计算公式：

$$粗蛋白质含量 = \frac{(V_2 - V_1) \times c \times 0.014}{m \times \dfrac{V_3}{V_4}} \times F \times 100\%$$

式中：V_2 为滴定试样时所需盐酸标准溶液体积（mL）；V_1 为滴定空白时所需盐酸标准溶液体积（mL）；c 为盐酸标准溶液的物质的量浓度（mol/L）；m 为试样质量（g）；V_4 为试样分解液总体积（mL）；V_3 为试样分解液蒸馏用体积（mL）；0.014 0 为氮的毫摩尔质量（g/mmol）；F 为氮换算成蛋白质的系数（平均值为 6.25）。

（2）重复性：每个试样取两平行样进行测定，以其算术平均值为结果。当粗蛋白质含量在 25% 以上时，允许相对偏差为 1%；当粗蛋白质含量在 10%～25% 时，允许相对偏差为 2%；当粗蛋白质含量在 10% 以下时，允许相对偏差为 3%。

6. 测定步骤的检验　精确称取 0.2g 分析纯硫酸铵，代替试样，按 4 的各步骤操作，按 5 的公式计算（但不乘系数 6.25）测得硫酸铵含氮量为 21.19%±0.2%，否则应检查加碱、蒸馏和滴定各步骤是否正确。

7. 注意事项

（1）样品消化过程中，一定将消化管或凯氏烧瓶放入通风橱中，并注意控制好消化温度，避免消化液溢出或蒸干。消煮的温度以硫酸蒸气在瓶颈上部 1/3 处冷却回流为宜。如果瓶壁沾有黑色固体，小心取下凯氏烧瓶冷却后，轻轻摇动凯氏烧瓶，使其内的消化液将黑色固体洗下后再加热。

（2）消化时硫酸的用量以刚没过样品为宜，但脂肪含量高的样品应适当增加硫酸用量，在消化过程中，如果硫酸消耗过多，将影响试样的消化，一般在凯氏烧瓶口插入一个小漏斗，以减少硫酸的损失。

（3）蒸馏前应首先将装有接收液的锥形瓶放入冷凝管下防止反应产生的氨气损失；而蒸馏完毕后应先将锥形瓶取下，然后关闭蒸气，以免接收液倒流。

（4）蒸气发生瓶的塞子上应设有两个蒸气排出通道，在操作中注意两个通道不能同时关闭。

（5）试样消煮时，如加入硫酸铜 0.2g、无水硫酸钠 3g，与试样混合均匀，再加浓硫酸 10mL，仍可使饲料试样分解完全，只是试样焦化再变为澄清所需时间略长些。

二、自动定氮仪测定法

自动定氮仪测定法是采用全自动凯氏定氮仪测定饲料中含氮量。全自动凯氏定氮仪主要由消解、蒸馏、滴定装置组成，如图 3-6 所示。

1. 原理 在催化剂的作用下，利用硫酸将试样消化，使有机氮分解为无机氮生成硫酸铵，在热蒸气下向消解后的硫酸铵中加入碱液进行碱化蒸馏，最后用盐酸标准溶液滴定，根据酸的消耗量由式自动计算含氮量。该法操作简单，整个过程自动化，测定时间短，约 10min 即可测定一批。AOAC 以该法为标准测定方法，我国条件好的单位也用该法。

2. 测定步骤 以 BuchiK-370 全自动凯氏定氮仪为例，操作步骤如下。

（1）样品处理：称取 1g 样本置于仪器的凯氏烧瓶中（根据样品粗蛋白质含量高低适当增减），加入 3 片消解片

图 3-6 全自动凯氏定氮法

（硫酸钾 15g，氯化汞 0.7g），再自动通入 15mL 浓硫酸，将消化管置于红外消化炉上，先在 150～200℃下加热 0.5h，再继续升温到 600℃，继续消化 1.5～2h。直至溶液呈清亮透明。待样品液冷却后，可用自动定氮仪进行蒸馏滴定。

（2）样品测定：首先检查仪器设定参数，检查各容器中盐酸标准溶液、30%氢氧化钠、2%硼酸、水是否足够，打开冷凝水管，开启电源开关，预热 30min 后，进行 pH 校正。用 pH 为 6.86 和 4.00 的两种标准溶液标定电极，待显示校正结果 Slope：95%～105%以及 Zero Point pH 6.5～7.2 即可进入起步阶段，进行仪器的初启动（可进行 1～3 次，着重在于检查仪器是否稳定）。设定空白、硫酸铵溶液及待测样品的参数（质量、方法、组数、编号等）。设定好后进行空白溶液及硫酸铵溶液的测定，待硫酸铵校正值为 21.19%±0.2%，进入样品检测。即放入已消化好的样品，自动蒸馏、滴定。并可根据仪器给出的标准酸消耗量进行计算。

（3）计算公式：同凯氏定氮法。

3. 优点 全自动凯氏定氮仪缩短消化时间，节省电能，减轻工作量；减少人为误差，结果更准确；减少冷却、定容、吸取等步骤，提高工作效率。

4. 注意事项

（1）在称取样品时应根据盐酸标准溶液的浓度以及样品中粗蛋白质含量的高低进行调

整，使仪器灵敏。

（2）在操作过程中，注意各塑料瓶内的溶液是否足够，不足给予补足。同时注意 pH 4.00 和 pH 6.86 两种标准溶液的贮存及浓度的变化。每次仪器使用完后，应将电极放入装有 3mol/L 的 KCl 溶液中保存，用时拿出，用水清洗并浸泡 30min 以上使其激活后方可使用。在样品蒸馏的过程中，一定要注意仪器的气密性，避免样品被吸出而导致结果的不准确。

（3）滴定时无法滴加酸碱液可能由于酸碱液太少，进液管离开液面，需及时补液。

（4）酸碱桶无压力时可能是由于酸碱管路或者气泵漏气、损坏，需及时更换管路或者气泵。

（5）酸碱桶有压力，却无法加液可能是由于电磁阀电源未接通或者电磁阀内部结晶堵塞管路，需及时断电检查电磁阀接线或者拆洗电磁阀。

（6）仪器长期使用时，应及时清理加热器上的水垢，保证良好的加热效率；停止使用时应及时清洗蒸馏器及清理酸碱桶中的沉淀物。

三、紫外分光光度法

1. 原理　样品在 pH 13、温度为 125℃的碱性过硫酸盐氧化下，其中各种形态的结合氮被分解为硝酸盐，于 220nm 波长下用紫外分光光度计测定其吸光度，可求得样品总氮量。

2. 主要仪器设备

（1）实验室用样品粉碎机或研钵。

（2）分样筛：40 目。

（3）分析天平：感量 0.000 1g。

（4）紫外分光光度计。

（5）小型高压蒸汽消毒器。

（6）250mL 锥形瓶：带塞，塞壁有放气槽缝。

3. 主要试剂

（1）过硫酸钾溶液：0.1mol/L。

（2）盐酸溶液：2mol/L。

（3）氢氧化钠溶液：2mol/L。

4. 测定步骤

（1）称量：准确称取 0.04～0.06g 风干样品于 250mL 带塞锥形瓶中，加 0.1mol/L 过硫酸钾溶液 20mL、2mol/L 氢氧化钠溶液 4.5mL。

（2）消煮：补充 25mL 蒸馏水使锥形瓶溶液总体积约为 50mL，加塞（注意留通气孔），置于高压蒸汽消毒锅中，在 125℃下蒸解 30min。

（3）定容：冷却后取出锥形瓶，用蒸馏水冲洗瓶塞。用快速滤纸过滤，滤液收集于 250mL 锥形瓶中，在瓶内加入 3mL 2mol/L 盐酸，使溶液 pH 在 2～4 之间，定容至刻度。

（4）比色：在 220nm 波长处，用 1cm 石英比色皿，以蒸馏水作参比，测量其吸光度。同时进行空白试验，并从样品溶液中减去空白值。

（5）绘制工作曲线：分别吸取硝酸钾标准溶液 0.00mL、0.50mL、1.00mL、1.50mL、2.00mL、2.50mL，置于 6 个带塞锥形瓶中，然后按样品蒸解方法处理，并制成 100mL 溶液，分别测量各溶液吸光度，扣除空白值后作图。

5. 计算

$$粗蛋白质含量 = \frac{A}{m} \times \frac{V_1}{V_2} \times F \times 100\%$$

式中：A 为从工作曲线上查得的样品溶液含氮量（g）；V_1 为样品溶液体积（mL）；V_2 为工作曲线溶液体积（mL）；m 为试样质量（g）；F 为氮换算成蛋白质的系数（平均值为 6.25）。

注意事项：此法对偶氮类和部分氮杂环类化合物分解率较低。

◆ **附 3-2　饲料中纯蛋白质的测定**

纯蛋白质又称真蛋白质，是由许多种氨基酸合成的一类高分子化合物。

1. 原理　饲料蛋白质经沸水提取并在碱性溶液中被硫酸铜沉淀。过滤和洗涤后，可将纯蛋白质和非蛋白质含氮物分离，再用凯氏定氮法测定沉淀物中的蛋白质含量。

2. 主要仪器设备

（1）烧杯：200mL。

（2）定性滤纸。

（3）其他设备与粗蛋白质测定法相同。

3. 主要试剂

（1）10％硫酸铜溶液：分析纯硫酸铜（$CuSO_4 \cdot 5H_2O$）10g 溶于 100mL 水中。

（2）2.5％氢氧化钠溶液：2.5g 分析纯氢氧化钠溶于 100mL 水中。

（3）1.0％氯化钡溶液：1g 氯化钡（$BaCl_2 \cdot H_2O$）溶于 100mL 水中。

（4）2mol/L 盐酸溶液。

（5）其他试剂与粗蛋白质测定法相同。

4. 测定步骤　准确称取试样 1g 左右（精确至 0.000 1g）置于 200mL 烧杯中，加 50mL 蒸馏水，加热至沸，加入 20mL 10％硫酸铜溶液，20mL 2.5％氢氧化钠溶液，用玻璃棒充分搅拌，放置 1h 以上，用定性滤纸过滤，然后用 60～80℃热蒸馏水洗涤沉淀 5～6次，用 1.0％氯化钡溶液 5 滴和 2mol/L 盐酸溶液 1 滴检查滤液，直至不生成白色硫酸钡沉淀为止。将沉淀和滤纸放在 65℃烘箱干燥 2h，然后全部转移到凯氏烧瓶中，按半微量凯氏定氮法进行氮的测定。

5. 结果计算　同粗蛋白质测定。

◆ **附 3-3　动物性饲料中挥发性盐基氮的测定**

挥发性盐基氮是指肉品中的蛋白质在酶和细菌的作用下，分解产生的氨（NH_3）和胺类（$R—NH_2$）等一大类碱性含氮物，此类物质有毒，可以和组织内的酸性物质结合，形成挥发性的 $NH_4^+ \cdot R$ 即盐基态氮，故称挥发性盐基氮（TVB-N）。

1. 仪器设备

（1）样品粉碎机或研钵。

（2）分样筛：孔径 0.45mm。

（3）分析天平：感量 0.1mg。

（4）电炉。

（5）离心机：3 500r/min。

（6）微量酸式滴定管：最小分度值为 0.01mL。

（7）半微量定氮装置。

2. 试剂

（1）0.6mol/L 高氯酸溶液：高氯酸 50mL，加蒸馏水定容至 1 000mL。

（2）4% 氢氧化钠溶液。

（3）0.01mol/L 盐酸标准滴定溶液。

（4）1% 硼酸吸收液。

（5）硅油消泡剂。

（6）混合指示剂：甲基红 0.1% 乙醇溶液与溴甲酚绿 0.5% 乙醇溶液等体积混合，临用前配制。

（7）1% 甲基红指示剂：称取甲基红指示剂 1g，溶解于 100mL 95% 乙醇中。

3. 测定步骤

（1）取饲料样品用四分法缩分、粉碎并通过 0.45mm 孔径分样筛。

（2）称取试样 5g（精确至 0.1mg）至 50mL 容量瓶中，加入 0.6mol/L 高氯酸溶液 40mL，振摇 30min，用 0.6mol/L 高氯酸溶液定容，摇匀。

（3）取此浸提液约 30mL 于 50mL 离心管中，离心 5min，精密吸取浸提上清液 10.00mL，注入半微量定氮装置反应管内。另取 1% 硼酸吸收液 30mL 置于锥形瓶内，加混合指示剂 2～3 滴，并将锥形瓶置于半微量定氮装置冷凝管下端，使其下端插入硼酸吸收液的液面下。

（4）在蒸气发生瓶中加入 1% 甲基红指示剂 1～2 滴，在样品反应装置中加入硅油消泡剂 1～2 滴和 4% 氢氧化钠溶液 10mL，然后迅速加塞，并加水密封，防止漏气。

（5）通入蒸气，当馏出液达到 150mL 后，将冷凝管末端离开吸收液面，再蒸 1min，用水冲洗冷凝管末端，洗液并入锥形瓶内，然后停止蒸馏。用 0.01mol/L 盐酸标准滴定溶液滴定，溶液由蓝绿色变为灰红色为终点。同时用 0.6mol/L 高氯酸溶液 10.00mL 代替浸提上清液进行空白试验。

4. 结果计算

$$挥发性盐基氮含量 = \frac{(V_2 - V_1) \times c \times 0.014}{m \times \dfrac{V_3}{V_4}} \times 100\%$$

式中：V_2 为滴定试样时所需盐酸标准滴定溶液体积（mL）；V_1 为滴定空白时所需盐酸标准滴定溶液体积（mL）；c 为盐酸标准滴定溶液的物质的量浓度（mol/L）；m 为试样质量（g）；V_4 为试样分解液总体积（mL）；V_3 为试样分解液蒸馏用体积（mL）；0.014 为氮的毫摩尔质量（g/mmol）。

第四节　饲料脂类的测定

脂类包括脂肪和类脂。脂肪由一分子的甘油（丙三醇）和三分子的脂肪酸构成，故又称为甘油三酯。类脂包括脂肪酸、磷脂、糖脂、固醇、蜡质等。

脂类化合物分子中常含有长碳链或其他非极性基团，即具有疏水性，难溶于水，而易溶于乙醚、石油醚、四氯化碳等非极性溶剂或甲醇、氯仿等弱极性溶剂。由于不同样品的脂类化合物中，碳链的长度和饱和程度以及脂的分子构型等存在某些差异，所以用不同溶剂作提取剂时，其测定结果也有差异。在实际分析工作中可根据具体情况采用下列分析方法。

一、索氏提取法

1. 原理　索氏（Sohlet）提取法或乙醚萃取法的原理是根据饲料样本中的脂类可溶于有机溶剂如乙醚，通过乙醚反复抽提，使溶于乙醚中的脂肪随乙醚流注于盛醚瓶中，由于乙醚和脂肪的沸点不同，控制水浴温度，蒸发去乙醚，盛醚瓶所增加的质量即为该样本的脂肪量。

由于游离脂肪酸、卵磷脂、蜡质、麦角固醇、胆固醇、脂溶性维生素、叶绿素等物质亦溶于乙醚，此法所测得脂肪并不纯，故统称为粗脂肪。

2. 主要仪器设备

（1）实验室用植物样品粉碎机或研钵。

（2）分样筛：40 目

（3）分析天平：感量 0.000 1g。

（4）恒温水浴装置：室温至 100℃。

（5）恒温烘箱。

（6）索氏脂肪提取器（图 3-7）：提脂管体积 100mL 或 150mL。

（7）滤纸或滤纸筒：中速，脱脂。

（8）脱脂棉线。

（9）干燥器：用氯化钙（干燥级）或变色硅胶为干燥剂。

3. 主要试剂　乙醚：化学纯。

4. 测定步骤

（1）将已洗净的盛醚瓶置于（105±2）℃的烘箱中烘干 30min，然后取出于干燥器内冷却 30min，称量。再烘干 30min，同样冷却、称量，两次质量之差小于 0.001g 为恒重。

（2）洗净并装置好脂肪提取器（干燥无水），检查装置是否严密。

（3）称取试样 1～5g（精确至 0.000 2g）于滤纸筒中，或用滤纸包好，用脱脂棉线扎成一定大小的脂肪样品包（其高度不超过浸提管高度的 2/3，宽度以能放入即可）。用铅笔作上编号，

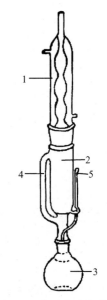

图 3-7　索氏脂肪提取器
1. 冷凝器　2. 提脂管
3. 盛醚瓶　4. 蒸气管
5. 虹吸管

置于（105±2）℃烘箱内烘干 2h（或称测水分后的干试样，折算成风干样重）取出待用。

（4）用镊子将滤纸筒或脂肪样品包放入提脂管内，加少许乙醚，盛醚瓶中加乙醚 60～100mL。在 60～75℃水浴装置（用水）上加热，使乙醚回流，回流速度为每小时 4～6 次，经 8～16h，样品中的脂肪即全部提出，或控制乙醚回流次数为每小时约 10 次，共回流约 50 次（含油高的试样约 70 次）或检查抽提管流出的乙醚挥发后不留下油迹为抽提终点。

（5）浸提完毕取出脂肪样品包，然后让乙醚再回流一次，再开始回收乙醚，直至盛醚瓶中乙醚几乎全部回收完。最后取下盛醚瓶，在水浴上蒸去残余乙醚。用酒精棉擦净瓶外壁。

（6）将盛醚瓶置于（105±2）℃烘箱内烘干 1h，取出后干燥器中冷却 20min，称量。再烘干 30min 同样冷却称量，至两次质量之差小于 0.001g 为恒重。

5. 结果计算

（1）计算：

$$粗脂肪含量 = \frac{m_2 - m_1}{m} \times 100\%$$

式中：m 为风干试样质量（g）；m_1 为已恒重的盛醚瓶质量（g）；m_2 为已恒重的浸提后盛醚瓶质量（g）。

（2）重复性：每个试样取两个平行样进行测定，以其算术平均值为结果。粗脂肪含量在 10% 及以上，允许相对偏差为 3%；粗脂肪含量在 10% 以下，允许相对偏差为 5%。

二、鲁氏残留法

鲁氏（C. B. Pymkobckий）残留法的原理是用乙醚提取试样后，样品减少的质量即为粗脂肪的含量。仪器设备、试剂与索氏提取法完全相同，操作步骤也与索氏提取法基本相同，不同的只是脂肪样品包在浸提前后要烘干至恒重。样品的结果可采用下列公式计算。

$$粗脂肪含量 = \frac{m_1 - m_2}{m_1 - m_0} \times 100\%$$

式中：m_0 为滤纸＋称量皿的质量（g）；m_1 为浸提前样品包＋称量皿的质量（g）；m_2 为浸提后样品包＋称量皿的质量（g）。

上述两种方法都是以乙醚为溶剂的提取方法，其优点是具有较好的准确度和精密度，尤其是测定粗脂肪含量在 5% 以下的样品，用此法比较可靠。缺点是费工费时，反复提取需 8～16h；另外乙醚不能将样品中的全部脂肪提尽，这是因为部分脂肪常与蛋白质或碳水化合物等非脂肪成分结合，成为结合态脂类，如脂蛋白、糖脂、磷脂等；同时样品也必须是烘干的，因乙醚难以渗入含水样品的组织内部，但在烘干样品时，又应考虑到脂肪在高温下易被空气氧化等情况。

注意事项：

（1）乙醚易燃烧，在用乙醚提取时，实验室内严禁点酒精灯、擦火柴、吸烟等，以防着火。

（2）盛醚瓶称量前后的取放，宜用坩埚钳或垫纸张，不宜用手直接接触，以免手上油汗沾染盛醚瓶，影响测定结果。

（3）包扎样本时，应先将手洗净，以免影响结果。

（4）索氏测定脂肪法与饲料中其他营养成分概略养分分析法一样准确度不够高，植物种子的乙醚提取物中真脂肪有 86%，青绿饲料的乙醚提取物中真脂肪量极少，大部分为叶绿素。

（5）肉类（猪肉、鸡肉、鱼肉等）中脂肪测定前须先烘去肉中的水分。具体方法如下：称取磨碎鲜肉约 10g 放在铺有少量石棉的滤纸筒或滤纸上，用小棒混匀，将滤纸筒或滤纸移入瓷盘或铝匣中，在 100~120℃烘箱中烘 6h，取出瓷盘或铝匣冷却后，用棉线包扎滤纸包，以下步骤按照饲料中脂肪测定法进行。

（6）估计样本中所含脂肪在 20% 以上时，浸提时间需用 6h；5%~20% 时，需 12h；5% 以下时则需 8h。

三、酸性溶剂与乙醚联合提取法

酸性溶剂与乙醚联合提取法克服了单用乙醚作溶剂不能充分提取样品颗粒内部和与蛋白质或碳水化合物结合的脂类等缺点，因此自 1925 年起就被 AOAC 定为测定脂类的标准方法，但不适合于含磷脂量较高的样品。

1. 原理 当样品用盐酸溶液加热水解时，细胞壁被破坏，其中的蛋白质和碳水化合物水解。而脂类则以游离态溶出，然后用乙醚溶剂提取，即可测定脂类含量。

2. 主要仪器设备

（1）实验室用植物样品粉碎机或研钵。

（2）分样筛：40 目。

（3）分析天平：感量 0.000 1g。

（4）恒温干燥箱。

（5）恒温水浴装置。

（6）干燥器。

（7）平底烧瓶：120~150mL。

（8）漏斗和定量滤纸。

（9）试管：50mL，带玻璃塞。

3. 主要试剂

（1）盐酸溶液：分析纯，4mol/L。

（2）95% 乙醇：分析纯。

（3）乙醚。

4. 测定步骤

（1）将洗净的平底烧瓶置于（105±2）℃恒温干燥箱中烘 1h，取出放入干燥器中冷却至室温，称至恒重（精确至 0.001g）。

（2）准确称取 2~5g 样品于 50mL 烧杯中，加乙醇 2mL，用玻璃棒混合。风干样品加 4mol/L 盐酸溶液 10mL，高水分样品则加盐酸量酌减。充分混合后盖上表面皿，在 70~80℃水浴上加热 30~40min，并不时搅拌，冷却后转入 50mL 试管（最好用莫琼尼尔管 Mojonnier-tribe）中。烧杯和玻璃棒用 8mL 95% 乙醇冲洗，再用 2~5mL 乙醚洗净，两次洗涤液都收集于试管中。盖上玻璃塞，轻轻振荡混合。然后慢慢转动玻璃塞，放出乙醚气体。再次加塞，用手指压紧玻璃塞，用力上下振荡 1min，再次放出气体。

（3）加塞静置，待乙醇与黑褐色水层分离后，小心吸取乙醚层过滤，滤液收集于已称至恒重的平底烧瓶中。再用 20mL 乙醚分两次提取，吸取乙醚层过滤，滤纸用乙醚洗涤。滤液和洗涤液均收集于平底烧瓶中。

（4）将平底烧瓶置于 70～80℃ 水浴上加热，待乙醚蒸干后，擦净瓶底和外壁，置于 (105 ± 2)℃ 恒温干燥箱中烘 1h，取出放入干燥器中冷却 30min，称至恒重。

5. 结果计算

$$粗脂肪含量 = \frac{m_1-m_0}{m}\times100\%$$

式中：m_0 为平底烧瓶的质量（g）；m_1 为平底烧瓶＋脂肪的质量（g）；m 为样品的质量（g）。

注意事项：

①此法不宜用于含磷脂量较高的样品。因为磷脂在盐酸加热水解时，分解为脂肪酸和碱，而此法只定量前者，从而使测定结果偏低。

②加入乙醇可以防止加盐酸时样品固化。如乙醇未浸透样品，可再追加 2mL，但以后加入的乙醇量应减去追加量，使总量保持 10mL。

③若乙醚和水难以分层或乙醚层有水泡，可用离心机分离。

④蒸发乙醚应在通风柜中进行，而且附近不能有明火，以防乙醚燃烧。

四、氯仿-甲醇提取法

1. 原理　将样品与氯仿-甲醇溶液一起振荡时，非脂部分进入甲醇层，而脂肪则进入氯仿层，用氯化钠溶液洗涤氯仿层，进一步分离提出的蛋白质等，用硫酸钠干燥，挥干氯仿，称残留物质量即可计算样品中的脂类总量。

2. 主要仪器设备

（1）实验室用植物样品粉碎机或研钵。

（2）分样筛：40 目。

（3）分析天平：感量 0.000 1g。

（4）试管：具玻璃塞。长 200mm，口径 24～29mm；长 150mm，口径 19～26mm。

（5）砂芯坩埚：1 号、4 号。

（6）25mL 试管：具玻璃塞。

（7）称量瓶（或烧瓶）：50mL。

（8）涡动试管摇动器。

（9）离心机。

（10）玻璃珠：直径 5.5～6.5mm。

3. 主要试剂

（1）甲醇。

（2）氯仿。

（3）20%氯化镁溶液：20g 氯化镁溶于 100mL 水中。

（4）0.1%氯化钠溶液：0.1g 氯化钠溶于 100mL 水中。

（5）无水硫酸钠：将硫酸钠置于 120～135℃烘干。

4. 测定步骤

（1）准确称取 5g 样品，放入 200mm 长试管内，加几粒玻璃珠、5mL 氯仿、10mL 甲醇、0.05mL 20％氯化镁溶液，用涡动试管摇动器混合 2min，再加 5mL 氯仿，再混合 2min，加蒸馏水，使总水量（包括样品中的水分）为 9.0mL，再混合 0.5min。

（2）用 1 号砂芯坩埚通过轻微负压（如轻微抽气）过滤提取液，滤液收集于 150mm 长的试管中，用氯仿冲洗提取管和砂芯坩埚上的残留物 3 次（每次用氯仿 2.5mL），摇动试管内容物，然后以 1 500r/min 离心 5min，在不搅动氯仿层的情况下，尽可能地吸去上层水。在氯仿层中加入 10mL 0.1％氯化钠溶液，轻轻颠倒混合 6 次以上（过分振摇会形成乳浊液），每次倒转后都要慢慢转动玻璃塞，放出管中产生的气体。再将试管放入离心机中，以 1 500r/min 离心 5min，在不搅动氯仿层情况下，吸出上层水，加 1～2g 粉末状无水硫酸钠，塞紧玻璃塞，用力摇动以吸干氯仿中的水分。

（3）用 4 号砂芯坩埚过滤氯仿提取液，轻微抽气，滤液进入干燥试管中，用氯仿冲洗原来盛提取液的试管和砂芯坩埚 8 次，每次用量 2.5mL，冲洗液也合并于上述干燥试管中。

（4）将过滤后的氯仿提取液转入预先称至恒重的烧瓶中，试管用少量氯仿分数次洗净，将烧瓶放置蒸气浴上，蒸发氯仿。当全部氯仿除尽后，将溶有脂肪残留物的烧瓶置于（105±2）℃恒温干燥箱中烘 5min，取出放入干燥器中冷却 30min，称量。

5. 结果计算

$$脂类总含量 = \frac{m_1 - m_0}{m} \times 100\%$$

式中：m_0 为空烧瓶的质量（g）；m_1 为烧瓶＋脂肪的质量（g）；m 为样品的质量（g）。

注意事项：

①加入氯化镁溶液可减少混合过程中发生的乳化现象。

②由于提取液中含有少量蛋白质，加入氯化钠溶液后即可除去。

③由于滤纸能吸收磷脂，故采用砂芯坩埚过滤。

◆ 附 3-4　Tecator 公司脂肪测定仪操作步骤

以下操作步骤适用于瑞典 Tecator 公司生产的 Soxteoc System HT6。

传统的索氏提取法因它的精确性和重复性而被世界所公认，但其缺点是手工索氏浸提法操作太费时间。

脂肪测定仪既采用经典索氏提取法原理，又可大大缩短浸提时间，它将浸提过程分为高温沸腾浸提与冲洗浸提两个步骤，整个浸提过程一般只需 30～60min，依样品类型而定，从而可以快速测定试样中的粗脂肪含量。

操作步骤如下。

（1）打开恒温加热装置开关，控制工作温度为 75℃。

（2）用万分之一分析天平称 2g 左右的样品（精确至 0.000 2g）（m_1），放入滤纸筒内烘干。

（3）用套筒夹将 6 个滤纸筒装入浸提冷凝管内，当确认滤纸筒已被磁铁吸牢后取下套筒夹。

（4）用分析天平称浸提杯质量（m_2），然后加入约 50mL 无水乙醚，用杯托将 6 个浸提杯放在加热板上，再将冷凝管提升装置搬下，使浸提杯与冷凝管连接好。

（5）事先接通浸提冷凝管的冷却水，将滤纸筒置于"沸腾"位置。冷凝管应有良好的冷凝作用。

（6）无水乙醚沸腾15～30min（依样品含油量而异）后，将滤纸筒提升到"冲洗"位置，冲洗30～45min。

（7）冲洗结束后，关闭冷凝管旋塞阀，回收乙醚。

（8）松开冷凝管提升机构，取下浸提杯，并放入烘箱烘干。

（9）在干燥器中冷却浸提杯，然后用分析天平称量（m_3）。

（10）按以下公式计算样品中粗脂肪含量。

$$粗脂肪含量 = \frac{m_3 - m_2}{m_1} \times 100\%$$

◆ 附 3-5　脂肪酸的测定

测定饲料脂肪中的脂肪酸主要有两种情况：一种是总酸度的测定，可作为衡量饲料脂肪酸败程度的标志，为饲料的可饲性和贮存方法的改进提供决策依据。另一种是对个别重要脂肪酸的测定。例如，油酸、亚油酸、亚麻酸、花生四烯酸等具有重要生理作用，常作为重要营养物质加以测定，而芥酸等则作为有害物质加以测定。

（一）总酸度的测定

1. 原理　用苯等溶解试样，以酚酞为指示剂，用标准碱溶液滴定试样溶液中的酸，最后按标准碱溶液的消耗量计算试样中的总酸含量。

2. 主要仪器设备

（1）实验室用植物样品粉碎机或研钵。

（2）分样筛：40目。

（3）滴定管：25mL。

（4）三角瓶：250mL。

（5）天平：感量0.000 1g。

（6）带玻璃塞锥形瓶。

（7）容量瓶、移液管、称量瓶、试剂瓶。

3. 主要试剂

（1）0.01mol/L氢氧化钠-95%乙醇标准溶液。

（2）酚酞指示剂：0.1%酚酞-乙醇溶液。

（3）苯。

4. 测定步骤

（1）称量：准确称取10～20g样品（精确至0.001g）放入锥形瓶中，准确加入50mL苯，加塞振荡几秒钟后，松开瓶塞放出产生的苯蒸气，再加塞振荡30min。

（2）滴定：待溶液静止澄清后，准确吸取20mL溶液，转入250mL三角瓶中，加2滴酚酞指示剂，立即用0.01mol/L氢氧化钠-95%乙醇标准溶液滴定，直至溶液呈粉红色并在 0.5min 内不褪色为终点。记录消耗的 0.01mol/L 氢氧化钠-95％乙醇标准溶液体积。同时做空白试验。

5. 结果计算

$$总酸度（mg\ KOH/g）=\frac{(V-V_0)\times c\times 56.1}{m}\times\frac{V_1}{V_2}$$

式中：V 为滴定样品溶液时消耗的碱标准溶液体积（mL）；V_0 为空白试验消耗的碱标准溶液体积（mL）；c 为碱标准溶液的物质的量浓度（mol/mL）；V_1 为样品溶液总体积（mL）；V_2 为滴定时所取样品溶液体积（mL）；m 为样品质量（g）；56.1 为氢氧化钾的摩尔质量（g/mol）。

注意事项：

①取样后应即时进行测定，不宜久放，否则脂肪分解会使酸度上升。

②提取脂肪酸所用的溶剂有水、乙醇-乙醚（1∶1）混合液、苯等。青绿饲料中含低级脂肪酸（如苹果酸、柠檬酸、草酸、酒石酸、琥珀酸等）较多，可用煮沸冷却后的水提取。高级脂肪酸不溶于水，而溶于有溶剂，故谷物、油饼、动物性饲料的酸度测定则选择有机溶剂作提取剂。而有机溶剂中乙醚挥发性较强，且溶解能力稍差，通常用苯较多。

（二）脂肪酸的测定

1. 原理 脂肪酸具有一定挥发性，可用气相色谱法直接测定。但高级脂肪酸的沸点较高，高温气化不但测定速度慢，而且一些不饱和脂肪酸易发生分解，故通常采用甲酯化，使之转变为低沸点衍生物后进行测定。

常用的甲酯化方法有两种：一种是在甲醇溶液中，以三氟化硼为催化剂，使脂肪酸的羧基生成甲酯；另一种是在浓硫酸作用下，与甲醇反应生成甲酯。第一种方法操作简便、快速、无副反应，为最常用的方法。

2. 主要仪器设备

（1）实验室用样品粉碎机或研钵。

（2）分样筛：40 目。

（3）分析天平：感量 0.000 1g。

（4）气相色谱仪：配双氢火焰检测器。

（5）色谱柱：直径 0.4cm、长 2m 的不锈钢管柱；硅烷化担体为 Chromosorb W80～100 目，经酸洗和二氯二甲基硅烷处理；固定液为 20％～30％聚乙二醇丁二酸酯（DEGS）或 10％～15％阿皮松 L。

（6）索氏脂肪提取器及回流冷凝装置。

（7）K-D 浓缩器。

（8）恒温水浴装置。

（9）分液漏斗。

3. 主要试剂

（1）三氟化硼-甲醇溶液：将 10g 三氟化硼乙醚溶液与 100g 无水甲醇混合而成。

（2）1％碳酸钠溶液。

（3）0.5mol/L 氢氧化钾-乙醇溶液。

（4）石油醚：沸程 30～60℃。

（5）乙醚。

（6）无水硅酸钠：200℃下烘 1h，放干燥器中冷却，备用。

（7）脂肪酸甲酯标准样品溶液或混合标准溶液。

4. 测定步骤

（1）色谱柱的制备：称取 100g 左右的硅烷化担体，放入溶于丙酮或氯仿的 20%～30% 聚乙二醇丁二酸酯（DEGS）或 10%～15% 阿皮松 L 溶液中，搅拌使固定液均匀地涂于担体表面，倒出多余的溶液。担体放入瓷盘中，置于通风橱中晾干。将色谱柱先用 10% 氢氧化钠溶液、甲醇和苯分别清洗后，烘干。在色谱柱一端用玻璃棉塞住，抽气减压，小心装入涂好固定液的担体，并不时轻轻敲击柱子，使填充的担体均匀而紧密，装满后用玻璃棉塞住另一端柱口。将色谱柱接于仪器中，于 200℃ 柱温下，用测试时载气流量的一半老化 36h。

（2）样品溶液的制备：准确称取 10g 左右样品（精确至 0.001g），用脱脂滤纸包好，置于 100～150℃ 恒温箱中烘 3h，取出放入索氏脂肪提取器中，用石油醚提取 8～16h。提取完毕后，将提取液浓缩至 10mL 左右，全部转入分液漏斗中，加 10mL 1% 碳酸钠溶液，振荡，游离脂肪酸即以钠盐形式进入水层，静置分层，分出水层于另一分液漏斗中，石油醚再用 10mL 1% 碳酸钠溶液提取 1 次，合并 2 次提取液，用 2mol/L 盐酸酸化至 pH 为 3（此时脂肪酸又游离而出）。再用石油醚提取 2～3 次，每次用 5mL，合并石油醚于另一分液漏斗中，用蒸馏水洗涤至中性（pH 试纸检查）分出水层，用 2g 无水硅酸钠干燥，将石油醚转入 50mL 烧瓶中，在水浴上浓缩，即得游离脂肪酸。

（3）提取混合脂肪酸（游离脂肪酸和结合态脂肪酸）：准确称取 2～5g 样品，按前述步骤用脂肪提取器提出脂类，然后在提取液中加入 0.5mol/L 氢氧化钾-乙醇溶液 20mL，加热回流 1h（80～90℃），蒸出大部分乙醇后，加蒸馏水 30mL 稀释。用乙醚振摇提取 2 次，每次用量 10mL，以除去不皂化物。用稀酸酸化（pH 为 3），用乙醚提取脂肪 2～3 次，每次用量 10mL。合并乙醚层，用蒸馏水洗涤至中性，加无水硅酸钠干燥。转入 50mL 烧瓶中，在水浴上浓缩，即得混合脂肪酸。

（4）甲酯化：在上述烧瓶中加入 3～5mL 三氟化硼-甲醇溶液，装上回流冷凝管，在 80℃ 水浴上加热 10min，取下冷却，转入 100mL 分液漏斗中。烧瓶分别用 15mL 饱和食盐水和 10mL 石油醚冲洗，冲洗液并入分液漏斗中。振摇 5min，弃去水层，再用 10mL 饱和食盐水洗涤 1 次，弃去水层。将石油醚用无水硅酸钠干燥后，放入 K-D 浓缩器中，分液漏斗用 5mL 石油醚冲洗 2 次，洗后的石油醚也放入浓缩器中，减压浓缩至一定体积。

测定时的色谱条件为柱温从 150℃ 开始，以 6～8℃/min 程序升温至 180～200℃。检测器温度为 250℃，气化室温度为 250℃。氮气流速 20mL/min，氢气流速 40mL/min，空气流速 40mL/min。

（5）样品测定：用微量注射器准确吸取 2～10μL（含各种脂肪酸 10～50μg）样品溶液，注入基线稳定的气相色谱仪中，按上述色谱条件测得各组分色谱图和保留时间，再准确吸取一定体积的标准样品溶液或混合标准溶液，测定其色谱图和保留时间。测量标样和样品溶液各组分的峰面积并求得质量矫正因子（F）。

5. 结果计算

$$脂肪酸含量 = \frac{A_i \times m_s}{A_s \times m_m} \times F \times 100\%$$

式中：A_i 为被测组分的峰面积值；A_s 为内标组分的峰面积值；m_s 为内标溶液中内标物质量（g）；m_m 为样品质量（g）；F 为被测组分的质量矫正因子。

注意事项：

①各组分的质量矫正因子为：乳酸 16，草酸 6.05，富马酸 2.6，丁二酸 1.06，戊二酸 2.39，软脂酸 2.57，油酸 2.33，亚油酸 6.72，亚麻酸 7.09。

②各种脂肪酸在色谱图中的出峰顺序按碳原子数的增加顺序排列，当碳原子数相等时，则随不饱和度的增加而推延。

第五节　饲料粗灰分的测定

粗灰分是饲料样品在高温炉中将所有有机物质全部氧化后剩余的残渣，主要为矿物质氧化物或盐类等无机物质，有时还含有少量泥沙。灰分分为水溶性与水不溶性、酸溶性与酸不溶性的。水溶性灰分大部分是钾、钠、钙、镁等氧化物和可溶性盐；水不溶性灰分除泥沙外，还有铁、铝等的氧化物和碱土金属的碱式磷酸盐。酸不溶性灰分大部分为污染掺入泥沙和原来存在于动植物组织中经灼烧成的二氧化硅。测定粗灰分，可掌握饲料中的灰分总量，了解不同生长期、不同器官中灰分的变动情况；也可在此基础上测定灰分中组成元素的含量。此外，测定粗灰分对饲料品质鉴定也有参考意义，若含量过高，可怀疑饲料中可能混入沙石、土等。

1. 原理　试样在 550℃灼烧后，所得残渣，用质量分数表示。残渣中主要是氧化物、盐类等矿物质，也包括混入饲料中的沙石、土等，故称粗灰分。

2. 主要仪器设备

（1）实验室用样品粉碎机或研钵。

（2）分样筛：40 目。

（3）分析天平：感量 0.000 1g。

（4）高温炉：电加热，有温度计且可控制炉温在（550±20）℃。

（5）坩埚：50mL，瓷质。

（6）坩埚钳。

（7）干燥器：用氯化钙或变色硅胶为干燥剂。

3. 测定步骤

（1）坩埚恒重：将干净坩埚放入高温炉中，在（550±20）℃下灼烧 30min。取出，在空气中冷却约 1min，放入干燥器中冷却 30min，称量。再重复灼烧、冷却、称量，直至两次质量之差小于 0.000 5g 为恒重。

（2）称样品：在已知质量的坩埚中称取 2~5g 试样（勿使样品高于坩埚深度的 1/2，灰分质量应在 0.05g 以上）。

（3）炭化：将盛有样品的坩埚放在电炉上，坩埚盖须留一小缝隙，小心炭化，在炭化过程中，应在低温状态加热灼烧直至无烟，然后升温灼烧至样品无炭粒（勿着明火）。

（4）灰化及称恒重：将炭化至无烟坩埚用坩埚钳移入高温炉内，坩埚盖须留一小缝隙，在（550±20）℃下灼烧 3h，待炉温降至 200℃ 以下，取出，在空气中冷却约 1min，放入干燥器中冷却 30min，称量。再同样灼烧 1h，冷却、称量，直至两次质量之差小于 0.001g 为恒重。

4. 结果计算

（1）计算公式：试样中粗灰分含量按下式计算。

$$粗灰分含量 = \frac{m_2 - m_0}{m_1 - m_0} \times 100\%$$

式中：m_0 为已恒重空坩埚的质量（g）；m_1 为坩埚＋试样的质量（g）；m_2 为灰化后坩埚＋灰分的质量（g）。

（2）结果表示：每个试样取两个平行样进行测定，以其算术平均值为测定结果。允许差满足下列要求，结果表示至 0.1%（质量分数）。

（3）允许差：粗灰分含量大于或等于 5% 时，允许相对偏差为 1%；粗灰分含量小于5% 时，允许相对偏差为 5%。

5. 注意事项

（1）坩埚的准备：新坩埚编号，将带盖的坩埚洗净烘干后，用毛笔或钢笔蘸 0.5% 的氯化铁墨水溶液（称 0.5g $FeCl_3 \cdot 6H_2O$ 溶于 100mL 水中）编号，然后于高温炉中 550℃ 灼烧30min 即可。

（2）试样开始炭化时，坩埚盖须留一小缝隙，便于气流流通；温度应逐渐上升，防止火力过大而使部分样品颗粒被逸出的气体带走。

（3）为了避免试样氧化不足，不应把试样压得过紧，应松松放在坩埚内。

（4）灼烧温度不宜超过 600℃，否则会引起磷、硫等盐的挥发。

（5）灰化后样品一般呈白灰色，但其颜色与试样中各元素含量有关，含铁高时为红棕色，含锰高时为淡蓝色。如有明显黑色炭粒时，为炭化不完全，可在冷却后加几滴硝酸或过氧化氢，在电炉上烧干后再放入高温炉灼烧直至呈白灰色。

第六节　饲料无氮浸出物（NFE）计算——差值计算

饲料中无氮浸出物（NFE）主要由易被动物利用的淀粉、菊糖、双糖、单糖等可溶性碳水化合物组成。

饲料概略养分分析不能直接分析饲料中无氮浸出物的含量，仅根据饲料中其他养分的分析结果，按下式间接计算求得：

无氮浸出物含量＝100%－（水分＋灰分＋粗蛋白质＋粗脂肪＋粗纤维）含量

或无氮浸出物含量＝干物质－（灰分＋粗蛋白质＋粗脂肪＋粗纤维）含量

饲料样品具有风干、绝干及原样等不同基础表示分析结果，因此在计算无氮浸出物时，各养分的百分含量应换算在同一基础上。此外，动物性饲料如鱼粉、血粉、羽毛粉等可不计算此项。

◆ **附 3-6　饲料中可利用糖（碳水化合物）的测定**

饲料中的碳水化合物是一组化学组成、物理特性和生理活性差异特别大的化合物。广义的碳水化合物分为结构碳水化合物和非结构碳水化合物两大类。非结构碳水化合物存在于植物细胞内部，而结构碳水化合物存在于细胞壁中。糖、淀粉、有机酸和其他贮存性碳水化合物，如果聚糖等，是非结构碳水化合物的主要组成部分。常规饲料分析方案将碳水化合物区分为无氮浸出物（NFE）和粗纤维（CF）两部分。但由于在粗纤维分析过程中大部分半纤维素和木质素溶解于酸碱中，使测得的粗纤维含量比实际含量偏低，不能真正代表饲料样品中的粗纤维，同时增加了无氮浸出物的误差。而用"差值法"计算出的无氮浸出物含量除单糖、双糖和淀粉外，还含有半纤维素、木质素、果胶、有机酸、单宁和色素等物质，事实上就不能表示饲料中全部可利用的碳水化合物（糖）。一般在能量饲料中的无氮浸出物主要是淀粉和糖，而在粗饲料中以纤维性物质为主。为了正确计算饲料的能值，直接测定饲料中可利用糖的含量就很必要。为此，此处介绍采用简单快速的比色法测定饲料可利用糖的方法，仅供参考。

（一）饲料中可利用糖的测定

1. 仪器与试剂

（1）分光光度计

（2）80％乙醇（或 80％甲醇）：用蒸馏水 20 份稀释 80 份乙醇或甲醇（体积比），配成 80％乙醇（甲醇）。

（3）高峰氏糖化酶或淀粉葡萄糖酶溶液：配制新鲜的 50g/L 高峰氏糖化酶溶液或 1mL 溶液中含有 1mg 淀粉葡萄糖酶悬浮液。

（4）乙酸缓冲液：2mol/L，pH 4.5。

（5）蒽酮-硫尿嘧啶溶液：将蒽酮在乙醇中再结晶。配制硫酸溶液，将 660mL 硫酸慢慢地、边加边搅拌边冷却地注入 340mL 冷水中，最后配制成硫酸溶液。同样方法，应配制几升溶液（备用）。另外，在 80～90℃条件下，溶解 10g 硫尿嘧啶和 0.5g 蒽酮在 1 000 mL 的 66％硫酸溶液中，此溶液可在 4℃条件下保存 2 周。

（6）葡萄糖标准溶液：此标准溶液每升含葡萄糖 200mg。即 1mL 溶液中含葡萄糖 200μg。每次测定应事先用 1mL 含 25～200μg 葡萄糖标准溶液，绘制标准曲线。标准曲线至少应有 4 个点。

2. 测定步骤　准确称取 3～4g 风干样品于锥形瓶中，并用 80％乙醇 25mL 在沸点进行浸提。然后，将热的浸提液移入 100mL 容量瓶中，并以 80％乙醇加至刻度。此浸提液即用于游离糖的测定。

锥形瓶中的残渣用乙醚洗涤并在室温下进行干燥。然后在锥形瓶中加入已知质量的样品，加入 10mL 热水。将此锥形瓶沸水浴 15min，使其中淀粉形成胶凝。在 40℃条件下冷却，加入 1.2mL 的乙酸缓冲液及 5mL 的高峰氏糖化酶（或淀粉葡萄糖酶）溶液，混合后，再加几滴甲苯以防腐。然后，移入 37℃培养箱中过夜。在培养完毕后，加入 4 倍容积的乙醇，使其混合。将此内容物置于离心机中离心，移去其上浮液注入 100mL 容量瓶中，其沉淀物则再次用 80％乙醇 20mL 使之悬浮，然后再经离心，其上清液集于容量瓶中，并定容到 100mL 刻度。

含有乙醇或甲醇的溶液可以与蒽酮试剂直接使用。同样，在葡萄糖标准溶液中可加入合乎需要的等量乙醇。

吸取测试溶液和葡萄糖标准溶液各 1mL，注入具有玻璃塞的试管中，并加入 10mL 蒽酮试剂，然后塞紧试管。将试管置于水浴中使在室温下达到平衡。然后在沸水浴中加热 15min，用水冷却至室温，并置试管于暗处 30min，使产生颜色。最后在 620nm 下测定其吸光度。

如果乙醇浸出物具有深的颜色，则应采用旋转蒸发器用温热蒸发去乙醇，并将其含水残渣转移至锥形瓶，加入饱和乙酸铅溶液 0.1mL，使容量达 100mL，并混匀。在 15min 后，将此溶液过滤，在除铅（Pb）后，即可测定糖的含量。如果溶液含有铅（Pb），则需用固体碳酸钠使其沉淀。

如果醇可溶糖是从淀粉、糊精和糖原中分别测定的，则此法可以获得精确的测定值。

（二）可利用糖的快速比色测定法

1. 糖的提取　称取精磨试样 0.2g，放入 50mL 离心管中，先加 2 滴 80%乙醇帮助分散均匀，再加 5mL 蒸馏水，搅拌混匀。然后加入 25mL 热的 80%乙醇，继续搅拌。搅拌停止后放置 5min 离心。将上清液轻轻倒入 100mL 的减压蒸馏瓶内，并重新加入 30mL 热的 80%乙醇，重复提取。合并两次乙醇提取液，用减压蒸馏法在水浴上除去其中的乙醇，将剩余的水溶液再用蒸馏水稀释，使该溶液最终含糖质量浓度大约在 100μg/mL。

2. 淀粉的提取　将 5mL 蒸馏水加入经乙醇提取糖后的残余物中，搅拌后再加入 6.5mL 的 52%过氯酸溶液，继续搅拌 5min。然后间歇地搅拌 30min，此时把试管内容物全部洗入前次提取物的容量瓶内，然后用蒸馏水稀释到 100mL，再将溶液过滤，弃去开始的 5mL，并将滤液稀释到含糖质量浓度大约在 100μg/mL。

3. 提取液中糖含量的测定　按表 3-2 每种测定应制备双管，摇匀后放入沸水中煮 12min，然后迅速放入温度相当于室温的水中使冷却至室温，在分光光度计 630nm 处分别测定糖提取液和淀粉提取液的质量浓度。

表 3-2　比色管的制作

试　剂	空白管	样品管	（样品-内标准）管
蒸馏水（mL）	2	1	—
标准葡萄糖工作液（mL）	—	—	1
蒽酮试剂（mL）	10	10	10
样品提取液（mL）	—	1	1

4. 计算　根据下述计算方法，得到各测定样品的含糖量。

①样品含葡萄糖（μg/mL）= $\dfrac{100μg}{含内标准样品吸光度-样品吸光度}$ ×样品吸光度

②提取液中糖（或淀粉）总量(mL)/0.2g 样品= $\dfrac{样品含葡萄糖（μg/mL）×稀释倍数}{1\,000}$

③可利用糖 $=\dfrac{糖总量（mg）＋淀粉总量×0.9（注）}{200}×100\%$

注：经多次实验结果测知，用此法浸出的糖液中，不溶解物质约占 9mL 容积，因此，利用滤液所测定的结果，应乘以校正系数 0.9（$=\dfrac{100-9}{100}$）。

表 3-3 为用比色法测定食物中可利用糖含量的举例。

表 3-3　用比色法测定食物中可利用糖的含量（%，列举）

样品	糖含量	淀粉含量	可利用糖含量
南瓜	52.4	2.6	55.0

（三）3，5-二硝基水杨酸比色定糖法

1. 原理　3，5-二硝基水杨酸溶液与还原糖溶液共热后被还原成棕红色的氨基化合物，在一定范围内还原糖的量和棕红色物质颜色深浅的程度成一定比例关系，可用于比色测定。此法操作简便，快速，杂质干扰较少。

2. 主要仪器与试剂

（1）25mm×250mm 试管。

（2）恒温水浴装置。

（3）72 型分光光度计。

（4）3，5-二硝基水杨酸试剂：

甲液：溶解 6.9g 结晶酚于 15.2mL 10% 氢氧化钠溶液中，并用蒸馏水稀释至 69mL，在此溶液中加 6.9g 亚硫酸氢钠。

乙液：称取 255g 酒石酸钾钠加到 300mL 10% 氢氧化钠溶液中，再加入 880mL 1% 3，5-二硝基水杨酸试剂。

将甲、乙两溶液相混合即得黄色试剂，贮于棕色瓶中备用。在室温放置 7~10d 以后使用。

（5）6mol/L 盐酸溶液。

（6）10% 氢氧化钠溶液。

（7）酚酞指示剂。

（8）碘-碘化钾溶液：称取 5g 碘、10g 碘化钾溶于 100mL 水中。

3. 操作方法

（1）葡萄糖标准曲线的制定：

葡萄糖标准溶液的配制：准确称取 100mg 分析纯的无水葡萄糖（预先在 105℃ 干燥至恒重），用少量蒸馏水溶解后，定量转移到 100mL 容量瓶中，再定容至刻度，摇匀。质量浓度为 1mg/mL。

取 9 支 25mm×250mm 的试管，按表 3-4 分别加入试剂。将各管溶液混合均匀，在沸水浴中加热 5min，取出后立即用冷水冷却至室温，再向每管加入 21.5mL 蒸馏水，摇匀，于 520nm 波长处测吸光度。以葡萄糖质量（mg）为横坐标，吸光度值为纵坐标，绘制标准曲线。

表 3-4　各试管中试剂加入量

项目	0	1	2	3	4	5	6	7	8
葡萄糖标准溶液（mL）	0	0.2	0.4	0.6	0.8	1.0	1.2	1.4	1.6
相当于葡萄糖量（mg）	0	0.2	0.4	0.6	0.8	1.0	1.2	1.4	1.6
蒸馏水（mL）	2.0	1.8	1.6	1.4	1.2	1.0	0.8	0.6	0.4
3，5-二硝基水杨酸试剂（mL）	1.5	1.5	1.5	1.5	1.5	1.5	1.5	1.5	1.5

（2）样品中总糖和还原糖含量的测定：以测定山芋粉中总糖和还原糖含量为例。

①样品中还原糖的提取：称取 2g 山芋粉，放在 100mL 烧杯中，先以少量蒸馏水调成糊状，然后加 50～60mL 蒸馏水，于 50℃ 恒温水浴中保温 20min，过滤，将滤液收集在 100mL 容量瓶中，再定容至 100mL。

②样品中总糖的水解及提取：称取 1g 山芋粉，放在锥形瓶中，加入 10mL 6mol/L 盐酸溶液，15mL 蒸馏水，在沸水浴中加热 30min，取出 1～2 滴置于白瓷板上，加 1 滴碘-碘化钾溶液检查水解是否完全。如已水解完全，则不呈现蓝色。冷却后加入 1 滴酚酞指示剂，以 10% 氢氧化钠溶液中和至溶液呈微红色，过滤并定容至 100mL。再精确吸取上述溶液 10mL 于 100mL 容量瓶中，定容至刻度，混匀备用。

③样品中糖含量的测定：取 7 支 25mm×250mm 的试管，按表 3-5 分别加入试剂。加完试剂后，摇匀，于 520nm 波长处测吸光度。测定后，取样品的吸光度平均值在标准曲线上查出相应的糖量。用下式计算出山芋粉中还原糖和总糖的含量。

$$还原糖含量 = \frac{还原糖质量（mg）×样品稀释倍数}{样品质量（mg）} ×100\%$$

$$总糖含量 = \frac{样品水解后还原糖质量（mg）×样品稀释倍数}{样品质量（mg）} ×100\%$$

表 3-5　各试管中试剂加入量（mL）

项目	空白	还原糖			总糖		
	0	1	2	3	4	5	6
样品溶液	0	1.0	1.0	1.0	1.0	1.0	1.0
蒸馏水	2.0	1.0	1.0	1.0	1.0	1.0	1.0
3，5-二硝基水杨酸试剂	1.5	1.5	1.5	1.5	1.5	1.5	1.5

第七节　常量元素的分析与检测

饲料中常量元素的分析与检测指标一般有钙、磷和氯化钠。钙的测定方法通常有三种：高锰酸钾法、EDTA 络合滴定法和原子吸收分光光度法。磷的测定包括总磷和植酸磷的测定，总磷测定常用钒钼磷酸比色法，植酸磷测定常用三氯乙酸沉淀法。氯化钠的检测常采用佛尔哈德法（Volhard method）以铁铵矾作指示剂测定，也可用硫氰酸汞显色分光光度法测定。

一、饲料中钙含量的测定

饲料中钙的测定方法通常有三种：高锰酸钾法、EDTA络合滴定法和原子吸收分光光度法。其中，高锰酸钾法准确度高、重复性好，为仲裁法，但操作繁琐、费时、终点难判，且高锰酸钾在热酸性溶液中易分解。EDTA络合滴定法操作简便、快速，是常用的快速简便的方法。原子吸收分光光度法干扰少、灵敏度高、简便快速，但仪器设备昂贵，适合于大批样品的测定。

(一) 高锰酸钾法（仲裁法）

1. 原理　将试样中有机物破坏，钙变成溶于水的离子，并与盐酸反应生成氯化钙，然后在溶液中加入草酸铵溶液，使钙成为草酸钙白色沉淀，然后用硫酸溶液溶解草酸钙，再用高锰酸钾标准溶液滴定草酸根离子。根据高锰酸钾标准溶液的用量，可计算出试样中钙含量。

主要化学反应式如下：

$$CaCl_2 + (NH_4)_2C_2O_4 \longrightarrow CaC_2O_4 \downarrow + 2NH_4Cl$$

$$CaC_2O_4 + H_2SO_4 \longrightarrow CaSO_4 + H_2C_2O_4$$

$$2KMnO_4 + 5H_2C_2O_4 + 3H_2SO_4 \longrightarrow 10CO_2 \uparrow + 2MnSO_4 + 8H_2O + K_2SO_4$$

2. 主要仪器设备

(1) 实验室用样品粉碎机或研钵。

(2) 分样筛：孔径0.45mm（40目）。

(3) 分析天平：感量0.0001g。

(4) 高温炉：可控制温度在（550±20）℃。

(5) 坩埚：瓷质。

(6) 容量瓶：100mL。

(7) 滴定管：酸式，25mL或50mL。

(8) 玻璃漏斗：直径6cm。

(9) 定量滤纸：中速，7～9cm。

(10) 移液管：10mL、20mL。

(11) 烧杯：200mL。

(12) 凯氏烧瓶：250mL或500mL。

(13) 可调电炉：1000W。

(14) 锥形瓶。

3. 主要试剂和材料

(1) 10％醋酸溶液。

(2) 硫酸溶液：1∶3（体积比）。

(3) 氨水溶液：1∶1（体积比）；1∶50（体积比）。

(4) 42g/L草酸铵溶液：溶解42g分析纯草酸铵溶于水中，稀释至1000mL。

(5) 甲基红指示剂（1g/L）：0.1g分析纯甲基红溶于100mL 95％乙醇中。

(6) 硝酸：化学纯。

(7) 盐酸溶液：1∶3（体积比）。

（8）高锰酸钾标准溶液：c（$1/5KMnO_4$）＝0.05mol/L。

（9）高氯酸溶液：70%～72%。

4. 测定步骤

（1）试样分解：

①干法：称取试样2～5g于坩埚中，精确至0.000 2g，在电炉上低温炭化至无烟为止，再将其放入高温炉于（550±20）℃下灼烧3h。在盛有灰分的坩埚中加入1∶3盐酸溶液10mL和浓硝酸数滴，小心煮沸。将此溶液转入100mL容量瓶中，并以热蒸馏水洗涤坩埚及漏斗中滤纸，冷却至室温后，定容，摇匀，为试样分解液。

②湿法（用无机物或液体饲料）：称取试样2～5g于凯氏烧瓶中，精确至0.000 2g，加入硝酸（化学纯）10mL，加热煮沸，至二氧化氮黄烟逸尽，冷却后加入70%～72%高氯酸溶液10mL，小心煮沸至无色，不得蒸干（危险！）。冷却后加蒸馏水50mL，并煮沸驱逐二氧化氮，冷却后转入100mL容量瓶中，用蒸馏水定容至刻度，摇匀，为试样分解液。

（2）试样测定：

①草酸钙的沉淀及其洗涤：用移液管准确吸取试样分解液10～20mL（含钙20mg左右）于烧杯中，加蒸馏水100mL，甲基红指示剂2滴，滴加1∶1氨水溶液至溶液由红变成橙色，加热至沸，如出现絮状沉淀，说明含较多的Fe^{3+}或Al^{3+}，需过滤（将溶液用定量滤纸过滤至一锥形瓶中，并用蒸馏水洗涤4～5次，洗涤液过滤至锥形瓶中）；再滴加10%醋酸溶液至溶液恰变红色（pH为2.5～3.0）为止。小心煮沸，慢慢滴加热的42g/L草酸铵溶液10mL，且不断搅拌。若溶液由红变橙色，还应补滴10%醋酸溶液至红色，煮沸数分钟后，放置过夜使沉淀陈化（或在水浴上加热2h）。

用滤纸过滤，用1∶50氨水溶液洗沉淀6～8次，至无草酸根离子为止（用试管接取滤液2～3mL，加1∶3硫酸溶液数滴，加热至80℃，加0.05mol/L高锰酸钾标准溶液1滴，溶液呈微红色，且30s不褪色）。

②沉淀的溶解与滴定：将沉淀和滤纸转移入原烧杯中，加1∶3硫酸溶液10mL，蒸馏水50mL，加热至75～85℃，立即用0.05mol/L高锰酸钾标准溶液滴定至溶液呈微红色，且30s不褪色为终点。

③空白：在干净烧杯中加滤纸1张，1∶3硫酸溶液10mL，蒸馏水50mL，加热至75～85℃后，用0.05mol/L高锰酸钾标准溶液滴至微红色且30s不褪色为终点。

5. 结果计算

（1）结果计算：试样的钙含量按下式计算。

$$X = \frac{(V_3 - V_0) \times c \times 0.02}{m \times \frac{V_2}{V_1}} \times 100\% = \frac{(V_3 - V_0) \times c \times 0.02}{m} \times \frac{V_1}{V_2} \times 100\%$$

式中：m为试样质量（g）；V_1为样品灰化液定容体积（mL）；V_2为测定钙时样品溶液移取用量（mL）；V_3为样品滴定时消耗高锰酸钾标准溶液的体积（mL）；V_0为空白滴定时消耗高锰酸钾标准溶液的体积（mL）；c为高锰酸钾标准溶液物质的量浓度（mol/L）；0.02为与1.00mL高锰酸钾标准溶液相当的以克表示的钙的质量。

（2）结果表示：每个试样应取两个平行样进行测定，以其算术平均值为分析结果。

（3）重复性：含钙量在5%以上，允许相对偏差3%；含钙量在5%～1%时，允许相对偏差 5%；含钙量在 1%以下，允许相对偏差 10%。

6. 注意事项

（1）由于高锰酸钾标准溶液不稳定，至少每月需要标定 1 次。

（2）每种滤纸空白值不同，消耗高锰酸钾标准溶液的用量不同，至少每盒滤纸做一次空白测定。

（3）洗涤草酸钙沉淀时，必须沿滤纸边缘向下洗，使沉淀集中于滤纸中心，以免损失。每次洗涤过滤时，都必须等上次洗涤液完全滤净后再加，每次洗涤不得超过漏斗体积的 2/3。

（4）高锰酸钾滴定时请保持溶液温度在 75～85℃。

（二）乙二胺四乙酸二钠（EDTA）络合滴定法

1. 原理 将试样中有机物破坏，钙变成溶于水的离子，用三乙醇胺、乙二胺、盐酸羟胺和淀粉溶液消除干扰离子的影响，在碱性溶液中和钙黄指示剂的条件下，用 EDTA 标准溶液络合滴定钙，可快速测定钙的含量。

2. 主要仪器设备 同高锰酸钾法。

3. 主要试剂和材料

（1）盐酸羟胺（分析纯）。

（2）三乙醇胺溶液：分析纯，1∶1（体积比）。

（3）乙二胺溶液：分析纯，1∶1（体积比）。

（4）盐酸溶液：1∶3（体积比）。

（5）钙黄指示剂：0.10g 钙黄绿素与 0.13g 甲基百里香酚蓝、5g 氯化钾研细混匀，贮存于磨口瓶中。

（6）氢氧化钾溶液（200g/L）：称取 20g 氢氧化钾溶于 100mL 水中。

（7）孔雀石绿指示剂（1g/L）：称取 0.1g 指示剂溶于 100mL 蒸馏水。

（8）淀粉溶液（10g/L）：称取 1g 可溶性淀粉于 200mL 烧杯中，加 5mL 蒸馏水浸湿，加 95mL 沸水搅匀，煮沸，冷却备用（现配现用）。

（9）钙标准溶液（0.000 1g/mL）：称取 2.497 4g 于 105～110℃干燥 3h 后的基准物碳酸钙，溶于 40mL 盐酸溶液中，加热赶除二氧化碳，冷却，用蒸馏水移至 1 000mL 容量瓶中，稀释至刻度。

（10）乙二胺四乙酸二钠（EDTA）标准滴定溶液（0.01mol/L）：准确称取 EDTA 3.8g 于 100mL 烧杯中，加水 200mL，加热溶解后再加水 800mL，冷却后移至试剂瓶备用（用钙标准溶液标定）。

4. 测定步骤

（1）试样分解：同高锰酸钾法。

（2）试样测定：准确吸取试样分解液 5～25mL（含钙量 2～25mg）于 150mL 三角瓶中，加入蒸馏水 50mL、10g/L 淀粉溶液 10mL、三乙醇胺溶液 2mL、乙二胺溶液 1mL，每加完一种试剂要充分摇匀，然后加孔雀石绿指示剂 1 滴，摇匀，滴加 200g/L 氢氧化钾溶液至无色，再加氢氧化钾溶液 10mL，加 0.1g 盐酸羟胺，摇匀溶解后，加钙黄指示剂少许，使颜色呈现墨绿色，在黑色背景下，立即用 0.01mol/L EDTA 标准溶液滴定至绿色荧光消失，呈紫红色为滴定终点。同时做试剂空白试验。

5. 结果计算

（1）结果计算：试样的钙含量按下式计算。

$$X = \frac{T \times V_2}{m \times \dfrac{V_1}{V_0}} \times 100\% = \frac{T \times V_2 \times V_0}{m \times V_1} \times 100\%$$

式中：T 为 EDTA 标准滴定溶液对钙的滴定度（g/mL）；V_0 为试样分解液的总体积（mL）；V_1 为所取试样分解液的体积（mL）；V_2 为试样实际消耗 EDTA 标准滴定溶液的体积（mL）；m 为试样的质量（g）。

（2）结果表示：同高锰酸钾法。

（3）重复性：同高锰酸钾法。

二、饲料中磷含量的测定

（一）饲料中总磷的测定

此方法适用于饲料原料（磷酸盐除外）和饲料产品中总磷量的测定。

1. 原理　将试样中有机物破坏，使磷游离出来，在酸性溶液中，用钒钼酸铵处理，生成黄色的络合物 $[(NH_4)_3PO_4 \cdot NH_4VO_3 \cdot 16MoO_3]$，在波长 400nm 下进行比色测定。此法测得结果为总磷量，其中包括吸收利用率低的植酸磷。

2. 主要仪器设备

（1）实验室用样品粉碎机或研钵。

（2）分样筛：孔径 0.45mm（40 目）。

（3）分析天平：感量 0.000 1g。

（4）高温炉：可控制温度在（550±20）℃。

（5）坩埚：50mL，瓷质。

（6）容量瓶：50mL、100mL、1 000mL。

（7）刻度移液管：1.0mL、2.0mL、3.0mL、5.0mL、10.0mL。

（8）凯氏烧瓶：250mL 或 500mL。

（9）可调温电炉：1 000W。

（10）分光光度计：有 10mm 比色皿，可在 400nm 下测定吸光度。

3. 主要试剂和材料

（1）盐酸溶液：1：1（体积比）。

（2）硝酸。

（3）高氯酸。

（4）钒钼酸铵显色试剂：称取偏钒酸铵 1.25g，加蒸馏水 200mL，加热溶解，冷却后再加入 250mL 硝酸；另称取钼酸铵 25g，加蒸馏水 400mL，加热溶解，在冷却条件下将此溶液倒入上溶液，且用蒸馏水定容至 1 000mL，避光保存。如生成沉淀则不能继续使用。

（5）磷标准溶液：将磷酸二氢钾在 105℃干燥 1h，在干燥器中冷却后称 0.219 5g，溶解于水中，定量转入 1 000mL 容量瓶中，加硝酸 3mL，用蒸馏水稀释至刻度，摇匀，即成 50μg/mL 的磷标准溶液。

4. 测定步骤

（1）试样分解：

①干法：同钙的测定（高锰酸钾法）。

②湿法：同钙的测定（高锰酸钾法）。

③盐酸溶解法（适用于石灰石粉、矿物载体微量元素预混合饲料等）：称取试样 0.2～1g（精确至 0.000 2g）于 100mL 烧杯中，缓缓加入盐酸溶液 1:1（体积比）10mL，加热使其全部溶解，冷却后转入 100mL 容量瓶中，用蒸馏水定容至刻度，摇匀，为试样分解液。

（2）标准曲线绘制：准确移取磷标准溶液（50μg/mL）0mL、1.0mL、2.0mL、5.0mL、10.0mL、15.0mL 于 50mL 容量瓶中，各加入钒钼酸铵显色试剂 10mL，用蒸馏水稀释至刻度，摇匀，常温下放置 10min 以上。以 0mL 溶液为参比，用 10mm 比色皿，在 400nm 波长下，用分光光度计测定各溶液的吸光度。以每个容量瓶中的磷含量（μg）为横坐标，吸光度为纵坐标绘制标准曲线。

（3）试样测定：准确移取试样分解液 1～10mL（含磷量 50～750μg）于 50mL 容量瓶中，加入钒钼酸铵显色试剂 10mL，用蒸馏水稀释至刻度，摇匀，常温下放置 10min 以上。以空白为参比，用 10mm 比色皿，在 400nm 波长下，用分光光度计测定试样分解液的吸光度。在标准曲线上查得试样分解液的含磷量。

5. 结果计算

（1）结果计算：试样中的磷含量按下式计算。

$$X = \frac{m_1 \times V}{m \times V_0 \times 10^6} \times 100\%$$

式中：m 为试样的质量（g）；m_1 为由标准曲线查得测定移取的试样分解液磷含量（μg）；V 为试样分解液的总体积（mL）；V_0 为试样测定时所移取试样分解液的体积（mL）。

（2）结果表示：每个试样称取两个平行样进行测定，以其算术平均值为结果，所得到的结果应保留至小数点后两位。

（3）允许差：含磷量在 0.5% 以上（含 0.5%），允许相对偏差 3%；含磷量在 0.5% 以下，允许相对偏差 10%。

6. 注意事项

（1）比色时，待测液磷含量不宜过浓，最好控制在 1mL 含磷 0.5mg 以下。

（2）显色时温度不能低于 15℃，否则显色缓慢；待测液在加入试液后应静置 10min，再进行比色，但不能静置过久。

（二）饲料中植酸磷的测定（TCA 法）

饲料中的总磷包括非植酸磷和植酸磷两个部分，通常用总磷扣减植酸磷的方法来计算非植酸磷。而饲料中植酸磷的测定通常采用三氯乙酸沉淀法（TCA 法）。

1. 原理　用 30g/L 三氯乙酸作浸提液提取植酸盐，然后加入铁盐使植酸盐生成植酸铁沉淀，用氢氧化钠转化为可溶性植酸钠和棕色氢氧化铁沉淀，再将可溶性植酸钠经硝酸、高氯酸混合酸消化后，用钼黄法直接测出植酸磷含量。

2. 主要仪器设备

（1）实验室用样品粉碎机或研钵。

（2）分样筛：孔径 0.42mm（40 目）。

（3）分析天平：感量 0.000 1g。

（4）容量瓶：50mL、100mL、1 000mL。

（5）移液管：5mL、10mL、50mL。

（6）离心管：50mL。

（7）卧式振荡机。

（8）凯氏烧瓶：100mL。

（9）具塞三角瓶：200mL。

（10）离心机。

（11）分光光度计：有 10mm 比色皿，可在 420nm 下测定吸光度。

（12）可调温电炉：1 000W。

（13）玻璃漏斗：6cm 直径。

（14）定量滤纸：中速，7～9cm。

3. 主要试剂和材料

（1）三氯乙酸溶液（30g/L）：称取 3g 三氯乙酸（分析纯），加蒸馏水溶解至 100mL，混匀。

（2）三氯化铁溶液（铁 2mg/mL）：称取三氯化铁（$FeCl_3 \cdot 6H_2O$）0.97g，用 30g/L 的三氯乙酸溶液溶解至 100mL，混匀。

（3）氢氧化钠溶液（1.5mol/L）：称取氢氧化钠（分析纯）60g，加蒸馏水溶解至 1 000 mL，混匀。

（4）浓硝酸（分析纯）：相对密度 1.4，煮沸除去游离二氧化氮（NO_2），使其成为无色。

（5）硝酸溶液：1∶1（体积比）；1∶3（体积比）。均用上述浓硝酸配制。

（6）混合酸：硝酸∶高氯酸＝2∶1（体积比），按比例配制。

（7）显色剂：

钼酸铵溶液（100g/L）：称取分析纯钼酸铵 10g，加入少量蒸馏水，加热至 50～60℃，使溶解冷却，再用蒸馏水稀释至 100mL，混匀。

偏钒酸铵溶液（3g/L）：称取分析纯偏钒酸铵 0.3g，溶于 50mL 蒸馏水中，再加 1∶3（体积比）硝酸溶液 50mL 溶解，混匀。

用时将钼酸铵溶液徐徐倒入偏钒酸铵溶液中，应边加边搅拌，然后再加入已除尽二氧化氮的浓硝酸 18mL，混匀。

（8）标准磷溶液（磷 100μg/mL）：精确称取 105～110℃烘干 1～2h 后的优级纯磷酸二氢钾（KH_2PO_4）0.434 9g，用蒸馏水溶解后移入 1 000mL 容量瓶中，并用蒸馏水稀释至刻度，摇匀。

4. 测定步骤

（1）磷标准曲线的绘制：准确吸取 100μg/mL 标准磷溶液 0mL、0.5mL、1.0mL、2.0mL、3.0mL、4.0mL、5.0mL、6.0mL、7.0mL 于 50mL 容量瓶中，用蒸馏水稀释至 30mL 左右，各加入 1∶1（体积比）硝酸溶液 4mL，显色剂 10mL，再用蒸馏水稀释至刻度，混匀。此时系列质量浓度为每 50mL 中分别含磷 0mg、0.05mg、0.1mg、0.2mg、

0.3mg、0.4mg、0.5mg、0.6mg、0.7μg，静置 20min，用分光光度计在波长 420nm 处，用 10mm 比色皿，测定其吸光度。最后，以所加标准磷溶液的含磷量为横坐标，用相应的吸光度为纵坐标，绘制出磷的标准曲线。

（2）试样的测定：

①称取饲料样本 3～6g（含植酸磷 5～30mg）于干燥的 200mL 具塞三角瓶中，准确加入 30g/L 三氯乙酸溶液 50mL，机械振荡浸提 30min，离心（或用漏斗、干滤纸、干烧杯进行过滤）。准确吸取上清液 10mL 于 50mL 离心管中，迅速加入三氯化铁溶液（铁 2mg/mL）4mL，置于沸水浴加热 45min，冷却后离心 10min，除去上层清液，加入 30g/L 三氯乙酸溶液 20～25mL，进行洗涤（沉淀必须搅散），水浴加热煮沸 10min，冷却后离心 10min，除去上层清液，如此重复 2 次，再用蒸馏水洗涤 1 次，洗涤后的沉淀加入 3～5mL 蒸馏水及 1.5mol/L 氢氧化钠溶液 3mL，摇匀，用蒸馏水稀释至 30mL 左右，置于沸水中煮沸 30min，趁热用中速滤纸过滤，滤液用 100mL 容量瓶承接，再用热蒸馏水 60～70mL 分数次洗涤沉淀。

②滤液经冷却至室温后，稀释至刻度，为试样分解液。准确移取 5～10mL 试样分解液（含植酸磷 0.1～0.4mg）于 100mL 凯氏烧瓶中，加硝酸和高氯酸混合酸 3mL，于电炉上低温消化至冒白烟，使余 0.5mL 左右溶液为止（切忌蒸干），冷却后用 30mL 蒸馏水，分数次洗入 50mL 容量瓶中，加入 1∶1（体积比）硝酸溶液 3mL，显色剂 10mL，用蒸馏水稀释至刻度，混匀，静置 20min 后，用分光光度计在波长 420nm 处测定吸光值。查对磷标准曲线，计算植酸磷的含量。

5. 结果计算　试样中的植酸磷含量按下式计算。

$$X = \frac{m_1 \times V}{m \times V_1 \times 10^6} \times 100\%$$

式中：m 为试样的质量（g）；m_1 为由标准曲线查得测定移取的试样浸提液磷含量（μg）；V 为用于浸提试样加入的三氯乙烷溶液的总体积（mL）；V_1 为试样测定时所移取试样浸提液的体积（mL）。

6. 注意事项

（1）试样粉碎粒度要小于 40 目。粒度太粗造成试样浸提不完全，使分析结果重现性差。

（2）在离心法洗涤植酸铁沉淀过程中，注意不要损失铁沉淀物。

（3）显色时的硝酸酸度要求在 5%～8%（体积比）。

（4）显色时温度不能低于 15℃，否则显色缓慢。

三、饲料中水溶性氯化物含量的测定

饲料中水溶性氯化物的分析一般采用经典的佛尔哈德法测定，但是这种方法的主要缺点是溶剂耗量大，操作繁琐，不易掌握，当配合饲料添加各种添加剂时由于其中有氯化物、铜盐类与硫氰根作用而干扰测定，可以采用比色法进行快速测定。

（一）饲料中水溶性氯化物的测定（佛尔哈德法）

此法可用于各种配合饲料、浓缩饲料和单一饲料中水溶性氯化物的分析测定。

1. 原理　在酸性条件下用硝酸银使氯化物沉淀，用硫氰酸铵或硫氰酸钾标准溶液回滴过量的硝酸银，以此计算其氯化物的含量。

2. 主要仪器设备

（1）粉碎机。

（2）分样筛：1mm 样品筛。

（3）分析天平：感量 0.1mg。

（4）回旋振荡器。

（5）酸式滴定管：A 级，25mL。

（6）中速定量滤纸。

（7）容量瓶、锥形瓶等实验室通用仪器设备。

3. 主要试剂

（1）丙酮。

（2）正己烷。

（3）浓硝酸。

（4）活性炭：不含氯离子也不能吸收氯离子。

（5）硫酸铁铵饱和溶液。

（6）沉淀试剂Ⅰ：称取 10.6g 亚铁氰化钾，用蒸馏水溶解并定容至 100mL。

（7）沉淀试剂Ⅱ：称取 21.9g 乙酸锌，加 3mL 冰乙酸，用蒸馏水溶解并定容至 100mL 蒸馏水。

（8）硫氰酸钾标准滴定溶液：c（KSCN）＝0.1mol/L；或硫氰酸铵标准滴定溶液：c（NH$_4$SCN）＝0.1mol/L。

（9）硝酸银标准滴定溶液：c（AgNO$_3$）＝0.1mol/L。

4. 测定步骤

（1）试样溶解液的制备：根据样品的性质不同，将试样分为以下三种：不含有机物的试样；含有机物的试样；熟化饲料、亚麻饼粉或富含亚麻粉的产品和富含黏液或胶体物质的试样。

①不含有机物试样溶解液的制备：在万分之一分析天平上使用减量法称取（10±1）g 试样于 500mL 容量瓶中，试样质量记为 m，加入 400mL 约 20℃的蒸馏水，混匀，在回旋振荡器中以 80～100r/min 的速率振荡 30min，用蒸馏水稀释至刻度，记为 V_i，再次摇匀后，过滤，此滤液供滴定用。

②含有机物试样溶解液的制备：在万分之一分析天平上使用减量法称取（5±0.5）g 试样于 500mL 容量瓶中，试样质量记为 m，加入 1g 活性炭、400mL 约 20℃的蒸馏水、5mL 沉淀试剂Ⅰ溶液，摇匀，然后加入 5mL 沉淀试剂Ⅱ溶液，混匀，在回旋振荡器中以 80～100r/min 振摇 30min，用蒸馏水定容至刻度后摇匀，记为 V_i，过滤，此滤液供滴定用。

③熟化饲料、亚麻饼粉或富含亚麻粉的产品和富含黏液或胶体物质试样溶解液的制备：在万分之一分析天平上使用减量法称取（5±0.5）g 试样于 500mL 容量瓶中，试样质量记为 m，加入 1g 活性炭、400mL 约 20℃的蒸馏水、5mL 沉淀试剂Ⅰ溶液，摇匀，然后加入 5mL 沉淀试剂Ⅱ溶液，混匀，在回旋振荡器中以 80～100r/min 振摇 30min，用蒸馏水定容至刻度后摇匀，记为 V_i。准确移取 100mL 上清液至 200mL 容量瓶中，用丙酮定容至刻度，摇匀后过滤，此滤液供滴定用。必要时可先离心，再移取上清液。

（2）滴定：首先用移液管准确移取 25～100mL（氯化物含量不超过 150mg）试样溶解

液（体积记为 V_a）到三角瓶中，加蒸馏水稀释至 100mL。加 5mL 硝酸、2mL 硫酸铁铵饱和溶液。在滴定管中加入 0.1mol/L 硫氰酸钾标准滴定溶液至 0 刻度，滴加 2 滴 0.1mol/L 硫氰酸钾标准滴定溶液，试液颜色变为红棕色，用 0.1mol/L 硝酸银标准滴定溶液滴定直至红棕色消失，再滴加 5mL 过量的 0.1mol/L 硝酸银标准滴定溶液，充分振荡，加入 5mL 正己烷，剧烈振荡使沉淀凝聚。用 0.1mol/L 硫氰酸钾标准滴定溶液滴定过量的硝酸银，直至产生红棕色，保持 30s 不褪色为终点，记录滴定加入 0.1mol/L 硝酸银标准滴定溶液的体积 V_{s1}，记录滴定消耗 0.1mol/L 硫氰酸钾标准滴定溶液的体积 V_{t1}。

（3）空白测定：用等体积的三级水代替试样溶解液，按照样品滴定操作同时做试剂空白试验，记录空白滴定加入 0.1mol/L 硝酸银标准滴定溶液的体积 V_{s0}，记录滴定消耗 0.1mol/L 硫氰酸钾标准滴定溶液的体积 V_{t0}。

说明：以上操作中的 KSCN 可以用 NH_4SCN 代替。

5. 结果计算

（1）试样中水溶性氯化物以氯化钠计，氯化钠的含量 X 按下式进行计算。

$$X = \frac{M \times [(V_{s1} - V_{s0}) \times c_s - (V_{t1} - V_{t0}) \times c_t]}{m} \times \frac{V_i}{V_a} \times f \times 100\%$$

式中：M 为氯化钠的摩尔质量，$M = 58.44g/mol$；c_s 为硝酸银标准溶液物质的量浓度（mol/L）；V_{s1} 为测试溶液滴定加入硝酸银标准滴定溶液体积（mL）；V_{s0} 为空白滴定加入硝酸银标准滴定溶液体积（mL）；c_t 为硫氰酸钾或硫氰酸铵溶液物质的量浓度（mol/L）；V_{t1} 为测试溶液滴加硫氰酸铵或硫氰酸钾标准滴定溶液体积（mL）；V_{t0} 为空白滴定消耗硫氰酸钾或硫氰酸铵标准溶液体积（mL）；V_i 为试液体积（mL）；V_a 为移取液的体积（mL）；f 为稀释因子：熟化饲料、亚麻饼粉或富含亚麻粉的产品和富含黏液或胶体物质的试样为 2，其他试样为 1；m 为试样质量（g）。

（2）重复性要求：平行测定 2 次，结果取算术平均值。氯化钠含量小于 1.5% 时，精确至 0.05%；氯化钠含量大于或等于 1.5% 时，精确至 0.10%。

6. 注意事项

（1）滴定时加入过量的硝酸银溶液后剧烈震摇，使形成的氯化银被充分包裹，以减少氯化银和硫氰酸银的转化。

（2）可以使用邻苯二甲酸二甲酯代替正己烷。

（二）饲料中盐分含量的估计（比色法）

1. 原理　提取氯化物，用硫氰酸汞显色、分光光度法测定计算氯化钠含量，以此作为饲料中盐分的估计。

2. 主要仪器设备

（1）分光光度计：721 型，10mm 玻璃比色皿。

（2）250mL 具塞三角瓶。

（3）20mL 具塞量筒。

（4）50mL、100mL 容量瓶。

（5）稀硝酸。

（6）粉碎机。

（7）分样筛：1mm 样品筛。

（8）分析天平：感量 0.1mg。

（9）快速定量滤纸。

3. 主要试剂

（1）6‰硫酸铁溶液。

（2）氨水：1∶19（体积比）。

（3）显色剂：

0.3‰硫氰酸汞甲醇溶液：称取 0.30g 硫氰酸汞溶于 100mL 甲醇中。

5‰硝酸铁溶液：称取 5g 硝酸铁溶于 100mL 水中。

使用时将以上两种溶液按 1∶1 比例混合。

（4）氯化钠标准贮备溶液：称取 0.164 9g 氯化钠（500℃灼烧 1h）加蒸馏水溶解于 100mL 容量瓶中，定容至刻度。此时为 Cl^- 质量浓度为 1 000μg/mL 的贮备溶液。由贮备溶液分取稀释 20 倍，制成 Cl^- 质量浓度为 50μg/mL 的工作溶液。

（5）标准系列溶液：从 Cl^- 质量浓度为 50μg/mL 的工作溶液中分取 0mL、2mL、4mL、6mL、8mL、10mL 于 6 个 50mL 容量瓶中，加蒸馏水稀释至刻度，其 Cl^- 的相应质量浓度为 0μg/mL、2μg/mL、4μg/mL、6μg/mL、8μg/mL、10μg/mL。

4. 测定步骤

（1）氯化物的提取：称取 1～5g（精确至 0.001g）样品准确加入 50mL 6‰硫酸铁溶液、100mL 1∶19（体积比）氨水，充分搅拌 15min，放置 15min，用干的快速滤纸过滤。移取滤液 5mL 于 50mL 容量瓶中，用稀硝酸中和后用蒸馏水定容。

（2）氯化物的测定：移取定容后的试液和标准系列溶液各 5mL 分别置于 7 支 20mL 具塞量筒中，加入 5mL 显色剂，混匀放置 20min，在 721 型分光光度计 460nm 波长处测读吸光值，绘制标准曲线，或用一元直线回归方程求得试液中 Cl^- 含量。

5. 结果计算 试样中的水溶液氯化物含量 X（按 NaCl 计）按下式计算。

$$X = \rho \times \frac{150}{m} \times \frac{V_2}{V_1} \times 1.648\ 5 \times 10^{-6} \times 100\%$$

式中：ρ 为回归方程中求得试液的 Cl^- 质量浓度（μg/mL）；m 为样品质量（g）；V_1 为分取的试液体积（mL）；V_2 为分取的试液定容体积（mL）；1.648 5 为以 Cl^- 换算成 NaCl 的系数。

✎ **本章小结**

饲料概略养分分析方案是德国人 Henneberg 和 Stohmann 于 1864 年在 Weende 试验站提出的，将饲料中的养分分为水分、粗灰分、粗蛋白质、粗纤维、粗脂肪、无氮浸出物。其中每一类都包括相当杂的多种物质，所以称为粗养分。该分析方案概括性强、简单、实用，尽管分析中存在一些不足，特别是粗纤维分析尚待改进，目前世界各国仍在采用。饲料常规成分分析方案是评定饲料营养价值的最基本方法，也是饲料企业质量控制体系的主要组成部分。本章系统地介绍了饲料常规养分的常用分析方法，并对有些特殊情况下的分析测试方法进行了介绍。

思考题

1. 用烘箱干燥法测水分时，饲料中若含有易挥发或易氧化成分对测定结果有何影响？

2. 如果烘干后的称量皿及内容物在干燥器中冷却不充分，其温度高于天平内空气温度，称量结果会怎样？

3. 在测粗蛋白质过程中，各步骤可能引起误差的原因有哪些？

4. 在测粗蛋白质时，如果称样过多或过少，对测定过程及测定结果会有何影响？

5. 怎样避免样品消煮后结块？

6. 在测粗脂肪时，如何控制乙醚回流速度？怎样判定饲料中是否还有脂肪？

7. 脂肪包的长度为什么不能超过虹吸管的高度？

8. 在测粗脂肪时，应注意哪些问题？

9. 饲料中粗灰分测定过程中应注意什么？

10. 无氮浸出物包括哪些成分？如何计算其含量？

11. 饲料常规养分分析的局限性有哪些？

第四章　纤维物质的分析与测定

纤维是植物的骨架，是碳水化合物的重要组成部分。人类对纤维的研究已有约 300 年的历史，但对其定义仍未获得一致结论。从生理学角度来看，纤维被认为是不能被哺乳动物消化酶所消化的饲料组分；从化学角度来分析，纤维被认为是非淀粉多糖和木质素的总和；从营养角度出发，纤维应包括所有抵抗消化道内源酶消化的饲料组分，即除包括非淀粉多糖和木质素外，还应包括抗性淀粉和美拉德反应产物等。

第一节　粗纤维的分析与测定

粗纤维（crude fiber，CF）是植物细胞壁的主要成分，包括纤维素、半纤维素、木质素及角质等，是样品经规定浓度的酸和碱煮沸处理一定时间后留下的有机残渣。

（一）原理

粗纤维的常规测定是在公认的强制规定条件下进行的。将试样用一定容量和一定浓度的预热硫酸和氢氧化钠溶液煮沸消化一定时间，再用乙醇和丙酮除去醚溶物，经高温灼烧扣除矿物质的剩余物为粗纤维。当用稀酸、稀碱处理时，饲料样品中的淀粉、蛋白质、脂肪被水解；酸处理还会使果胶、部分半纤维素和少量纤维素被水解，稀碱处理时又可溶解部分木质素；用乙醇和丙酮处理时，可除去剩余的脂肪、色素、蜡质等。因此，用这种方法测得的粗纤维实际上是以纤维素为主，包含部分半纤维素和木质素的混合物。

（二）主要仪器设备

（1）实验室用样品粉碎机或研钵。

（2）分样筛：40 目。

（3）分析天平：感量 0.000 1g。

（4）消煮器：有冷凝器的 500mL 高型烧杯。

（5）布氏漏斗：直径 6cm。

（6）抽滤瓶：500～1 000mL。

（7）滤布：100 支纱的麻绸或 200 目的尼龙网布。

（8）真空抽气机（真空泵）。

（9）电热式恒温箱（烘箱）。

（10）干燥器：用氯化钙或变色硅胶作干燥剂。

（11）箱式高温炉：电加热，有高温计且可控制炉温在 550～600℃。

（12）古氏坩埚（滤埚）：30mL，预先加入 30mL 酸洗石棉悬浮液，再抽干，以石棉厚度均匀、不透光为宜。

（13）电炉或电热板。

（三）主要试剂

（1）硫酸溶液：（0.13±0.005）mol/L。可用无水碳酸钠标定。

（2）氢氧化钾溶液：（0.23±0.005）mol/L。可用邻苯二甲酸氢钾法标定。

（3）滤器辅料：海沙或硅藻土，或质量相当的其他材料（如石棉）。使用前用沸腾的 4mol/L 盐酸煮沸处理 30min，用蒸馏水洗至中性，在（500±25）℃灼烧 1h 以上。

（4）丙酮：化学纯。

（5）正辛醇：分析纯，防泡剂。

（四）测定步骤

（1）称取试样：准确称取 1~2g 试样（精确至 0.000 2g，试样含脂率大于 10% 时须预先脱脂；碳酸盐含量大于 5% 时须预先除去碳酸盐），放入消煮器。

（2）酸处理：在上述消煮器中加入煮沸的（0.13±0.005）mol/L 硫酸溶液 150mL 和 1 滴正辛醇（防泡剂），立即加热，使其在 1min 内沸腾，并连续微沸（30±1）min，注意保持硫酸浓度不变（可补加沸水），并避免试样粘贴在液面以上的杯壁。微沸 30min 后立即停止加热，用铺有滤布的布氏漏斗抽滤，再用沸水反复冲洗残渣至中性（滤液不使蓝色石蕊试纸变红）后抽干。

（3）碱处理：取下残渣，放入原容器中，加入煮沸的（0.23±0.005）mol/L 氢氧化钾溶液，立即加热，使其在 1min 内沸腾，且保持连续微沸（30±1）min。注意保持氢氧化钾溶液浓度不变。

（4）抽滤：立即在铺有滤器辅料的古氏坩埚上抽滤，用热水反复冲洗残渣至中性（滤液不使红色石蕊试纸变蓝）。再用 15mL 丙酮冲洗残渣，抽干。

（5）干燥、灰化：将古氏坩埚及残渣放入（130±2）℃烘箱中烘干 2h，在干燥器中冷却至室温后称量，再将古氏坩埚置于电炉上炭化，然后移入（500±25）℃的高温炉中灼烧 30min，于干燥器中冷却 30min，准确称量，直至恒重。

（五）结果计算

（1）计算公式：试样中粗纤维（CF）含量按下式计算。

$$粗纤维含量 = \frac{m_1 - m_2}{m} \times 100\%$$

式中：m_1 为（130±2）℃烘干后坩埚及试样残渣的质量（g）；m_2 为（500±25）℃灼烧后坩埚及试样灰分的质量（g）；m 为样品（未脱脂时）的质量（g）。

（2）重复性：每个试样应取两个平行样进行测定，以其算术平均值为结果。粗纤维含量在 10% 及以下，允许相对偏差（绝对值）为 0.4%；粗纤维含量在 10% 以上，允许相对偏差为 4%。

注意事项：粗纤维的测定也可采用纤维测定仪，依各仪器操作说明书进行测定。

◆ **附 4-1　滤袋技术在纤维测定中的应用（手工法）**

滤袋技术（filter bag technology，FBT）是 20 世纪 90 年代初发展起来的一种简便易行，高效准确的分析技术。此项技术目前主要应用于饲料和食品中粗纤维（CF）、中性洗涤纤维（NDF）、酸性洗涤纤维（ADF）等的测定。在此项技术的开发过程中，美国 Ankom 公司的创始人之父 Dr. R. J. Komarek（著名的营养学家、油脂化学家、生化/营养/生理方面的大学教授）做出了卓越贡献。众所周知的纤维分析方案的创始人 Dr. Peter Van Soest，也参与了此项技术的开发。

1993 年，由美国康奈尔大学和加拿大共同合作，开发了应用滤袋技术的 Ankom 纤维分析仪并获得专利。目前已在世界上 100 多个国家使用。

滤袋是用特殊材料制成的统一规格、具有一定孔隙的三维结构袋。用于纤维测定和体外消化率测定的 F57 滤袋的孔径为 $25\mu m$。这种特殊结构，可使溶液自由通过，但同时不使袋内物质流出。这种滤袋还可耐受强烈化学试剂，甚至可耐受 72% 硫酸，且燃烧后无灰，也不含氮。

1. 主要仪器设备

（1）消煮装置：在上述粗纤维测定装置的基础上，增加一重物压块（图 4-1）。

（2）滤袋：F57 滤袋，孔径为 $25\mu m$（图 4-2）。

（3）封口机：如图 4-3 所示。

（4）耐溶剂记号笔或铅笔。

（5）甩干机。

（6）其他设备同上述粗纤维测定法。

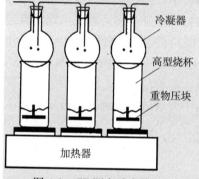

图 4-1　CF 测定消煮装置　　　图 4-2　F57 滤袋（孔径为 $25\mu m$）　　图 4-3　手压式封口机

2. 主要试剂　与上述粗纤维测定法相同。

3. 测定步骤

（1）称样：纤维袋编号，105℃烘干 1h 后，取出于干燥器中冷却至室温，准确称量至恒重（m_0）。将准确称好的样品（1g 左右，m）放入纤维袋中，用封口机封口。

（2）酸处理：将纤维袋放入 600mL 高型烧杯中，加入煮沸的（0.13±0.005）mol/L 硫酸溶液（每个纤维袋加 100mL），用重物压块压在纤维袋上，盖上冷凝器，接通自来水，2min 内加热至微沸，保持微沸（30±1）min。取出纤维袋，用蒸馏水冲洗至中性（可先用 90～100℃沸水漂洗 2 次），用甩干机甩干 2min。

（3）碱处理：将纤维袋再放入 600mL 高型烧杯中，加入预沸的（0.23±0.005）mol/L 氢氧化钾溶液（1 个纤维袋加 100mL），用重物压块压在纤维袋上，盖上冷凝器，接通自来水，2min 内加热至微沸，保持微沸（30±1）min。取出纤维袋按酸处理类似的方法冲洗至中性并甩干。

（4）丙酮处理：用丙酮浸泡纤维袋 2～3min，轻轻挤出丙酮，并在通风橱中晾干后将纤维袋放入干净坩埚内于 115℃烘箱中烘 2～4h 至恒重（开始半敞开烘箱门烘 20min），记录质量（m_1）。

（5）灰化：将坩埚与纤维袋一起放入箱式高温炉 300℃炭化至无烟（炉门微开），(500±25)℃下灼烧 3h 至恒重，记录质量（m_2）。

4. 结果计算 试样中粗纤维（CF）含量可按下式计算。

$$粗纤维含量 = \frac{m_1 - m_2 - m_0}{m} \times 100\%$$

式中：m_0 为纤维袋的干燥质量；m_1 为坩埚、纤维袋、纤维袋中的有机和无机残渣的干燥质量；m_2 为灰化后坩埚（含纤维袋中的无机残渣）干燥质量；m 为试样质量。

第二节 饲料纤维的分析与测定（Van Soest 分析法）

概略养分分析法中的粗纤维测定存在着严重的缺陷，所测得的结果是包括纤维素和部分的半纤维素以及大部分木质素在内的一组混合物。因为有部分半纤维素和少量纤维素溶解于酸溶液以及部分木质素溶解于碱溶液中，被计算到无氮浸出物中，因此概略养分分析法高估了饲料无氮浸出物的量和低估了饲料纤维的数量，测定的饲料中粗纤维和无氮浸出物的含量均不能反映饲料本身的真实情况，尤其是对于牧草及粗饲料的营养价值评定。1970 年 Goering 和 Van Soest 提出中性洗涤纤维、酸性洗涤纤维和酸性洗涤木质素的测定方法，1991 年经 Van Soest 改进，形成了 Van Soest 纤维分析方案，简称范氏法。该分析方案在国际上已被广泛应用。范氏法可以相对准确地获得植物性饲料中所含的半纤维素、纤维素、木质素的含量，能弥补概略养分分析法中有关碳水化合物分析方法上的不足，这在纤维的分析测定中是一项非常重要的改进。

（一）原理

植物性饲料如饲草或粗饲料经中性洗涤剂（3%十二烷基硫酸钠）分解后大部分细胞内容物可溶解于洗涤剂中，其中包括脂肪、蛋白质、淀粉和双糖，统称为中性洗涤可溶物（NDS），而不溶解的残渣称为中性洗涤纤维（NDF），主要是细胞壁成分，如半纤维素、纤维素、木质素，硅酸盐和极少量细胞壁镶嵌蛋白质。

将 NDF 用酸性洗涤剂（2%十六烷基三甲基溴化铵）进一步处理，可溶于酸性洗涤剂的部分称为酸性洗涤可溶物（ADS），主要为半纤维素；剩余的残渣称为酸性洗涤纤维（ADF），其中含有纤维素、木质素和硅酸盐。因此，由 NDF 与 ADF 值之差即可得出植物饲料中的半纤维素含量。

ADF 经 72%硫酸的分解，其纤维素被水解而溶出，其残渣为木质素和硅酸盐，所以从 ADF 值中减去 72%硫酸处理后残渣部分即为饲料中纤维素的含量。

将经 72%硫酸分解后的残渣灰化，灰分则为饲料中硅酸盐的含量，而在灰化中逸出的部分即为酸性洗涤木质素（ADL）的含量。

图 4-4 清晰勾勒出以上原理。

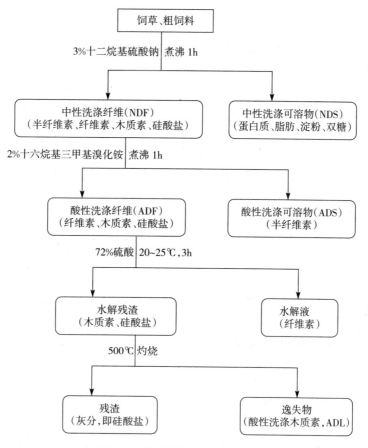

图 4-4　范氏分析法原理示意图

（二）主要仪器与试剂

1. 主要仪器　冷凝器或冷凝装置，2 套；分析天平（1/10 000）；高型烧杯（600mL），2 个；表面皿，2 个；抽滤瓶（1 000mL），2 个；滤埚（30mL G2 玻璃砂芯滤器），2 个；长玻璃棒（胶头），2 个；烧杯（500mL），2 个；滴管，2 个；洗瓶，2 个；干燥器（ϕ20cm），2 个；量筒（100mL），1 个；胶管（壁厚 0.5～0.7cm），若干；容量瓶（1 000mL），1 个；坩埚钳（长柄或短柄），1 个；药勺，1 个；真空泵，1 个；调温电热板，1 台；烘箱，1 台；箱式高温电炉，1 台；普通电炉，1 台。

2. 主要试剂及其制备

（1）中性洗涤剂（3%十二烷基硫酸钠）：准确称取 18.6g 乙二胺四乙酸二钠（EDTA，$C_{10}H_{14}N_2O_8Na_2 \cdot 2H_2O$，化学纯，相对分子质量 372.24）和 6.8g 硼酸钠（$Na_2B_4O_7 \cdot 10H_2O$，化学纯，相对分子质量 381.37）一同放入 1 000mL 刻度烧杯中，加入少量蒸馏水，加热溶解后，再加入 30g 十二烷基硫酸钠（$C_{12}H_{25}NaSO_4$，化学纯，相对分子质量 288.38）和 10mL 乙二醇乙醚（$C_4H_{10}O_2$，化学纯，相对分子质量 90.12）；称取 4.56g 无水磷酸氢二钠（Na_2HPO_4，化学纯，相对分子质量 141.96）置于另一烧杯中，加少量蒸馏水微微加热溶解后，倾入第一个烧杯中，在容量瓶中稀释至 1 000mL，此溶液 pH 在 6.9～7.1（pH 一般不需要调整）。

(2) $c\left(\frac{1}{2}H_2SO_4\right)=1.00mol/L$ 硫酸溶液：取约 27.87mL 浓硫酸（H_2SO_4，分析纯，98%，相对密度 1.84）慢慢加入已装有 500mL 蒸馏水的烧杯中，冷却后注入 1 000mL 容量瓶内定容，待标定。

（3）酸性洗涤剂（2%十六烷基三甲基溴化铵）：称取 20g 十六烷基三甲基溴化铵（CTAB，化学纯，相对分子质量 364.47）溶于 1 000mL 的 1.00mol/L 硫酸溶液中，搅拌溶解，必要时过滤。

（4）72%硫酸：量取 98%的分析纯浓硫酸 668.8mL，慢慢地加入已盛有 300mL 蒸馏水的 1 000mL 烧杯中，此时溶液会发热，应不时搅拌使之冷却，冷却后移入 1 000mL 容量瓶中定容，并在 20℃下标定，使每 1 000mL 溶液中含有 1 176.5g 硫酸。

（5）酸洗石棉：将市售的石棉在 800℃高温电炉内灼烧 1h，冷却后用 72%的硫酸溶液浸泡 4h，过滤，用蒸馏水洗至中性，在 105℃烘干备用。

（6）无水亚硫酸钠：Na_2SO_3，化学纯，相对分子质量 126.04。

（7）丙酮：CH_3COCH_3，化学纯，相对分子质量 58.08。

（8）正辛醇：$C_8H_{18}O$，化学纯，相对分子质量 130.23。

（三）测定步骤

1. 中性洗涤纤维（NDF）测定步骤

（1）准确称取风干样（通过 40 目标准铜筛）1.0g（m），置于高型烧杯中。如样品为高淀粉饲料（如谷物、麸皮、饼粕类等），先用淀粉酶预处理。

（2）加入室温的中性洗涤剂 100mL 和 2～3 滴正辛醇（消泡剂）以及 0.5g 无水亚硫酸钠。

（3）套上冷凝装置，立即置于电炉上尽快煮沸（5～10min），溶液沸腾后移至电热板并调节温度使其始终保持在微沸状态 1h。

（4）煮沸完毕后立即离火，在已知 105℃干燥质量（m_0）的滤埚（G2 玻璃砂芯滤器）上抽滤，使其在 10min 之内过滤到滤埚中（注意：必须将残渣全部移入滤埚），抽滤并用沸水多次冲洗抽滤。

（5）用 20mL 丙酮分 2～3 次冲洗，抽滤。

（6）取下滤埚，待丙酮挥发完全后，移入 105℃恒温干燥箱中烘干至恒重（m_1）。

2. 酸性洗涤纤维（ADF）测定步骤

（1）同 NDF 测定步骤中（1）方法，也可用 NDF 测定步骤（6）留下的残渣继续测定。

（2）加入室温的酸性洗涤剂 100mL 和 2～3 滴十氢化萘。

（3）同 NDF 测定步骤（3）。

（4）同 NDF 测定步骤（4）。

（5）用少量丙酮洗涤残渣，反复冲洗滤液至无色为止，抽净全部丙酮。

（6）取下滤埚，在 105℃条件下烘干至恒重（m_2）。

3. 酸性洗涤木质素（ADL）测定步骤

（1）准确称取试样 1.0～2.0g（精确至 0.000 2g，m），置于高型烧杯中，加入中性洗涤剂 100mL 和 2～3 滴正辛醇（消泡剂），将烧杯置于消煮器上，安好冷凝器，快速加热至沸，调整消煮器功率按钮，保持微沸状态消煮 1h。

注意：如果样品中脂肪和色素含量超过 10%，须预先用丙酮脱脂后再消煮。

（2）在滤坩（G2 玻璃砂芯滤器）中加入 1g 酸洗石棉，预先在 105℃ 干燥至恒重（m_0），将消煮好的试样液倒入并抽滤。滤干后再将滤坩放在 50mL 烧杯中或浅瓷盘中，加入 15℃ 的 72% 的硫酸至半满，用玻璃棒打碎所有结块，并搅拌成均匀的糊状物，将玻璃棒留在滤坩内。

（3）根据硫酸溶液的流出量及时补加 72% 的硫酸于滤坩中，并保持在 20～25℃（必要时冷却）消解 3h。然后抽滤干滤坩中的酸，并用热水洗涤至 pH 为中性（用红色石蕊试纸检验）。注意冲洗滤坩边缘和玻璃棒。

（4）将滤坩置于 105℃ 恒温干燥箱中干燥约 4h，移入干燥器内冷却，称量。重复干燥过程直至恒重（m_3）。

（5）在箱式高温电炉中（500℃）灼烧 2～3h，灼烧至无碳，在温度降低至 200℃ 以下时，用坩埚钳取出放入干燥器内冷却至室温后称量（m_4）

（6）用石棉做空白试验：称取 1g 石棉放入已知质量的玻璃坩埚中，处理同上述（1）～（5）步骤，记录灰化时的失重（m_5），如果石棉空白小于 0.002 0g/g 石棉，则可不必再测定空白。

（四）结果计算

1. 中性洗涤纤维（NDF）含量的计算式

$$\text{NDF 含量} = \frac{m_1 - m_0}{m} \times 100\%$$

式中：m_1 为滤坩＋NDF 的质量（g）；m_0 为滤坩的质量（g）；m 为样本质量（g）。

2. 酸性洗涤纤维（ADF）含量的计算式

$$\text{ADF 含量} = \frac{m_2 - m_0}{m} \times 100\%$$

式中：m_2 为滤坩＋ADF 的质量（g）；m_0 为滤坩的质量（g）；m 为样本质量（g）。

3. 半纤维素含量的计算式

$$\text{半纤维素含量} = \text{NDF 含量} - \text{ADF 含量}$$

4. 酸性洗涤木质素（ADL）含量的计算式

$$\text{ADL 含量} = \frac{m_3 - m_4 - m_5}{m} \times 100\%$$

式中：m_3 为 72% 硫酸消化后滤坩＋石棉＋残渣的质量（g）；m_4 为灰化后滤坩＋石棉＋残渣的质量（g）；m_5 为石棉空白试验中失重（g）；m 为样本质量（g）。

5. 酸不溶灰分（AIA）含量的计算式

$$\text{AIA 含量} = \frac{m_4 - m_0 + m_5}{m} \times 100\%$$

式中：m_0 为滤坩＋石棉的质量（g）；m_4 为灰化后滤坩＋石棉＋残渣的质量（g）；m_5 为石棉空白试验中失重（g）。

6. 纤维素含量的计算式

$$\text{纤维素含量} = \text{ADF 含量} - \text{经 72\% H}_2\text{SO}_4 \text{ 处理后的残渣含量}$$
$$= \text{ADF 含量} - \text{ADL 含量} - \text{AIA 含量}$$

7. 重复性 每个试样应取两个平行样测定，以其算术平均值为结果。

中性洗涤纤维含量或酸性洗涤纤维含量在 10% 以下（含 10%），允许相对偏差不超过 5%；中性洗涤纤维含量或酸性洗涤纤维含量在 10% 以上，允许相对偏差不超过 3%。酸性洗涤木质素测定方法允许相对偏差不超过 10%。

注意事项：

（1）在用中性洗涤剂处理时，高蛋白、高淀粉饲料对其有影响，这时，可先用蛋白酶、α-淀粉酶处理后再进行测定，得到蛋白酶处理的中性洗涤纤维、α-淀粉酶处理的中性洗涤纤维。

（2）用洗涤剂消煮时要保证洗涤剂的浓度不变，要求回流冷凝装置较严。消煮时应呈微沸状态，防止产生大量泡沫和样品黏附于烧杯壁上，造成消煮不完全而影响测定结果。

（3）在测定中性洗涤纤维时，抽气强度不宜过大，以防止产生大量泡沫，而测定酸性洗涤纤维时可适当增加抽气强度，以提高过滤速度。

（4）严格来说，NDF 含量和 ADF 含量应从上述测定中扣除相应的灰分。

NDF 含量和 ADF 含量的测定也可采用纤维测定仪，依各仪器操作说明书进行测定；也可采用滤袋技术。

第三节　非淀粉多糖的分析与测定

动物饲料中的多糖是一组组成成分复杂、结构特性和生理活性不同的物质。近年来营养学家对多糖的营养作用给予了更多关注，也建立了更精确的分析方法。非淀粉多糖是植物中重要的抗营养因子，是植物结构多糖的总称，也是植物组织内除淀粉以外的所有碳水化合物的总称，主要包括纤维素、半纤维素（阿拉伯木聚糖、β-葡聚糖、甘露聚糖等）、果胶等，由一种或多种单糖和糖醛酸以糖苷键连接而成，大多数为有分枝的链状结构，常与蛋白质和无机离子等结合在一起，是细胞壁的主要成分。根据非淀粉多糖的水溶性，将可溶于水的非淀粉多糖称为可溶性非淀粉多糖（SNSP），不溶于水的称为不溶性非淀粉多糖（INSP）。

（一）主要仪器设备

气相色谱、离心机、电热恒温箱（控温、磁力搅拌）、振动器、4mL 和 8mL 有刻度的玻璃试管、30mL 或 50mL 带盖试管、其他玻璃仪器。

（二）主要试剂

无水乙醇（分析纯）；醋酸钠（CH_3COONa，分析纯）；硼氢化钠（$NaHB_4$，分析纯）；冰醋酸（CH_3COOH，分析纯）；乙酸乙酯（$CH_3COOC_2H_5$，分析纯）；醋酸酐 [$(CH_3CO)_2O$，分析纯]；浓硫酸（H_2SO_4，分析纯，相对密度 1.84）；三氟醋酸（CF_3COOH，色谱级）；1-甲基咪唑（1-methylimidazole，分析纯）；α-淀粉酶（热稳定，Sigma A3 306）；淀粉糖苷酶；标准糖：鼠李糖、海藻糖、核糖、阿拉伯糖、木糖、甘露糖、阿洛糖、半乳糖、葡萄糖和肌醇（全部为分析纯）。

（三）测定步骤

1. 样品处理

（1）样品粉碎，让其过 40 目筛，保存于密封的样品瓶。

（2）1～2g 样品测定其干物质，以便用于后面的计算。

（3）精确称取 200mg 样品，放于 30mL 带盖试管内（样品质量必须根据其非淀粉多糖含量来调整）。

脂肪提取：加入 10mL 正己烷（或石油醚），盖紧试管盖，摇匀并用超声降解 15min。在 20℃下 2 000g 离心 15min。弃去上清液。

（4）加入 5mL 80% 乙醇至已有残渣的上述试管中，并加热至 80℃ 10min。在 2 000g 离心 10min，将上清液转移到一个 8mL 小瓶中，这一步的目的是分离游离的糖，并使内源酶失活。假如不需测定游离糖，可以弃掉上清液。在 40℃有氮条件下将残渣干至成泥浆状。

（5）加入 10mL 醋酸缓冲液（pH 5.0），在 100℃ 水浴中加热 30min，15min 后搅拌，这一步是使淀粉明胶化，以便酶能有效地与之反应。

（6）从沸腾的水浴上每次取一根试管并立即加入 50μL 的 α-淀粉酶（反复倒置使酶混匀）。并快速将试管放入 95℃ 水浴中 30min，15min 后振动摇匀，或将试管倒置混匀。

（7）将试管从 95℃ 水浴中移至 55℃ 电热板上，当温度稳定后，加入 50μL 的淀粉糖苷酶（在用移液管吸取前轻轻混合酶液 6 次）。在 55℃ 电热板上反应 16h（过夜）并不停地搅拌。

（8）在 2 000g 离心机上离心 30min，取一部分上清液（如用 2mol/L TFA 水解，取 4mL；如用 1mol/L 硫酸水解，则取 8mL）测定可溶性非淀粉多糖，取 1mL 测定可溶性糖醛酸，如需要，另取一份（约 1mL）测淀粉。保留残渣用于测定不溶性非淀粉多糖。

2. 可溶性非淀粉多糖测定（用 2mol/L TFA 水解）

（1）取 4mL 上清液放入 30mL 带盖试管中，加入 16mL 纯乙醇（使试管中的乙醇浓度为 80%），放在冰上至少 1h，然后放在 4℃至少 1h。2 000g 低温（4℃）离心 20min，弃掉上清液，加 80% 乙醇 10mL，混匀，置于冰上至少 30min，2 000g 低温（4℃）离心 20min，弃掉上清液，加无水乙醇 10mL，混匀，置于冰上至少 30min，2 000g 低温（4℃）离心 20min，弃掉上清液，这一步是除掉被淀粉酶和淀粉糖苷酶释放的糖。

（2）沉淀在有氮气的情况下烘干，然后加入 1mL 2mol/L 三氟醋酸（由 2mL TFA 加 11mL 蒸馏水配制而成）。

（3）125℃边搅拌边加热 1h，确保全部样品浸泡在酸液中。（注意：将试管放入加热箱后，当温度达到 125℃时开始计时，也可以使用自动水解装置。）

（4）试管冷却至室温，精确加入 50μL 内标物质（阿洛糖，4mg/mL，一种葡萄糖的异构物）。也可以加入一种参照标准物质肌醇（4mg/mL）来检验还原步骤的效率。用磁力搅拌器搅匀后将磁棒取去。

（5）加热箱内 40～45℃在有氮气的条件下汽化烘干。用 0.2mL 蒸馏水洗两次（如慢，则可转入 8mL 的小瓶中）。

（6）将残渣用 0.2mL 蒸馏水溶解（如使用 8mL 的小瓶干燥，转移到 30mL 的带盖试管中），加入 1 滴 3mol/L 的氨水，使溶液略呈碱性。混合均匀，加入 0.4mL 新配制的 NaBH₄（每毫升 3mol/L 氢氧化钠溶解 50mg 钠），盖上盖后在 40℃水浴培养 1h。

（7）加入几滴冰醋酸使多余的 NaBH₄ 分解（或逐滴直到停止产生气泡，注意：过量的酸会干扰乙酰化）。

（8）加入 0.5 mL 1-甲基咪唑，混匀（有毒，需在毒气柜内小心操作），加入 5mL 无水醋酸并混匀。在室温放置 10min。

（9）加入 8mL 蒸馏水以降解过量的无水醋酸。

（10）冷却后，加 3mL 二氯甲烷（小心操作）并转动。

（11）静置直到清晰分层或在室温 2 000g 离心 5min，将底层转入 2mL 的小瓶〔用消毒的吸管吸取 70%～80% 的上层液体，弃掉，这样更容易转移含有醋酸醛醇的下层（二氯甲烷层）〕。

（12）有氮气的条件下蒸化干燥（40℃）。这一步花的时间很短，随时注意样品，确保一旦样品干了就拿出来。

（13）加入 0.3mL 乙酸乙酯。可手动注入 0.3～1.0μL 到气相色谱仪，否则，就用适量的溶剂来适用其仪器。

3. 不溶性非淀粉多糖测定

（1）将 1 中步骤（8）的残渣用蒸馏水冲洗，在室温用 2 000g 离心 15min。弃掉上清液，重复两次，确保从淀粉消化释放的葡萄糖已全部溶掉。加 2mL 丙酮，摇匀。在室温下用 3 000g 离心 15min，弃掉上清液，并在有氮条件下烘干，不要破坏颗粒。

（2）准确加入 12mol/L 硫酸 1mL，在 35℃ 搅拌 1h（用一根小棒将大块捣碎）。这一步对纤维性多聚物的水解很重要，要确保所有样品都浸在酸里并溶解掉。

（3）准确加入 11mL 蒸馏水（如果使用参照标准物，则加蒸馏水 10mL 和 3mg/mL 的肌醇 1mL），在 100℃ 电热恒温箱中放置 2h（注意从试管放入电热恒温箱，且温度达 100℃ 时开始计时）。

（4）冷却到室温，离心，使不溶性物质沉淀。

（5）移取 0.8mL 上清液到一个 30mL 的小瓶中，加入 0.2mL 28% 的氨水。

（6）准确加入 50μL 阿洛糖溶液（4mg/mL），充分混匀。

（7）用真空干燥箱汽化干燥（如样品的非淀粉多糖估计值较大，例如大于 30%，则取 0.2mL 加 1 滴 3mol/L 的氨水）。

（8）加入 0.2mL 蒸馏水。使糖如前述可溶性非淀粉多糖一样还原和乙酰化〔见 2 中步骤（6）～（12）〕。

4. 游离糖测定

（1）在有氮的条件下，将 1 中步骤（4）的提取物在 40℃ 蒸化。

（2）用 1mol/L 硫酸 3mL 在 100℃ 电热恒温箱水解 2h，边水解，边搅拌。

（3）按 3 中步骤（5）～（8）的程序继续进行。

5. 酶可消化淀粉的测定　用酶试剂盒（Megazyme Total Starch Kit）测定酶可消化淀粉含量。

（四）注意事项

（1）每批样品都必须做试剂空白。

（2）经常用超纯水和天平校正吸管，吸取微量溶液或标准液时，用微量进样器。

（3）测定酶的纯度：从市场购买可溶性的阿拉伯木聚糖和 β-葡聚糖。制备每种含多糖 0.2% 的溶液。测试加和不加淀粉酶和淀粉糖苷酶时溶液的黏度。假如溶液在 55℃ 培养 2h 后黏度下降，则酶对该多糖有附加活性，需用其他批次的酶。测定纤维酶的活性时，在含 20mg 纤维的悬浮液中加入适量的酶培养 4h 后，用酶试剂盒测定释放的葡萄糖，假如释放的葡萄糖过多，则该酶含有纤维酶活性，需要使用其他批次的酶。每批酶都必须做纯度测定。

（4）质量控制样品：在每次测定中都必须使用含已知可溶性非淀粉多糖和不溶性非淀粉多糖的样品作为测定结果的判断依据。

（5）当样品脂肪含量低于 5% 时，并不一定需要剔除脂肪，但如果要用本方法 1 中步骤（4）的上清液来测定游离糖，则必须剔除脂肪。

（6）对于蛋白质含量高的样品，如羽扇豆、大豆、蚕豆、菜籽、鸡豆和其他豆类，剔除蛋白质是必要的。在本方法 1 中步骤（7）加入 0.1mL 胰泌素（1mL 水中加 0.2g 胰泌素，3 000g 离心，用上清液）。

本章小结

本章主要介绍了概略养分分析法测定饲料粗纤维的原理与方法，Van Soest 分析法测定饲料中半纤维素、纤维素和木质素的原理与方法以及饲料中可溶性非淀粉多糖和不溶性非淀粉多糖含量的测定方法。

思考题

1. 何谓中性洗涤纤维和酸性洗涤纤维？它们各包含哪些成分？

2. 简述半纤维素、纤维素和木质素的测定原理与方法。

3. 何谓非淀粉多糖（NSP）？

4. 简述饲料中可溶性非淀粉多糖（SNSP）和不溶性非淀粉多糖（INSP）含量的测定方法。

第五章 总能的测定

第一节 概 述

能量是动物一切机能活动的基础。评定饲料的能量价值和研究动物对能量的需要量是动物营养学的重要任务之一。根据饲料能量在动物体内的转化规律，可以把饲料能量分为总能和有效能两部分。能够被动物有效利用的那部分能量称为有效能，如消化能、代谢能、净能等。准确测定饲料或粪、尿、动物产品的总能或热值是研究动物能量代谢的基本方法。

测定饲料的消化能或代谢能需要专门组织开展动物的消化试验或代谢试验，此外，还应分别测定饲料和粪、尿样品的总能。因此，在学习并掌握了有关动物消化代谢试验的知识和饲料或粪、尿总能的测定方法之后，就可获取饲料的消化能和代谢能值。

本章将系统介绍饲料总能的测定原理、仪器设备、测定步骤和结果计算，并简介自动量热仪操作规程。

第二节 总能测定的原理与方法

(一) 测定原理

饲料中的热能即饲料的燃烧热，是饲料中的有机化合物完全氧化后所释放出的热量，也称总能。单位质量某物质的燃烧热即为该物质的热价或热值，也称总能值，通常以 kJ/g 或 MJ/kg 为单位。

根据热力学第一定律，一个热化学反应只要其开始与终末状态一定，则反应的热效应就一定，这使测定各种物质的燃烧热变得有意义。有机物几乎均能氧化完全，并且反应很快，因此就可能准确测定燃烧热。由所测的燃烧热还可以计算反应的热效应和化合物的生成热。

专门用于测定热量的仪器称为热量计或量热仪，包括恒温式热量计和绝热式热量计两大类。目前使用较多的是恒温氧弹式热量计及其改进型，其测定原理是：将待测样本制备成一定质量的试样，装于充有 (2.5 ± 0.5) MPa 纯氧氧弹中进行燃烧，燃烧所放出的热量被氧弹周围已知质量的蒸馏水及整个热量计体系吸收，温度上升。根据燃烧前后温度的变化和热量计的热容量，即可计算出该样本所含的燃烧热或总能。

(二) 主要仪器和试剂

1. 主要仪器

(1) 氧弹式热量计 (以 GR-3500 型为例)：1 套。

(2) 氧气钢瓶 (附氧气表) 及支架 (氧气纯度 99.5%，不允许使用电解氧)：1 套。

(3) 分析天平：感量 0.1mg，1 台。

（4）精密天平：感量 0.5g，1 台。

（5）引火线：直径 0.1mm 左右的铝、铁、铜、镍铬丝或其他已知热值的金属丝若干。

（6）碱式滴定管：1 支。

（7）量筒（10mL）：1 个。

（8）烧杯（250mL）：1 个。

2. 主要试剂　苯甲酸（保证级试剂或分析纯）、0.1mol/L 氢氧化钠标准溶液、10g/L 酚酞指示剂。

（三）氧弹式热量计结构简介

氧弹式热量计的主体部分主要由氧弹、金属内筒和外筒组成。此外还有贝克曼温度计、电动搅拌器、引燃装置、中心控制箱、压样机、弹头座、氧气瓶、氧气减压阀及氧气过滤器等附件。目前，氧弹式热量计型号很多，自动化程度越来越高，但其原理基本相同。下面以 GR-3500 型氧弹式热量计为例，详细介绍其结构及操作步骤。

GR-3500 型氧弹式热量计结构示意图见图 5-1。

1. 氧弹　氧弹是热量计的核心，包括弹体与弹头两部分，由耐酸的不锈钢制成，容积约 300mL。

（1）弹体：为一厚壁圆筒，筒口有螺纹，借螺帽使弹头与弹体旋紧。螺帽与弹头间嵌有耐酸橡皮圈。当试样燃烧时，弹体内压力增加，迫使弹头压紧螺帽，使其间的橡皮垫圈向侧面膨胀而与弹体筒口壁密合。弹体内压力越大，则气密性也越严。

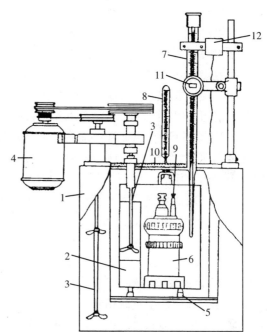

图 5-1　GR-3500 型氧弹式热量计结构示意图

1. 外筒　2. 内筒　3. 搅拌器　4. 搅拌马达　5. 绝热支架　6. 氧弹　7. 贝克曼温度计　8. 玻套温度计　9. 电极　10. 盖子　11. 放大镜　12. 电动振动装置

（2）弹头：弹头上有充氧阀门、针形放氧阀门和电极栓。充氧阀门在弹头内有止围阀，停止充氧后，由于弹体内压力增大，使止围阀上顶防止氧气逸出。燃烧后的弹内气体可通过放氧阀门排出。充氧阀门下连一金属充气管，可同时作充氧和电极用。氧气由充氧阀门经充气管充入弹体。弹头上还另有一独立电极（电极栓），向下有一个金属棒与充气管一起构成两个电极栓。金属棒上装有坩埚架，用来放置坩埚。试样置于坩埚内，通电后由连在两电极间的引火丝点燃样本。充气管上固定有遮板，防止试样燃烧时火焰直接喷向弹头，并使产生的热流经遮板反射后，较均匀地分布于氧弹内。

GR-3500 型氧弹式热量计氧弹的纵剖面图如图 5-2 所示。

2. 外筒与内筒

（1）外筒：是一个双壁镀镍的金属筒，为热量计的隔热装置。实验时由注水口注满蒸馏水，通过套筒搅拌器，使筒内水温均匀，形成恒温环境。注水口用橡皮塞固定一支普通温度计，用来测量外筒水温。

（2）内筒：是一个双壁镀镍的铜制容器，呈梨形。实验时，内装一定质量的蒸馏水，置于外筒中央的绝热支架上，氧弹放在其中。

3. 搅拌装置　由搅拌器和搅拌马达组成。内、外筒搅拌器由同一搅拌马达同步驱动。内筒搅拌器可拆卸，便于实验操作。外筒搅拌器转速为 300r/min；内筒搅拌器转速为 500r/min。通过搅拌系统的运动，加速水的循环，使水的温度很快均匀一致。

4. 测温装置　GR-3500 型氧弹式热量计测温装置包括贝克曼温度计及其固定支架、振动器、放大镜、照明灯等。贝克曼温度计为精密的测温仪器，没有固定的度数，只用于测量温度差。温度计上最小刻度为 0.01 度，通过放大镜可估计到 0.001 度。温度计的刻度范围很小，仅 0～5 度或 0～6 度。温度计一端有一回线形储备泡，以储存多余的水银，通过调节贮汞量可使温度计在 0～50 度温度范围内使用。

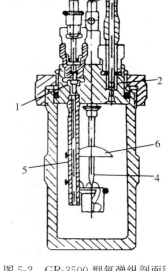

图 5-2　GR-3500 型氧弹纵剖面图
1. 充氧阀门　2. 放氧阀门　3. 电极
4. 电极及坩埚架组件　5. 充气管
6. 燃烧挡板

振动器、放大镜、照明灯都用于帮助准确读取温度计度数。温度计水银柱在运动时，与管壁发生摩擦而产生水银停滞现象，影响测温的正确性。为消除这一影响，GR-3500 型氧弹式热量计装有振动器，通过电磁作用定时振动，消除水银的停滞现象。

5. 引燃装置与控制箱　引燃装置由控制箱上的点火开关控制，点火电压 24V，通过调节电流旋钮，通电后引火丝熔断，引燃试样，使引火丝熔断的时间不超过 2s。

控制箱为一配电装置，可控制点火、振动、总电源、指示灯等。

6. 充氧装置　由氧气瓶、氧气减压阀、氧气过滤器、导管及氧弹充氧阀门组成。氧气减压阀一端直接与氧气瓶相连，另一端接氧气过滤器或氧弹充氧阀门。试验时氧弹仅需（2.5±0.5）MPa 压力，而一般氧气瓶的压力都很高，必须安装减压装置。减压阀有 2 个压力表，一个表指示氧气瓶内压力，另一个表指示工作用的压力。氧弹充氧时所需的压力可通过调整减压阀的手钮来控制。

氧气过滤器为一镀铬合金钢制成的厚壁圆筒，开端有塑料垫作密封圈，用螺帽扭紧，故有良好的密封性。筒内有吸水的硅胶和吸二氧化碳的钠石灰，成分各占一半，降压的氧气通过过滤器可除去可能存在的二氧化碳、水及其他酸性气体杂质，不用时将螺帽扭紧，以防硅胶吸水而溶化。过滤剂应每隔 90～180d 更换一次。

充氧装置各连接部分禁止使用润滑油。新仪器在使用前或任一连接部分被油类污染，必须用汽油或酒精洗净并吸干，以免通氧时发生意外爆炸。

7. 压样机　其用途是将粉状试样压成饼状。使用时用螺钉将压样机固定使用，如长期不用，应在易锈的地方涂上凡士林以防生锈。

8. 弹头座　专供放置弹头用，便于连接引火丝、取放坩埚等操作。

（四）对测热室的要求

测热工作应在恒温条件下进行，否则所得结果将引入误差，因此对测热室有以下要求：

（1）设有一单独房间，不得在同房间内同时进行其他试验项目。

（2）室温应尽量保持恒定，每次测定室温变化不应超过 1℃。通常室温以不超过 15～30℃ 范围为宜。

（3）室内应无强烈的空气对流，不应有强烈的热源和风扇等，试验过程中应避免开启门窗。

（4）测热室最好朝北，以避免阳光照射，否则热量计应放在不受阳光直射的地方。

（5）当仪器新搬入室内时，应放置适当时间，待仪器温度与室温平衡时，方可开始试验工作。

（五）测定步骤

1. 准备工作　测定前应擦净氧弹各部污物及油渍，以防试验时发生危险。氧气瓶应放在阴凉安全处，防止滑倒。检查热量计各部件是否齐全完好。

（1）内、外筒水的准备：从外筒的注水口加入水（最好用蒸馏水或去离子水）至离水筒上缘 1.5cm 左右，放置 1d 以上，待水温与室温一致时（温差小于 0.5℃）才能使用。通常外筒水不需经常更换。如热量计长期不用，应将水筒中的水全部放尽。

称量内筒水。先称取干净的空内筒质量，放入 3kg 左右的蒸馏水，调节内筒水温，使其低于外筒水温 0.5～0.7℃（用普通温度计测量），然后再准确称量，使内筒水的质量为 3kg，精确至 0.1～0.5g。如不具备称量条件，可用容量瓶量取，但必须根据温度变化进行校正。

测定发热量过低的试样时，内筒水的初始温度不要求一定要低于外筒温度，只要终点温度能超过外筒温度 0.5～1.0℃，以使终点时温度有明显下降即可。

注意：每次试验时的用水量应与标定仪器热容量时的用水量一致。

（2）压样、称样、连接引火丝：先把坩埚清洗干净，除去残渣，在电炉上灼烧 3～4min，冷却后放入干燥器中备用。取 1～1.5g 风干饲料样品（经粉碎过 40 目筛），用压样机压成饼状，然后置于已知质量的备用坩埚中称量（精确至 0.000 1g）。样品量以测定的温度上升不高于 3～4 度为准，最好以 1～1.5 度为宜。一般样品块的高度不要超过坩埚的高度。此外，在称量样品的同时，应测定样品的含水量，以便换算成绝干基础的热价。

量取 10cm 引火丝并准确称量（一般可量取 10 根以上引火丝，一次称量，取其平均值作为每根的质量），可以根据引火丝的热价换算成每厘米长度该引火丝的热值。置氧弹于弹头座上，将盛有样品的坩埚置于弹头的坩埚支架上，将引火丝固定在两个电极上，调节下垂的引火丝使之与试样接触，或保持 1～2mm 微小距离（对易燃或易飞溅的试样），并注意切勿使引火丝接触坩埚，以免形成短路，导致烧毁坩埚或支架。同时还应注意防止两电极间以及坩埚同另一电极间的短路。

（3）加水及充氧：在弹筒中加入 10mL 蒸馏水，用来吸收燃烧过程中产生的五氧化二氮与三氧化硫气体，形成硝酸和硫酸，以便在计算样本实际发热量时予以扣除。加入的蒸馏水量应与测定热量计热容量时相一致，可以用量筒量取。

将装好引火丝和坩埚的氧弹头小心移到弹体上，用螺帽将弹头与弹体慢慢扭紧，注意避免坩埚和点火丝的位置因受震动而改变。取下充氧阀门的螺母，拧上连接氧气瓶的导管接头（注意不要过分用力，以免磨损造成漏气），打开放氧阀门，往氧弹内缓缓充入氧气，先充氧约 0.5MPa，使氧弹内空气排尽，然后关闭放氧阀门，调节减压阀，使充氧压力逐渐增至

2.5～3.0MPa，保持 30s 左右。当氧气瓶中氧气压力不足 5MPa 时，充氧时间应适当延长，不足 4MPa 时，应更换新的钢瓶氧气。

（4）调整准备好贝克曼温度计。

（5）热量计的安装：把调好水温、准确称量好水的内筒放在外筒的绝缘支架上，再把充好氧的氧弹小心地放入内筒，注意不要使水损失，以免影响试验的准确性。加入的水应淹到氧弹充氧阀门螺帽高度的 2/3 处。检查氧弹的气密性，如有气泡出现，表明氧弹漏气，应找出原因，加以纠正，重新操作。然后插好电极，装上搅拌器，盖好外筒盖，安上贝克曼温度计，并使温度计水银球中心位于氧弹高度 1/2 处。温度计和搅拌器均不得接触氧弹和内筒。

一切准备就绪后，先检查一下控制箱上的点火开关是否处于关的位置，然后打开总电源、振动、计时等开关，开动搅拌器，搅拌 3～5min 后开始测定。

2. 测定工作　全部测定工作分为 3 期：燃烧前期、燃烧期、燃烧后期。

（1）燃烧前期：也称初期。是试样燃烧之前的阶段，用以了解热由外筒传入内筒的速率。搅拌器开动 3～5min 后，用放大镜观测内筒水温变化，待温度上升，几乎恒定时，开始读取温度，定为初期起点或初期初温。然后每隔 1min 读取温度一次，共 5min 读取 6 个数值，最后一次读取的温度称为初期末温。读温应精确至 0.001 度。

读取温度时，应使视线、放大镜的中线和温度计水银柱表面位于同一水平上，将温度计上最小刻度通过放大镜估计成 10 个相等部分。读取温度值的位数如下：每 30s 的温度升高大于 0.5 度时，观测到 0.1 度；每 30s 的温度升高为 0.5～0.1 度时，观测到 0.01 度；每 30s 的温度升高小于 0.1 度时，观测到 0.001 度。每次读数前 5s 应振动贝克曼温度计，以便克服妨碍水银升降的毛细管张力的影响。

（2）燃烧期：也称主期。这是试样定量燃烧，产生的热量传给热量计，使量热体系温度上升的阶段。

燃烧前期读取最后一次温度的同时按点火按钮。此次读温作为燃烧前期的末温（初期末温），也是燃烧期初温（主期初温）（此时定为 a 点）。燃烧期内每 30s 读记温度 1 次，直至温度不再上升而开始下降的第一次温度为止（此时为 b 点），表示燃烧结束，此时的温度作为燃烧期末温（主期末温）。

点火时的电压为 24V，由于点火而进入热量计体系的电热通常可忽略，但通电的时间每次都应相同，不应超过 2s。如通电时间过久，则因点火而产生的热会影响测定结果的精确度。

（3）燃烧后期：也称末期。燃烧期结束即为燃烧后期的开始，其目的是测定热由内筒传向外筒的速率。在主期读取最后一次温度后，每分钟读记温度 1 次，至每分钟温度变化不大时为止，共读取 5 次。主期末温即为末期初温，而末期最后一次读温即为末期末温。燃烧后期的终点，即为全部试验期的结束（定为 c 点）。

整个测定工作集中在燃烧期，在这一阶段观察温度应该准确、迅速。燃烧前期与燃烧后期的工作主要是为了校正量热体系与周围环境间的热交换关系。

为了提高读数的准确性，已经有 GR-3500 型的改进型号，不再使用贝克曼温度计，而是通过精密测温探头自动显示温度读数。

3. 结束工作　最后一次读温后，关闭搅拌器、总电源开关，先取出贝克曼温度计，打开外筒盖，从内筒内取出搅拌器及氧弹。缓缓打开氧弹上的放氧阀门，在 5min 左右放尽氧弹中气体。拧开螺帽，取出弹头，仔细检查氧弹，如氧弹中有黑粒或未燃尽的试样，此试验应作废。如燃烧成功，则小心取出烧剩的引火丝，精确测量其长度或质量。用热水仔细冲洗氧弹内壁、坩埚、充气管等各部分，冲洗液及燃烧后的灰分移入洁净的烧杯中，供测定酸和硫的含量，以校正酸的生成热。在一般情况下，由于酸的生成热很小，约为40J，而测定又相当费事，因此常忽略不计。

氧弹、内筒、搅拌器等在使用后应用干布擦干净。各阀门应保持不关闭状态，并用电吹风将其接触部分吹干，防止阀门生锈不能密闭而漏气。

每次测试结束后，应清除坩埚中的残余物。普通坩埚在600℃烧3～4min除去可能存在的污物及水分；白金坩埚可在稀盐酸中煮沸，也可用氢氟酸加热去污；石英坩埚只能擦拭，因为加热或用氢氟酸处理都对石英有损。

（六）结果计算

1. 饲料总能计算公式　饲料总能（Q）按下列公式计算。

$$Q = \frac{KH[(T+R)-(T_0+R_0)+\Delta T]-qb}{m}$$

式中：Q 为饲料或其他试样的总能（J/g）；K 为热量计的热容量（J/℃）；H 为贝克曼温度计升高1度相当于实际温度值（℃）；T 为主期末温（℃）；T_0 为主期初温（℃）；R 为主期末温的校正值（℃）；R_0 为主期初温的校正值（℃）；ΔT 为热量计量热体系与周围环境的热交换校正值（℃）；m 为试样的质量（g）；q 为引火丝的热值（J/g 或 J/cm）；b 为引火丝的质量或长度（g 或 cm）。

样品测定的精确度：相对偏差≤0.2%，或样品两次平行测定结果允许相差不超过150J/g。

引火丝热值：铁丝 6 700J/g；镍丝 3 243 J/g；铜丝 2 500J/g；铅丝 420J/g。

2. 热交换校正值 ΔT　由于GR-3500型热量计整个测定过程并非处于绝热状态，量热体系与周围环境间存在热交换。在点火燃烧之前，内筒水温低于外筒 0.5～0.7℃，热由外筒向内筒辐射。点火燃烧之后，内筒温度上升超过外筒温度后，热由内筒向外辐射。由于此种辐射的影响，观察的温度需要校正，测定过程中内、外筒热辐射的关系如图5-3所示。

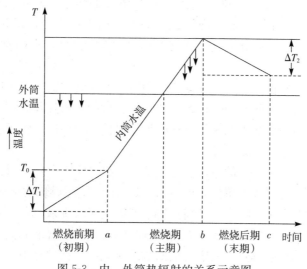

图 5-3　内、外筒热辐射的关系示意图

对热交换值 ΔT，可用奔特公式校正。奔特公式如下。

$$\Delta T = \frac{(V+V_1)}{2}m + V_1 r$$

式中：V 为燃烧前期每 30s 温度平均变化速率（负值）（以 10 次为准）；V_1 为燃烧后期每 30s 温度平均变化速率（正值）（以 10 次为准）；m 为主期快速升温次数（每 30s 温度上升≥0.3℃的次数），其中点火后 30s 读取的一个数不管温度升多少都记在 m 中；r 为主期慢速升温次数（每 30s 温度上升<0.3℃）。

奔特公式的依据：当点火燃烧之初，内筒水温迅速上升时，热量计量热体系和环境（外筒水温）之间热交换速度相当于燃烧前期和后期温度变化速率的算术平均数。而当温度上升较慢时，则相当于燃烧后期的冷却速度。

3. 热量计的热容量

（1）量热体系：指热量计在测定过程中发生的热效应所能分布到的部位，包括内筒水、内筒、氧弹、搅拌器、温度计的一部分以及辐射损失部分等。过去由于考虑到水的变数（温度、质量），未将内筒水列入量热体系，现在规定用同一仪器测定热容量和发热量时，内筒水温基本一致，质量相同，这样使仪器热容量的测定变得简单、易行。

（2）热容量：贝克曼温度计所示的温度不是单纯表示水的温度，而是代表热量计整个体系的温度。

①定义：使仪器整个量热体系温度升高 1℃所需的热量，即仪器的热容量，也称水当量，即与量热体系具有相同热容量的水的质量（g）。仪器的热容量不是恒定不变的常数，它随环境温度的变化而发生变化。在测定饲料或其他试样的热价时，须先测知在该环境温度下仪器的热容量。

②方法：热容量的测定方法与测定饲料燃烧热的方法相同，只是用一定质量已知热值的纯有机化合物作为标样来代替饲料样品。其种类与热值分别为：苯甲酸 26 460J/g，水杨酸 21 945J/g，蔗糖 16 506J/g。其中最常用的是苯甲酸。苯甲酸应是经国家计量机关检定并注明热值的基准量热物。测定时先将苯甲酸研细，在 100～105℃烘箱中干燥 3～4h，再放到盛有浓硫酸的干燥器中干燥，直到每克苯甲酸的质量变化不大于 0.000 5g 时为止（一般应放置 3d 以上）。如果表面出现针状结晶，应用小刷刷掉，以防燃烧不完全。称取此苯甲酸1.0～1.2g，用压样机压成片（有的标样已制成片），准确称量后按上述操作步骤进行测定。

③其他热量来源的校正：使热量计量热体系温度发生变化的热量来源，除了苯甲酸燃烧产生的热量外，还包括引火丝本身燃烧产生的热量、酸的生成热及其在水中的溶解热，以及因含硫不同而产生的不同硫酸生成热等，都必须加以校正。一般只校正引火丝的发热量和酸的生成热与溶解热，其他可忽略不计。

引火丝的发热量=引火丝的单位质量热值（J/g）×实际燃烧的引火丝质量（g）

=引火丝单位长度热值（J/cm）×实际燃烧的引火丝长度（cm）

为了测定酸的生成热和溶解热，应将测定结束后弹筒洗液（150～200mL）加盖微沸 5min，冷却后加 2 滴 1%酚酞指示剂，以 0.1mol/L 氢氧化钠溶液滴定到粉红色，保持 15s 不变为止。酸的生成热与溶解热（假定生成的酸全是硝酸）按每毫升 0.1mol/L 氢氧化钠溶液相当于 5.98J 热量计算。

④热容量（K）计算公式：

$$K\ (\text{J/g}) = \frac{Qm + qb + 5.98V_{\text{NaOH}}}{H[(T+R)-(T_0+R_0)+\Delta T]}$$

式中：Q 为苯甲酸的热值（J/g）；m 为苯甲酸的质量（g）；V_{NaOH} 为氢氧化钠的消耗量（mL）；其他同饲料总能计算公式项。

热量计的热容量应进行 5 次以上的重复试验，每两次间的差不应超过 42J/g，若前 4 次间的极差不超过 21J/g，可以省去第 5 次测定。否则，再做 1 次或 2 次试验，将上述符合要求的测定结果取其算术平均数，作为仪器的热容量。热容量值为正值，精确至 1J/℃。测定试样的条件应与测定热容量的条件相同。

⑤注意事项：

a. 测定仪器热容量时，如果 5 次测定的任何 2 次结果的差都超过 42J/℃，则应对试验条件和操作技术仔细检查并纠正问题后，再重新进行标定，舍弃已有的全部结果。

b. 热容量标定值的有效期为 90d，超过此期限的应进行复查。

c. 若更换热量计大部件如贝克曼温度计、氧弹、内筒、弹头、外筒盖等，热容量应重新测定（由厂家供给的或自制的相同规格的小部件如氧弹的密封圈、电极柱、螺母等不在此列）。

d. 若有标定热容量和测定发热量时的内筒温度相差超过 5℃，以及热量计位置有了较大变动等情况，热容量都应重新测定。

4. 酸生成热的校正　在充有高压氧的氧弹内，饲料样品中的氮在燃烧时可以生成五氧化二氮，并溶于水中形成硝酸。每生成 1mol 硝酸产生 59.83kJ 热量。因此有必要对硝酸产热进行校正。

（七）样品的处理

在测定样品热价时，饲料、粪、尿、乳、血及动物组织如瘦肉、肥肉等样品均需进行适当处理，现扼要介绍它们的常规处理方法。

1. 各种饲料　与测定一般化学成分的处理方法相同，饲料须经烘干粉碎，过 40 目标准筛，在空气中吸潮，使之与空气湿度平衡后贮于样本瓶中。测定时用压样机压成饼状，1～1.5g。在称量样品的同时，应测定含水量，以便换算成干物质基础的热价。但要注意，含脂肪高的饲料（如脂肪含量在 6% 以上时）不可用压样机压成样饼，以避免脂肪的损失。可用已知燃烧热的滤纸将样品包好，置于坩埚中燃烧，最后扣除滤纸的热量。

注意不得将粉碎的样品直接加入坩埚中燃烧，因充入氧气时可能将样品吹出坩埚，使燃烧不完全。如用制备好的全干样品测定其热价，效果将更好，但不易压块成形。样品压片的松紧度，不宜过紧或过松，通常以转移成形片样时不致破碎为宜。

2. 粪　取消化试验中收集的已经低温烘干、粉碎、制备好的分析样本，按与上述饲料样品相同方法，压制成饼状 1～1.5g 即可。

3. 尿　在代谢试验中实验动物每日排尿经过滤、计量后（在盛尿瓶中事先已加入 10% 稀硫酸 50mL），取其一部分（2%～3%），保存于密闭的容器中，逐日将尿样混合。取平均样品进行测定。由于尿液易腐败分解，通常应加入少量防腐剂，如氯仿、甲苯、氟化钠与百里酚等。其中以氟化钠或百里酚的 100g/L 酒精溶液最好，不但防腐作用强，而且对尿的热价影响甚小。

尿样含水量高，不易燃烧，因此一般不直接测定。通常的简单做法为：将2张已知质量的折叠滤纸置于坩埚中，逐滴加尿，直至吸透为止，然后将滤纸连同坩埚一起置于60℃下真空烘干。如此重复多次，直至滤纸吸附尿样10～15mL为止。最后应将滤纸的燃烧热扣除。滤纸的燃烧热每批应测5次，求其平均值作为其热价。如果前4次测定的热价差异小于130J/g，则可不进行第5次测定。

此外，亦可在烧杯中吸取尿液样品100mL，于60℃水浴上蒸近干，然后用已知热价的干滤纸（约0.5g），将全部残渣无损失地移入坩埚中。留少量干滤纸做引燃之用。如残渣中水分尚多，不易燃着，可再用红外灯烘干。最后测热结果亦应扣除滤纸热价。

4. 乳　将鲜乳经水浴蒸发制成乳粉（为加快蒸发速度可在乳中加2～3滴浓醋酸，加热时醋酸全部挥发，不致影响结果）。再将乳粉压制成饼状，然后用与饲料样品同样的方法测定其热价。

5. 血　可在烘箱中将血烘干，磨成血粉。因血粉不易压成饼，因此可用已知热价的滤纸包血粉后，置于坩埚中进行测热。

6. 动物组织　结合比较屠宰试验，往往需要测定整个动物体的能量。为避免整个屠体不易取得有代表性的均匀样品，可将屠体分为毛、皮、骨、肉、脂、内脏及血样品，分别采样制成测定用样品，然后将上述七部分样品的热价总和起来。

皮、肉、脂及内脏可用绞肉机绞碎，反复2～3次，尽量使其均匀。为节省操作，可不测定各种组织样的水分。为此应立即称出原始水分基础的测定样品，除脂肪样品取0.5～0.7g外，其他样品可各取2～3g。测定原始水分基础的组织，应以少量已知热价的干滤纸进行引燃。

骨样品亦用捣碎机捣碎，充分混匀，取样2～3g。毛、血样品可在烘干后计其质量，然后取样测定。这样可直接得出全干基础的热价。

对瘦肉及肥肉（或花板油）的一些具体制备处理方法如下：

（1）瘦肉：可将剥离出的鲜瘦肉置于70～80℃的真空烘箱中，减压至13.3～20kPa，测定水分至恒重。然后研碎过40目标准筛。其他步骤同饲料样品的制备，但在氧弹坩埚中必须用酸洗石棉垫底。

（2）肥肉与花板油：先将样品在70～80℃的真空干燥箱中，减压至13.3～20kPa，烘至恒重，然后将熔化的油脂与残渣分离。将残渣全部包在滤纸包中，放在无水乙醚中浸泡过夜，然后置于索氏抽脂器中抽提8～12h。将脱脂的滤纸包放在100～105℃烘箱中烘1h以后，在干燥器中冷却30min称量，直至恒重，求出含渣率。将脱脂残渣全部研碎，置于热量计中测热，求出脱脂残渣的含热量。测热方法与饲料样品相同，但引火丝弧面应距样品表面高些，否则样品有可能在引火丝断裂时被弹出坩埚，造成测热失败。氧弹坩埚底部应以酸洗石棉垫底。

（3）油脂部分：先用角匙按几何分点取样法，取油脂0.5g左右，放在垫有石棉的、已知质量的氧弹坩埚中称量。然后置于氧弹的皿环中，用金属引火丝点火时，引火丝弧面要距样品表面至少0.5cm。否则在充氧时，引火丝易陷于样品中，只通电而不燃烧。

油脂属于半固体状态，不易点燃，因此，可在样品表面撒以少量（一般在0.02g左右）已知热价的苯甲酸以助燃。但苯甲酸量千万不能加入过多，且必须记录加入的苯甲酸量。从测试的总热量中减去苯甲酸热价，即为油脂样品的热价。根据油脂与残渣在样品中所占质量分数，计算样品所含热价。

◆ **附 5-1　氧弹式自动热量计操作规程**

（1）打开仪器电源开关，预热至少 20min。用水湿润氧弹螺口密封部位（测第 1 个样时）。

（2）将样品用压样机制成块，转移至燃烧皿中并准确称量（精确至 0.1mg），样本质量一般不超过 1.5g 或预计发热量不超过 33 000J（约 8 000cal[①]）。

（3）将燃烧皿置于氧弹头燃烧皿架上，连接引火丝（专用棉线 10cm）并与样本表面接触。

（4）在弹筒内加入 10mL 蒸馏水，将氧弹头小心装入弹体中并旋紧。连接充氧接头。

（5）打开氧气瓶阀门，调节减压阀使工作压力为 450psi[②]（3MPa 或 30 标准大气压），注意任何情况下不要使压力超过 600psi（40 标准大气压）。在仪器触摸屏按"O_2 FILL"键，开始充氧，一般充氧时间为 60s。

（6）称干内筒的质量（±0.5g）并记录。在内筒中准确称量（2 000±0.5）g 蒸馏水或去离子水（也可以是 2 100g），称量前先调节水温比室温低 1～2℃（一般低 1℃左右）。注意每次测定特别是发热量与热容量的测定条件应完全一致。

（7）将称好水的内筒正确放入热量计内的绝缘支架上，用氧弹移动手柄将充好氧的氧弹小心放入内筒氧弹位置，连接 2 个点火电极，将手柄和手上残留的水尽量摔入内筒内，并整理好电极导线，避免与搅拌器接触。注意整个操作过程不能震动氧弹，否则可能因样品移位导致点火失败。同时观察筒内有无气泡，如气泡持续出现，提示氧弹漏气，应取出氧弹，查找原因，按上述步骤重新操作。

（8）关闭热量计盖。在显示屏按"BOMB/EE"选择氧弹号，按"OPERATING MODE"选择测定目标［Determination（测定发热量）或 Standardization（测定热容量）］。

（9）按"START"开始试验。按对话框分别填写氧弹号、样本号及样本质量。点火丝的发热量可预先输入，一般为 15cal。

（10）接下来仪器进入自动工作状态。按前期（PREPERIOD）—点火（蜂鸣提示）—后期（POSTPERIOD）—结束程序完成测试。

（11）试验结束，结果自动显示或打印出来。

（12）取出氧弹，松开放氧阀门缓慢放气（不少于 1min），旋下弹头，用蒸馏水冲洗弹头及弹体并收集于烧杯中，用 NaOH 或 KOH 滴定用来计算酸的生成热和溶解热（此步骤主要用于测定仪器热容量。相对于饲料发热量，这部分热值很小，如无特殊要求，测定饲料热值时此步骤可省略）。用干布将氧弹擦干，开始下一个样品的测试。如当天测试工作结束，建议将氧弹冲洗、擦干后，旋松弹头阀门，用吹风机吹干后保存备用。

[①]　cal 为非法定计量单位。1cal＝4.184J。

[②]　psi 为非法定计量单位。1psi≈0.006 895MPa。

✎ 本章小结

　　本章系统介绍了饲料热能的测定原理、仪器设备、测定步骤和结果计算；以 GR-3500 型氧弹式热量计为例，详细介绍了其结构和功能特点；简介了自动热量计操作规程。

✎ 思 考 题

　　1. 简述氧弹式热量计测定饲料热能的基本原理。
　　2. 简述 GR-3500 型氧弹式热量计的主要构造和功能。
　　3. 何谓热量计的热容量？简述热容量测定过程及注意事项。
　　4. 简述测定饲料热能的主要步骤。
　　5. 简述用氧弹式热量计测定饲料热值时需要校正的热量来源。

第六章 氨基酸的分析与测定

第一节 概　　述

氨基酸是组成蛋白质的基本结构单位。自然界中常见的氨基酸有 20 余种。动物体内种类繁多的蛋白质都是由 20 种氨基酸组成的，各种氨基酸在动物体内具有不同的生理功能。动物机体通过摄取饲料获得所需氨基酸，或转化为动物机体所需的氨基酸。如果机体缺少某种氨基酸，特别是必需氨基酸，或各种氨基酸含量比例不当，都会影响动物的正常生长发育及其生产性能。因此，氨基酸的合理供给在动物饲养、营养生理和蛋白质代谢、理想蛋白质模型的研究以及生产实践中具有重要的意义。氨基酸的含量分析是合理供给动物体内所需氨基酸的必要手段和保障。

氨基酸的分析是指把以肽键结合的氨基酸构成的蛋白质经过水解，生成游离的氨基酸，再通过离子交换树脂法或高效液相色谱法分析其氨基酸构成比例的一种简单而有效的方法。只要掌握其操作技能，就可以进行分析并获得准确的结果。

氨基酸分析包括单一的氨基酸和总的氨基酸含量分析。

氨基酸分析主要包括两类：一是对饲料原料和各种配合饲料产品中以蛋白质形式存在的氨基酸或游离氨基酸含量的测定；二是对饲料级氨基酸添加剂单制剂中氨基酸含量的测定。

关于饲料原料和各种配合饲料产品中蛋白质、肽的氨基酸的含量分析，通过一定的前处理如酸水解、碱水解等，把不同形式存在的氨基酸变成游离氨基酸，才能进行测定。如酸水解法，是常用的方法，一般使用双蒸 5.7mol/L 盐酸（恒沸点盐酸），在密封的水解管中，于 105～115℃水解 20h 以上。用盐酸水解后得到的氨基酸不消旋，但色氨酸全部被破坏，丝氨酸、苏氨酸、酪氨酸和半胱氨酸也有一定程度的破坏，对这些氨基酸的破坏率，需要用不同水解时间测定这些氨基酸的含量，然后外推到水解时间为 0 时，算得的氨基酸含量，即代表了真正数值；碱水解法是盐酸水解法的互补法，碱水解时，多数氨基酸遭到破坏，仅色氨酸稳定，所以此法仅限于测定色氨酸的含量；磺酸水解法为盐酸水解法的改进法，磺酸是非氧化性的强酸，此方法可以测定除半胱氨酸、胱氨酸和蛋氨酸以外的所有氨基酸；酶水解法是用一组混合的蛋白酶水解肽链，可以保持所有的组成氨基酸不被破坏，缺点是水解不完全，另外，酶本身也是蛋白质，对样品的测定结果会有一定干扰。

将蛋白质、肽中存在的氨基酸变成游离氨基酸，这些氨基酸的定性与定量一般采用纸层析法、薄层层析法、离子交换柱层析法等进行分析。目前主要采用离子交换树脂法（氨基酸自动分析仪器法）或高效液相色谱法（HPLC）等分离技术进行分离测定，用这些方法测定一个样品一般需 30min 左右即可完成。如果进行快速测定，20min 即可完成，如果进行更精确测定，80min 可以完成。关于氨基酸添加剂单制剂纯度的分析，一般采用简单的化学分析法测定。

高效液相色谱法和氨基酸自动分析仪器法的工作原理是利用不同的氨基酸在一定 pH 下带电荷性质和数量不同，用离子交换柱层析分离后，进行定量比色测定。比色测定可以采用柱前衍生法和柱后反应法。高效液相色谱法是先将经过水解的氨基酸与可供检测的化学偶联试剂反应生成衍生物后，经柱层析分离，直接测定衍生物的光吸收或荧光发射的方法，属于柱前衍生法；氨基酸自动分析仪器法是将被水解产生的各种游离氨基酸经柱层析分离后，各种氨基酸再与显色剂（茚三酮、荧光剂等）反应，然后测定反应物的颜色变化从而定量各种氨基酸的方法，是柱后反应法的具体应用。

本章分别介绍以 6-氨基喹啉-N-羟基琥珀酰亚胺基-氨基甲酸酯衍生物的柱前衍生的高效液相色谱法和利用离子交换树脂的柱后衍生的氨基酸自动分析仪器法对饲料原料和配合饲料产品中氨基酸含量的分析测定。同时介绍几种主要饲料添加剂中氨基酸含量的以及饲料中有效赖氨酸含量的测定方法。

第二节　饲料添加剂的氨基酸质量标准与检测

一、饲料级 DL-蛋氨酸及其类似物的质量标准与检测方法

蛋氨酸是具有旋光性的化合物，分为 D 型和 L 型。L 型易被动物吸收，D 型要经酶转化成 L 型后才能被吸收参与蛋白质代谢。工业合成产品属于 L 型和 D 型混合的外消旋化合物。近年来还出现了蛋氨酸的羟基类似物等化合物。

（一）DL-蛋氨酸质量标准与检测方法

1. 质量标准

（1）理化性状：白色或淡黄色的结晶粉末，有微弱的含硫化物或蛋氨酸的特殊气味。分子式：$C_5H_{11}NO_2S$。相对分子质量：149.21。易溶于水、稀酸或稀碱，微溶于乙醇，不溶于乙醚。有旋光性。熔点为 281℃（分解），其 10g/L 的水溶液的 pH 为 5.6～6.1。

（2）饲料添加剂 DL-蛋氨酸的技术指标：见表 6-1。

表 6-1　饲料添加剂 DL-蛋氨酸的技术指标

指标名称	含量范围
含量（以 $C_5H_{11}NO_2S$ 干基计）	≥98.5%
水分	≤0.5%
氯化物	≥0.2%
有害元素（以 As 计，mg/kg）	≤2
重金属（以 Pb 计，mg/kg）	≤20

2. 鉴别方法

（1）称取样品 25mg 于干燥的烧杯，加入由无水硫酸铜饱和的硫酸 1mL，应立即显黄色。

（2）称取样品 0.5g，加入 20mL 水溶液时，溶液是无色至淡黄色，接近于澄清液。

3. 含量测定

（1）测定原理：在中性介质中准确加入过量的碘溶液，将两个碘原子加到蛋氨酸的硫原子上，过量的碘溶液用硫代硫酸钠标准滴定溶液回滴。

（2）主要试剂和溶液：

①500g/L 磷酸氢二钾溶液。

②200g/L 磷酸二氢钾溶液。

③200g/L 碘化钾溶液。

④碘溶液：c（$1/2I_2$）约 0.1mol/L。

⑤硫代硫酸钠标准滴定溶液：c（$Na_2S_2O_3$）约 0.05mol/L。

⑥10g/L 淀粉指示剂。

（3）主要仪器：

①碘量瓶：500mL。

②分析天平：感量 0.000 1g。

③移液管：10mL、50mL。

④滴定管：酸式或碱式。

（4）测定：称取样品 0.3g（精确至 0.000 1g）移入 500mL 碘量瓶，加 100mL 去离子水，然后分别加 10mL 500g/L 磷酸氢二钾溶液、10mL 200g/L 磷酸二氢钾溶液、10mL 200g/L 碘化钾溶液，待全部溶解后准确加 50.00mL 约 0.1mol/L 碘溶液，盖上瓶盖，水封，充分摇匀，于暗处放 30min，用约 0.05mol/L 硫代硫酸钠标准滴定溶液滴定过量的碘，近终点时加入 1mL 10g/L 淀粉指示剂，滴定至无色并保持 30s 为终点，同时做空白试验。

（5）结果计算：

①计算：样品的蛋氨酸含量按下式计算。

$$X = \frac{c \times (V - V_0) \times 0.074\ 6}{m} \times 100\ \%$$

式中：c 为硫代硫酸钠标准滴定溶液物质的量浓度（mol/L）；V 为滴定样品时消耗的硫代硫酸钠标准滴定溶液的体积（mL）；V_0 为空白试验消耗的硫代硫酸钠标准滴定溶液的体积（mL）；m 为样品的质量（g）；0.074 6 为与 1.00mL 硫代硫酸钠标准滴定溶液 [c（$Na_2S_2O_3$）=1.000mol/L] 相当的、以克表示的 DL-蛋氨酸的质量。

②结果表示：测定结果应为样品的两个平行测定结果的算术平均值，所得结果应表示至一位小数。

③重复性：两次平行测定结果的绝对差值不得大于 0.1%。

（二）蛋氨酸羟基类似物（MHA）质量标准与检测方法

1. 质量标准

（1）理化性状：褐色或棕色黏液，有含硫基团的特殊气味。分子式：$C_5H_{10}O_3S$。相对分子质量：150.2。易溶于水。相对密度（20℃）：1.22～1.23。pH：1～2。含水量：约 12%。凝固点：−40℃。黏度：38℃时，35mm²/s；20℃时，105mm²/s。

（2）液态蛋氨酸羟基类似物的技术指标：见表 6-2。

表 6-2　液态蛋氨酸羟基类似物的技术指标

指标名称	含量范围
含量（以 $C_5H_{10}O_3S$ 干基计）	≥88%
铵盐（以 NH_4^+ 计）	≤1.5%
重金属（以 Pb 计，mg/kg）	≤20

（续）

指标名称	含量范围
有害元素（以 As 计，mg/kg）	≤2
氰化物（mg/kg）	≤10

2. 鉴别方法

（1）称取样品 25mg 于干燥的烧杯中，加入由无水硫酸铜饱和的硫酸 1mL，应立即显黄色，继而转变成黄绿色。

（2）取本品 1 滴于干燥试管中，加入新配制的 1g/L 2，7-二羟基萘的浓硫酸溶液 2mL，并在沸水浴中加热 10～15min，颜色由淡黄色转变红棕色时，检查其比重［按《中华人民共和国兽药规范》附录内比重测定法中比重瓶法（2）之规定操作］，20℃时应为 1.22～1.23。

3. 主要试剂和溶液

（1）磷酸氢二钾（分析纯）。

（2）磷酸二氢钾（分析纯）。

（3）碘化钾（分析纯）。

（4）0.1mol/L 碘溶液。

（5）约 0.05mol/L 硫代硫酸钠溶液（参照 GB/T 601 配制与标定）。

（6）淀粉试剂：将淀粉 1g 用 10mL 冷蒸馏水充分混合，边搅拌边慢慢注入 200mL 热水中，煮沸到溶液半透明为止，把溶液放置之后用上层澄清液。

4. 主要仪器

（1）碘量瓶：500mL。

（2）分析天平：感量 0.000 1g。

（3）滴定管：酸式或碱式。

（4）移液管：10mL、50mL。

5. 含量测定　用减量法称取样品 0.3g（精确至 0.000 1g）于碘量瓶，加蒸馏水 100mL、磷酸氢二钾 5g、磷酸二氢钾 2g、碘化钾 2g，充分振荡溶解后，准确加入 0.1mol/L 碘溶液 50mL，加塞摇匀，在暗处放 30min，以淀粉试剂为指示剂，用约 0.05mol/L 硫代硫酸钠溶液滴定过量的碘。同时，按同样方法对蒸馏水进行操作，作为空白试验。

6. 结果计算　样品中蛋氨酸羟基类似物的含量按下式计算。

$$X = \frac{c \times (V_1 - V_2) \times 0.075\,1}{m} \times 100\,\%$$

式中：c 为硫代硫酸钠标准溶液物质的量浓度（mol/L）；V_1 为样品消耗的 0.05mol/L 硫代硫酸钠溶液的体积（mL）；V_2 为空白试验消耗的 0.05mol/L 硫代硫酸钠溶液的体积（mL）；m 为样品的质量（g）；0.075 1 为与 1mL 0.05mol/L 硫代硫酸钠溶液相当的、以克表示的蛋氨酸羟基类似物的质量。

（三）羟基蛋氨酸钙（MHA-Ca）的质量标准与检测方法

羟基蛋氨酸钙是液体蛋氨酸羟基类似物与氧化钙中和后，经干燥、粉碎和筛选制得的。

1. 质量标准

（1）理化性状：浅褐色粉末或颗粒，粒度为全部通过 18 目筛，40 目筛上物不超过 30%。

有含硫基团的特殊气味。可溶于水。分子式：$(C_5H_8OS)_2Ca$。相对分子质量：338.4。

（2）羟基蛋氨酸钙的技术指标：见表 6-3。

表 6-3　羟基蛋氨酸钙的技术指标

指标名称	含量范围
含量［以 $(C_5H_8OS)_2Ca$ 干基计］	⩾97%
无机酸钙盐	⩽1.5%
重金属（以 Pb 计，mg/kg）	⩽20
有害元素（以 As 计，mg/kg）	⩽2

2. 鉴别方法

（1）称取样品 25mg 于干燥的烧杯，加由无水硫酸铜饱和的硫酸 1mL，应立即显黄色。

（2）称取样品 0.5g 溶于 10mL 水中，加草酸铵试剂有白色沉淀，分离后，在沉淀中加醋酸不溶，而加稀盐酸则溶解。

3. 含量测定：同 *DL*-蛋氨酸检测。

二、饲料级 *L*-赖氨酸盐酸盐的质量标准与检测方法

L-赖氨酸盐酸盐作为氨基酸的补充剂添加于饲料中，一般是以淀粉、糖质为原料，经发酵法提取制得。

1. 质量标准

（1）理化性状：白色或淡褐色粉末，无味或有特殊气味。易溶于水，难溶于乙醇及乙醚。有旋光性。分子式：$C_6H_{14}N_2O_2 \cdot HCl$。相对分子质量：182.65。本品 10g/L 水溶液的 pH 为 5.0～6.0。

（2）饲料级 *L*-赖氨酸盐酸盐技术指标：见表 6-4。

表 6-4　饲料级 *L*-赖氨酸盐酸盐技术指标

指标名称	含量范围
含量（以 $C_6H_{14}N_2O_2 \cdot HCl$ 干基计）	⩾98.5%
比旋光度 $[\alpha]_D$	+18.0°～21.5°
干燥失重	⩽1.0%
灼烧残渣	⩽0.3%
铵盐（以 NH_4^+）	⩽0.04%
重金属（以 Pb 计）	⩽0.003%
有害元素（以 As 计）	⩽0.000 2%

2. 鉴别方法

（1）主要试剂和溶液：

①1g/L 茚三酮溶液。

②0.1mol/L 硝酸银溶液。

③稀硝酸溶液：1∶9（体积比）。

④氢氧化铵溶液：1∶2（体积比）。

（2）氨基酸的鉴别：称取样品 0.1g，溶于 100mL 蒸馏水，取此溶液 5mL，加 1mL 茚三酮溶液，加热 3min 后，加蒸馏水 20mL，静置溶液呈红紫色。

（3）氯化物的鉴别：称取样品 1g，溶于 100mL 蒸馏水，加硝酸银溶液，即产生白色沉淀。取此沉淀加稀硝酸，沉淀不溶解；另取此沉淀，加过量的氢氧化铵溶液则溶解。

3. 含量测定

（1）主要试剂和溶液：

①甲酸。

②冰乙酸。

③α-萘酚苯基甲醇指示液：0.2g/L α-萘酚苯基甲醇冰乙酸溶液。

④物质的量浓度约为 0.1mol/L 的高氯酸冰乙酸标准溶液。

（2）主要仪器：

①分析天平：感量 0.000 1g。

②滴定管：酸式。

③移液管：5mL、50mL。

④胶头滴管。

（3）测定步骤：样品预先在 105℃ 干燥至恒重，称取干燥样品约 0.2g（精确至 0.000 1g），加 3mL 甲酸和 50mL 冰乙酸，再加入 5mL 乙酸汞的冰乙酸溶液，加入 10 滴 α-萘酚苯基甲醇指示液，用约 0.1mol/L 的高氯酸冰乙酸标准溶液滴定，样品液由橙黄色变为黄绿色即为滴定终点。用同样方法另做空白试验校正。

（4）结果计算：

①计算：L-赖氨酸盐酸盐（$C_6H_{14}N_2O_2 \cdot HCl$）的含量按下式计算。

$$X = \frac{c \times (V - V_0) \times 0.091\ 32}{m} \times 100\ \%$$

式中：c 为高氯酸冰乙酸标准溶液物质的量浓度（mol/L）；V 为样品消耗的高氯酸冰乙酸标准溶液的体积（mL）；V_0 为空白试验消耗的高氯酸冰乙酸标准溶液的体积（mL）；m 为样品质量（g）；0.091 32 为与 1.00mL 高氯酸冰乙酸标准溶液 $[c(HClO_4) = 1.000\ mol/L]$ 相当的、以克表示的赖氨酸盐酸盐的质量。

②结果表示：以两个平行样品测定结果的算术平均值报告结果。

③重复性：两个平行样品测定结果之差不得大于 0.2%。

第三节　饲料中氨基酸质量检测

检测饲料中氨基酸含量时，需将饲料蛋白质水解成氨基酸，然后通常采用高效液相色谱法或氨基酸自动分析仪器法进行定量测定。

一、高效液相色谱法的分析与测定

（一）测定原理

蛋白质经水解后的所有氨基酸，在室温下很快与 6-氨基喹啉-N-羟基琥珀酰亚胺基-氨基甲酸酯（6-aminoquinolyl-n-hydroxysuccinimidyl carbamate，AQC）发生衍生反应，生成稳定的荧光衍生物 AQC 氨基酸（图 6-1），经 Waters AccQ-Tag 分析柱分离氨基酸（图 6-2），用荧光检测器测定。

　　本方法适用于饲料原料、配合饲料产品中除了色氨酸以外的 17 种氨基酸分析。操作步骤简单，反应速度快，不受介质影响，衍生产物稳定，过量衍生剂不干扰分析结果，缩短了氨基酸分析时间，提高了分析灵敏度。

　　AQC 柱前衍生反应原理如图 6-1 所示。

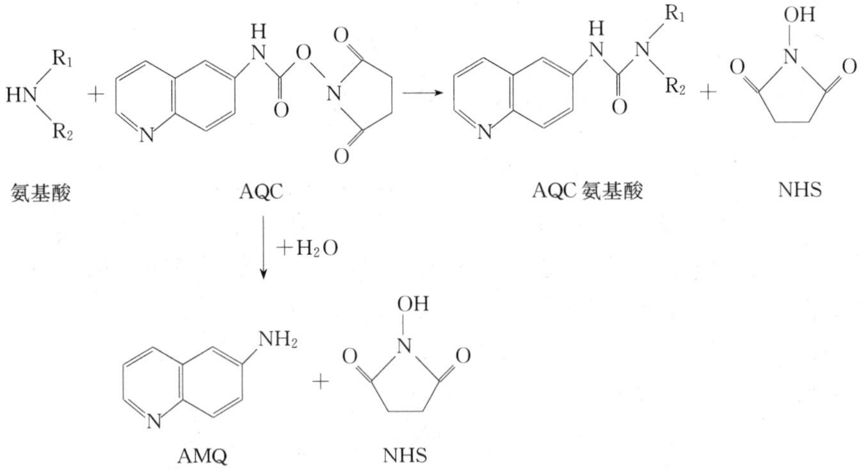

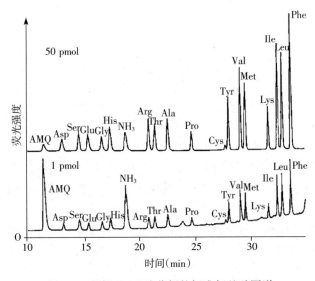

图 6-1　氨基酸与 AQC 的反应原理

图 6-2　根据 AQC 法分析的标准氨基酸图谱

（二）主要仪器设备

（1）分析天平：精确至 0.000 1g。

（2）恒温干燥箱。

（3）浓缩器或旋转蒸发仪。

（4）pH 计。

（5）超声波水浴装置。

（6）涡旋发生器。

（7）高效液相色谱仪。

（8）AccQ-Tag 氨基酸分析柱。

（9）微量移液管。

（10）玻璃器皿：水解管、衍生试管、量筒、容量瓶、刻度试管、移液管等。

（三）主要试剂和溶液

（1）氨基酸标样：17 种氨基酸物质的量浓度均为 2.5mol/L（胱氨酸浓度减半）。

（2）标准贮备溶液：

①2.5μmol/mL α-氨基丁酸（AABA）内标贮备溶液：25.8g α-氨基丁酸定容于 100mL 容量瓶。

②2.5μmol/mL 磺基丙氨酸贮备溶液：4.23mg 磺基丙氨酸定容于 10mL 容量瓶。

③2.5μmol/mL 蛋氨酸砜贮备溶液：4.53mg 蛋氨酸砜定容于 10mL 容量瓶。

（3）氨基酸标准溶液：取 1mL 的 17 种氨基酸标样、1mL 磺基丙氨酸贮备溶液、1mL 蛋氨酸砜贮备溶液，加入 2mL 超纯水，制成 0.5mmol/mL 氨基酸标准溶液。

（4）标准工作溶液：将不同体积的氨基酸标准溶液、α-氨基丁酸内标贮备溶液和超纯水混合制成不同物质的量浓度系列的氨基酸标准工作溶液（表 6-5）。

表 6-5　不同物质的量浓度氨基酸标准工作溶液配制

溶液名称	溶液体积				
氨基酸标准溶液（μL）	200	800	1 200	1 600	1 800
α-氨基丁酸内标贮备溶液（μL）	200	200	200	200	200
超纯水（μL）	1 600	1 000	600	200	0
氨基酸标准工作溶液物质的量浓度（mmol/mL）	0.05	0.20	0.30	0.40	0.45

（5）流动相 A 溶液：19.04g 三水乙酸钠（分析纯），加 1L 超纯水溶解，用稀磷酸（1∶1，体积比）调整 pH 至 5.2，加 1mL EDTA 溶液（1mg/mL）、0.1g 叠氮化钠、2.37mL 三乙胺，用磷酸缓冲液调整 pH 至 4.95，用 0.45μm 滤膜过滤。使用前超声脱气。

（6）流动相 B 溶液：经 0.45μm 滤膜过滤的色谱纯乙腈与超纯水按 3∶2（体积比）配制。在超声水浴中脱气 20s。

（7）6mol/L 盐酸水解液：将优级纯的盐酸与蒸馏水按 1∶1（体积比）混合均匀即可。

（8）过甲酸溶液：88% 甲酸与 30% 的过氧化氢按 9∶1（体积比）混合。室温放置 1h 后移至 0℃下保存。

（9）40% 氢溴酸（分析纯）。

（10）AQC 试剂。

（四）测定步骤

1. 样品的前处理

（1）样品的脱脂：样品应经粉碎过 100 目试样筛。当样品中粗脂肪含量高于 6%（如油菜籽、菜籽饼）时，水解前须在通风橱内经石油醚脱脂，再水解处理。

样品用量：用样品中氮含量来计算适用于氨基酸分析的样品用量（表 6-6）。样品用量

（g）$=32/(CP\times0.16\times10)$，式中 CP 为粗蛋白质的质量分数。

为使测定的各种氨基酸在标准曲线的线性范围内，应使供分析的氨基酸溶液浓度与氨基酸标准溶液的浓度相接近。一般用于氨基酸分析的样品约含 32mg 氮。同时测定样品干物质含量。

表 6-6　氨基酸分析样品的用量

样品的粗蛋白质含量（%）	样品用量（g）
10	2.000 0
20	1.000 0
30	0.666 7
40	0.500 0
50	0.400 0

（2）过甲酸水解处理：在蛋白质酸水解过程中，常伴有（半）胱氨酸及蛋氨酸的损失，为避免损失，通常用"过甲酸"氧化反应，使（半）胱氨酸及蛋氨酸分别转变成半胱磺酸及甲硫氧砜，这两种化合物在酸水解中稳定，易与其他氨基酸分离。其氧化反应发生在硫原子上。待过氧化反应结束后，去除过量的过甲酸，可将（脱脂）样品（及脱脂用的滤纸）放入 300mL 锥形瓶，加 100mL 过甲酸后，置磁力搅拌器的冰浴中搅拌，当滤纸漂浮起来即停止搅拌。

蛋氨酸或胱氨酸含量较高的样品，或两种氨基酸含量都高的样品（如羽毛粉或肉粉），需加 200mL 过甲酸，此悬浮液在 0℃ 放置 15h。加 12mL 的溴化氢（HBr），除去过量的过甲酸。在冰浴中加 HBr，边搅动边小心加入，每隔 5min 加数滴。加几滴丁醇去除气泡。如样品很快澄清，还须继续加入 HBr。加入 HBr 后，溶液还需在 0℃ 继续搅动 15min。

停止搅动后，锥形瓶的溶液分数次移入蒸馏瓶，将蒸馏瓶放在旋转蒸发仪上，在 50～60℃ 下蒸馏至近 5mL，此蒸馏产物需用 20mL 蒸馏水冲洗蒸馏，反复 4 次。之后，进行水解。未经氧化（脱脂）处理的样品其甲酸水解处理过程如同脱脂处理的样品。

2. 样品的酸水解法　是比较常用的方法。将未经氧化处理的脱脂样品和滤纸一同放入 1L 的蒸馏烧瓶中。在氧化与未氧化的两种处理的样品中，分别加入 400mL 的 6mol/L HCl，烧瓶与冷凝器相连，将其煮沸、回流水解 15h（110℃）。

未经氧化处理样品的水解需充氮进行，将氧放出。水解后，水解液用 D4 多孔玻璃过滤器过滤。

取 100mL 水解液，用旋转蒸发仪浓缩至约 5mL，移至 300mL 烧瓶，用 20mL 蒸馏水冲洗 4 次，洗液均并入 300mL 烧瓶，蒸馏瓶需用 5mL 0.1mol/L HCl、2mL 2mol/L NaOH、蒸馏水各冲洗 2 次。在 300mL 烧瓶中加入 15mL 的内部标准溶液（400mg/L），用 HCl 及 NaOH 将溶液 pH 调至 2.2，最后用蒸馏水将溶液体积定容至刻度（最后样品体积）。该溶液用 D4 多孔玻璃过滤器过滤，取 100mL 溶液在 25℃ 下保存，供氨基酸分析。

3. 水解工作液的制备　样品水解液冷却后过滤，取 1～2mL 水解液（根据样品蛋白质含量而定）置于浓缩管，在 50℃ 下浓缩至干。再向浓缩管加 20μL α-氨基丁酸内标贮备溶液、1.8mL 蒸馏水，涡旋混合 20s，密封，4℃ 贮存备用。

4. 衍生反应

（1）取氨基酸标准工作溶液或氨基酸水解工作液适量（100pmol 以内）于 6mm×50mm 试管，加 20μL 0.02mol/L 的盐酸溶液，充分混匀后，加 60μL 的 0.2mol/L 硼酸盐缓冲溶液（pH 8.8），充分混匀。

（2）向溶液中加入溶有无水乙腈的 20μL AQC 试剂（10mmol），充分振摇混匀，在室温下放置 1min。

（3）反应后，酪氨酸的—OH 也发生 AQC 反应，加热分解使其还原，应进一步将溶液置于 55℃烘箱保温 10min，或室温放置 1h 以上。过剩的 AQC 也被分解成 AMQ 和羟基琥珀酰亚胺（NHS）。

（4）生成的衍生溶液移至自动进样器的样品瓶，密封待测。

（5）衍生溶液注入高效液相色谱后，分离各种 AQC 氨基酸，柱温 37℃，激发波长 245nm，荧光发射波长 395nm。本方法不能分析酪氨酸，如果分析的话，可用 254nm 的紫外吸收方法检测，但精确度比荧光检测低 1 个数量级。

注意事项：配制衍生剂时，在打开 AccQ-fluor 试剂盒的 2A 瓶前，轻轻弹击，确保粉末全部落入瓶底，由 2B 瓶中吸取 1mL 稀释剂放入 2A 瓶，加盖密封，振摇 10s 后放入 55℃加热装置中加热，至衍生剂粉末全部溶解。加热不超过 10min。该衍生剂于干燥器中，室温可保存 1 周。

5. 色谱条件及分离（梯度洗脱）

（1）柱温：对于普通氨基酸分析为 37℃，含硫氨基酸一般为 47℃。

（2）检测器：荧光检测器（激发波长 245nm，发射波长 395nm）或紫外检测器（波长 254nm）。

（3）通过不同的梯度洗脱进行氨基酸分离：HPLC 系统配置不同，所用梯度表也不同，参见 WatersAccQ-Tag 用户手册。试验前通过调整 A、B 液的比例及 pH，建立最佳梯度洗脱程序 [见本节附 6-1 LKB 高效液相色谱系统（HPLC）分析]，所有样本的氨基酸分析均在同一程序下完成。梯度的线性变化是由于缓冲液变换的缘故，即从 20∶80 的乙腈-醋酸钠缓冲液到 70∶30 乙腈-醋酸钠缓冲液的过程变换进行氨基酸洗脱分离。

若采用 Millemmium2010 软件，则在"Quickset Control"窗口下设置运行时间为 45min。

下面给出 510 系统的梯度表，仅供参考（表 6-7）。

表 6-7　用于饲料水解氨基酸测定的梯度表（510×2 系统）

时间（min）	流速（mL/min）	普通氨基酸（%）		含硫氨基酸（%）		曲线
		A	B	A	B	
0	1.0	100	0	100	0	6
17	1.0	93	7	92	8	6
21	1.0	90	10	83	17	6
32	1.0	66	34	73	27	6
34	1.0	66	34	50	50	6
35	1.0	0	100	50	50	6
37	1.0	0	100	0	100	6
38	1.0	100	0	100	0	6
45	1.0	100	0	100	0	6

注：进样体积：10μL；流速：1mL/min。

梯度洗脱 0.5min 后注入样品，开始时流速控制在 0.80mL/min，38min 后，使流速增加到 1.00mL/min [详见附 6-1 LKB 高效液相色谱系统（HPLC）分析]。

（4）化学试剂：乙酰腈试剂用 Rathburn Chemicals HPLC 级；洗脱液 A：乙酰腈-醋酸钠缓冲液 20：80（体积比）；洗脱液 B：乙酰腈-醋酸钠缓冲液 70：30（体积比）。

6. 结果计算

（1）计算：样品中某氨基酸含量以质量（ng）表示，按下式计算。

$$\omega（某氨基酸）= \frac{\rho}{m} \times 10^{-6} \times D$$

式中：ω 为某氨基酸含量（ng）；ρ 为某氨基酸上机水解液中氨基酸的质量浓度（ng/mL）；m 为样品质量（mg）；D 为样品稀释倍数。

（2）结果表示：以两个平行样品测定结果的算术平均值报告，保留两位小数。

（3）允许差：氨基酸含量大于、等于 0.5% 时，两个平行样品测定值的相对偏差应不大于 5%；氨基酸含量小于 0.5%，大于 0.2% 时，两个平行样品测定值的相对偏差应不大于 0.03%；氨基酸含量小于、等于 0.2% 时，相对偏差应不大于 5%。

◆ 附 6-1　LKB 高效液相色谱系统（HPLC）分析

1. 色谱条件

（1）固定相：Lichro CART Superspher CH-8，4μm250 × 4mmLD（Merk Darmastand. F. R. G）。

（2）流动相：A 溶液为乙酰腈：醋酸钠 20：80（体积比）的混合溶液，B 溶液为乙酰腈：醋酸钠 70：30（体积比）的混合溶液。

（3）荧光检测器波长：分别为 260nm、310nm。

（4）梯度洗脱程序如表 6-8 所示。

表 6-8　梯度洗脱程序表

	时间（min）										
	0.0	0.5	10.0	20.0	26.0	34.0	52.0	52.5	54.0	56.0	56.5
流速（mL/min）	1.00	1.00	1.00	1.00	1.00	1.00	1.00	1.00	1.00	1.00	1.00
A 液（%，体积比）	90	90	78	70	60	60	10	0	0	100	90
B 液（%，体积比）	10	10	22	30	40	40	90	100	100	0	10

2. 氨基酸标准溶液的制备　氨基酸标准溶液的组成及标定溶液的制备见 *Selected Topics in Animal Nutrition*（1986）。

利用调整梯度洗脱程序获得比较理想的分离效果，但分离时间较长，为缩短分析时间，可通过提高流速和改变洗脱溶液极性（A、B 液中乙酰腈与醋酸钠溶液的比例）来加快各种氨基酸分离。

二、氨基酸的自动分析

经典的氨基酸分析方法是采用离子交换层析来分离各种氨基酸，分离后的氨基酸与茚三酮（ninhydrin）进行柱后反应，然后定量测定。但茚三酮法灵敏度差、检测限较低，样品中氨基酸含量在 200～500pmol 时，即仅能在纳克（ng）水平上进行检测，当样品中氨基酸含量低于 100pmol 时，与柱前衍生法相比，分析的准确性要降低一个数量级，且此法受流动相速度低这一限制，分析速度相对较慢。此外，在用此法进行饲料样本分析过程中，常采用样本量很少的前处理方法，由于饲料均匀性较差，使结果在同一样本、不同次处理间和不同实验室测定间产生较大变异，这一缺陷尚待克服。这种方法的特征是可进行全自动分析，当样品中含量高时可信度高，再现性也高。

氨基酸自动分析仪是根据氨基酸的特点，专门设计的专用 HPLC，具有分离效果好、准确度高等特点。

(一) 分离测定原理

氨基酸分析仪使用合成的离子交换树脂。在树脂上，由于连接着酸根和碱根，故有阳离子交换剂和阴离子交换剂之别。不同氨基酸对树脂的亲和力不同。因此，氨基酸分离时有先后顺序，一般酸性及含—OH 的氨基酸（羟脯氨酸）最先洗脱，其次是中性氨基酸，最后是碱性氨基酸。其强弱顺序为：碱性氨基酸＞芳香族氨基酸＞中性氨基酸＞酸性氨基酸及羟基氨基酸。洗脱出的氨基酸分别与茚三酮反应（图 6-3），产生 Ruheman 紫色，通过荧光检测器测定吸光度，进行定量测定。

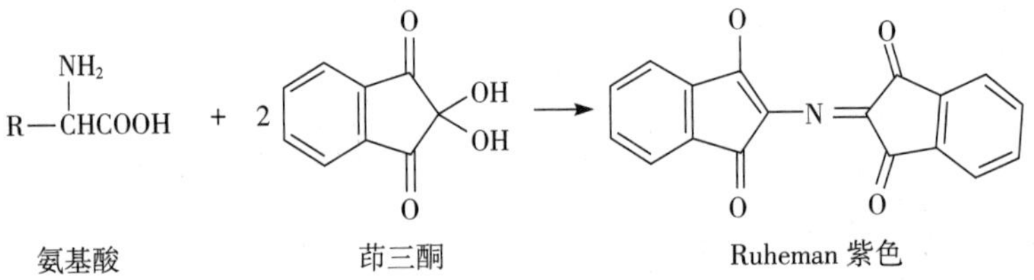

图 6-3　氨基酸与茚三酮反应式

(二) 测定步骤

1. 样品的水解　根据分析氨基酸的种类和含量要求，选择适当的水解方法，以使分解彻底、所要测定的氨基酸遭到破坏和损失的程度最少。

（1）盐酸（普通酸）水解法：除色氨酸和胱氨酸以外的氨基酸测定样品的水解用此法。

①原理：常规（直接）水解法是使样品蛋白质在 110℃、6mol/L 盐酸溶液作用下，水解成单一氨基酸，再经离子交换色谱法分离，并以茚三酮为柱后衍生测定。水解过程中色氨酸全部破坏，不能测量。部分胱氨酸和蛋氨酸被氧化，测定结果偏低。

②主要仪器设备：

a. 实验室用样品粉碎机。

b. 样品筛：80 目。

c. 分析天平（感量 0.000 1g）。

d. 真空泵。

e. 喷灯。

f. 恒温烘箱或水解炉。

g. 旋转蒸发仪或浓缩器（在室温至 65℃ 之间调温，精度±1℃，真空度可低至 $3.3×10^3$ Pa）。

h. 氨基酸自动分析仪（茚三酮柱后衍生离子交换色谱仪，要求各氨基酸的分辨率大于 90%）。

③主要试剂和溶液：

a. 6mol/L 盐酸溶液：优级纯盐酸与蒸馏水等体积混合。

b. 液氮或干冰-乙醇（丙酮）。

c. 稀释用柠檬酸钠缓冲溶液〔pH 为 2.2，c（Na$^+$）为 0.2mol/L〕：称取柠檬酸钠 19.6g，用蒸馏水溶解后加入优级纯盐酸 16.5mL、硫二甘醇 5.0mL、苯酚 1g，加蒸馏水定容至 1 000mL，摇匀，用 G4 垂熔玻璃砂芯漏斗过滤，备用。

d. 不同 pH 和离子强度的洗脱用柠檬酸钠缓冲溶液：按氨基酸分析仪器说明书配制。

e. 茚三酮溶液：按氨基酸分析仪器说明书配制。

f. 混合氨基酸标准贮备溶液：含 L-天门冬氨酸、L-苏氨酸等 17 种常规蛋白水解液的分析用层析纯氨基酸，各氨基酸组分物质的量浓度为 2.5（或 2.00）μmol/mL。

g. 混合氨基酸标准工作溶液：吸取一定量的混合氨基酸标准贮备溶液，置于 50mL 容量瓶中，以稀释用柠檬酸钠缓冲溶液定容，混匀，使各氨基酸组分物质的量浓度为 100nmol/mL。

④水解操作步骤：

a. 封管水解法：称取 30mg（精确至 0.1mg）左右样品，置于 18mm×180mm 的试管底部，加 20mL 6mol/L 盐酸，加一滴消泡剂（正辛醇），再加一滴苯酚，将试管在距离试管口 1～2cm 处用喷灯加热，并拉至直径 2mm，将试管放入蒸馏水-盐水中（或干冰-丙酮，或液氮，图 6-4）2min，将试管与真空泵相连，抽真空至基本无气泡为止，抽真空至 7Pa 后在真空下立即封管（图 6-5），封好的试管置于干燥箱内，于（110±1）℃水解 24h，冷却后打开试管，将水解液过滤至 50mL 容量瓶中，用双重蒸馏水反复多次冲洗试管和滤纸，定容；用移液管吸取适量的滤液，置于旋转蒸发仪或浓缩器中，60℃，抽真空，蒸发至干。残留物用约 1mL 双重蒸馏水溶解并蒸干。此操作反复 2 次后，于 4℃冰箱保存待分析；准确加入 3～5mL、pH 2.2 的稀释上机用柠檬酸钠缓冲溶液，使样品溶液的氨基酸物质的量浓度达 50～250nmol/mL，摇匀，过滤或离心，取上清液上机测定。

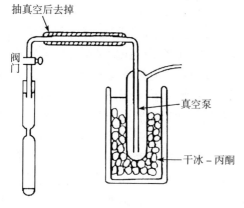

图 6-4　氨基酸水解管抽真空装置

图 6-5　用喷灯封水解管示意图

b. 回流通氮水解法：称取样品 60mg（精确至 0.1mg）置于 100mL 圆底双颈瓶，加 70mL 6mol/L 盐酸，并在烧瓶侧颈上接上通氮管，通入氮气，装上冷凝器，加热微沸回流 20～22h，将水解液过滤至 100mL 容量瓶中，用双重蒸馏水洗涤烧瓶与滤液合并，定容；取出 1mL 水解液，使其约含粗蛋白质 0.15mg，于减压下蒸干；残留物加入 1mL 双重蒸馏水，蒸干，此操作反复 2 次后，放入 4℃冰箱保存待分析。分析时加入一定量的缓冲液，过滤或离心后上机测定。

⑤计算与分析结果：样品中某种氨基酸含量及其允许相对偏差同高效液相色谱法。

（2）碱水解法：分析色氨酸样品的水解用此法。

①原理：酸水解对色氨酸有破坏作用，色氨酸在碱性条件下很稳定，需采用碱水解法来测定色氨酸，但碱水解会破坏精氨酸、丝氨酸、苏氨酸、胱氨酸及半胱氨酸等，故此法只限于测定色氨酸。

②主要仪器设备：

a. 四氟乙烯衬管。

b. 其他同普通酸水解法。

③主要试剂和溶液：

a. 4mol/L 氢氧化锂溶液：称取一水合氢氧化锂 167.8g，用蒸馏水溶解并稀释至 1L，使用之前取适量进行超声或通氮气脱气处理。

b. 干冰-乙醇（丙酮）或液氮。

c. 6mol/L 盐酸溶液：优级纯盐酸与蒸馏水等体积混合。

d. 稀释用柠檬酸钠缓冲溶液 [pH 为 4.3，c（Na^+）为 0.2mol/L]：称取柠檬酸钠 14.71g、氯化钠 2.92g 和柠檬酸 10.50g，溶于 500mL 蒸馏水，加入硫二甘醇 5.0mL 和辛酸 0.1mL，加蒸馏水定容至 1L，摇匀。

e. 不同 pH 和离子强度的洗脱用柠檬酸钠缓冲溶液：按氨基酸分析仪器说明书配制。

f. 茚三酮溶液：按氨基酸分析仪器说明书配制。

g. L-色氨酸标准贮备溶液：准确称取 L-色氨酸 102.0mg（层析纯），加少许蒸馏水和数滴 0.1mol/L 氢氧化钠溶液，使之溶解，转移至 100mL 容量瓶中，加蒸馏水至刻度。色氨酸物质的量浓度为 5.0μmol/mL。

h. 混合氨基酸标准贮备溶液：含 L-天门冬氨酸、L-苏氨酸等 17 种氨基酸的蛋白质水解液的分析用层析纯氨基酸，各氨基酸组分物质的量浓度为 2.5（或 2.0)μmol/mL。

i. 混合氨基酸标准工作溶液：准确吸取 2.00mL L-色氨酸标准贮备溶液和适量的混合氨基酸标准贮备溶液，置于 50mL 容量瓶，用 pH 4.3 的稀释用柠檬酸钠缓冲溶液定容。该溶液色氨酸物质的量浓度为 200nmol/mL，而其他氨基酸物质的量浓度为 100nmol/mL。

④样品选取与制备：制备同普通酸水解法。对于粗脂肪含量大于或等于 6% 的样品，需将经过脱脂后的样品风干、混匀，装入密闭容器中备用。而对粗脂肪小于 6% 的样品，则可直接称量未脱脂样品。

⑤分析测定：称取 50～100mg 样品（精确至 0.1mg），置于聚四氟乙烯衬管，加 1.50mL 4mol/L 氢氧化锂溶液，于干冰-乙醇（丙酮）或液氮中 2min，然后将衬管插入水解玻璃管，抽真空至 7Pa 或充氮（至少 5min），封管。110℃恒温干燥箱中水解 20h，取出冷至室温，开管，用洗脱用柠檬酸钠缓冲溶液将水解液定时地转移到 10mL 或 25mL 容量瓶，加盐酸溶液约 1.00mL 中和，并用上述缓冲溶液定容。离心或用 0.45μm 滤膜过滤后，取清液贮于冰箱中，待上机测定。

测定：用相应的混合氨基酸标准工作溶液按仪器说明书，调整仪器操作参数和（或）洗脱用柠檬酸钠缓冲溶液的 pH，使各氨基酸分辨率≥85%，注入制备好的样品水解液和相应的混合氨基酸标准工作溶液，分析测定。碱溶液每 6 个单样品为一组，各组间插入混合氨基酸标准工作溶液校准。

⑥结果计算：

a. 计算：计算样品中色氨酸含量以质量（ng）表示，分别按下式计算。

$$X_1=\frac{\rho_1}{m_1}\times 10^{-6}\times D$$

$$X_2=\frac{\rho_2}{m_2\times(1-X_3)}\times 10^{-6}\times D$$

式中：X_1 为用未脱脂样品测定的色氨酸含量（ng）；X_2 为用脱脂样品测定的色氨酸含量（ng）；ρ_1 为未脱脂样品上机水解液中色氨酸质量浓度（ng/mL）；ρ_2 为脱脂样品上机水解液中色氨酸质量浓度（ng/mL）；m_1 为未脱脂样品质量（g）；m_2 为脱脂样品质量（g）；D 为样品稀释倍数；X_3 为脱脂样品脱脂前脂肪百分含量。

b. 结果表示：样品测定结果以两个平行样品测定结果的算术平均值表示，并保留两位小数。

（3）过甲酸氧化处理-盐酸水解结合法：适于含硫氨基酸［（半）胱氨酸、蛋氨酸］样品的水解。

①原理：在蛋白质酸水解过程中，常伴有（半）胱氨酸和蛋氨酸的损失，得不到准确结果。通常用“过甲酸”氧化法预处理，使半胱氨酸及蛋氨酸分别转变成半胱磺酸及甲硫氧砜，这两种化合物在水解过程中稳定，易于与其他氨基酸分离。然后用氢溴酸或偏重亚硫酸钠终止反应，再进行普通的酸水解后，以茚三酮为柱后衍生剂，分离测定。

将 1mL 30%过氧化氢加于 9mL 的 88%或 99%甲酸中，室温放置 1h，配成过甲酸试剂，反应式如下：

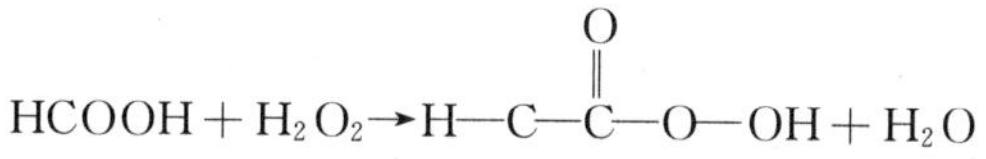

甲酸　过氧化氢　过甲酸　水

过甲酸与蛋白质作用，将其中的半胱氨酸、胱氨酸氧化为半胱磺酸，将蛋氨酸氧化为甲硫氧砜：

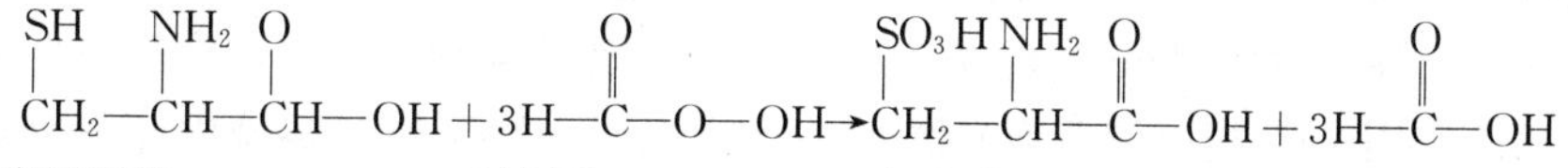

半胱氨酸　过甲酸　半胱磺酸　甲酸

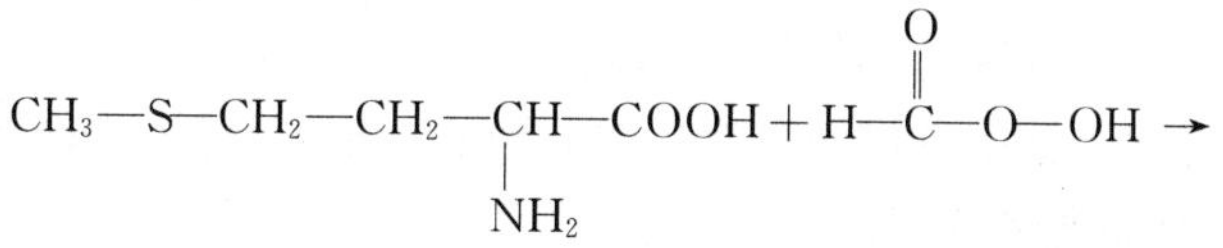

蛋氨酸　过甲酸

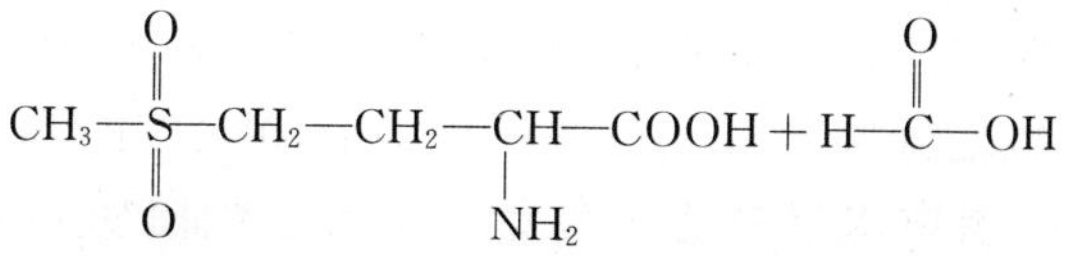

甲硫氧砜　甲酸

再将此蛋白质继续水解，就有由半胱氨酸氧化而来的半胱磺酸、由蛋氨酸氧化而来的甲硫氧砜。可以在氨基酸分析仪上分离测定，并计算半胱氨酸和蛋氨酸的含量。

②主要仪器设备：同普通酸水解法。

③主要试剂和溶液：

a. 过甲酸溶液：

常规过甲酸溶液：30％过氧化氢与88％甲酸按1∶9（体积比）混合，室温放置1h，置于冰水浴冷却30min，使用前现配制。

浓缩料用过甲酸溶液：常规过甲酸溶液中按3mg/mL加入硝酸银即可。此溶液适用于氯化钠含量小于3％的浓缩料。当浓缩料中氯化钠含量大于或等于3％时，过甲酸中硝酸银质量浓度可按下式计算。

$$\rho_R \geqslant 1.454 \times m \times \omega_N$$

式中：ρ_R 为过甲酸中硝酸银的质量浓度（mg/mL）；ω_N 为样品中氯化钠的含量（mg/mL）；m 为样品质量（mg）。

b. 氧化终止剂：48％氢溴酸；或用偏重亚硫酸钠溶液（33.6g偏重亚硫酸钠加蒸馏水定容至100mL）。

c. 其他试剂：同普通酸水解法。

④样品选取与制备：同普通酸水解法。

⑤测定步骤：

样品的过甲酸氧化处理：称2份50～75mg（精确至0.000 1g，含蛋白质7.5～25mg）的样品，分别于20mL的浓缩瓶或浓缩管，于冰水浴冷却30min后，加入经冷却的过甲酸溶液2mL，加溶液时，需将样品全部浸湿，但不要摇动，盖好瓶塞，连同水浴一道于0℃冰箱中，反应16h。

终止过甲酸的氧化反应：以下步骤因使用不同的氧化终止剂而有所不同。a. 当以氢溴酸为终止剂时，于各管中加入氢溴酸0.3mL，振摇，放回水浴，放置30min，然后转移到旋转蒸发仪或浓缩器上，60℃、低于3.3MPa下浓缩至干。用6mol/L盐酸溶液约15mL将残渣定量转移到20mL安瓿管中，封口，置于恒温烘箱中，（110±1）℃水解22～24h。取出安瓿管，冷却，用蒸馏水将内容物转移至50mL容量瓶，定容。充分混匀，过滤，取1～2mL滤液，置于旋转蒸发仪或浓缩器中，在低于50℃的条件下，减压蒸发至干。加少许蒸馏水重复蒸干2～3次。准确加入一定体积（2～5mL）的洗脱用柠檬酸钠缓冲溶液，振摇，充分溶解后离心，取上清液供仪器测定用。b. 当以偏重亚硫酸钠为终止剂时，则于样品溶液中加入偏重亚硫酸钠溶液0.5mL，充分摇匀后，直接加入6mol/L盐酸溶液17.5mL，置于（110±3）℃水解22～24h。取出安瓿管，冷却，用蒸馏水将内容物转移到50mL容量瓶，用氢氧化钠溶液中和至pH约2.2，并用洗脱用柠檬酸钠缓冲溶液稀释定容，离心，取上清液供分析。

⑥结果计算：同普通酸水解法。

（4）酶水解法：对酸不稳定的样品如天门冬酰胺、谷氨酰胺及色氨酸的水解用此法。

①原理：天门冬酰胺、谷氨酰胺在酸水解时会分别生成天门冬氨酸、谷氨酸，测定的天门冬氨酸、谷氨酸应当是分别含有天门冬酰胺、谷氨酰胺的部分。此法可分析天门冬酰胺、谷氨酰胺的数量。蛋白水解酶是一类专门作用于蛋白质和多肽中肽键的生物催化剂，催化蛋白质水解的效率高，极少的酶可以催化较多底物；水解蛋白质的酶有木瓜蛋白酶、链霉蛋白酶、脯氨酸肽酶、氨基肽酶、羧基肽酶、内肽酶、胰糜蛋白酶、胰蛋白酶及胃蛋白酶等，可在较温和的条件下对不同蛋白质或不同氨基酸形成的肽键进行水解生成氨基酸；可以进行对酸不稳定样品中的天门冬酰胺、谷氨酰胺及色氨酸定量测定。由于不同蛋白酶对不同氨基酸具有不同的专一性，分析不同的氨基酸可采用不同的酶，

或几种酶同时配合水解，可以使蛋白质完全水解为氨基酸。酶水解后，不可避免氨基酸与酶混合存在，因此可以将酶固定在琼脂糖（凝胶）等上消化。代表性的有木瓜蛋白酶/亮氨酸氨基肽酶/脯氨酸二肽酶法，即用木瓜蛋白酶/羧基肽酶 Y（pH 5）水解，再进一步用脯氨酸二肽酶/亮氨酸氨基肽酶（pH 8）进行消化的方法。实际测定时根据样品的分子质量和分析目的等设定具体的适宜反应条件。

②主要仪器设备：

a. 分析天平：精确至 0.000 1g。

b. 恒温干燥箱或恒温水浴装置。

c. 具塞试管。

d. 滤纸或过滤器。

e. 容量瓶。

f. 离心机。

g. 浓缩器或旋转蒸发仪。

③主要试剂和溶液：

a. 0.2mol/L Tris-HCl 缓冲液：pH 7.5。

b. 3mg/mL 木瓜蛋白酶溶液。

④操作步骤：当测定色氨酸时，可采用木瓜蛋白酶进行水解。取样品烘干，含脂肪多的样品要先脱脂，称取 100mg 左右（精确至 0.000 1g）样品，放入具塞试管。木瓜蛋白酶溶液（3mg/mL）在使用前配制：把木瓜蛋白酶溶于 0.2mol/L、pH 7.5 的 Tris-HCl 缓冲液即可。加入上述木瓜蛋白酶溶液 5mL，在 65℃恒温水浴装置或恒温干燥箱中水解 24h，注意勿使样品粘于管壁，中途摇匀数次，过滤或离心，用重蒸馏水反复多次冲洗试管和滤纸，定容于 50mL 容量瓶。取上清液 1mL 置于 5mL 平底小烧瓶，减压蒸干（重复此操作一次）。准确加入 0.02mol/L HCl（pH 2.2）1mL，充分摇匀后上机测定。

⑤结果计算：同普通水解法。

（5）酸提取法：赖氨酸、蛋氨酸、苏氨酸、色氨酸等游离氨基酸的测定适用此法。

①原理：饲料中添加的游离氨基酸可以用稀盐酸溶液直接提取处理，然后经离子交换色谱分离测定。

②主要仪器设备：同普通酸水解法。

③主要试剂和溶液：

a. 0.1mol/L 提取剂-盐酸溶液：取 8.3mL 优级纯盐酸，用蒸馏水定容至 1L。

b. 不同 pH 和离子强度的洗脱用柠檬酸钠缓冲溶液：按仪器说明书配制。

c. 茚三酮溶液：按仪器说明书配制。

d. 蛋氨酸、赖氨酸和苏氨酸标准贮备溶液：准确称取蛋氨酸 93.3mg、赖氨酸盐酸盐 114.2mg 和苏氨酸 74.4mg，放入 3 个 100mL 烧杯中，各加蒸馏水 40～50mL 和数滴盐酸溶解，然后分别转移至 250mL 容量瓶定容，其氨基酸物质的量浓度为 2.50mol/mL。

e. 混合氨基酸标准工作溶液：分别吸取蛋氨酸、赖氨酸和苏氨酸标准贮备溶液各 1.00mL 于同一 25mL 容量瓶中定容，其氨基酸物质的量浓度为 100nmol/mL。

④样品选取与制备：同普通酸水解法。

⑤分析步骤：

a. 样品处理：准确称取 1～2g 样品（精确至 0.000 1g）（蛋氨酸含量≤4mg，赖氨酸含量可略高），加 0.1mol/L 盐酸提取剂 20～30mL，搅拌 15min 后，放置，将上清液过滤到 100mL 容量瓶中，重复提取 2 次，定容。若提取过程中，速度太慢，也可离心 10min（4 000r/min）。测定赖氨酸时，预混合饲料和浓缩饲料基质会有较大干扰，应针对待测样品同时做添加回收率试验，以校准测定结果。

b. 测定：用相应的混合氨基酸标准工作溶液，按仪器说明书，调整仪器操作参数、洗脱用柠檬酸钠缓冲溶液的 pH，使各氨基酸分辨率≥85%，注入制备好的样品水解液和相应的混合氨基酸标准工作溶液，进行分析测定。酸提取液每 6 个单样为一组，组间插入混合氨基酸标准工作溶液校准。

⑥数据采集和处理：计算与分析结果的表示同普通酸水解法。

2. 分离洗脱　经水解获得的氨基酸的洗脱是用不同 pH 的缓冲液进行的，一般标准分析（蛋白质水解分析）采用柠檬酸钠盐作缓冲溶液，如果分析生理体液（尿、血浆、乳汁、脑脊髓液及植物组织提取液），则采用柠檬酸锂盐作缓冲溶液，因为天门冬酰胺及谷氨酰胺于钠盐缓冲液中，在图谱上不能与天门冬氨酸和谷氨酸分开，两者重叠成一个峰，不能得出各自的结果。

标准分析（蛋白质水解分析）一般采用 4 种缓冲液：缓冲液 1 的 pH 为 3.3，可以冲洗出酸性氨基酸；缓冲液 2 的 pH 为 3.3，主要用于冲洗出中性氨基酸，与缓冲液 1 相比，缓冲液 2 乙醇含量较少；缓冲液 3 的 pH 为 4.3，主要用于冲洗异亮氨酸、亮氨酸、酪氨酸和苯丙氨酸；缓冲液 4 的 pH 为 4.9，主要用于碱性氨基酸的洗脱。

另外，除上述 4 种缓冲液外，所有的氨基酸分析仪都配有再生液，即内含较浓的氢氧化钠溶液，用做柱子的再生。每做完一个样品，仪器自动吸入再生液，将柱子冲洗干净后，再接着做下一个样品。各种缓冲液和再生液的配制参见仪器说明书。日立 L-8800A 型氨基酸自动分析仪缓冲液和再生液见表 6-9。

表 6-9　日立 L-8800A 型氨基酸自动分析仪缓冲液和再生液的配制

名称	缓冲液-1	缓冲液-2	缓冲液-3	缓冲液-4	再生液
缓冲液贮液桶	B1	B2	B3	B4	B5
钠离子物质的量浓度（mol/L）	0.16	0.2	0.2	1.2	0.2
超纯水（mL）	700	700	700	700	700
二水柠檬酸二钠（g）	6.19	7.74	13.31	26.67	—
氢氧化钠（g）	—	—	—	—	8.00
氯化钠（g）	5.66	7.07	3.74	54.35	—
一水柠檬酸（g）	19.80	22.00	12.80	6.10	—
乙醇（mL）	130.0	20.0	4.0	—	100.0
苯甲醇（mL）	—	—	—	5.0	—
硫二甘醇（mL）	5.0	5.0	5.0	—	—
聚氧乙烯十二烷基醚（mL）	4.0	4.0	4.0	4.0	4.0

（续）

名称	缓冲液-1	缓冲液-2	缓冲液-3	缓冲液-4	再生液
Brij-35*					
pH	3.3	3.2	4.0	4.9	—
总体积（mL）	1 000	1 000	1 000	1 000	1 000
辛酸（mL）	0.1	0.1	0.1	0.1	0.1

注：Brij-35* 为表面活性剂，取 25g 溶于 100mL 水中。

　　洗脱出来的氨基酸，与另一通路的茚三酮溶液结合，在一定温度条件下，呈颜色反应，一般氨基酸呈 Ruheman 紫色，但脯氨酸呈黄色。氨基酸自动分析仪一般设有两个频道：一个是 570nm 波长，另一个是 440nm 波长。日立 L-8800 系列氨基酸自动分析仪的分光光度计与一般光度计不同，它的单色器是一种凹面光栅，比色效果较稳定。

　　茚三酮在 pH 5.5 时才适于显色反应，否则出峰很低。上机的样品分析溶液要调整 pH 为 2.2，通过柱子后 pH 就可变成 5.5。茚三酮在光和空气中（氧气）极不稳定，极易被氧化，新配制的茚三酮溶液要先充氮气，除去氧气，再加还原剂，防止其被氧化。常用的稳定剂有三氯化钛、氯化亚锡和硼氢化钠等。用三氯化钛作还原剂，加入 1h 后就可以稳定，且不产生沉淀，而氯化亚锡则需要 24h 才能稳定。日立 L-8800A 型氨基酸自动分析仪推荐用硼氢化钠作还原剂。

　　氨基酸分离出峰顺序（L-8800A 型氨基酸自动分析仪，图 6-6）：天门冬氨酸（Asp）—苏氨酸（Thr）—丝氨酸（Ser）—谷氨酸（Glu）—脯氨酸（Pro）—甘氨酸（Gly）—丙氨酸（Ala）—半胱氨酸（Cys）—缬氨酸（Val）—蛋氨酸（Met）—异亮氨酸（Ile）—亮氨酸（Leu）—酪氨酸（Tyr）—苯丙氨酸（Phe）—赖氨酸（Lys）—氨（NH₃）—组氨酸（His）—色氨酸（Trp）—精氨酸（Arg）。

　　3. 结果计算　同普通酸水解法。

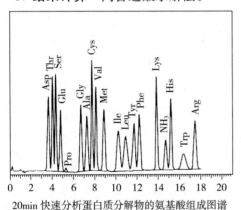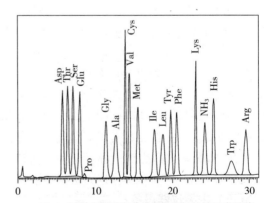

20min 快速分析蛋白质分解物的氨基酸组成图谱　　　　30min 标准分析蛋白质分解物的氨基酸组成图谱

图 6-6　茚三酮法分析标准氨基酸出峰顺序

日立 L-8800A 型氨基酸分析仪色谱柱：4.6mmID×60mm（2622SC-Na，日立）

4.6mm×40mm（2650L，日立）

样品各种氨基酸：500pmol

检出限量：3pmol

◆ 附6-2 生物样本中游离氨基酸的分析与测定 （磺基水杨酸 沉淀法）

（一）概述

生物样品（如血液、淋巴、尿、脑脊髓液等；动物的脏器，肌肉；植物的根、茎、叶、花、果实等）中游离氨基酸的含量与其代谢作用密切相关，因此生物样本中游离氨基酸的分析测定在临床诊断和营养研究中有重要作用。分析测定生物样品中游离氨基酸的含量有重要意义。张瑜等（1981 年）采用 4％磺基水杨酸沉淀法，脱去组织及体液中的蛋白质，以 10 000r/min 离心，提取其中游离氨基酸，采用氨基酸自动分析仪进行分析。

（二）样品处理与分析

1. 生物体液样品的脱蛋白　准确吸取生物体液样品（血液、尿）1mL，加适当体积的磺基水杨酸（血液稀释 4 倍，尿稀释 2～5 倍）。此时有蛋白质沉淀生成，经离心分离后取上清液用氨基酸自动分析仪测定。

2. 动物组织中游离氨基酸的提取　取适量动物组织精确称量后，用置于冰水中的匀浆器匀浆 5min，全部洗入一容量瓶中，加入一定体积 4％磺基水杨酸溶液定容（脑组织 50～10mg/mL，肝组织 20～50mg/mL，胰 50～100mg/mL，脾 100～150mg/mL，肌肉 20～50mg/mL）。离心后取上清液于氨基酸自动分析仪测定。

◆ 附6-3 谷物和饲料中蛋白质、赖氨酸（DBL）的百分含量测定 ［染料结合法（DBC）］

（一）原理

在 pH 2 的缓冲体系中，谷物和饲料样品中的碱性氨基酸（赖氨酸、组氨酸、精氨酸）可与偶氮磺酸染料酸性橙-12（AO-l2）等量浓度（mol/L）相结合，生成不溶性络合物，其染料结合量（mol）相当于此三种碱性氨基酸的总和。再另取一份样品，先用丙酸酐将蛋白质中赖氨酸的 δ-氨基掩蔽掉（丙酰化作用），使之失去与染料结合能力。再与染料反应，所得染料结合量只是组氨酸和精氨酸之和。根据两次染料结合量的差值，可算出该样品的染料结合赖氨酸（DBL，亦称有效赖氨酸）含量。同一谷物的蛋白质含量与上述三种氨基酸含量呈正相关关系，也可根据预先标定好的方程求出蛋白质的含量。GXDL-203 型微机蛋白质赖氨酸分析仪配加了 TP801 单板计算机，已预先进行了标定，使用者不必进行计算，即可自行打印出染料结合蛋白质和赖氨酸（DBL）的百分含量。

（二）主要仪器设备

（1）分析天平：感量 0.1mg。

（2）微型粉碎机：实验室用。

（3）GXDL-203 型微机蛋白质赖氨酸分析仪。

（4）吸样泵。

（5）振荡机：实验室用电动往复式。

（6）离心机：3 000～4 000r/min（35mL 试管）。

（7）具塞玻璃管或聚乙烯试管：30～35mL。

（8）定量加液器或移液管：20mL、2mL、0.2mL。

（9）容量瓶：1L、100mL。

（三）主要试剂和溶液

（1）草酸-乙酸-磷酸盐缓冲溶液：3.3g 磷酸二氢钾（KH_2PO_4）和 20g 草酸（$H_2C_2O_2 \cdot 2H_2O$）分别溶于热蒸馏水后，全部转移到 1L 容量瓶中，再加入 1.7mL 的 85％磷酸、60mL 冰乙酸、1mL 丙酸，冷却至室温，用蒸馏水定容。

（2）3.89mmol/L 酸性橙-12 染料溶液（Acid orange-12，缩写成 AO-12，分子式为 $C_{16}H_{11}O_4N_2SNa$，生化试剂，层析纯，含量不少于 90％）：准确称取 1.363g 酸性橙-12（纯度按 100％计），溶解于热的缓冲液中，再转移到 1L 容量瓶中，冷却至室温，用缓冲溶液定容。

（3）16％和 8％乙酸钠溶液：称取 16.0g 和 8.0g 乙酸钠（按无水乙酸钠计），配成 100mL 溶液。

（4）丙酸酐（化学纯）。

（5）1.2～1.9mmol/L 酸性橙-12 溶液：用适量 3.89mmol/L 酸性橙-12 染料溶液稀释即可。

（四）测定步骤

1. 试样的选取与制备　选取有代表性的谷类籽粒，按四分法取样，取样量不得小于 20g。将籽粒充分风干，制成风干样本或放在 55～60℃烘箱干燥 6h 以上，在室温回潮后制备风干样本。带壳水稻、高粱应先脱壳，再用粉碎机粉碎，所有风干样本应使 90％以上通过 60 目筛孔，充分混匀后，装入磨口瓶中备用。

2. 称样　精确称取酰化（0.5～1.0g）和未酰化（0.4～0.7g）样品各两份，准确到 0.4mg。分别放入 30～35mL 具塞玻璃管内，标明为 A 管（酰化样品）和 B 管（未酰化样品）。

3. 丙酰化反应　各管分别加入 2.00mL 16％乙酸钠溶液（籼稻加 8％乙酸钠溶液），然后加 0.20mL 丙酸酐于 A 管中，加 0.20mL 缓冲液于 B 管中。盖紧塞子，放振荡机上振荡 10min。

4. 染料结合反应　向 A、B 管中分别加入 20.00mL 3.89mmol/L 酸性橙-12 染料溶液，盖紧塞子，置于振荡机上振荡至反应平衡或近于平衡。一般植物性样品需 1～2h，鱼粉等动物性样品需 4～6h。

5. 离心　将经染料结合反应制得的反应液 3 000～4 000r/min 离心 10min。取上清液用 GXDL-203 型蛋白质赖氨酸分析仪测定其透光率。

6. 测定

（1）开机前的准备：装好打印纸，接通电源，将吸样泵与主机连接好，吸样泵应预先检查好，以便测试工作顺利进行。

（2）开启主机电源开关，指示灯亮 10s 后显示器在左端出现问号"?"之后，将光闸全部拉开，预热 40min 至 1h。

（3）开启吸样泵电源开关，打开打印机电源开关。按下"调零"按钮，显示器显示"0～255"字样，用物质的量浓度为1.9mmol/L的酸性橙-12溶液从进样管通入，显示器的数字逐渐减小，观察数字是否为43（或42.99即可），若不是，可调面板上的调零电位器，使数字为43，按下"零点"按钮，显示器回至"?"。然后，用1.2mmol/L的酸性橙-12溶液从进样管通入，按下"满度"按钮，调上面的"满度"电位器，使其为199，再按下"满度"按钮，显示器回到"?"。如此反复调"零点"和"满度"，使其不变为止。每次变换浓度时，都要用蒸馏水通入，冲洗通道数次，避免误差。

（4）如果测不同的谷物须向计算机送入不同的参数，在显示器"?"时，按下选择按钮，显示器显"s-01"到"s-05"等字样，如当样品为小麦时，在显示器显示"s-01"时按下"返回"按钮，则此时的"s-01"即代表小麦，称样时应注意序号与各样品的准确对应。

（5）蛋白质的测定：按下"蛋白质"按钮，显示器显"P-××××"，P代表蛋白质，××××数字即是蛋白质的百分含量。将处理好的未酰化样品溶液由进样管通入，当显示器稳定在某值，多次闪动均显示相同值时，即可再按下"蛋白质"按钮，显示器黑，打印机打印出此样品的吸光度值和蛋白质值。打印出的结果上有"No:"，可以填上此样品的编号。

（6）染色结合赖氨酸（DBL）的测定：按下"未酰化"按钮，将未酰化样品溶液由进样管通入，当显示器稳定在某值，多次闪动均显相同值时，即可再按下"未酰化"按钮，显示器黑，打印机打印出此样品的吸光度值和蛋白质值。然后按下"酰化"按钮，做法同未酰化操作一样，待打印出酰化样品的吸光度值和蛋白质值（这时的蛋白质值无效），再按下"赖氨酸"按钮，即可打印出染料结合赖氨酸（DBL）的百分含量。

（7）测试完毕后应用蒸馏水连续冲洗通道2min，使通道里的剩余染料全部冲洗干净。之后，仍应继续抽吸5min，使通道吸干（防止留下染料结晶，干扰下次测定），最后关断一切电源。

此法有较高的准确度和重现性，染料结合反应是可逆平衡反应，它不仅受pH等因素影响，而且受平衡时样品量影响。一般应尽量使平衡时A、B管样品含量、染料浓度接近，且透光率落在标准曲线范围内。

◆ 附6-4 菜籽饼粕中有效赖氨酸含量的测定（酸性橙-12染料结合法）

测定有效赖氨酸的方法较多，如二硝基氟苯法、三硝基苯磺酸法、染料结合法等。二硝基氟苯法，样品的水解时间较长，水解后还要过柱分离，操作繁琐。三硝基苯磺酸法，虽然水解时间比二硝基氟苯法短，操作也比较简单，但三硝基苯磺酸属危险化学品，不易购得。染料结合法，操作简单，染料试剂容易买到。目前使用的几种染料试剂有茚三酮、金橙Ⅱ、指示剂1号（上海染料研究所生产）和酸性橙-12（AO-12），重复性都比较好。

（一）原理

在酸性条件下，样品蛋白质的碱性氨基酸（赖氨酸、组氨酸、精氨酸）可与酸性橙-12

染料等分子结合，生成不溶性络合物，其染料结合量（mol）相当于此三种碱性氨基酸的总和。而赖氨酸分子上的 ε-NH$_2$ 与另外两种氨基酸的碱性基不同，能与丙酸酐形成稳定的酰胺类化合物，再与染料反应时，便失去结合能力，此时染料结合量便是组氨酸和精氨酸之和。因此，不必水解样品的蛋白质，利用两次染料结合量之差，便可算出该样品中蛋白质的有效赖氨酸含量。

（二）测定步骤

准确称取干燥粉碎的菜籽饼粕 0.200 0g（A$_1$、A$_2$ 瓶）和 0.143 0g（B$_1$、B$_2$ 瓶）于 50mL 容量瓶中，瓶中投入 1 粒玻璃珠，每个瓶中加入 16％乙酸钠溶液 2mL，A$_1$、A$_2$ 瓶中加入 0.2mL 丙酸酐，B$_1$、B$_2$ 瓶中加入缓冲溶液（草酸/乙酸/磷酸盐）0.2mL，将各瓶置于振荡器上振荡 10～30min，此时 A$_1$、A$_2$ 瓶中样品进行丙酰化反应。各瓶加入 1.284mmol/L 的酸性橙-12 溶液 20mL，再置于振荡器上振荡 1h，取出部分至离心试管中离心，取上清液，稀释后，测定其吸光度，用吸光度在标准曲线上查出对应的染料物质的量浓度 c_{A1A2}、c_{B1B2}，再代入下面公式中计算，即得出菜籽饼粕有效赖氨酸含量。

（三）结果计算

$$有效赖氨酸含量 = \left(\frac{1.284 - 1.11 c_{B1B2}}{m_{B1B2}} - \frac{1.284 - 1.11 c_{A1A2}}{m_{A1A2}} \right) \times 20 \times 10^{-3} \times 146.2 \times 10^{-3} \times 100\%$$

$$= \left(\frac{1.284 - 1.11 c_{B1B2}}{m_{B1B2}} - \frac{1.284 - 1.11 c_{A1A2}}{m_{A1A2}} \right) \times 0.002\ 924 \times 100\%$$

式中：1.284 为染料溶液原始物质的量浓度（mmol/L）；20 为加入的染料体积（mL）；c_{A1A2}、c_{B1B2} 分别为 A$_1$、A$_2$ 瓶和 B$_1$、B$_2$ 瓶的染料物质的量浓度（mmol/L）；1.11 为（20+2+0.2）与 20 的体积比，若将标准系列各取 20mL 染料溶液，分别加 2mL 乙酸钠溶液及 0.2mL 丙酸酐，则此值为 1；m_{A1A2}、m_{B1B2} 分别为酰化与未酰化的样品量（g）；146.2 为赖氨酸相对分子质量。

注意事项：称量菜籽饼粕时，酰化样品为未酰化样品称量的 1.4 倍，即酰化样品称量为 0.200 0g，未酰化样品称量为 0.142g 左右。经稀释后的吸光度在 0.30～0.50，吸光度的精密度也高；染料溶液 AO-12 的原始物质的量浓度以 1.284mmol/L 为好，测定时稀释倍数小些，稀释液（缓冲溶液）用量也少些，染料溶液耗用量也少；温度对丙酰化反应有明显影响，室温在 25℃以上，丙酰化反应非常迅速，只要样品与丙酸酐接触，反应很快就能完成，但温度在 15℃以下，完成丙酰化反应时间需要增加到 30min 以上，因此在 20～25℃，一般以 10min 为宜。

◆ 附 6-5 HPLC 测定菜籽饼粕中的有效赖氨酸（二硝基氟苯法）

赖氨酸是菜籽饼粕蛋白质中限制性氨基酸，通常将 ε-NH$_2$ 以游离形式存在的赖氨酸称为有效赖氨酸（available Lysine，A-LYS），一般认为只有有效赖氨酸才能被动物所利用。本方法用 2,4-二硝基氟苯（DNFB）与肽链中的游离 ε-NH$_2$ 反应原理，采用 HPLC 反相离子柱法，分析菜籽饼粕中的有效赖氨酸。本方法也适用于含有动物或植物性蛋白质的配合（混合）饲料及单一饲料。

（一）原理

2，4-二硝基氟苯在碱性（pH 8.5）条件下可以与肽链中游离 $\varepsilon-NH_2$ 赖氨酸残基反应，生成 $\varepsilon-N-DNP-$肽，用盐酸（8.1mol/L，110℃）水解时，能破坏肽链，却不能水解 $\varepsilon-N-$ 与二硝基苯的结合物。测定生成的 $\varepsilon-DNP-LYS$ 就知道样品中有效赖氨酸的含量。

有效赖氨酸是指在规定的测定条件下测得的总赖氨酸和非有效赖氨酸之差。蛋白质中有效赖氨酸的 $\varepsilon-NH_2$ 可与 2，4-二硝基氟苯反应，酸解后生成二硝基苯赖氨酸，而其他非有效部分则生成赖氨酸。因此，将不经二硝基氟苯处理的样品和经由二硝基氟苯处理的样品分别水解，用离子交换色谱法测定各自的赖氨酸含量，即可由其差值得出样品中有效赖氨酸的含量。

（二）主要仪器设备

（1）样品粉碎机：快速一致地粉碎，避免样品过热，尽可能少与外界接触。

（2）样品筛：60目。

（3）分析天平：感量0.1mg。

（4）油浴：温度可稳定于120～130℃。

（5）回流水解装置1：150mL、500mL短颈烧瓶以玻璃磨口接头与回流冷凝器相接。

（6）离心机：4 000r/min。

（7）旋转蒸发仪。

（8）氨基酸自动分析仪。

（9）回流水解装置2：50mL水解管或消煮管以磨口接头与回流冷凝器相接。

（10）金属块消煮炉：要求温度保持在120～130℃。金属块内消煮管的受热深度应高于或等于25mL消煮液的液面高度。

（11）恒温水浴装置。

（三）主要试剂和溶液

（1）乙醚：分析纯。

（2）碳酸氢钠溶液：80g碳酸氢钠定容于1L容量瓶中。

（3）2，4-二硝基氟苯（DNFB，分析纯）乙醇溶液：一定量的DNFB溶于95％乙醇，其体积比为0.15：12，用前现配。

（4）盐酸溶液：6.0mol/L、6.5mol/L。

（5）稀释用柠檬酸钠缓冲溶液：20g一水柠檬酸（分析纯）、8g氢氧化钠（分析纯）、16mL浓盐酸（分析纯）、0.1mL辛酸（分析纯）、20mL硫二甘醇（分析纯）溶于蒸馏水后定容于1L，其pH约为2.2。

（6）层析用柠檬酸钠缓冲溶液：pH及配制方法依不同型号的氨基酸测定仪器而有所区别，请参见仪器说明书配制。

（7）茚三酮试剂：按仪器说明书配制。

（8）配制 $2.5\mu mol/mL$ 赖氨酸标准贮备溶液：称取45.6mg赖氨酸单盐酸盐溶于0.1mol/L的盐酸溶液中，稀释至100mL，混匀。

（9）赖氨酸标准溶液（50nmol/mL 或其他浓度）：用（8）中 2.5μmol/mL 赖氨酸标准贮备溶液或商品 2.5μmol/mL 的标准氨基酸混合溶液，以 pH 2.2 柠檬酸钠缓冲液为溶剂配制 50.0nmol/mL 标准溶液。也可根据仪器说明书配制成其他最佳使用浓度。

（四）试样选取与制备

采集有代表性的配合（混合）饲料或单一饲料，按实验室分析用的样品制备方法，使其全部通过 60 目样品筛。充分混匀，装入密闭容器，放于通风阴凉处保存备用。

（五）分析步骤

1. A 法

（1）总赖氨酸：

①酸水解：称取约含 50mg 粗蛋白质的样品 2 份，置于 500mL 烧瓶中，加入 250mL 6mol/L 盐酸溶液，装好回流冷凝器，于 120～130℃的油浴温度下，使其回流水解 24h。

取下烧瓶，冷却，必要时将酸水解溶液（连同水解后不溶物）重新定容至 250mL，过滤，吸取 5mL 滤液，于旋转蒸发仪上，60℃左右蒸发至干，用蒸馏水少许，重复蒸干 1～2 次。

将残渣溶于 5mL 稀释用柠檬酸钠缓冲溶液，离心 10min（4 000r/min），取上清液上机或于具塞试管中冷藏备用。

②测定：氨基酸自动分析仪的柱温、反应柱温度、缓冲液及茚三酮流速等各项参数达到预定要求，按仪器说明书取一定量的赖氨酸标准溶液进行校准。然后在同样条件下取样品溶液进行测定。

（2）非有效赖氨酸：

①二硝基苯化反应：称取约含 50mg 粗蛋白质的样品 2 份，置于 150mL 烧瓶中，加入 4mL 80g/L 碳酸氢钠溶液，放置 10min，其间要适当振摇。再加入 6mL 2,4-二硝基氟苯乙醇溶液，加盖，振摇，注意勿使样品颗粒粘于瓶壁上。在室温下暗处放置过夜。

②纯化：在旋转蒸发仪上，低于 40℃条件下，将上述反应物蒸干，加 35mL 乙醚，振摇或搅拌后，待固体充分沉降，弃去绝大部分乙醚，小心不要带出固体样品颗粒。重复上述操作两次，每次加 25mL 乙醚（此步骤乙醚层有时似较浑浊，只要倾倒时不带出样品颗粒，可不必离心）。最后，蒸发除去残存乙醚。

③酸水解：边冲洗瓶口、瓶壁边加入 75mL 6mol/L 盐酸溶液，使样品全部浸于酸中，装好回流冷凝器，置于 120～130℃油浴中，使其徐徐沸腾，回流水解 24h。

取下烧瓶，冷却。将水解物定量转移至 100mL 容量瓶中，用蒸馏水定容，过滤。吸取 5mL 滤液于旋转蒸发仪上，60℃左右蒸发至干，加蒸馏水少许，重复蒸干 1～2 次。

将残渣溶于 3mL 的稀释用柠檬酸钠缓冲溶液中，用离心机离心 10min，取上清液上机分析或于具塞试管中冷藏，待上机分析。

④测定：氨基酸自动分析仪的柱温、反应柱温度、缓冲液及茚三酮流速等各项参数达到预定要求，按仪器说明书取一定量的赖氨酸标准溶液进行校准。然后在同样条件下取样品溶液进行测定。

非有效赖氨酸峰值较低，易受邻峰或杂峰干扰，如某些氨基酸自动分析仪该峰分离不好，需将树脂床（或分析柱）加长，或变换参数与程序等。

2. B 法——简化法

(1) 总赖氨酸：准确称取约含 50mg 粗蛋白质的样品 2 份，置于 50mL 水解管中，加入 25mL 6mol/L 盐酸溶液，装好回流冷凝器并置于预热 120～130℃ 的金属块消煮炉上，缓缓煮沸水解 24h；冷却，将水解液定容至 50mL，混匀，过滤。吸取滤液 2mL 于旋转蒸发仪，60℃ 浓缩至干，加蒸馏水少许，重复蒸干 1～2 次；残渣中加入适量稀释用柠檬酸钠缓冲溶液（粗蛋白质含量为 10%～20% 的样品加 2mL，30%～50% 的加 5mL），充分溶解后离心，取上清液上机分析。

(2) 非有效赖氨酸：

①二硝基苯化反应：称取含粗蛋白质 20～25mg 的样品 2 份，分别置于 50mL 水解管中，分别加入 2mL 80g/L 碳酸氢钠溶液，放置 10min(其间不时振摇几次)，再分别加入 2, 4-二硝基氟苯乙醇溶液 3mL，振摇混匀后，在室温下暗处放置过夜；将上述水解管置于 85～90℃ 的水浴中，蒸发去掉乙醇，并直至振摇时不产生泡沫为止。此时水解管内应失重 2.5～3g。

②纯化：于去掉乙醇的水解管内分别加入 20mL 乙醚，加塞，振摇后令其分层，弃去乙醚层，再用乙醚萃取 2 次，每次 10mL，弃去乙醚层后，将水解管放入 60～70℃ 水浴中，除去残存的乙醚。

③酸水解：边冲洗管口、管壁边加 23mL 6.5mol/L 盐酸溶液，装好回流冷凝器，与测定总赖氨酸样品一道置于 120～130℃ 金属块消煮炉上，回流水解 24h；冷却，将水解液定容至 50mL，混匀，过滤。吸取滤液 5mL 于 60℃ 旋转蒸发仪上蒸发至干，加蒸馏水少许，重复蒸干 1～2 次；残渣中加入适量稀释用柠檬酸钠缓冲溶液（粗蛋白质含量为 10%～20% 的样品加 3mL，30%～50% 的加 5mL），充分溶解后离心，取上清液上机分析。

(六) 分析结果与计算

1. 总赖氨酸　试样中总赖氨酸含量的计算公式如下。

$$X = \frac{\rho_1}{m_1} \times 10^{-6} \times D$$

式中：X 为总赖氨酸含量（ng）；ρ_1 为上机液中赖氨酸质量浓度（ng/mL）；m_1 为样品的质量（mg）；D 为稀释倍数。

2. 非有效赖氨酸　试样中非有效赖氨酸含量（ng）的计算公式如下。

$$X_1 = \frac{\rho_2}{m_2} \times 10^{-6} \times D$$

式中：ρ_2 为上机液中氨基酸质量浓度（ng/mL）；m_2 为样品的质量（mg）；D 为稀释倍数。

3. 有效赖氨酸　试样中有效赖氨酸含量（X_2）按公式 $X_2 = X - X_1$ 计算。

注意事项：同一样品的两个平行测定值的相对偏差应不超过其平均值的 10%。与生物测定法相比，此法测定结果偏高，在分析评价实验结果时需加以注意。

◆ **附 6-6　鸡饲料中氨基酸消化率的测定**

(一) 概述

Sibbald 在 1976 年提出快速测定鸡饲料真代谢能(TME)的方法。Likuski 和 Farrell(1978)

应用 TME 方法测定了玉米、豆饼的氨基酸消化率。Sibbald（1979）考虑到饲料能量和蛋白质含量可能对内源氨基酸排出量有影响，选用葡萄糖和豆饼作为能量和氨基酸的来源的不同水平的日粮，将 TME 方法应用于测定饲料氨基酸真消化率的可行性研究中发现，能量对粪中氨基酸的排泄没有影响，随着日粮中氨基酸含量的增加，粪中氨基酸的排泄量呈直线增加，证实该方法适用于饲料氨基酸消化率的测定。Farrell（1978）建议，可训练鸡在 1h 之内采食 100g 饲料代替 sibbald 的 TME 方法中的强饲过程。Wallis（1984）比较了两种快速分析方法，结果证明 Farrell 方法的回肠末端氨基酸消化率与 Sibbald 方法的氨基酸真消化率之间无显著差异。Sibbald 的 TME 方法目前广泛用于鸡饲料的氨基酸消化率测定。

由于鸡盲肠是消化道微生物主要的活动场所，并且微生物对食糜氨基酸有明显的作用，Johns 和 Green 等应用 Sibbald 的 TME 方法证实去盲肠与未去盲肠鸡对肉骨粉、玉米、小麦、豆饼等饲料氨基酸的表观消化率和真消化率存在差异，但差异程度因饲料和氨基酸的种类而有所不同。因而，用切除盲肠的鸡测定氨基酸消化率，能更准确地反映鸡对饲料氨基酸的利用率。

（二）去盲肠手术

在手术前，将鸡饥饿 24h。拔掉腹部龙骨至泄殖腔 10cm×5cm 左右范围的毛，消毒，局部注射 2mL 的 0.5% 盐酸普鲁卡因浸润局部麻醉。在龙骨下端切开皮肤约 3cm，钝性分离皮下脂肪组织和腹肌，暴露出肌胃和十二指肠，在十二指肠下方用食指与中指将两条盲肠拉出腹腔。结扎肠系膜血管，分离肠系膜。盲肠的起始部位比后部分细，肌层较厚，可用左手固定，用零号线做一道荷包缝合，然后用肠钳夹缝合处，剪断盲肠，收紧荷包缝合线，形成盲端后送回腹腔。再用纱布清洗腹腔内血水及血凝块，按每千克体重 8 000 单位注入青霉素，依次缝合腹膜、腹肌，最后缝合皮肤，消毒后下手术台。手术后，需 6 周的恢复期。在恢复期末，给鸡在肛门处缝合一个 60mL 的塑料瓶，以便试验期内收集试验鸡排泄物。

（三）试验方法

试验将鸡分为有盲肠和无盲肠两组，分别进行 3 期测定，每次测定 3 个饲料样品，每个样品设 4 次重复。每两次测定之间间隔 1 周。另做一次空白试验，测定内源氨基酸的排泄量。试验前，鸡饥饿 24h，用强饲器给鸡强饲 30g 待测饲料。强饲完毕后收集试验鸡30h 的排泄物。

（四）样本处理及消化率计算

收集的排泄物在 75℃ 烘干，回潮 24h 后称量，再放入 75℃ 烘箱中烘干 2h，然后再回潮，称量，直至恒重，然后粉碎，放入样品瓶中于阴凉干燥处保存，供分析氨基酸。饲料样品要做干物质、粗蛋白质及氨基酸的成分分析，粪的样品做干物质和氨基酸的含量分析。氨基酸分析采用高效液相色谱法，蛋氨酸和胱氨酸先经过甲酸氧化处理后，再进行酸水解。

$$氨基酸表观消化率 = \frac{食入氨基酸 - 排泄物中氨泄物}{食入氨基酸} \times 100\%$$

$$氨基酸真消化率 = \frac{食入氨基酸 - （排泄物中氨泄物 - 内源氨基酸）}{食入氨基酸} \times 100\%$$

✍ 本章小结

　　本章介绍了氨基酸的常用分析方法，即柱前衍生物的高效液相色谱法、柱后衍生物的氨基酸自动分析仪器法以及单品氨基酸添加剂的化学分析法。同时，针对不同要求，对测定样品的水解方法进行了详细阐述。

✍ 思 考 题

　　1. 氨基酸分析方法有哪些？

　　2. 在氨基酸分析方法中，柱前衍生与柱后衍生方法的原理是什么？

　　3. 氨基酸分析的水解方法有哪些？

　　4. 利用氨基酸自动分析仪和高效液相色谱仪分析氨基酸的异同有哪些？

　　5. 含硫氨基酸样品的水解采用什么方法？为什么？

　　6. 在利用氨基酸自动分析仪分离洗脱氨基酸时，一般采用几种缓冲溶液？缓冲溶液与氨基酸的洗脱关系如何？

　　7. 在利用高效液相色谱法分析氨基酸时，是如何洗脱氨基酸的？

第七章　维生素的分析与测定

第一节　概　述

维生素是一类动物代谢所必需且需要量很少的低分子有机化合物。维生素不是构成动物体组织器官的结构成分，也不是体内供能的物质，其在动物体内主要是以辅酶和催化剂的形式参与体内代谢的多种化学反应，对于保证机体组织器官的细胞结构和功能正常，维持动物的健康和各种生产活动具有重要作用。维生素缺乏就会引起机体代谢紊乱，产生一系列缺乏症，影响动物健康和生产性能。特别是在现代化集约生产条件下，高效率生产的要求和动物应激的增加，对维生素的需求更加迫切，全价饲料中维生素的添加成为饲料生产的常规技术措施，饲料中维生素的含量成为影响饲料质量好坏的重要因素。

目前，已被确定的维生素主要有 14 种，按其溶解性分为脂溶性维生素和水溶性维生素两大类。脂溶性维生素包括维生素 A、维生素 D、维生素 E、维生素 K，水溶性维生素包括维生素 B_1、维生素 B_2、维生素 B_6、维生素 B_{12}、烟酸、泛酸、叶酸、维生素 C、生物素、胆碱。同一种维生素可能有多种不同的化学结构，它们在动物体内表现出不同的生物活性，如维生素 D_2 和维生素 D_3。有些作为饲料添加剂使用的维生素制剂，由于其主要维生素形式不稳定，常用其稳定的化合物形式，如维生素 A 的商品制剂就有维生素 A 乙酸酯和维生素 A 棕榈酸酯。

维生素在一般饲料样品中含量较低，且分布不均匀，故采样量较大。对于一些个体较大的样品，如红薯、萝卜、胡萝卜以及一些瓜类饲料，更应重视其采样方法。这些样品的向阳和背阴部位的维生素含量有较大差异，可将其纵向切成 8 等份，然后从各份中纵向切取 1 片混合，或从中心轴线成 45°横切面上切取 1 片混合，然后切碎缩分。对于叶片较大的牧草、野菜等，田间采样时也应注意其光照方向及叶丛明暗，使之有代表性。

多数维生素易在光照、受热、空气氧化或酶的作用下分解，在制样过程中应采取避光、冷冻、干燥、绝氧等措施，并应尽快完成测定。保存样品时，除应装入棕色瓶中密封、置于低温下外，有时还应充入惰性气体（如氮气等）或加入防腐剂。

由于维生素在饲料中的含量较低，干扰因素较多，对维生素的分析要求较高。目前测定维生素方法主要有物理化学法、微生物法和生物化学法。其中，以物理化学法应用最广，它包括分光光度法、荧光分析法、薄层层析法、电化学分析法、气相色谱法、液相色谱法。在 20 世纪 70 年代以前对维生素的测定常采用分光光度法和荧光分析法等，但存在着结果重复性差、准确性低、干扰大等缺点，之后逐渐发展起来的现代分析技术——高效液相色谱法（HPLC），由于测定的更加准确、快速、灵敏，而成为维生素测定的主要方法。本章主要以饲料添加剂和饲料（预混合饲料、浓缩饲料、配合饲料）两种样本类型为基础，介绍各种维生素含量的测定方法，为了规范方法，本章所介绍的分析测定方法主要以当前颁布的最新中华人民共和国国家饲料标准为基础。

第二节　维生素 A 的分析与测定

维生素 A 属于脂溶性维生素，包括所有具有视黄醇生物活性的化合物，常见的化合物形式式有维生素 A 醇、维生素 A 乙酸酯、维生素 A 棕榈酸酯、维生素 A 丙酸酯。维生素 A 采用统一的国际单位（IU）衡量其活性，1IU 维生素 A 等于 $0.3\mu g$ 维生素 A 醇（结晶视黄醇）、$0.344\mu g$ 维生素 A 乙酸酯、$0.55\mu g$ 维生素 A 棕榈酸酯、$0.358\mu g$ 维生素 A 丙酸酯。维生素 A 是动物生长、繁殖以及维持正常生理作用和健康的重要维生素之一。缺乏时会发生各种营养性疾病，如夜盲症、上皮及黏膜变性等。动物过量补充维生素 A 有时也会发生中毒。因此，检测维生素 A 的含量，确定其实际添加量尤为重要。维生素 A 的检测方法有紫外分光光度法、三氯化锑比色法、荧光分析法、高效液相色谱法等。高效液相色谱法操作方便，快速准确，灵敏度高，是一种常用的分析方法。

一、饲料添加剂维生素 A 乙酸酯含量的测定

1. 适用范围　本方法适用于以合成维生素 A 乙酸酯为原料，加入适量抗氧化剂，采用明胶为主要辅料制成的饲料添加剂维生素 A 乙酸酯含量的测定。

2. 原理　维生素 A 乙酸酯经皂化转化为游离的维生素 A，用有机溶剂提取后进行高效液相色谱分离，外标法测定维生素 A 含量。

3. 主要仪器设备

（1）超声波恒温水浴装置。

（2）高速离心机。

（3）高效液相色谱仪。

4. 主要试剂和溶液

（1）无水乙醇。

（2）全反式维生素 A 乙酸酯对照品。

（3）碱性蛋白酶：酶活力$>40\ 000U/g$。

（4）0.1%氨水溶液。

（5）乙腈：色谱纯。

（6）异丙醇：色谱纯。

（7）重蒸馏水：经处理、液相色谱专用。

5. 测定方法

（1）对照品溶液的制备：准确称取 85～90mg（精确至 0.000 1g）全反式维生素 A 乙酸酯对照品，置于 50mL 棕色容量瓶中，加入 30～40mL 无水乙醇，置于超声波水浴中处理 2min 使之完全溶解，用无水乙醇稀释到刻度，摇匀。精确吸取此溶液 10.00mL 于 100mL 棕色容量瓶中，用无水乙醇稀释至刻度，摇匀待测。

（2）试样溶液的制备：准确称取试样约 0.2g（精确至 0.000 1g），置于 200mL 棕色容量瓶中，加入 200mg 的碱性蛋白酶，0.1%氨水溶液 10mL；将容量瓶置于 45℃超声波水浴

中处理 10min，加入 100mL 无水乙醇后猛烈振摇，然后用无水乙醇稀释至刻度，摇匀。将混合液离心后，取上清液，经 0.2μm 微孔滤膜过滤后用于高效液相色谱的测定。

（3）测定：

①高效液相色谱仪条件：

色谱柱：不锈钢色谱柱，长 250mm，内径 4.6mm；ODS-2，5μm。

流动相：乙腈：异丙醇：蒸馏水＝1 500：250：250。

流速：1.0mL/min。

进样量：10μL。

检测波长：326nm。

②定量测定：准确量取对照品溶液与试样溶液各 10μL，依次注入液相色谱仪，记录色谱图，按外标法以峰面积值进行计算。

6. 结果计算

（1）对照品溶液浓度的计算公式：

$$C_{st} = \frac{m_{st} \times P_{st}}{500}$$

式中：C_{st} 为对照品溶液浓度（IU/mL）；m_{st} 为对照品质量（g）；P_{st} 为对照品含量（IU/g）；500 为对照品溶液稀释的体积（mL）。

（2）试样中维生素 A 含量的计算公式：

$$P = \frac{F_s \times C_{st} \times 200}{F_{st} \times m_s}$$

式中：P 为试样中维生素 A 含量（IU/g）；F_s 为试样溶液中维生素 A 峰面积值；C_{st} 为对照品溶液浓度（IU/mL）；F_{st} 为对照品溶液中维生素 A 峰面积值；m_s 为试样质量（g）；200 为试样溶液稀释的体积（mL）。

7. 注意事项

（1）在试样中可能会存在少量维生素 A 乙酸酯的顺式异构体，同样具有维生素 A 的效价，因此在计算时应将维生素 A 乙酸酯的顺-反异构体峰面积合并计算。

（2）对照品和试样的稀释液最后进样时的浓度应控制在仪器的线性范围内。

（3）试样在柱上的分离度必须大于1.5。

二、饲料添加剂维生素 A 棕榈酸酯含量的测定

1. 适用范围 本方法适用于以化学合成的维生素 A 棕榈酸酯为原料，以变性淀粉等为辅料，加入适量抗氧化剂生产的饲料添加剂维生素 A 棕榈酸酯含量的测定。

2. 原理 用菠萝蛋白酶酶解可能存在的明胶包被物，再用异丙醇提取维生素 A 棕榈酸酯，液相色谱法测定，外标法定量。

3. 主要仪器设备

（1）高效液相色谱仪：带紫外检测器或二极管阵列检测器。

（2）电热恒温干燥箱。

（3）超声波清洗仪。

（4）分析天平：感量为 0.1mg。

4. 主要试剂和溶液

(1) 菠萝蛋白酶：≥2 000GDU/g。

(2) 异丙醇：色谱纯。

(3) 甲醇：色谱纯。

(4) 维生素 A 醇对照品：含量≥3 150 000IU/g。

(5) 维生素 A 乙酸酯对照品：含量≥2 800 000IU/g。

(6) 维生素 A 棕榈酸酯对照品：含量≥1 700 000IU/g。

5. 测定方法

(1) 试样溶液的制备：称取试样适量（约相当于维生素 A 棕榈酸酯 50 000IU），精确至 0.1mg，置于 250mL 棕色容量瓶中，加入菠萝蛋白酶 20～30mg、蒸馏水 10mL，于 60～65℃水浴中超声 5min，流水冷却至室温，用异丙醇稀释至刻度，摇匀。

(2) 标准溶液的制备：称取维生素 A 棕榈酸酯对照品 0.05g（精确至 0.1mg），置于 50mL 棕色容量瓶中，加入异丙醇稀释至刻度，摇匀。

(3) 测定：

①高效液相色谱仪条件：

色谱柱：C_{18} 柱，柱长 150mm，内径 4.6mm，粒径 5μm，或性能相当者。

柱温：35℃。

流动相：甲醇。

流速：1.5mL/min。

进样量：20μL。

检测波长：326nm。

②定量测定：分别取标准溶液及试样溶液，经 0.45μm 滤膜过滤，进样分析，记录色谱图，按外标法以峰面积值计算。

6. 结果计算　试样中维生素 A 棕榈酸酯含量的计算公式如下。

$$X_1 = \frac{A_2 \times m_1 \times 250 \times C_1}{A_1 \times m_2 \times 500}$$

式中：X_1 为试样中维生素 A 棕榈酸酯含量（IU/g）；A_1 为标准溶液中维生素 A 棕榈酸酯的峰面积值；A_2 为试样溶液中维生素 A 棕榈酸酯的峰面积值；m_1 为维生素 A 棕榈酸酯对照品的质量（g）；m_2 为试样的质量（g）；250 为试样的稀释体积（mL）；500 为维生素 A 棕榈酸酯对照品的稀释体积（mL）；C_1 为维生素 A 棕榈酸酯对照品的含量（IU/g）。

注意事项：取两次平行测定结果的算术平均值为测定结果，结果保留至小数点后一位。两次平行测定结果的绝对差值应不大于这两个测定值的算术平均值的 4.0%。

三、饲料中维生素 A 含量的测定

1. 适用范围　本方法适用于配合饲料、浓缩饲料、复合预混合饲料和维生素预混合饲料中维生素 A 的测定，定量限为 1 000IU/kg。

2. 原理　碱溶液皂化试样后，用乙醚将维生素 A 提取出来，蒸除溶剂，残渣溶解于适当溶剂，注入高效液相色谱仪分离，在波长 326nm 条件下测定，外标法计算维生素 A

含量。

3. 主要仪器设备

（1）分析天平：感量 0.001g、0.000 1g 和 0.000 01g。

（2）圆底烧瓶：带回流冷凝器。

（3）恒温水浴装置或电热套。

（4）旋转蒸发仪。

（5）超纯水器。

（6）高效液相色谱仪：带紫外可调波长检测器或二极管阵列检测器。

4. 主要试剂和溶液

（1）无水乙醚（无过氧化物）：

①过氧化物的检查方法：用 5mL 乙醚加 1mL 100g/L 碘化钾溶液，振摇 1min。如有过氧化物则放出游离碘，水层呈黄色，若再加 5g/L 淀粉指示剂，水层呈蓝色。该乙醚需处理后使用。

②去除过氧化物的方法：乙醚用 50g/L 硫代硫酸钠溶液振摇，静置，分取乙醚层，再用蒸馏水振摇，洗涤两次，重蒸，弃去首尾 5% 部分，收集馏出的乙醚，再检查过氧化物，应符合规定。

（2）无水乙醇。

（3）正己烷：色谱纯。

（4）异丙醇：色谱纯。

（5）甲醇：色谱纯。

（6）2，6-二叔丁基对甲酚（BHT）。

（7）无水硫酸钠。

（8）氮气：纯度 99.9%。

（9）碘化钾溶液：100g/L。

（10）淀粉指示剂：5g/L，临用现配。

（11）硫代硫酸钠溶液：50g/L。

（12）氢氧化钾溶液：500g/L。

（13）L-抗坏血酸乙醇溶液：5g/L。取 0.5g L-抗坏血酸结晶纯品溶解于 4mL 温热的水中，用无水乙醇稀释至 100mL，临用前配制。

（14）酚酞指示剂：10g/L。

（15）维生素 A 乙酸酯标准品：维生素 A 乙酸酯含量≥99.0%。

（16）维生素 A 标准贮备溶液：称取维生素 A 乙酸酯标准品 34.4mg（精确至 0.000 01g）于皂化瓶中，按分析步骤皂化和提取，将乙醚提取液全部浓缩蒸发至干，用正己烷溶解残渣，置入 100mL 棕色容量瓶中稀释至刻度，混匀，4℃保存。该贮备溶液质量浓度为 344g/mL（1 000IU/mL），临用前用紫外分光光度计标定其准确浓度。

（17）维生素 A 标准工作溶液：准确吸取 1.00mL 维生素 A 标准贮备溶液，用正己烷稀释 100 倍；若用反相色谱仪测定，将 1.00mL 维生素 A 标准贮备溶液置入 100mL 棕色容量瓶中，用氮气吹干，用甲醇稀释至刻度，混匀，配制后的工作溶液质量浓度为 3.44g/mL（10IU/mL）。

5. 测定方法

（1）试样溶液的制备：

①皂化：称取试样，配合饲料或浓缩饲料 10g，精确至 0.001g；维生素预混合饲料或复合预混合饲料 1～5g，精确至 0.000 1g。将试样置于 250mL 圆底烧瓶中，加 50mL 5g/L L-抗坏血酸乙醇溶液，使试样完全分散、浸湿，加 10mL 500g/L 氢氧化钾溶液，混匀。置于沸水浴上回流 30min，不时振荡防止试样黏附在瓶壁上，皂化结束，分别用 5mL 无水乙醇、5mL 蒸馏水自冷凝管顶端冲洗其内部，取出烧瓶冷却至约 40℃。

②提取：定量转移全部皂化液于盛有 100mL 无水乙醚的 500mL 分液漏斗中，用 30～50mL 蒸馏水分 2～3 次冲洗圆底烧瓶并入分液漏斗，加盖、放气，随后混合，激烈振荡 2min，静置、分层。转移水相于第二个分液漏斗中，分次用 100mL、60mL 无水乙醚重复提取两次，弃去水相，合并三次乙醚相。用蒸馏水（每次 100mL）洗涤乙醚提取液至中性，初次水洗时轻轻旋摇，防止乳化。乙醚提取液通过无水硫酸钠脱水，转移到 250mL 棕色容量瓶中，加 100mg 2,6-二叔丁基对甲酚使之溶解，用乙醚定容至刻度（V_1）。以上操作均在避光通风柜内进行。

③浓缩：从乙醚提取液（V_1）中分取一定体积（V_2）（依据样品标示量，称样量和提取液量确定分取量），置于旋转蒸发仪烧瓶中，在水浴温度约 50℃、部分真空条件下蒸发至干或用氮气吹干，残渣用正己烷溶解（反相色谱仪测定时用甲醇溶解），并稀释至约 10mL（V_3），使其维生素 A 最后浓度为 5～10IU/mL，离心或通过 0.45μm 滤膜过滤，用于高效液相色谱仪分析。以上操作均在避光通风柜内进行。

（2）测定：

①高效液相色谱条件：

a. 正相色谱：

色谱柱：长 12.5cm，内径 4mm；硅胶 Si60，粒度 5μm。

流动相：正己烷：异丙醇＝98：2。

流速：1mL/min。

温度：室温。

进样体积：20μL。

检测波长：326nm。

b. 反相色谱：

色谱柱：长 12.5cm，内径 4.6mm；C_{18} 型柱，粒度 5μm。

流动相：甲醇：超纯水＝95：5。

流速：1.0mL/min。

温度：室温。

进样体积：20μL。

检测波长：326nm。

②定量测定：按高效液相色谱仪说明书调整仪器操作参数，向色谱柱注入相应的维生素 A 标准工作溶液和试样溶液，得到色谱峰面积的响应值，用外标法定量测定。

6. 结果计算　　试样中维生素 A 含量的计算公式如下。

$$X_1 = \frac{P_1 \times V_1 \times V_3 \times \rho_1}{P_2 \times m_1 \times V_2 \times f_1} \times 1\,000$$

式中：X_1 为试样中维生素 A 的含量（IU/kg）；P_1 为试样溶液的峰面积值；V_1 为提取液的总体积（mL）；V_3 为试样溶液的最终体积（mL）；ρ_1 为维生素 A 标准工作溶液的质量浓度（μg/mL）；P_2 为维生素 A 标准工作溶液的峰面积值；m_1 为试样的质量（g）；V_2 为从提取液（V_1）中分取的溶液体积（mL）；f_1 为转换系数，1IU 维生素 A 相当于 0.344μg 维生素 A 乙酸酯，或 0.300μg 视黄醇活性。

注意事项：平行测定结果用算术平均值表示，保留三位有效数字。同一分析者对同一试样同时两次平行测定所得结果的相对偏差见表 7-1。

表 7-1　相对偏差

维生素 A 含量（mg/kg）	相对偏差（%）
$1.00 \times 10^3 \sim 1.00 \times 10^4$	± 20
$1.00 \times 10^4 \sim 1.00 \times 10^5$	± 15
$1.00 \times 10^5 \sim 1.00 \times 10^6$	± 10
$> 1.00 \times 10^6$	± 5

第三节　维生素 D 的分析与测定

维生素 D 又名钙化醇或抗佝偻病维生素，主要有维生素 D_2 和维生素 D_3 两种活性形式。植物性食品、酵母等含有麦角固醇，经紫外线照射后转化为维生素 D_2。动物皮肤中含有 7-脱氢胆固醇，经紫外线照射后可转化为维生素 D_3。维生素 D 的活性成分以维生素 D_3 为标准。维生素 D 的基本功能是促进肠道中钙、磷的吸收，提高血液钙、磷的水平，促进骨骼的钙化。缺乏维生素 D 时，幼龄动物产生佝偻病，成年动物体内矿物质代谢失调，骨骼中钙、磷含量降低，产生软骨和骨质疏松病。过量摄入维生素 D，对动物机体亦有害。维生素 D_3 的测定方法有三氯化锑比色法、紫外分光光度法、高效液相色谱法、薄层层析法、荧光分析法等，由于维生素 D 不稳定，测定方法复杂，变异大，受影响因素多等特点，目前测定方法主要采用高效液相色谱法。

一、饲料添加剂维生素 D_3 含量的测定

1. 适用范围　本方法适用于以饲料添加剂维生素 D_3 油为原料，配以一定量的抗氧化剂，采用明胶、淀粉等辅料制成的普通型饲料添加剂维生素 D_3（微粒）和采用麦芽糊精、乳化剂等辅料制成的水分散型饲料添加剂维生素 D_3（微粒）含量的测定。其中第一法适用于普通型和水分散型饲料添加剂维生素 D_3（微粒）的检测，第二法适用于普通型饲料添加剂维生素 D_3（微粒）的检测。

2. 原理　试样中维生素 D_3 经碱皂化回流（第一法）或超声波提取（第二法），正己烷萃取后，注入色谱柱，用流动相洗脱分离，在波长 254nm 处测定，外标法计算维生素 D_3 含量。

3. 主要仪器设备

（1）分析天平：感量 0.1mg 和 0.01mg。

（2）恒温水浴装置。

（3）超声波清洗仪。

（4）紫外灯。

（5）高效液相色谱仪：带紫外检测器或二极管阵列检测器。

4. 主要试剂和溶液

（1）正己烷。

（2）正己烷：色谱纯。

（3）正戊醇：色谱纯。

（4）无水乙醇。

（5）95％乙醇。

（6）无水硫酸钠。

（7）2，6-二叔丁基对甲酚（BHT）。

（8）维生素 D_3 标准品：含量≥99.0％（1IU＝0.025μg）。

（9）氢氧化钾溶液：500g/L。注意：氢氧化钾溶液是强腐蚀液，操作者需戴防护眼镜、手套，以防灼伤。本液应临用新配。

（10）氢氧化钠溶液：c（NaOH）＝1mol/L。注意：氢氧化钠溶液是强腐蚀液，操作者需戴防护眼镜、手套，以防灼伤。本液应临用新配。

（11）L-抗坏血酸钠溶液：称取 3.5g L-抗坏血酸，溶解于 20mL 1mol/L 的氢氧化钠溶液中。本液应临用新配。

（12）酚酞指示液：称取酚酞 1g，加 95％乙醇至 100mL。

（13）丙三醇淀粉润滑剂：称取丙三醇 22g，加入可溶性淀粉 9g，加热至 140℃保持 30min，并不断搅拌，放冷。

（14）氯化钠溶液：100g/L。

（15）盐酸溶液Ⅰ：1mol/L。

（16）盐酸溶液Ⅱ：0.01mol/L。吸取盐酸溶液Ⅰ 1mL 于 100mL 容量瓶中，用蒸馏水定容，摇匀。

5. 测定方法

（1）维生素 D_3 标准贮备溶液的制备：称取维生素 D_3 标准品 50mg（精确至 0.01mg）于 50mL 棕色容量瓶中，用正己烷溶解并定容，摇匀后置于冰箱中保存。

（2）维生素 D_3 标准溶液的制备：吸取维生素 D_3 标准贮备溶液 5.00mL 于 100mL（第一法）或 200mL（第二法）棕色容量瓶中，用正己烷定容并摇匀。该溶液含维生素 D_3 约为 50μg/mL（相当于 2 000IU/mL，第一法）或 25μg/mL（相当于 1 000IU/mL，第二法）。

（3）试样溶液的制备：

①第一法（皂化萃取法）：称取试样约 1g（精确至 0.1mg，相当于维生素 D_3 5.0×10^5IU）于皂化瓶中，加入无水乙醇 30mL、L-抗坏血酸钠溶液 5mL 和 500g/L 氢氧化钾溶液 5mL，置于 90℃水浴回流 30min。自冷凝管顶端加蒸馏水冲洗冷凝管内壁 2 次，每次用

水 5mL，取出皂化瓶用流水迅速冷却。将皂化液移至 500mL 分液漏斗（分液漏斗活塞涂以丙三醇淀粉润滑剂），皂化瓶先用蒸馏水洗 2 次，每次用 5mL，再用正己烷洗涤 2 次，每次用正己烷 10mL，洗涤液并入 500mL 分液漏斗中，加入正己烷 60mL 萃取，静置分层，水层转移至 250mL 分液漏斗中，再用正己烷分 2 次萃取，每次 50mL，弃去水层，收集萃取液于 500mL 分液漏斗中，正己烷层先用 100g/L 氯化钠溶液 80mL 洗一次，再用蒸馏水洗涤数次（每次用蒸馏水 50～80mL 洗涤，洗涤时应缓缓转动，避免乳化），直至水层遇酚酞指示剂不显红色为止，提取液用铺有脱脂棉与无水硫酸钠的漏斗过滤，滤液放入 250mL 棕色容量瓶中，漏斗用正己烷洗涤 3～5 次，洗液并入容量瓶中，再用正己烷稀释至刻度，摇匀即得试样溶液。

②第二法（超声提取法）：称取试样约 1g（精确至 0.1mg，相当于维生素 D_3 $5.0×10^5$ IU）于 250mL 棕色容量瓶中，加入盐酸溶液Ⅰ 10mL，50℃ 水浴超声提取 5min，冷却。加无水乙醇至容量瓶的 80% 左右，常温超声 5min，冷却，用无水乙醇定容。

在 250mL 分液漏斗中加入盐酸溶液Ⅱ 17mL 和正己烷 30mL，并加入上述样品溶液 25.00mL，振摇 5min。弃去水层，把正己烷层倾入 50mL 棕色容量瓶，并用少量正己烷对分液漏斗润洗 2 次后并入容量瓶中，再用正己烷定容，摇匀即得试样溶液。

（4）测定：

①高效液相色谱条件：

色谱柱：柱长 250mm，内径 4.6mm；硅胶 Si60，粒度 5μm，或性能相当者。

流动相：正己烷：正戊醇＝99.6：0.4。

流速：2.0mL/min。

检测波长：254nm。

进样量：20μL。

②系统适用性测定：准确移取维生素 D_3 标准贮备溶液 5mL，置于具塞玻璃容器中，通氮后密塞，置于 90℃ 水浴中加热 1h，取出迅速冷却，加正己烷 5mL，摇匀，置于 1cm 具塞石英吸收池中，在 2 台功率为 8W、主波长分别为 254nm 和 365nm 的紫外灯下，将石英吸收池斜放成 45°，并距灯管 5～6cm，照射 5min，过 0.45μm 滤膜，然后将该溶液注入液相色谱仪。所得色谱图应含有预维生素 D_3、反式维生素 D_3、维生素 D_3 和速甾醇 $D_3$4 个主要谱峰，且相邻色谱峰的分离度均大于 1.0。预维生素 D_3 色谱峰、反式维生素 D_3 色谱峰和速甾醇 D_3 色谱峰与维生素 D_3 色谱峰的相对保留时间分别约为 0.5、0.6、1.1。

③预维生素 D_3 校正因子测定：移取维生素 D_3 标准贮备溶液 5.00mL 至 100mL（第二法为 200mL）棕色容量瓶中，加入 BHT 20mg，通氮排除空气后密塞，在 90℃ 水浴中加热 45min。取出，迅速冷却，用正己烷定容，摇匀，过 0.45μm 滤膜。该溶液按上述规定的色谱条件，至少做 5 个平行测定，得维生素 D_3 峰面积值 A^* 和预维生素 D_3 峰面积值 A_{pre}^*。同样取标准溶液分析，得维生素 D_3 峰面积值 A 和预维生素 D_3 峰面积值 A_{pre}。计算预维生素 D_3 校正因子。预维生素 D_3 校正因子的计算公式如下。

$$F=\frac{A-A^*}{A_{pre}^*-A_{pre}}$$

式中：F 为预维生素 D_3 校正因子；A 为标准溶液中维生素 D_3 的峰面积值；A^* 为标准溶液 90℃ 水浴回流后维生素 D_3 的峰面积值；A_{pre} 为标准溶液中预维生素 D_3 的峰面积值；

A_{pre}^* 为标准溶液 90℃水浴回流后预维生素 D_3 的峰面积值。

④试样测定：将维生素 D_3 标准溶液和试样溶液过 $0.45\mu m$ 滤膜，按上述规定的色谱条件进行试样分析，得到维生素 D_3 峰面积值和预维生素 D_3 峰面积值。

6. 结果计算 试样中维生素 D_3 含量的计算公式如下。

$$X = \frac{(F \times A_{s,\text{pre}} + A_s) \times C_r \times V}{(F \times A_{r,\text{pre}} + A_r) \times m \times 10\,000}$$

式中：X 为试样中维生素 D_3 的含量（$\times 10^4\,\text{IU/g}$）；F 为预维生素 D_3 校正因子；$A_{s,\text{pre}}$ 为试样溶液中预维生素 D_3 的峰面积值；A_s 为试样溶液中维生素 D_3 的峰面积值；A_r 为标准溶液中维生素 D_3 的峰面积值；V 为试样溶液的稀释总体积（mL）；$A_{r,\text{pre}}$ 为标准溶液中预维生素 D_3 的峰面积值；m 为称取试样的质量（g）；C_r 为标准溶液的上机浓度（IU/mL）。

注意事项：取两次测定结果的算术平均值为测定结果，计算结果表示至小数点后一位，两次平行测定的绝对误差应不大于其算术平均值的 10%。

二、饲料中维生素 D_3 含量的测定

1. 适用范围 本方法适用于配合饲料、浓缩饲料、复合预混合饲料和维生素预混合饲料中维生素 D_3 含量的测定。测量范围为样品中含维生素 D_3（胆钙化醇）的量在 $500\,\text{IU/kg}$ 以上。

2. 原理 用碱溶液皂化试样，乙醚提取维生素 D_3，蒸发乙醚，残渣溶解于甲醇并将部分溶液注入高效液相色谱反相净化柱，收集含维生素 D_3 淋洗液，蒸发至干，溶解于适当溶剂中，注入高效液相色谱分析柱，在 264nm 处测定，外标法计算维生素 D_3 含量。

3. 主要仪器设备

（1）分析天平：感量 0.001g、$0.000\,1\text{g}$ 和 $0.000\,01\text{g}$。

（2）圆底烧瓶：带回流冷凝器。

（3）恒温水浴装置或电热套。

（4）旋转蒸发仪。

（5）超纯水器。

（6）高效液相色谱仪：带紫外可调波长检测器（或二极管阵列检测器）。

4. 主要试剂和溶液

（1）无水乙醚：不含过氧化物。

①过氧化物检查的方法：用 5mL 乙醚加 1mL 100g/L 碘化钾溶液，振摇 1min。如有过氧化物则放出游离碘，水层呈黄色，若再加 5g/L 淀粉指示剂，水层呈蓝色。该乙醚需处理后使用。

②去除过氧化物的方法：乙醚用 50g/L 硫代硫酸钠溶液振摇，静置，分取乙醚层，再用蒸馏水振摇，洗涤两次，重蒸，弃去首尾 5% 部分，收集馏出的乙醚，再检查过氧化物，应符合规定。

（2）无水乙醇。

（3）正己烷：色谱纯。

（4）1，4-二氧六环。

（5）甲醇：优级纯。

（6）2，6-二叔丁基对甲酚（BHT）。

（7）无水硫酸钠。

（8）氮气：纯度 99.9%。

（9）碘化钾溶液：100g/L。

（10）淀粉指示剂：5g/L，临用现配。

（11）硫代硫酸钠溶液：50g/L。

（12）氢氧化钾溶液：500g/L。

（13）L-抗坏血酸乙醇溶液：5g/L。取 0.5g L-抗坏血酸结晶纯品溶解于 4mL 温热的水中，用无水乙醇稀释至 100mL，临用前配制。

（14）酚酞指示剂：10g/L 酚酞乙醇溶液。

（15）氯化钠溶液：100g/L。

（16）维生素 D_3 标准品：维生素 D_3 含量≥99.0%。

（17）维生素 D_3 标准贮备溶液：称取 50mg 维生素 D_3（胆钙化醇）标准品（精确至 0.000 01g）于 50mL 棕色容量瓶中，用正己烷溶解并稀释至刻度，4℃保存。该贮备溶液含维生素 D_3 1mg/mL。

（18）维生素 D_3 标准工作溶液：准确吸取维生素 D_3 标准贮备溶液，用正己烷按 1∶100 比例稀释，若用反相色谱测定，将 1.0mL 维生素 D_3 标准贮备溶液置于 10mL 棕色容量瓶中，用氮气吹干，用甲醇稀释至刻度，混匀，再按比例稀释。该标准工作溶液含维生素 D_3 10μg/mL。

5. 测定方法

（1）试样溶液的制备：

①皂化：称取试样，配合饲料 10～20g，浓缩饲料 10g，精确至 0.001g；维生素预混合饲料或复合预混合饲料 1～5g，精确至 0.000 1g。将试样置于 250mL 圆底烧瓶中，加 50～60mL 5g/L L-抗坏血酸乙醇溶液，使试样完全分散、浸湿，加 10mL 500g/L 氢氧化钾溶液，混匀。置于沸水浴上回流 30min，不时振荡防止试样黏附在瓶壁上，皂化结束，分别用 5mL 无水乙醇、5mL 蒸馏水自冷凝管顶部冲洗其内部，取出烧瓶冷却至约 40℃。

②提取：定量转移全部皂化液于盛有 100mL 无水乙醚的 500mL 分液漏斗中，用 30～50mL 蒸馏水分 2～3 次冲洗圆底烧瓶并入分液漏斗，加盖、放气，随后混合，激烈振荡 2min，静置分层。转移水相于第二个分液漏斗中，分次用 100mL、60mL 无水乙醚重复提取两次，弃去水相，合并三次乙醚相。用 100g/L 氯化钠溶液 100mL 洗涤一次，再用蒸馏水（每次 100mL）洗涤乙醚提取液至中性，初次水洗时轻轻旋摇，防止乳化。乙醚提取液通过无水硫酸钠脱水，转移到 250mL 棕色容量瓶中，加 100mg 2，6-二叔丁基对甲酚使之溶解，用乙醚定容至刻度（V_1）。以上操作均在避光通风柜内进行。

③浓缩：从乙醚提取液（V_1）中吸取一定体积（V_2）（依据样品标示量、称样量和提取液量确定吸取量），置于旋转蒸发仪烧瓶中，在水浴温度约 50℃ 的条件下蒸发至干，或用氮气吹干，残渣用正己烷溶解（需净化时用甲醇溶解），并稀释至约 10mL（V_3），使其获得的溶液中每毫升含维生素 D_3 2～10μg（80～400IU），离心或通过 0.45μm 滤膜过滤，收集清液移入 2mL 小试管中，用于高效液相色谱仪分析。以上操作均在避光通风柜内进行。

④高效液相色谱净化柱净化：用 5mL 甲醇溶解圆底烧瓶中的残渣，向高效液相色谱净

化柱中注射0.5mL甲醇溶液（按下面所述高效液相色谱净化条件，以维生素 D_3 标准甲醇溶液流出时间±0.5min），收集含维生素 D_3 的馏分于 50mL 小容量瓶中，蒸发至干（或用氮气吹干），溶解于正己烷中。

所测样品的维生素 D_3 标示量在超过 10 000IU/kg 范围时，可以不使用高效液相色谱净化柱，直接用分析柱分析。

（2）测定：

①高效液相色谱净化条件：

色谱柱：长 25cm，内径 10cm；Lichrosorb PR-8，粒度 $10\mu m$。

流动相：甲醇：超纯水＝90：10。

流速：2.0mL/min。

温度：室温。

检测波长：264nm。

②高效液相色谱分析条件：

a. 正相色谱：

色谱柱：长 25cm，内径 4mm；硅胶 Si60，粒度 $5\mu m$，或性能类似的分析柱。

流动相：正己烷：1，4-二氧六环＝93：7。

流速：1mL/min。

温度：室温。

进样量：$20\mu L$。

检测波长：264nm。

b. 反相色谱：

色谱柱：C_{18} 型柱，长 12.5cm，内径 4.6mm；粒度 $5\mu m$，或性能类似的分析柱。

流动相：甲醇：超纯水＝95：5。

流速：1.0mL/min。

温度：室温。

进样量：$20\mu L$。

检测波长：264nm。

③定量测定：按高效液相色谱仪说明书调整仪器操作参数，为准确测量需按要求对分析柱进行系统适应性试验，使维生素 D_3 与维生素 D_3 原或其他峰之间有较好的分离度，其 $R \geqslant 1.5$，向色谱柱注入相应的维生素 D_3 标准工作溶液和试验溶液，得到色谱峰面积响应值，用外标法定量测定。

6. 结果计算 试样中维生素 D_3 含量的计算公式如下。

$$X_1 = \frac{P_1 \times V_1 \times V_3 \times \rho_1 \times 1.25}{P_2 \times m_1 \times V_2 \times f_1} \times 1\,000$$

式中：X_1 为试样中维生素 D_3 的含量（IU/kg）；P_1 为试样溶液的峰面积值；V_1 为提取液的总体积（mL）；V_3 为试样溶液的最终体积（mL）；ρ_1 为维生素 D_3 标准工作溶液的质量浓度（$\mu g/mL$）；P_2 为维生素 D_3 标准工作溶液的峰面积值；m_1 为试样的质量（g）；V_2 为从提取液（V_1）中分取的溶液体积（mL）；f_1 为转换系数，1IU 维生素 D_3 相当于 $0.025\mu g$ 胆钙化醇；1.25 为回流皂化时生成维生素 D_3 原校正因子。

注意事项：维生素 D₃ 对照品与试样同样皂化处理后，所得标准溶液注入高效液相色谱分析柱以维生素 D₃ 峰面积值计算时可不乘 1.25。平行测定结果用算术平均值表示，保留三位有效数字。同一分析者对同一试样同时两次平行测定所得结果的相对偏差见表7-2。

表 7-2　相对偏差

维生素 D₃ 含量（IU/kg）	相对偏差（%）
$1.00 \times 10^3 \sim 1.00 \times 10^5$	±20
$1.00 \times 10^5 \sim 1.00 \times 10^6$	±15
$>1.00 \times 10^6$	±10

第四节　维生素 E 的分析与测定

维生素 E 属于酚类化合物，有四种主要形式，分别是 α-生育酚、β-生育酚、γ-生育酚、δ-生育酚，其中 α-生育酚活性最强。维生素 E 是体内有效抗氧化剂，在体内可以保护其他易被氧化的物质，还具有维持动物正常的生育能力，维持肌肉的正常发育和生理功能等作用。缺乏维生素 E 可引起动物的生育机能障碍，肌肉萎缩和营养不良等病变，对内分泌系统的发育产生不良影响，以及导致发生神经系统和血管系统的变性。维生素 E 的测定方法有比色法、薄层层析法、荧光测定法、气相色谱法、高效液相色谱法等。高效液相色谱法能很容易将 α-生育酚、γ-生育酚和 δ-生育酚分开。

一、饲料添加剂 DL-α-生育酚乙酸酯含量的测定

1. 适用范围　本方法适用于以饲料添加剂 DL-α-生育酚乙酸酯为原料，配以载体和辅料制成的饲料添加剂 DL-α-生育酚乙酸酯（粉）含量的测定。

2. 原理　试样经溶解提取后，用气相色谱仪或高效液相色谱仪进行测定。

3. 主要仪器设备

（1）分析天平：感量 0.1mg 和 0.01mg。

（2）超声波清洗仪。

（3）气相色谱仪：配置柱温箱和氢火焰离子化检测器（FID）。

（4）高效液相色谱仪：配置紫外检测器（UV）和柱温箱。

4. 主要试剂和溶液

（1）甲醇：色谱纯。

（2）十六酸十六酯：色谱纯。

（3）正己烷：色谱纯。

（4）盐酸溶液：量取 90mL 盐酸，加蒸馏水稀释至 1 000mL。

（5）DL-α-生育酚乙酸酯标准品：含量≥98%。

（6）内标溶液：称取十六酸十六酯适量，加正己烷溶解并稀释成 3.0mg/mL 的溶液，摇匀，作为内标溶液。

（7）标准溶液Ⅰ（气相法）：称取 DL-α-生育酚乙酸酯标准品约 0.1g（精确至 0.01mg），置于棕色具塞瓶中，精确加入内标溶液使溶解并稀释成含 DL-α-生育酚乙酸酯约 2mg/mL 的标准溶液。

（8）标准溶液Ⅱ（液相法）：称取 DL-α-生育酚乙酸酯标准品适量（精确至 0.1mg），置于 250mL 棕色容量瓶中，加乙醇适量溶解，并定容至刻度，摇匀。

第一法：气相色谱法

5. 测定方法

（1）试样溶液的制备：称取试样约 0.2g（精确至 0.1mg），置于具塞锥形瓶中，加入盐酸溶液 20mL，在 70℃的水浴超声提取 20min，加入无水乙醇 50mL 并精确加入内标溶液 50mL，密塞，振摇约 30min，静置分层，取上层清液待用。

（2）参考色谱条件与系统适用性：

①色谱条件：

色谱柱：用 100%二甲基聚硅氧烷为固定相的毛细管柱，30m（长度）×0.25mm（内径）×（0.25~0.35μm）（膜厚），或参数相当者。

柱箱温度：270~280℃。

进样口温度：290~300℃。

检测器温度：290~300℃。

载气：氮气，纯度≥99.999%。

流速：2mL/min。

分流比：20∶1。

进样量：1μL。

②系统适用性试验：取标准溶液Ⅰ，按色谱条件注入气相色谱仪，记录色谱图。理论塔板数按 DL-α-生育酚乙酸酯峰计算应不低于 5 000，DL-α-生育酚乙酸酯峰与内标峰的分离度应大于 2。

（3）测定：取标准溶液及试样溶液，分别连续注样 3~5 次，按峰面积计算校正因子，并用其平均值计算试样中 DL-α-生育酚乙酸酯的含量。

6. 结果计算 DL-α-生育酚乙酸酯含量的计算公式如下。

$$X_3 = f \times \frac{A_3 \times m_7}{A_4 \times m_8} \times 100\%$$

式中：X_3 为 DL-α-生育酚乙酸酯的含量；f 为 DL-α-生育酚乙酸酯的质量校正因子；A_3 为试样溶液中 DL-α-生育酚乙酸酯的峰面积值；A_4 为试样溶液中内标物的峰面积值；m_7 为试样溶液中内标物的质量（g）；m_8 为试样的质量（g）。

$$f = \frac{A_1 \times m_5 \times P_{st}}{A_2 \times m_6}$$

式中：A_1 为标准溶液中内标物的峰面积；A_2 为标准溶液中 DL-α-生育酚乙酸酯的峰面积值；m_5 为 DL-α-生育酚乙酸酯的质量（g）；m_6 为标准溶液中内标物的质量（g）；P_{st} 为 DL-α-生育酚乙酸酯标准品的纯度。

注意事项：以两次平行测定结果的算术平均值为测定结果，结果保留三位有效数字。两次平行测定结果的绝对差值应不大于其算术平均值的 3%。

第二法：高效液相色谱法

5. 测定方法

（1）试样溶液的制备：称取试样约 0.2g（精确至 0.1mg），置于 250mL 棕色容量瓶中，加甲醇 200mL，置于超声波清洗仪中超声提取 30min，冷却至室温，用甲醇定容至刻度，摇匀，过 0.45μm 滤膜，滤液作为试样溶液。

（2）参考色谱条件与系统适用性：

①色谱条件：

色谱柱：C_{18}柱，柱长 150mm，内径 4.6mm，粒径 4～5μm，或性能相当者。

流动相：甲醇∶超纯水＝98∶2。

流速：1.2mL/min。

柱温：（30±2）℃。

检测波长：285nm。

进样量：20μL。

②系统适用性试验：取标准溶液Ⅱ，按色谱条件分别连续注样 3～5 次。理论塔板数按 DL-α-生育酚乙酸酯峰计算应不低于 1 200，DL-α-生育酚乙酸酯峰与 DL-α-生育酚峰的分离度应大于 1.5。

（3）测定：取标准溶液及试样溶液，分别注入高效液相色谱仪，得到色谱峰面积（A_{st}，A_i），用外标法计算。

6. 结果计算　DL-α-生育酚乙酸酯含量的计算公式如下。

$$X_1 = \frac{m_{st} \times A_i \times P_{st}}{A_{st} \times m_i} \times 100\%$$

式中：X_1 为 DL-α-生育酚乙酸酯的含量；m_{st} 为 DL-α-生育酚乙酸酯标准品的质量（g）；m_i 为试样的质量（g）；P_{st} 为 DL-α-生育酚乙酸酯标准品的纯度；A_i 为试样溶液中 DL-α-生育酚乙酸酯的峰面积值；A_{st} 为标准溶液中 DL-α-生育酚乙酸酯的峰面积值。

注意事项：以两次平行测定结果的算术平均值为测定结果，结果保留三位有效数字。两次平行测定结果的绝对差值应不大于其算术平均值的 3%。

二、饲料中维生素 E 含量的测定

1. 适用范围　本方法适用于配合饲料、浓缩饲料、复合预混合饲料、维生素预混合饲料中维生素 E（DL-α-生育酚）的测定。定量限为 1mg/kg。

2. 原理　用碱溶液皂化试样，使试样中天然生育酚释放出来，添加的 DL-α-生育酚乙酸酯转化为游离的 DL-α-生育酚，乙醚提取，蒸发乙醚，用正己烷溶解残渣。试液注入高效液相色谱柱，用紫外检测器在 280nm 处测定，外标法计算维生素 E（DL-α-生育酚）的含量。

3. 主要仪器设备

（1）圆底烧瓶：带回流冷凝器。

（2）恒温水浴装置或电热套。

（3）旋转蒸发仪。

（4）超纯水器。

（5）高效液相色谱仪：带紫外可调波长检测器或二极管阵列检测器。

4. 主要试剂和溶液

（1）碘化钾溶液：100g/L。

（2）淀粉指示剂：5g/L。

（3）硫代硫酸钠溶液：50g/L。

（4）无水乙醚：无过氧化物：

①过氧化物检查的方法：用 5mL 乙醚加 100g/L 1mL 碘化钾溶液，振摇 1min。如有过氧化物则放出游离碘，水层呈黄色，若再加 5g/L 淀粉指示剂，水层呈蓝色。该乙醚需处理后使用。

②去除过氧化物的方法：乙醚用 50g/L 硫代硫酸钠溶液振摇，静置，分取乙醚层，再用蒸馏水振摇，洗涤两次，重蒸，弃去首尾 5％部分，收集馏出的乙醚，再检查过氧化物，应符合规定。

（5）无水乙醇。

（6）正己烷：色谱纯。

（7）1，4-二氧六环。

（8）甲醇：色谱纯。

（9）2，6-二叔丁基对甲酚（BHT）。

（10）无水硫酸钠。

（11）氢氧化钾溶液：500g/L。

（12）L-抗坏血酸乙醇溶液：5g/L。取 0.5g L-抗坏血酸结晶纯品溶解于 4mL 温热的水中，用无水乙醇稀释至 100mL，临用前配制。

（13）维生素 E（DL-α-生育酚）对照品：DL-α-生育酚含量≥99.0％。

（14）维生素 E（DL-α-生育酚）标准溶液：

①DL-α-生育酚标准贮备溶液：准确称取 DL-α-生育酚对照品 100.0mg（精确至 0.000 01g）于 100mL 棕色容量瓶中，用正己烷溶解并稀释至刻度，混匀，4℃保存。该贮备溶液质量浓度为 1.0mg/mL。

②DL-α-生育酚标准工作溶液：准确吸取 DL-α-生育酚标准贮备溶液，用正己烷按 1∶20 比例稀释。若用反相色谱仪测定，将 1.0mL DL-α-生育酚标准贮备溶液置于 10mL 棕色容量瓶中，用氮气吹干，用甲醇稀释至刻度，混匀，再按比例稀释，配制工作溶液质量浓度为 50μg/mL。

（15）氮气：纯度 99.9％。

（16）酚酞指示剂乙醇溶液：10g/L。

5. 分析测定

（1）试样的制备：选取有代表性的饲料样品至少 500g，用四分法缩减至 100g，磨碎，全部通过 0.28mm 孔筛，混匀，装入密闭容器中，避光低温保存备用。

警告——下列步骤在通风柜内操作！

（2）试样溶液的制备：

①皂化：称取试样，配合饲料或浓缩饲料 10g，精确至 0.001g；维生素预混合饲料或复合预混合饲料 1～5g，精确至 0.000 1g。将试样置于 250mL 圆底烧瓶中，加 50mL 5g/L L-

抗坏血酸乙醇溶液，使试样完全分散、浸湿，置于水浴上加热直到沸腾，用氮气吹洗稍冷却，加 10mL 500g/L 氢氧化钾溶液，混合均匀，在氮气流下沸腾皂化回流 30min，不时振荡防止试样黏附在瓶壁上，皂化结束，分别用 5mL 无水乙醇、5mL 蒸馏水自冷凝管顶部冲洗其内部，取出烧瓶冷却至约 40℃。

②提取：定量转移全部皂化液于盛有 100mL 无水乙醚的 500mL 分液漏斗中，用 30～50mL 蒸馏水分 2～3 次冲洗圆底烧瓶并入分液漏斗，加盖、放气，随后混合，激烈振荡 2min，静置，分层。转移水相于第二个分液漏斗中，分次用 100mL、60mL 无水乙醚重复提取两次，弃去水相，合并三次乙醚相。用蒸馏水（每次 100mL）洗涤乙醚提取液至中性，初次水洗时轻轻旋摇，防止乳化。乙醚提取液通过无水硫酸钠脱水，转移到 250mL 棕色容量瓶中，加 100mg 2，6-二叔丁基对甲酚使之溶解，用乙醚定容至刻度（V_1）。

③浓缩：从乙醚提取液（V_1）中分取一定体积（V_2）（依据样品标示量、称样量和提取液量确定分取量）置于旋转蒸发仪烧瓶中，在部分真空、水浴温度约 50℃ 的条件下蒸发至干或用氮气吹干，残渣用正己烷溶解（反相色谱仪测定时用甲醇溶解），并稀释至约 10mL（V_3），使获得的溶液中维生素 E（DL-α-生育酚）含量为 50～100μg/mL，离心或通过 0.45μm 滤膜过滤，用于高效液相色谱仪分析。

（3）测定：

①高效液相色谱条件：

a. 正相色谱：

色谱柱：硅胶 Si60，长 125mm，内径 4.6mm，粒度 5μm。

流动相：正己烷：1，4-二氧六环=97：3。

流速：1.0mL/min。

温度：室温。

进样量：20μL。

检测器：紫外可调波长检测器或二极管阵列检测器，检测波长 280nm。

b. 反相色谱：

色谱柱：C_{18}柱，长 125mm，内径 4.6mm，粒度 5μm。

流动相：甲醇：超纯水=95：5。

流速：1.0mL/min。

温度：室温。

进样量：20μL。

检测器：紫外可调波长检测器或二极管阵列检测器，检测波长 280nm。

②定量测定：按高效液相色谱仪说明书调整仪器操作参数，向色谱柱注入相应的维生素 E（DL-α-生育酚）标准工作溶液和试样溶液，得到色谱峰面积的响应值（P_2，P_1），用外标法定量测定。

6. 结果计算　试样中维生素 E 含量的计算公式如下。

$$X_1 = \frac{P_1 \times V_1 \times V_3 \times \rho_1}{P_2 \times m \times V_2 \times f_i}$$

式中：X_1 为试样中维生素 E 的含量（IU/kg）；P_1 为试样溶液的峰面积值；V_1 为提取液的总体积（mL）；V_3 为试样溶液的最终体积（mL）；ρ_1 为标准工作溶液的质量浓度

（μg/mL）；P_2 为标准工作溶液峰面积值；m 为样品质量（g）；V_2 为从提取液（V_1）中分取的溶液体积（mL）；f_1 为转换系数，1IU 维生素 E 相当于 0.909mg DL-α-生育酚。

第五节　维生素 K₃ 的分析与测定

维生素 K 为有多种活性形式的萘醌化合物，天然存在的维生素 K 活性物质有叶绿醌（维生素 K₁）和甲萘醌（维生素 K₂），人工合成的 2-甲萘醌为维生素 K₃。维生素 K₃ 的生物活性最高。维生素 K 可以促进肝合成凝血酶原，对血液凝固有重要作用。维生素 K 缺乏时血液凝固缓慢，出血不止，皮下和肌肉间发生出血现象。饲料中常添加维生素 K₃ 作为维生素 K 的来源。饲料中维生素 K₃ 的测定方法有比色法、紫外分光光度法、气相色谱法、高效液相色谱法等。

一、饲料添加剂维生素 K₃ 含量的测定

1. 适用范围　本方法适用于以化学合成法制得的含 1～3 个结晶水的饲料添加剂亚硫酸氢钠甲萘醌混合物（维生素 K₃）含量的测定。

2. 原理　试样在碱性溶液中析出甲萘醌沉淀，经三氯甲烷萃取沉淀后用高效液相色谱仪进行检测。

3. 主要仪器设备

（1）分析天平：感量 0.1mg 和 0.01mg。

（2）高效液相色谱仪：带紫外检测器或二极管阵列检测器。

4. 主要试剂和溶液

（1）三氯甲烷。

（2）甲醇：色谱纯。

（3）无水乙醇。

（4）甲萘醌对照品：纯度≥99%。

（5）碳酸钠溶液：106g/L。

5. 测定方法

（1）标准溶液的制备：称取甲萘醌标准品约 0.02g（精确至 0.01mg），置于 100mL 容量瓶中，用三氯甲烷溶解并稀释至刻度，摇匀，此为标准贮备溶液（−20℃贮存，有效期 3 个月）。吸取标准贮备溶液 2.00mL，置于 100mL 容量瓶中，用甲醇稀释至刻度，摇匀，此为标准工作溶液。

（2）试样溶液的制备：称取试样适量（相当于甲萘醌 0.2g，精确至 0.1mg），置于 100mL 容量瓶中，用蒸馏水溶解并稀释至刻度，摇匀。吸取 10.00mL，置于分液漏斗中，加三氯甲烷 40mL 和 106g/L 碳酸钠溶液 5mL，剧烈振摇 30s，静置，取三氯甲烷层于 100mL 容量瓶中，水层再用三氯甲烷萃取两次，每次 20mL，萃取液并入容量瓶中，用三氯甲烷稀释到刻度，摇匀。吸取 2.00mL 置于 100mL 容量瓶中，用甲醇稀释至刻度，摇匀。

（3）测定：

①高效液相色谱条件：

色谱柱：C₁₈柱，柱长 250mm，内径 4.6mm，粒径 5μm，或性能相当者。

流动相：甲醇：超纯水＝65：35。

流速：1.0mL/min。

检测波长：250nm。

进样量：20μL。

②定量测定：取标准工作溶液和试样溶液，注入高效液相色谱仪，记录色谱图。按外标法以峰面积值计算。

6. 结果计算　甲萘醌含量的计算公式如下。

$$X_1 = \frac{A_2 \times m_1 \times P \times 10}{A_1 \times m_2} \times 100\%$$

式中：X_1 为甲萘醌含量；A_2 为试样溶液中甲萘醌的峰面积值；m_1 为甲萘醌对照品的质量（g）；P 为甲萘醌对照品的纯度；10 为稀释倍数；A_1 为标准溶液中甲萘醌的峰面积值；m_2 为试样的质量（g）。

注意事项：以两次平行测定结果的算术平均值为测定结果，结果保留至小数点后一位。两次平行测定结果的绝对差值应不大于其算术平均值的 3%。

二、饲料中维生素 K₃ 含量的测定

1. 适用范围　本方法适用于配合饲料、浓缩饲料、添加剂预混合饲料和精料补充料中维生素 K₃ 的测定。定量限为 0.4mg/kg。

2. 原理　试样经三氯甲烷和碳酸钠溶液提取并转化成游离甲萘醌，经反相 C₁₈柱分离，紫外检测器检测，外标法计算。

3. 主要仪器设备

（1）天平：感量 0.001g、0.000 1g 和 0.000 01g。

（2）旋转振荡器：200r/min。

（3）离心机：不低于 5 000r/min（2 988g）。

（4）氮吹仪或旋转蒸发仪。

（5）高效液相色谱仪：带紫外可调波长检测器或二极管阵列检测器。

4. 主要试剂和溶液

（1）三氯甲烷。

（2）甲醇：色谱纯。

（3）无水碳酸钠。

（4）碳酸钠溶液：c（Na_2CO_3）＝1mol/L。称取无水碳酸钠 10.6g，加 100mL 蒸馏水溶解，摇匀。

（5）无水硫酸钠。

（6）硅藻土。

（7）硅藻土和无水硫酸钠混合物：称取 3g 硅藻土与 20g 无水硫酸钠混匀。

（8）甲萘醌标准品：含量≥96%。

（9）甲萘醌标准贮备溶液：称取甲萘醌标准品约 50mg（精确至 0.000 01g）于 100mL 棕色容量瓶中，稀释至刻度，混匀。该贮备溶液质量浓度约为 500μg/mL，－18℃保存，有效期 1 年。

（10）甲萘醌标准工作溶液：准确吸取 1.00mL 甲萘醌标准贮备溶液于 100mL 棕色容量瓶中，用甲醇溶解，稀释至刻度，混匀。该工作溶液质量浓度约为 5μg/mL，−18℃保存，有效期 3 个月。

5. 测定方法 因为维生素 K_3 对空气和紫外线具敏感性，而且所用提取剂三氯甲烷溶液有一定毒性，所以全部操作均应避光且在通风橱内进行。

（1）试样溶液的制备：

①称取试样，维生素预混合饲料 0.25～0.5g（精确至 0.000 1g）或复合预混合饲料 1g 或浓缩饲料 5g（精确至 0.00 1g）或配合饲料、精料补充料 5～10g（精确至 0.001g），置于 100mL 具塞锥形瓶中，准确加入 50mL 三氯甲烷放在旋转振荡器上旋转振荡 2min。加 5mL 1mol/L 碳酸钠溶液旋转振荡 3min。再加 10g 硅藻土和无水硫酸钠混合物，于旋转振荡器上振荡 30min，然后，用中速滤纸过滤（或移入离心管，5 000r/min 离心 10min）。

②依据样品预期量、称样量和提取液量确定分取量（表 7-3），准确吸取适量三氯甲烷提取液（V_2），用氮气吹干（或 40℃旋转减压蒸干）。用甲醇溶解，定容（V_1），使试样溶液的质量浓度为含甲萘醌 0.1～5μg/mL，通过 0.45μm 有机滤膜过滤，用于高效液相色谱仪分析。

表 7-3　饲料样品标示量、称样量及甲萘醌提取液稀释度示例

饲料类别	维生素 K_3 标示量 (mg/kg)	称样量 (g)	三氯甲烷体积 (mL)	提取液中甲萘醌质量浓度 (μg/mL)	提取液稀释倍数 (n)	注入 HPLC 预计质量浓度 (μg/mL)
维生素预混合饲料	20 000	0.25	50.0	100.0	20	5.0
	2 000	0.5	50.0	20.0	4	5.0
复合预混合饲料	1 000	1.0	50.0	20.0	4	5.0
	100	1.0	50.0	2.0	1	2.0
浓缩饲料	20	5.0	50.0	2.0	1	2.0
配合饲料、精料补充料	10	5.0	50.0	1.0	0.5	2.0
	0.5	5.0	50.0	0.05	0.05	1.0

（2）测定：

①高效液相色谱条件：

色谱柱：C_{18} 柱，长 150mm，内径 4.6mm，粒度 5μm，或性能类似的分析柱。

流动相：甲醇∶超纯水＝75∶25。

流速：1.0mL/min。

柱温：室温。

进样量：5～20μL。

检测波长：251nm。

②定量测定：依次注入相应的甲萘醌标准工作溶液和试样溶液，得到色谱峰面积响应值，用外标法定量测定。

6. 结果计算 试样中甲萘醌含量的计算公式如下。

$$X = \frac{P_1 \times V_1 \times V_3 \times \rho}{P_2 \times m \times V_2}$$

式中：X 为试样中甲萘醌的含量（mg/kg）；P_1 为试样溶液的峰面积值；V_1 为提取液

的总体积（mL）；V_3 为试样溶液的定容体积（mL）；ρ 为甲萘醌标准工作溶液的质量浓度（$\mu g/mL$）；P_2 为甲萘醌标准工作溶液的峰面积值；m 为试样的质量（g）；V_2 为从提取液（V_1）中分离的溶液体积（mL）。

注意事项：测定结果用平行测定的算术平均值表示，计算结果保留三位有效数字。

第六节　维生素 B_1 的分析与测定

维生素 B_1 又名硫胺素，酵母、豆饼、麦类、麦麸及动物性饲料中含量较多。维生素 B_1 是羧辅酶的组成部分，参与碳水化合物的代谢。缺乏时，丙酮酸在体内聚集，呈现酸中毒现象，影响神经系统而发生多发性神经炎。除猪外，各种动物体内都不能大量贮存维生素 B_1，摄入过多时自肾排出。维生素 B_1 的测定方法有微生物法、荧光分光光度法、荧光目测法、高效液相色谱法等。微生物法的缺点是往往有些不是硫胺素的物质（特别是硫胺素本身分解的产物）在试验中与硫胺素有相同的反应，尽管可以用很合适的空白试验加以弥补，却给试验带来了很大的繁琐，同时也增加了系统误差。荧光目测法操作比较简便，一般实验室条件即可，但只做限量测定。荧光分光光度法精确度较高，适用于饲料原料、配合饲料、浓缩饲料、复合预混合饲料和维生素预混合饲料中维生素 B_1 的测定，萃取液的质量浓度为 $0.02\sim0.2\mu g/mL$。高效液相色谱法适用于维生素 B_1 含量大于 20mg/kg 的复合预混合饲料和维生素预混合饲料的测定。

一、饲料添加剂维生素 B_1 含量的测定

1. 适用范围　本方法适用于化学合成法制得的饲料添加剂维生素 B_1（盐酸硫胺或硝酸硫胺）含量的测定。

2. 原理　盐酸硫胺（硝酸硫胺）在酸性条件下与硅钨酸形成盐酸硫胺硅钨酸盐（硝酸硫胺硅钨酸盐）沉淀，由生成的沉淀量计算维生素 B_1 的含量。

3. 主要仪器设备　分析天平：感量为 0.1mg。

4. 主要试剂和溶液

（1）盐酸。

（2）硅钨酸溶液：100g/mL。

（3）盐酸溶液：取 5mL 盐酸加水稀释至 100mL。

（4）丙酮。

5. 测定方法

（1）盐酸硫胺含量的测定：称取在 105℃ 干燥至恒重的试样 0.1g（精确至 0.000 2g），加蒸馏水 50mL 溶解后，加盐酸 2mL 煮沸，立即滴加 100g/mL 硅钨酸溶液 4mL，继续煮沸 2min，用 80℃ 干燥至恒重的 4# 垂熔坩埚过滤，沉淀先用煮沸的盐酸溶液 20mL 分次洗涤，再用水 10mL 洗涤 1 次，最后用丙酮洗涤 2 次，每次 5mL，沉淀物在 80℃ 干燥至恒重。

（2）硝酸硫胺含量的测定：称取在 105℃ 干燥至恒重的试样 0.1g（精确至 0.000 2g），加蒸馏水 50mL 溶解后，加盐酸 2mL 煮沸，立即滴加 100g/mL 硅钨酸溶液 10mL，继续煮沸 2min，用 80℃ 干燥至恒重的 4# 垂熔坩埚过滤，沉淀先用煮沸的盐酸溶液 20mL 分次洗涤，再用蒸馏水 10mL 洗涤 1 次，最后用丙酮洗涤 2 次，每次 5mL，沉淀物在 80℃ 干燥至恒重。

6. 结果计算

（1）盐酸硫胺含量（ω_1）的计算公式：

$$\omega_1 = \frac{m_1 \times 0.193\ 9}{m_2} \times 100\%$$

式中：ω_1 为试样中盐酸硫胺的含量；m_1 为干燥恒重后沉淀的质量；m_2 为试样的质量（g）；0.193 9 为盐酸硅钨酸盐换算成盐酸硫胺的系数。

（2）硝酸硫胺含量（ω_2）的计算公式：

$$\omega_2 = \frac{m_1 \times 0.188\ 2}{m_2} \times 100\%$$

式中：ω_2 为试样中硝酸硫胺的含量（%）；m_1 为干燥恒重后沉淀的质量（g）；m_2 为试样的质量（g）；0.188 2 为硝酸硫胺硅钨酸盐换算成硝酸硫胺的系数。

注意事项：试验结果以平行测定结果的算术平均值表示，保留三位有效数字。

二、饲料中维生素 B_1 含量的测定

（一）荧光分光光度法

1. 适用范围　本方法适用于饲料原料、配合饲料、浓缩饲料中维生素 B_1 的测定。定量限为 1mg/kg。在有吸附硫胺素或影响硫色素荧光干扰物质存在的情况，本方法不适用。

2. 原理　试样中的维生素 B_1 经稀酸消化、酶分解、吸附剂吸附分离提纯后，在碱性条件下被铁氰化钾氧化生成荧光色素——硫色素，用正丁醇萃取。硫色素在正丁醇中的荧光强度与试样中维生素 B_1 的含量成正比，依此进行定量测定。

3. 主要仪器设备

（1）分析天平：感量 0.000 1g、0.001g。

（2）高压釜：使用温度为 121～123℃ 或压力达到 15kg/cm²。

（3）电热恒温箱，45～50℃。

（4）吸附分离柱：全长 235mm，外径×长度如下：上段贮液槽尺寸为 35mm×70mm，容量为 50mL，中部吸附管 8mm×130mm，下端 35mm 拉成毛细管。

（5）具塞离心管 25mL。

（6）荧光分光光度计：备 1cm 石英比色杯。

（7）注射器：10mL。

4. 主要试剂和溶液

（1）盐酸溶液：$c(HCl) = 0.1mol/L$。

（2）硫酸溶液：$c(1/2H_2SO_4) = 0.05mol/L$。

（3）乙酸钠溶液：$c(CH_3COONa) = 2.0mol/L$。

（4）100g/L 淀粉酶悬浮液：用乙酸钠溶液悬浮 10g 淀粉酶制剂，稀释至 100mL，使用当日制备。

（5）氯化钾溶液：250g/L。

（6）酸性氯化钾溶液：将 8.5mL 浓盐酸加入 250g/L 氯化钾溶液中，并稀释至 1 000mL。

（7）氢氧化钠溶液：150g/L。

（8）铁氰化钾溶液：10g/L。

（9）碱性铁氰化钾溶液：4.00mL 10g/L 铁氰化钾溶液与 150g/L 氢氧化钠溶液混合至 100mL，此液 4h 内使用。

（10）3％冰乙酸溶液：30mL/L。

（11）酸性 20％乙醇溶液：取 80mL 蒸馏水，用盐酸溶液调节 pH 至 3.5～4.3，与 20mL 无水乙醇混合。

（12）人造沸石［0.25～0.18mm（60～80 目）］，使用前应活化，方法如下：将适量人造沸石置于大烧杯中，加入 10 倍容积加热到 60～70℃的冰乙酸溶液，用玻璃棒均匀搅拌 10min，使沸石在乙酸溶液中悬浮，待沸石沉降后，弃去上层冰乙酸溶液，重复上述操作 2 次。换用 5 倍容积加热到 60～70℃的氯化钾溶液搅动清洗 2 次，每次 15min。再用热冰乙酸溶液洗 10min。最后用热蒸馏水清洗沸石至无氯离子（用 10g/L 硝酸银水溶液检验）。用布氏漏斗抽滤，105℃烘干，贮于磨口瓶备用（可使用 6 个月）。使用前，检查沸石对维生素 B_1 标准溶液的回收率，如达不到 92％，须重新活化沸石。

注：沸石对维生素 B_1 的回收率的检查：移取维生素 B_1 标准中间溶液 2mL，用酸性氯化钾溶液定容至 100mL。按氧化与萃取中①～③步骤进行氧化，作为外标。另一份移取维生素 B_1 标准工作溶液 25mL。重复试样溶液的纯化中①～③步骤过柱操作，按照氧化与萃取中①～③步骤进行氧化。同时测定两份溶液荧光强度，依照 6. 结果计算，换算为百分数就是沸石对维生素 B_1 的回收率值。

（13）维生素 B_1 标准溶液：

①维生素 B_1 标准贮备溶液：取硝酸硫胺素标准品（纯度大于 99％），于五氧化二磷干燥器中干燥 24h。称取 0.01g（精确至 0.000 1g），溶解于酸性 20％乙醇溶液中并定容至 100mL，盛于棕色瓶中，2～8℃冰箱保存，可使用 3 个月。该溶液含维生素 B_1 0.1mg/mL。

②维生素 B_1 标准中间溶液：取维生素 B_1 标准贮备溶液 10mL，用酸性 20％乙醇溶液定容至 100mL，盛于棕色瓶中，2～8℃冰箱保存，可使用 48h。该溶液含维生素 B_1 10μg/mL。

③维生素 B_1 标准工作溶液：取维生素 B_1 标准中间溶液 2mL，与 65mL 0.1mol/L 盐酸溶液和 5mL 2mol/L 乙酸钠溶液混合，定容至 100mL，现用现配。该溶液含维生素 B_1 0.2μg/mL。

（14）硫酸奎宁溶液：

①硫酸奎宁贮备溶液：称取硫酸奎宁 0.1g（精确至 0.001g），用 0.05mol/L 硫酸溶液溶解并定容至 1 000mL，贮于棕色瓶中冷藏保存。若溶液混浊则需要重新配制。

②硫酸奎宁工作溶液：取贮备溶液 3mL，用 0.05mol/L 硫酸溶液定容至 1 000mL，贮于棕色瓶中冷藏。该溶液含硫酸奎宁 0.3μg/mL。

（15）正丁醇：荧光强度不超过硫酸奎宁工作溶液的 4％，否则需用全玻璃蒸馏器重新蒸馏，取 114～118℃时的馏分。

5. 测定方法

（1）称样：称取原料、配合饲料、浓缩饲料 1～2g（精确至 0.001g），置于 100mL 棕色锥形瓶中。

（2）试样溶液的制备：

①水解：将 65mL 0.1mol/L 的盐酸加入锥形瓶中，加塞后置于沸水浴加热 30min（或

于高压釜中加热 30min），开始加热 5～10min 内不时摇动锥形瓶，以防结块。

②酶解：将锥形瓶冷却至 50℃以下，加 5mL 100g/L 的淀粉酶悬浮液，摇匀，该溶液 pH 为 4.0～4.5。将锥形瓶于 45～50℃电热恒温箱中保温 3h，取出冷却，用 0.1mol/L 盐酸溶液调整 pH 至 3.5，转移至 100mL 棕色容量瓶中，用蒸馏水定容至 100mL，摇匀。

③过滤：将试液通过无灰滤纸过滤，弃去初滤液 5mL，收集滤液作为试样溶液。

（3）试样溶液的纯化：

①制备吸附柱：取 1.5g 活化人造沸石置于 50mL 小烧杯中，加入 3% 冰乙酸溶液浸泡，溶液面没过沸石即可。将脱脂棉置于吸附分离柱底部，用玻璃棒轻压。然后将乙酸浸泡的沸石全部洗入柱中（勿使吸附柱脱水），过柱流速控制在 1mL/min 为宜。再用 10mL 近沸的蒸馏水洗柱一次。

②吸取 25mL 试样溶液，慢慢加入制备好的吸附柱中，弃去滤液，用每份 5mL 近沸的蒸馏水洗柱 3 次，弃去洗液。同时做平行样。

③用 25mL 60～70℃酸性氯化钾溶液分 3 次连续加入吸附柱中，收集洗脱液于 25mL 的容量瓶中，冷却后用酸性氯化钾定容，混匀。

④同时用 25mL 维生素 B_1 标准工作溶液，重复上述①～③操作，作为外标。

（4）氧化与萃取（以下操作避光进行）：

①于两支具塞离心管中各吸入 5mL 洗脱液，分别标记为 A、B。

②向 B 管中加 3mL 150g/L 的氢氧化钠溶液，再向 A 管中加 3mL 碱性铁氰化钾溶液，轻轻旋摇。依次立即向 A 管中加入 15mL 正丁醇加塞，剧烈振摇 15s，再向 B 管加入 15mL 正丁醇加塞。共同振摇 90s，静置分层。

③用注射器吸去下层水相，向各反应管加入约 2g 无水硫酸钠，旋摇，待测。

④同时将 5mL 作为外标的洗脱液置于另 2 支具塞离心管中，分别标记为 C、D，按上述①～③操作。

（5）测定：

①用硫酸奎宁工作溶液调整荧光仪，使其稳定于一定数值，作为仪器工作的固定条件。

②于激发波长 365nm，发射波长 435nm 处测定 A 管、B 管、C 管、D 管中萃取液的荧光强度。

6. 结果计算　试样中维生素 B_1 含量的计算公式如下。

$$\omega_i = \frac{T_1 - T_2}{T_3 - T_4} \times \rho \times \frac{V_2}{V_1} \times \frac{V_0}{m}$$

式中：ω_i 为试样中维生素 B_1 的含量（mg/kg）；T_1 为 A 管试液的荧光强度；T_2 为 B 管试液空白的荧光强度；T_3 为 C 管标准溶液的荧光强度；T_4 为 D 管标准溶液空白的荧光强度；ρ 为维生素 B_1 标准工作溶液的质量浓度（μg/mL）；V_0 为提取液的总体积（mL）；V_1 为分取溶液过柱的体积（mL）；V_2 为酸性氯化钾洗脱液的体积（mL）；m 为试样的质量（g）。

注意事项：测定结果用平行测定结果的算术平均值表示，保留三位有效数字。

（二）高效液相色谱法

1. 适用范围　本方法适用于复合预混合饲料、维生素预混合饲料中维生素 B_1 含量的测定，检出限为 3mg/kg，定量限为 15mg/kg。

2. 原理　试样经酸性提取液超声提取后，将过滤离心后的试液注入高效液相色谱仪反相色谱系统中进行分离，用紫外检测器或二极管阵列检测器检测，用外标法计算维生素 B_1 的含量。

3. 主要仪器设备

（1）pH 计：带温控，精确至 0.01。

（2）超声波提取器。

（3）针头过滤器：备 $0.45\mu m$（或 $0.2\mu m$）滤膜。

（4）高效液相色谱仪：带紫外检测器或二极管阵列检测器。

4. 主要试剂和溶液

（1）氯化铵：优级纯。

（2）庚烷磺酸钠（$PICB_7$）：优级纯。

（3）冰乙酸：优级纯。

（4）三乙胺：色谱纯。

（5）甲醇：色谱纯。

（6）酸性 20% 乙醇溶液：制备同荧光分光光度法。

（7）二水合乙二胺四乙酸二钠（EDTA）：优级纯。

（8）维生素预混合饲料提取液：称取 50mg EDTA 于 1 000mL 容量瓶中，加入约 1 000mL 去离子水，同时加入 25mL 冰乙酸、约 10mL 三乙胺，超声使固体溶解，调节溶液 pH 至 3～4，过 $0.45\mu m$ 滤膜，取 800mL 该溶液与 200mL 甲醇混合即得。

（9）复合预混合饲料提取液：称取 107g 氯化铵溶解于 1 000mL 水中，用 2mol/L 盐酸调节溶液 pH 为 3～4，取 900mL 该溶液与 100mL 甲醇混合即得。

（10）流动相：称取 1.1g 庚烷磺酸钠、50mg EDTA 于 1 000mL 容量瓶中，加入约 1 000mL 超纯水，同时加入 25mL 冰乙酸、约 10mL 三乙胺，超声使固体溶解，调节溶液 pH 为 3.7，过 $0.45\mu m$ 滤膜，取 800mL 该溶液与 200mL 甲醇混合即得。

（11）维生素 B_1 标准溶液：

①维生素 B_1 标准贮备溶液：取硝酸硫胺素标准品（纯度大于 99%），于五氧化二磷干燥器中干燥 24h。称取 0.01g（精确至 0.000 1g），溶解于酸性 20% 乙醇溶液中并定容至 100mL，盛于棕色瓶中，2～8℃冰箱保存，可使用 3 个月。该溶液含维生素 $B_1$0.1mg/mL。

②维生素 B_1 标准工作溶液 A：准确吸取 10mL 维生素 B_1 标准贮备溶液于 50mL 棕色容量瓶中，用流动相定容至刻度。该标准工作溶液质量浓度为 $20\mu g/mL$。该溶液存于 2～8℃ 冰箱，可使用 48h。

③维生素 B_1 标准工作溶液 B：准确吸取 5mL 维生素 B_1 标准工作溶液 A 于 50mL 棕色容量瓶中，用流动相定容至刻度。该标准工作溶液质量浓度为 $2.0\mu g/mL$。该溶液使用前稀释制备。

5. 测定方法

（1）维生素预混合饲料的提取：称取试样 0.25～0.5g（精确至 0.000 1g），置于 100mL 棕色容量瓶中，加入提取液 70mL，边加边摇匀，置于超声水浴中超声提取 15min，期间摇动 2 次，冷却，用提取液定容至刻度，摇匀。取少量溶液于离心机上 8 000r/min 离心 5min，上清液过 $0.45\mu m$ 滤膜，注入 HPLC 测定。

（2）复合预混合饲料的提取：称取试样 3.0g（精确至 0.001g），置于 100mL 棕色容量瓶中，加入提取液 70mL，边加边摇匀，置于超声水浴中超声提取 30min，期间摇动 2 次，冷却，用提取液定容至刻度，摇匀。取少量溶液于离心机上 8 000r/min 离心 5min，上清液过 $0.45\mu m$ 滤膜，注入 HPLC 测定。

（3）测定：

①高效液相色谱条件：

色谱柱：C_{18}柱，长 250mm，内径 4.6mm，粒度 $4\mu m$，或相当参数的类似分析柱。

流速：1.0mL/min。

温度：25～28℃。

检测波长：242nm。

进样量：$20\mu L$。

②定量测定：平衡色谱柱后，依分析物浓度向色谱柱注入相应的维生素 B_1 标准工作溶液 A 或者维生素 B_1 标准工作溶液 B 和试样溶液，得到色谱峰面积的响应值，用外标法定量测定。

6. 结果计算　试样中维生素 B_1 含量的计算公式如下。

$$\omega = \frac{P_1 \times V \times \rho}{P_2 \times m}$$

式中：ω 为试样中维生素 B_1 的含量（mg/kg）；m 为试样的质量（g）；V 为稀释体积（mL）；ρ 为维生素 B_1 标准工作溶液的质量浓度（$\mu g/mL$）；P_1 为试样溶液峰面积值；P_2 为维生素 B_1 标准工作溶液峰面积值。

注意事项：测定结果用平行测定结果的算术平均值表示，保留三位有效数字。

第七节　维生素 B_2 的分析与测定

维生素 B_2 又名核黄素，为橙黄色结晶，有苦味，溶于水和乙醇，对热稳定，在中性和酸性溶液中，即使短期加压加热也不会被破坏，但是在碱性溶液中易被紫外线破坏；主要来源于青绿饲料、草粉、麸皮、豆粕以及动物性饲料等；是动物体内黄素酶的组成部分，与蛋白质、脂肪、碳水化合物的代谢都有密切关系；缺乏时，主要表现为食欲下降，生长停滞，神经麻痹，皮肤粗糙，家禽产蛋量下降，孵化率低，母猪易产死胎。饲料中维生素 B_2 的测定方法有分光光度法、荧光分光光度法、高效液相色谱法等。

一、饲料添加剂维生素 B_2 含量的测定

1. 适用范围　本方法适用于生物发酵法或化学合成法制得的饲料添加剂维生素 B_2 含量的测定。

2. 原理　试样中维生素 B_2 经碱溶解后，其在试液中的浓度与 444nm 波长下的紫外吸收值成正比，依此测定其含量。

3. 主要仪器设备

（1）分析天平：感量 0.1mg。

（2）紫外分光光度计：附 1cm 比色皿。

4. 主要试剂和溶液

（1）冰乙酸。

（2）氢氧化钠溶液：2mol/L。

（3）乙酸钠溶液：1.4%。

5. 测定方法 注意避光操作。称取试样约 0.065g（精确至 0.000 2g），置于 500mL 棕色容量瓶中，加 5mL 蒸馏水，使样品完全湿润，加 5mL 2mol/L 的氢氧化钠溶液使其完全溶解，立即加入 100mL 蒸馏水和 2.5mL 冰乙酸，加蒸馏水稀释至刻度，摇匀。准确吸取 10mL 试液置于 100mL 棕色容量瓶中，加 1.4%乙酸钠溶液 1.8mL，并用蒸馏水稀释至刻度，摇匀。另取 1.4%乙酸钠溶液 1.8mL 于 100mL 棕色容量瓶中，用蒸馏水稀释至刻度，作为空白。于 1cm 比色皿内，用紫外分光光度计在 444nm 处测定吸光度。

6. 结果计算 试样中维生素 B_2 含量的计算公式如下。

$$X_1 = \frac{5\,000 \times A}{328 \times m} \times 100\%$$

式中：X_1 为试样中维生素 B_2 的含量；A 为试液在 444nm 波长处测得的吸光度；5 000 为稀释倍数；328 为维生素 B_2 在 444nm 波长处的吸光系数；m 为试样的质量（g）。

注意事项：结果保留三位有效数字。

二、饲料中维生素 B_2 含量的测定

（一）荧光分光光度法

1. 适用范围 本方法适用于动物性和植物性饲料原料、配合饲料、浓缩饲料中维生素 B_2 含量的测定，定量限为 0.25mg/kg。

2. 原理 维生素 B_2（核黄素，$C_{17}H_{20}N_4O_6$）在 440nm 紫外线激发下产生绿色荧光，在一定浓度范围内其荧光强度与核黄素含量成正比。用连二亚硫酸钠还原核黄素成无荧光物质，由还原前后荧光强度之差与荧光强度的比值计算样品中维生素 B_2 的含量。

3. 主要仪器设备

（1）分析天平：感量 0.000 1g。

（2）恒温水浴装置。

（3）具塞玻璃刻度试管：15mL。

（4）荧光分光光度计。

4. 主要试剂和溶液

（1）氢氧化钠溶液：0.05mol/L。

（2）氢氧化钠溶液：1.0mol/L。

（3）盐酸溶液：0.1mol/L。

（4）盐酸溶液：1.0mol/L。

（5）连二亚硫酸钠（$Na_2S_2O_4$）。

（6）高锰酸钾溶液：40g/L。

（7）冰乙酸。

（8）冰乙酸溶液：0.02mol/L。将 1.8mL 冰乙酸用蒸馏水稀释至 1 000mL。

（9）过氧化氢溶液：100mL/L。分析当天制备。

（10）维生素 B_2 标准溶液：

①维生素 B_2 贮备溶液Ⅰ：称取在五氧化二磷干燥器中干燥 24h 后的维生素 B_2 标准品

（纯度大于 95％）25mg（精确至 0.000 1g）于 250mL 棕色锥形瓶中，加入约 200mL 0.02mol/L 冰乙酸溶液，在沸水浴中煮沸直至溶解，冷却后转移至 250mL 棕色容量瓶中，用冰乙酸稀释至刻度。滴加甲苯覆盖，2～8℃冰箱保存，保存期 6 个月，该溶液中含维生素 B_2 0.1mg/mL。

②维生素 B_2 贮备溶液Ⅱ：取维生素 B_2 贮备溶液Ⅰ10mL，用 0.02mol/L 冰乙酸溶液稀释至 100mL，置于棕色容量瓶中滴加甲苯覆盖，2～8℃冰箱保存，保存期 3 个月，该溶液中含维生素 B_2 10μg/mL。

③维生素 B_2 标准工作溶液：取维生素 B_2 贮备溶液Ⅱ10mL，用蒸馏水稀释至 100mL，分析前制备。该溶液中含维生素 B_2 1μg/mL。

（11）荧光素标准溶液：

①荧光素贮备溶液：称取荧光素 0.050g，用蒸馏水稀释至 1 000mL，置于棕色瓶中 2～8℃冰箱保存。该溶液中含荧光素 50μg/mL。

②荧光素标准工作溶液：取 1mL 荧光素贮备溶液，用蒸馏水定容至 1 000mL，盛入棕色瓶中，2～8℃冰箱保存。该溶液中含荧光素 0.05μg/mL。

（12）溴甲酚绿 pH 指示剂：取溴甲酚绿 0.1g，加 0.05mol/L 氢氧化钠溶液 2.8mL 溶解，再加蒸馏水稀释至 200mL。变色范围 pH 3.6～5.2。

5. 测定方法

（1）试样的制备：选取有代表性的饲料样品至少 500g，四分法缩减至 100g，磨碎，通过 0.425mm 孔筛，混匀，装入密闭容器中，避光低温保存备用。

注意：以下操作应避免强光照射！

（2）试样溶液的制备：称取饲料原料、配合饲料、浓缩饲料 1～2g（精确至 0.001g），置于棕色具塞锥形瓶中。加入 65mL 0.1mol/L 盐酸溶液，于沸水浴中煮沸 30min。在加热开始时，每隔 5～10min 摇动锥形瓶一次，以防试样结块。冷却至室温后，用 1.0mol/L 氢氧化钠溶液调节 pH 至 6.0～6.5，立即加 1.0mol/L 盐酸溶液使 pH 调至 4.5（溴甲酚绿指示剂变为草绿色）。转移至 100mL 棕色容量瓶，用蒸馏水稀释至刻度。通过中速无灰滤纸过滤，弃去最初 5～10mL 溶液，收集滤液于 100mL 棕色容量瓶中。取整份清液，滴加 0.1mol/L 盐酸检查蛋白质，如有沉淀生成，继续加氢氧化钠溶液，剧烈振摇使之沉淀完全。再次过滤作为待测试液。

（3）杂质氧化：于 A、B、C 三支 15mL 刻度试管中各吸入试样溶液 10mL，同时作平行，向试管 A 中加蒸馏水 1mL，向试管 B 中加维生素 B_2 标准工作溶液 1mL。然后各加冰乙酸 1mL，旋摇混匀后逐个加 40g/L 高锰酸钾溶液 0.5mL，旋摇混匀，静置 2min，再逐个加 100mL/L 过氧化氢溶液 0.5mL，旋摇，使高锰酸钾颜色在 10s 内消退。加盖摇动，使气泡逸出。

（4）测定：用荧光素标准工作溶液调整荧光仪，使其稳定于一定数值，作为仪器工作的固定条件。调整激发波长 440nm，发射波长 525nm，测定试管 A、B 的荧光强度，试样溶液在仪器中受激发照射不超过 10s。在试管 C 中加 20mg 连二亚硫酸钠，摇动溶解，并使试管中的气体逸出，迅速测定其荧光强度作为荧光空白。若溶液出现浑浊，不能读数。

6. 结果计算 试样中维生素 B_2 含量的计算公式如下。

$$\omega_i = \frac{T_1 - T_3}{T_2 - T_1} \times \frac{m_0}{m} \times \frac{V}{V_1} \times n$$

式中：ω_i 为试样中维生素 B_2 的含量（mg/kg）；T_1 为试管 A（试液加蒸馏水）的荧光强度；T_2 为试管 B（试液加维生素 B_2 标准工作溶液）的荧光强度；T_3 为试管 C（试液加连二亚硫酸钠）的荧光强度；m_0 为加入维生素 B_2 标准工作溶液的量（μg）；V 为试液的初始体积（mL）；V_1 为测定时分取试液的体积（mL）；m 为试样的质量（g）；n 为稀释倍数；$\frac{T_1 - T_3}{T_2 - T_1}$ 值应在 0.66～1.5，否则需调整样液的浓度，调整试样量或者稀释倍数。

精密度：对于维生素 B_2 含量低于 5mg/kg 的饲料，在重复性条件下，获得的两次独立测定结果与其算术平均值的差值不大于这两个测定值算术平均值的 15%；对于维生素 B_2 含量大于等于 5mg/kg 而小于 50mg/kg 的饲料，在重复性条件下，获得的两次独立测定结果与其算术平均值的差值不大于这两个测定值算术平均值的 10%；对于维生素 B_2 含量大于等于 50mg/kg 的饲料，在重复性条件下，获得的两次独立测定结果与其算术平均值的差值不大于这两个测定值算术平均值的 5%。

（二）高效液相色谱法

1. 适用范围　本方法适用于维生素预混合饲料、复合预混合饲料、浓缩饲料中维生素 B_2 含量的测定，以荧光检测器检测时，定量限为 5mg/kg；以紫外检测器检测时，定量限为 10mg/kg。

2. 原理　试样中的核黄素经酸性溶液提取后，经离心、过滤后的试样溶液注入高效液相色谱仪反相色谱系统中进行分离，用紫外检测器（或二极管阵列检测器）或荧光检测器检测，外标法计算维生素 B_2 的含量。

3. 主要仪器设备

（1）pH 计：带温控，精度 0.01。

（2）恒温水浴装置：0～100℃。

（3）针头过滤器：备 0.45μm 水系滤膜。

（4）高效液相色谱仪：带紫外检测器（或二极管阵列检测器）或荧光检测器。

4. 主要试剂和溶液

（1）二水合乙二胺四乙酸二钠（EDTA）：优级纯。

（2）庚烷磺酸钠（PICB$_7$）：优级纯。

（3）磷酸二氢钠：优级纯。

（4）冰乙酸：优级纯。

（5）三乙胺：色谱纯。

（6）甲醇：色谱纯。

（7）提取液：在 1 000mL 容量瓶中，称取 50mg（精确至 0.001g）EDTA，加入约 700mL 去离子水，超声使 EDTA 完全溶解。加入 25mL 冰乙酸、5mL 三乙胺，用去离子水定容至刻度摇匀。

（8）磷酸二氢钠溶液：称取 3.9g 磷酸二氢钠，溶于 1 000mL 去离子水，过膜备用。

（9）流动相：在已装入约 700mL 去离子水的 1 000mL 容量瓶中，加入 50mg（精确至 0.001g）EDTA、1.1g（精确至 0.001g）庚烷磺酸钠，待全部溶解后，加入 25mL 冰乙酸、

5mL 三乙胺，用去离子水定容至刻度摇匀。用冰乙酸、三乙胺调节 pH 至 3.40±0.02，过 0.45μm 滤膜。取该溶液 860mL 与 140mL 甲醇混合，超声脱气，待用。

（10）维生素 B_2 标准溶液：

①维生素 B_2 标准贮备溶液：称取在五氧化二磷干燥器里干燥 24h 后的维生素 B_2 标准品（纯度大于 95％）10mg（精确至 0.000 1g）于 200mL 锥形瓶中，加 1mL 冰乙酸，在沸水浴煮沸 30min，待固体颗粒完全溶解，取出冷却至室温后转移入 250mL 棕色容量瓶中，用去离子水定容至刻度。此溶液中维生素 B_2 质量浓度为 40g/mL，置于冰箱 2～8℃保存，可使用 6 个月。

②维生素 B_2 标准工作溶液：测定维生素预混合饲料样品，可直接使用维生素 B_2 标准贮备溶液作为上机标准溶液；测定复合预混合饲料、浓缩饲料样品，应准确吸取 5mL 维生素 B_2 标准贮备溶液于 50mL 棕色容量瓶中，用提取液定容至刻度。该标准工作溶液质量浓度为 4μg/mL，分析前稀释备用。

5. 测定方法

（1）试样的制备：选取有代表性的饲料样品至少 500g，四分法缩减至 100g，磨碎，全部通过 0.425mm 孔筛，混匀，装入密闭容器中，避光低温保存备用。

注意：以下操作应避免强光照射！

（2）试样溶液的制备：称取维生素预混合饲料试样 0.25～0.50g（精确至 0.000 1g）或复合预混合饲料、浓缩饲料 2～3g（精确至 0.001g），置于 100mL 棕色锥形瓶中，加入约 70mL 的提取液于 100℃水浴中煮沸 30～40min，最初的几分钟里，摇动锥形瓶以防止固体结块。待冷却后，转移至 100mL 棕色容量瓶中，用提取液定容至刻度，混匀、过滤。对于维生素预混合饲料，需要使用提取液进一步稀释 5～10 倍。上液相色谱仪测定前所有试液均需经 0.45μm 滤膜过滤。

（3）测定：

①高效液相色谱条件 I：

色谱柱：C_{18}柱，长 250mm，内径 4.6mm，粒度 5μm，或相当的 C_{18}柱。

流速：1.0mL/min。

柱温：25～28℃。

进样体积：10～20μL。

检测器：紫外检测器或二极管阵列检测器。

波长：267nm。

②高效液相色谱条件 II：

色谱柱：C_{18}柱，长 250mm，内径 4.6mm，粒度 5μm，或相当的 C_{18}柱。

流动相：A：磷酸二氢钠溶液；B：甲醇。梯度淋洗见表 7-4。

流速：1.0mL/min。

柱温：25～28℃。

进样体积：10～20μL。

检测器：荧光检测器，激发波长 440nm，发射波长 525nm。

表 7-4　流动相梯度淋洗表

时间（min）	A：磷酸二氢钠（%）	B：甲醇（%）
0.00	99.0	1.0
3.00	88.0	12.0
6.50	70.0	30.0
12.00	70.0	30.0
12.10	99.0	1.0
18.00	99.0	1.0

③定量测定：色谱柱注入维生素 B_2 标准贮备溶液或者维生素 B_2 标准工作溶液和试样溶液，得到色谱峰面积的响应值，用外标法定量测定。

6. 结果计算　试样中维生素 B_2 含量的计算公式如下。

$$\omega_i = \frac{A_i \times V \times \rho \times V_{sti}}{A_{sti} \times m \times V_i}$$

式中：ω_i 为试样中维生素 B_2 的含量（mg/kg）；m 为试样的质量（g）；V_i 为试样溶液的进样体积（μL）；A_i 为试样溶液峰面积值；V 为试样的稀释体积（mL）；ρ 为标准工作溶液的质量浓度（μg/mL）；V_{sti} 为标准工作溶液的进样体积（μL）；A_{sti} 为标准工作溶液峰面积平均值。

精密度：对于维生素 B_2 含量大于 5mg/kg 而小于 1 000mg/kg 的饲料，在重复性条件下，获得的两次独立测定结果与其算术平均值的差值不大于这两个测定值算术平均值的 10%；对于维生素 B_2 含量大于等于 1 000mg/kg 的饲料，在重复性条件下，获得的两次独立测定结果与其算术平均值的差值不大于这两个测定值算术平均值的 5%。

第八节　维生素 B_6 的分析与测定

维生素 B_6 在自然界中以吡哆醇、吡哆醛、吡哆胺三种形式存在。易溶于水，对热、酸稳定，紫外线、碱和氧化作用易将其破坏。谷类中多有吡哆醇，动物体内则多为吡哆醛和吡哆胺。维生素 B_6 添加剂，其活性成分为盐酸吡哆醇。维生素 B_6 是动物体内氨基转化酶的组成部分，与蛋白质代谢有密切关系，参与糖、脂肪的代谢，能抗皮肤炎等。缺乏时会引起严重的氨基酸代谢紊乱，破坏蛋白质的合成和血液中红细胞的形成，造成动物贫血、生长停滞、皮炎等症状。测定饲料中维生素 B_6 的方法包括滴定法、微生物法、荧光分析法、气相色谱法、高效液相色谱法等。

一、饲料添加剂维生素 B_6 含量的测定

1. 适用范围　本方法适用于化学合成法制得的饲料添加剂维生素 B_6（盐酸吡哆醇）含量的测定。

2. 原理　维生素 B_6 与高氯酸发生反应，通过高氯酸标准滴定溶液滴定计算维生素 B_6 的含量。

3. 主要仪器设备 一般实验室仪器设备。

4. 主要试剂和溶液

（1）冰乙酸。

（2）乙酸汞。

（3）高氯酸。

（4）结晶紫。

（5）乙酸汞溶液：取乙酸汞 5g 研细，加温热的冰乙酸溶解并稀释至 100mL。

（6）结晶紫指示液：取结晶紫 0.5g，加冰乙酸溶解并稀释至 100mL。

（7）高氯酸标准滴定溶液：c（$HClO_4$）$=0.1mol/L$。

5. 测定方法 称取干燥至恒重的试样 0.15g（精确至 0.001g），加冰乙酸 20mL 与乙酸汞溶液 5mL，温热溶解后，放冷，加结晶紫指示液 1 滴，用 0.1mol/L 高氯酸标准滴定溶液滴定，至溶液显蓝绿色，并将滴定结果用空白试验校正。

6. 结果计算 试样中维生素 B_6（盐酸吡哆醇）含量的计算公式如下。

$$X_1 = \frac{(V-V_0) \times c \times 205.6}{m \times 1\,000} \times 100\%$$

式中：X_1 为试样中维生素 B_6（盐酸吡哆醇）的含量；V 为试样溶液消耗高氯酸标准滴定溶液的体积（mL）；V_0 为空白溶液消耗高氯酸标准滴定溶液的体积（mL）；c 为高氯酸标准滴定溶液的物质的量浓度（mol/L）；205.6 为维生素 B_6 的摩尔质量 $[M$（$C_8H_{11}NO_3 \cdot HCl$）$=205.6g/mol]$（g/mol）；m 为试样的质量（g）。

二、饲料中维生素 B_6 含量的测定

1. 适用范围 本方法适用于维生素预混合饲料和复合预混合饲料中维生素 B_6 含量的测定，紫外检测器色谱条件下的定量限为 30mg/kg，荧光检测器色谱条件下的定量限为 10mg/kg。

2. 原理 试样中的维生素 B_6 经酸性提取液超声提取后，注入高效液相色谱仪反相色谱系统中进行分离，用紫外检测器（或二极管阵列检测器）或者荧光检测器检测，外标法计算维生素 B_6 的含量。

3. 主要仪器设备

（1）pH 计：带温控，精确至 0.01。

（2）超声波提取器。

（3）针头过滤器：备 $0.45\mu m$ 水系滤膜。

（4）高效液相色谱仪：配紫外检测器（或二极管阵列检测器）或荧光检测器。

4. 主要试剂和溶液

（1）二水合乙二胺四乙酸二钠（EDTA）：优级纯。

（2）庚烷磺酸钠（$PICB_7$）：优级纯。

（3）冰乙酸：优级纯。

（4）三乙胺：色谱纯。

（5）甲醇：色谱纯。

（6）盐酸溶液：取 8.5mL 盐酸，用超纯水定容至 1 000mL。

(7) 磷酸二氢钠溶液：3.9g 磷酸二氢钠溶于 1 000mL 超纯水中，过 0.45μm 水系滤膜。

(8) 提取剂：在 1 000mL 容量瓶中，称 50mg（精确至 0.001g）EDTA，加入 700mL 去离子水，超声使 EDTA 完全溶解。加入 25mL 冰乙酸、5mL 三乙胺，用去离子水定容至刻度，摇匀。取该溶液 800mL 与 200mL 甲醇混合，超声脱气，待用。

(9) 流动相：在 1 000mL 容量瓶中，称 50mg（精确至 0.001g）EDTA、1.1g（精确至 0.001g）庚烷磺酸钠，依次加入 700mL 去离子水、25mL 冰乙酸、5mL 三乙胺，用去离子水定容至刻度，摇匀。用冰乙酸、三乙胺调节 pH 至 3.70±0.10，过 0.45μm 水系滤膜。取该溶液 800mL 与 200mL 甲醇混合，超声脱气，备用。

(10) 维生素 B_6 标准溶液：

①维生素 B_6 标准贮备溶液：准确称取维生素 B_6（维生素 B_6 纯度大于 98%）0.05g（精确至 0.000 1g）于 100mL 棕色容量瓶中，加盐酸溶液约 70mL，超声 15min，待全部溶解后，用盐酸溶液定容至刻度。此溶液中维生素 B_6 的质量浓度为 500μg/mL，2～8℃冰箱避光保存，可使用 3 个月。

②维生素 B_6 标准工作溶液 A：准确吸取 2.00mL 维生素 B_6 标准贮备溶液于 50mL 棕色容量瓶中，用磷酸二氢钠溶液定容至刻度。该标准工作溶液的质量浓度为 20μg/mL，2～8℃冰箱避光保存，可使用 1 周。

③维生素 B_6 标准工作溶液 B：准确吸取 5.00mL 维生素 B_6 标准工作溶液 A 于 50mL 棕色容量瓶中，用磷酸二氢钠溶液定容至刻度。该标准工作溶液中维生素 B_6 的质量浓度为 2.0μg/mL，上机测定前制备，可使用 48h。

5. 测定方法

(1) 试样的制备：选取有代表性的饲料样品至少 500g，四分法缩减至 100g，磨碎，全部通过 0.425mm 孔筛，混匀，装入密闭器中，避光低温保存备用。

注意：以下步骤应避免强光照射！

(2) 试样溶液的制备：称取维生素预混合饲料试样 0.25～0.50g（精确至 0.000 1g）或复合预混合饲料试样 2～3g（精确至 0.000 1g），置于 100mL 棕色容量瓶中，加入 70mL 磷酸二氢钠溶液，在超声波提取器中超声提取 20min（中间旋摇一次以防样品附着瓶底），待温度降至室温后用提取液定容至刻度，过滤（若滤液混浊则需 5 000r/min 离心 5min）。溶液过 0.45μm 水系滤膜，其中维生素 B_6 的质量浓度为 2.0～20μg/mL，待上机。

(3) 测定：

①高效液相色谱条件Ⅰ：

色谱柱：C_{18}柱，长 250mm，内径 4.6mm，粒度 5μm，或性能相当的 C_{18}柱。

流速：1.0mL/min。

柱温：25～28℃。

进样体积：10～20μL。

检测器：紫外检测器或二极管阵列检测器，使用波长 290nm。

②高效液相色谱条件Ⅱ：

色谱柱：C_{18}柱，长 250mm，内径 4.6mm，粒度 5μm，或性能相当的 C_{18}柱。

流动相：A：磷酸二氢钠溶液，B：甲醇。梯度淋洗程序见表 7-5。

流速：1.0mL/min。

柱温：25～28℃。

进样体积：10～20μL。

检测器：荧光检测器，激发波长298nm，发射波长395nm。

表7-5　梯度淋洗程序

时间（min）	磷酸二氢钠溶液（A，%）	甲醇（B，%）
0.00	99.0	1.0
3.00	88.0	12.0
6.50	70.0	30.0
12.00	70.0	30.0
12.10	99.0	1.0
18.00	99.0	1.0

③定量测定：根据所测试样维生素 B_6 的含量向色谱仪注入工作溶液 A 或工作溶液 B 及试样溶液，得到色谱峰面积的响应值，用外标法定量计算。

6. 结果计算： 试样中维生素 B_6 含量的计算公式如下。

$$\omega = \frac{A_i \times V \times \rho \times V_{sti}}{A_{sti} \times m \times V_i}$$

式中：ω 为试样中维生素 B_6 的含量（mg/kg）；m 为试样的质量（g）；V_i 为试样溶液的进样体积（μL）；A_i 为试样溶液峰面积值；V 为试样稀释的体积（mL）；ρ 为维生素 B_6 标准工作溶液的质量浓度（μg/mL）；V_{sti} 为维生素 B_6 标准工作溶液的进样体积（μL）；A_{sti} 为维生素 B_6 标准工作溶液峰面积平均值。

测定结果用平行测定的算术平均值表示，结果保留三位有效数字。

精密度：对于维生素 B_6 含量大于或者等于 500mg/kg 的饲料，在重复条件下，获得的两次独立测定结果与其算术平均值的差值不大于这两个测定值算术平均值的 5%；对于维生素 B_6 含量小于 500mg/kg 的饲料，在重复条件下，获得的两次独立测定结果与其算术平均值的差值不大于这两个测定值算术平均值的 10%。

第九节　烟酸、烟酰胺和叶酸的分析与测定

烟酸和烟酰胺又称维生素 B_3、维生素 PP、抗癞皮维生素、尼克酸和尼克酰胺，不易被光、热、氧所破坏，是最稳定的一种维生素。烟酸来源广泛，糠麸、麦芽、豆科牧草及鱼粉、酵母等中都含有。烟酰胺是烟酸在动物体内的主要存在形式，是体内辅酶Ⅰ和辅酶Ⅱ的重要成分，在糖的分解和吸收过程中起重要作用。缺乏时，体组织的生理氧化及新陈代谢受阻，导致动物生长停滞。饲料中烟酸和烟酰胺的测定方法有滴定法、比色法、微生物法、分光光度法、气相色谱法和高效液相色谱法等。其中微生物法特异性高、精密度好、操作简单、准确度高、灵敏度高，但是耗时长、必须常年保存菌种、使用的试剂较贵、操作步骤多、检测范围窄。而比色法所用时间短、操作简单，但是所用试剂毒性较大、处理样品较复杂。分光光度法的优点是所用时间短、操作简单、所用试剂少，缺点是试剂毒性大、限时严

格、对样品有很严格的限制。

叶酸为黄色或橙色晶体，不易溶于水，可溶于碱和碳酸盐的稀溶液中，在酸性溶液中不稳定，加热或光照条件下更易分解。叶酸广泛分布于植物性饲料中，以籽实中含量最多。叶酸的主要功能是以辅酶的形式作为一碳基团的载体，参与一碳化合物的代谢。叶酸有抗贫血作用，在肝及骨髓中对血细胞的形成有促进作用。猪、鸡缺乏叶酸会导致以巨红细胞贫血为特征的典型外周血象。饲料中叶酸的测定方法有微生物法、荧光测定法、分光光度法、高效液相色谱法和放射免疫法等。天然存在的叶酸有多种异构体，用化学方法未能分离测定，而采用液相色谱法可以进行分离。

一、饲料添加剂烟酸含量的测定

1. 适用范围　本方法适用于化学合成法制得的饲料添加剂烟酸含量的测定。

2. 原理　烟酸与高氯酸发生反应，通过滴定的高氯酸用量测定烟酸含量。

3. 主要仪器设备　电位滴定仪。

4. 试剂和溶液

（1）冰乙酸。

（2）乙酸酐。

（3）高氯酸。

（4）高氯酸标准滴定溶液：$c(HClO_4)=0.1mol/L$。

5. 测定步骤　称取烟酸试样 $100\sim110mg$（精确至 $0.1mg$），加 $50mL$ 冰乙酸溶解后，加 $3mL$ 乙酸酐，按照电位滴定法，用 $0.1mol/L$ 高氯酸标准滴定溶液滴定，并将滴定结果用空白试验校正。

6. 结果计算　试样中烟酸含量的计算公式如下。

$$X_1=\frac{(V_1-V_0)\times c\times123.1}{m_1\times1\,000\times(1-X)}\times100\%$$

式中：X_1 为试样中烟酸的含量；V_1 为试样溶液消耗高氯酸标准滴定溶液的体积（mL）；V_0 为空白溶液消耗高氯酸标准滴定溶液的体积（mL）；c 为高氯酸标准滴定溶液的物质的量浓度（mol/L）；123.1 为烟酸的摩尔质量（g/mol）；X 为试样干燥失重测定数据（以百分比表示）；m_1 为试样的质量（g）。

二、饲料添加剂烟酰胺含量的测定

1. 适用范围　本方法适用于化学合成法制得的饲料添加剂烟酰胺含量的测定。

2. 原理　以冰乙酸为溶剂，采用电位滴定法以高氯酸标准滴定溶液滴定本品结构中的氨基。

3. 主要仪器设备　电位滴定仪。

4. 主要试剂和溶液

（1）冰乙酸。

（2）乙酸酐。

（3）高氯酸。

（4）高氯酸标准滴定溶液：$c(HClO_4)=0.1mol/L$。

5. 测定方法　称取试样 0.1g（精确至 0.1mg），加冰乙酸 20mL 溶解后，加乙酸酐 5mL，按照电位滴定法，用 0.1mol/L 高氯酸标准滴定溶液滴定，并将滴定的结果用空白试验校正。

6. 结果计算　试样中烟酸胺含量的计算公式如下。

$$X_1 = \frac{(V_1 - V_2) \times c \times 122.1}{m \times 1\,000} \times 100\%$$

式中：X_1 为试样中烟酸胺的含量；V_1 为试样溶液消耗高氯酸标准滴定溶液的体积（mL）；V_2 为空白溶液消耗高氯酸标准滴定溶液的体积（mL）；c 为高氯酸标准滴定溶液的物质的量浓度（mol/L）；122.1 为烟酰胺的摩尔质量（g/mol）；m 为试样的质量（g）；

注意事项：取平行测定结果的算术平均值为测定结果，结果表示至小数点后一位。

三、饲料添加剂叶酸含量的测定

1. 适用范围　本方法适用于化学合成法制得的饲料添加剂叶酸含量的测定。

2. 原理　试样中的叶酸经氨水溶液提取，用高效液相色谱法，以磷酸缓冲液为流动相，经 C_{18} 柱分离，用紫外检测器，在 254nm 处检测，用内标法进行定量测定。

3. 主要仪器设备

（1）分析天平：感量 0.000 1g 和 0.000 02g。

（2）超声波清洗仪。

（3）酸度计。

（4）高效液相色谱仪：配紫外检测器或二极管阵列检测器。

4. 主要试剂和溶液

（1）磷酸二氢钾：优级纯。

（2）氢氧化钾溶液：$c(\text{KOH}) = 0.1\text{mol/L}$。

（3）甲醇：色谱纯。

（4）氨水溶液：体积分数为 0.5%。

（5）烟酰胺内标液：取烟酰胺适量，加去离子水溶解并稀释，制成 1.0mg/mL 的溶液。

（6）流动相：称取 6.8g 磷酸二氢钾，加入 70mL 0.1mol/L 氢氧化钾溶液，用去离子水稀释成约 850mL，并调节 pH 至 6.3±0.1，加入甲醇 80mL，用去离子水稀释至 1 000mL。

（7）标准溶液：准确称取叶酸对照品（叶酸纯度 ≥91.4%，以 $C_{19}H_{19}N_7O_6$ 计）21.9mg，精确至 0.000 1g。置于 100mL 容量瓶中，加入 0.5% 氨水溶液约 60mL 溶解，准确加入烟酰胺内标液 20mL，用 0.5% 氨水溶液稀释至刻度，摇匀。此标准溶液含叶酸 200μg/mL，现配现用。

5. 测定方法

（1）试样溶液的制备：称试样适量（约相当于叶酸 0.2g，精确至 0.000 8g），置于 100mL 容量瓶中，加入氨水溶液，置于超声波清洗仪超声、溶解、定容。精确移取 10.0mL 溶液，加入烟酰胺内标液 20.0mL，用氨水溶液稀释至刻度，摇匀。

（2）测定：

①色谱条件：

色谱柱：C_{18} 柱，粒度 5μm，柱长 250mm，内径 4mm，不锈钢柱或性能相当者。

流速：1.0mL/min。

柱温：室温。

进样量：10～20μL。

检测波长：254nm。

②预试验：

a. 叶酸与内标物质峰的分离度应大于 1.5。

b. 取叶酸标准溶液，连续进样 5 次，其峰面积测量值的相对偏差应不大于 2.0%。

③定量测定：取标准溶液与试样溶液，分别连续进样 3～5 次，按峰面积计算校正因子，并用其算术平均值计算试样中叶酸含量。

6. 结果计算　试样中叶酸含量的计算公式如下。

$$\omega_1 = f \times \frac{A_3 \times m_4}{A_4 \times m_3 \ (1-\omega_3)} \times 100\%$$

式中：ω_1 为试样中叶酸的含量；f 为叶酸质量校正因子；A_3 为试样溶液中叶酸的峰面积值；A_4 为试样溶液中内标物质的峰面积值；m_3 为试样溶液中叶酸的质量（g）；m_4 为试样溶液中内标物质的质量（g）；ω_3 为样品的水分质量分数。

$$f = \frac{A_1 \times m_2}{A_2 \times m_1}$$

式中：A_1 为标准溶液中内标物质的峰面积值；A_2 为标准溶液中叶酸对照品的峰面积值；m_1 为标准溶液中内标物质的质量（g）；m_2 为标准溶液中叶酸的质量（g）；

注意事项：试验结果以两次平行测定结果的算术平均值表示，结果保留至小数点后一位。

四、添加剂预混合饲料中烟酸、叶酸含量的测定

1. 适用范围　本方法适用于维生素预混合饲料及复合预混合饲料中烟酸、叶酸含量的测定。烟酸的检测限为 100mg/kg，定量限为 300mg/kg；叶酸的检测限为 15mg/kg，定量限为 50mg/kg。

2. 原理　试样中的烟酸用酸性甲醇水溶液提取，叶酸用弱碱液提取，采用高效液相色谱仪分离，紫外检测，外标法定量。

3. 主要仪器设备

（1）天平：感量 0.000 1g、0.001g。

（2）离心机：转速不低于 8 000r/min（离心力不低于 6 010g）。

（3）超声波水浴装置。

（4）高效液相色谱仪：配紫外可调波长检验器或二极管阵列检测器。

4. 主要试剂和溶液

烟酸测定用：

（1）冰乙酸：优级纯。

（2）庚烷磺酸钠：色谱纯。

（3）三乙胺：优级醇。

（4）甲醇：色谱纯。

（5）0.1％三氟乙酸溶液：移取 1mL 三氟乙酸于 1 000mL 去离子水中。

（6）提取液：称取 50mg 二水合乙二胺四乙酸二钠（EDTA），溶于约 800mL 去离子水中，加入 20mL 冰乙酸、5mL 三乙胺，混匀后与 200mL 甲醇混合，该溶液 pH 为 3～4。

（7）流动相：称取 1.1g 庚烷磺酸钠、50mg EDTA 溶于约 1 000mL 去离子水中，加入 20mL 冰乙酸、5mL 三乙胺，混匀，用冰乙酸、三乙胺调节溶液 pH 为 4.0，过 0.45μm 滤膜。取上述溶液 800mL 与 200mL 甲醇混合，备用。

（8）烟酸标准品：烟酸含量≥98.0％。

（9）烟酸标准贮备溶液：准确称取 0.1g（精确至 0.000 1g）烟酸标准品，置于 100mL 棕色容量瓶中，加蒸馏水使其溶解，并加入 1mL 0.1％三氟乙酸溶液，用蒸馏水定容至刻度，摇匀。该标准贮备溶液中烟酸的质量浓度约为 1mg/mL，2～8℃保存，有效期为 6 个月。

（10）烟酸标准工作溶液：根据试样种类（维生素预混合饲料、复合预混合饲料）调整稀释倍数，使标准工作溶液中烟酸的质量浓度在 10～150μg/mL，用提取液稀释定容，当日制备并使用。

叶酸测定用：

（1）0.1mol/L 碳酸钠溶液：称取 5.3g 无水碳酸钠，溶解于 500mL 水中。

（2）2mol/L 碳酸钠溶液：称取 106g 无水碳酸钠，溶解于 500mL 水中。

（3）饱和 EDTA 溶液：称取 120g EDTA 于 1 000mL 烧杯中，加蒸馏水 1 000mL，搅拌并超声溶解 1h，即得。

（4）复合预混合饲料提取液：饱和 EDTA 溶液：2mol/L 碳酸钠溶液＝80：25，pH＝9。

（5）叶酸标准品：叶酸含量≥95.0％。

（6）叶酸标准贮备溶液：准确称取 0.05g（精确至 0.000 1g）叶酸标准品，置于 100mL 棕色容量瓶中，加入 0.1mol/L 碳酸钠溶液，超声使其溶解，稀释定容至刻度，摇匀。该标准贮备溶液中叶酸的质量浓度约为 500μg/mL，2～8℃保存，有效期为 6 个月。

（7）叶酸标准工作溶液：根据试样种类（维生素预混合饲料、复合预混合饲料）调整稀释倍数，使标准工作溶液中叶酸的质量浓度在 5.0～10.0μg/mL，用 0.1mol/L 碳酸钠溶液稀释定容，当日制备并使用。

5. 测定方法

烟酸的测定：

（1）维生素预混合饲料的提取：称取试样 0.5g（精确至 0.001g），置于 100mL 棕色容量瓶中，加入提取液约 70mL，边加边摇匀后置于超声波水浴中超声提取 15min，期间摇动 2 次，待冷却后用提取液定容至刻度，摇匀。取约 25mL 于离心机上 8 000r/min 离心 5min，取上清液，用提取液稀释 10 倍后过 0.45μm 微孔滤膜，待上机测定。

（2）复合预混合饲料的提取：称取试样 1g（精确至 0.001g），置于 100mL 棕色容量瓶中，加入 1g EDTA 钠盐，边摇动边加入提取液约 70mL，置于超声波水浴中超声提取 15min，期间摇动 2 次，待冷却后用提取液定容至刻度，摇匀。取适量溶液于离心机上 8 000r/min 离心 5min 或过滤，取上清液过 0.45μm 微孔滤膜，待上机测定。

（3）测定：

①色谱条件：

色谱柱：C_{18}柱，长 250mm，内径 4.6mm，粒度 5μm，或性能相当者。

流速：1.0mL/min。

温度：室温。

检测波长：262nm。

进样量：20μL。

②定量测定：取烟酸标准工作溶液和试样溶液分别进样，得到色谱峰面积响应值，在线性范围内，用外标法单点校正，测定，以保留时间定性，峰面积定量。

叶酸的测定：

（1）维生素预混合饲料的提取：称取试样 0.25～0.5g（精确至 0.001g），置于 100mL 棕色容量瓶中，加入约 70mL 蒸馏水、4mL 2mol/L 碳酸钠溶液，置于超声波水浴中超声提取 10min，期间摇动 2 次，待冷却后加蒸馏水至约 95mL，再次检查试样溶液 pH，确认 pH 为 8～9，否则滴加少量碳酸钠溶液调节，用蒸馏水定容至刻度，摇匀。取部分试液于离心机上 8 000r/min 离心 5min，取上清液过 0.45μm 微孔滤膜，待上机测定。

（2）复合预混合饲料的提取：称取试样 1g（精确至 0.001g），置于 100mL 棕色容量瓶中，加入提取液约 80mL，置于超声波水浴中超声提取 10min，期间摇动 2 次，待冷却后用提取液定容至刻度，摇匀。取少量试液于离心机上 8 000r/min 离心 5min，取上清液过 0.45μm 微孔滤膜，待上机测定。

（3）测定：

①色谱条件：

色谱柱：C_{18}柱，长 250mm，内径 4.6mm，粒度 5μm，或性能相当者。

流速：1.0mL/min。

温度：室温。

检测波长：282nm。

进样量：20μL。

②定量测定：按方法规定平衡色谱柱，向色谱柱注入相应的叶酸标准工作溶液和试样溶液，得到色谱峰面积响应值，在线性范围内，用外标法单点校正，定量测定。

6. 结果计算　试样中烟酸或叶酸含量的计算公式如下。

$$\omega = \frac{P_i \times V \times \rho \times V_{st}}{P_{st} \times m \times V_i}$$

式中：ω 为试样中烟酸或叶酸的含量（mg/kg）；ρ 为标准工作溶液中烟酸或叶酸的质量浓度（μg/mL）；V 为试样稀释体积（mL）；V_i 为试样溶液的进样体积（μL）；P_i 为试样溶液的峰面积值；V_{st} 为烟酸或叶酸标准工作溶液的进样体积（μL）；m 为试样的质量（g）；P_{st} 为标准溶液的峰面积平均值。

注意事项：测定结果用平行测定结果的算术平均值表示，保留三位有效数字。

精密度：对于烟酸含量小于或等于 500mg/kg 的添加剂预混合饲料，在重复性条件下获得的两次独立测定结果与其算术平均值的差值不大于这两个测定值算术平均值的 10%；对于烟酸含量大于 500mg/kg 的添加剂预混合饲料，在重复性条件下获得的两次独立测定结果与其算术平均值的差值不大于这两个测定值算术平均值的 5%。对于叶酸，在重复性条件下获得的两次独立测定结果与其算术平均值的差值不大于这两个测定值算术平均值的 10%。

五、饲料中烟酰胺含量的测定

1. 适用范围 本方法适用于配合饲料、浓缩饲料和添加剂预混合饲料中烟酰胺的测定。

2. 原理 试样中的烟酰胺经提取液提取、离心后，取上清液过 $0.45\mu m$ 滤膜，用高效液相色谱仪-紫外或二极管阵列检测器检测，外标法定量。

3. 主要仪器设备

（1）高效液相色谱仪：配备紫外检测器或二极管阵列检测器。

（2）离心机：转速为 $5\,000r/min$ 以上。

（3）超声波清洗仪。

4. 主要试剂和溶液

（1）甲醇：色谱纯。

（2）异丙醇：色谱纯。

（3）辛烷磺酸钠：色谱纯。

（4）0.1%辛烷磺酸钠（pH＝2.1）：称取 1g 辛烷磺酸钠加约 800mL 一级水溶解，用高氯酸调 pH 为 2.1，一级水定容至 $1\,000mL$，混匀，过 $0.45\mu m$ 滤膜。

（5）样品提取液：800mL 一级水中加入 50mL 乙腈、10mL 冰乙酸，混合，用一级水定容至 $1\,000mL$，混匀。

（6）烟酰胺标准贮备溶液：称取烟酰胺标准品（纯度≥98%）0.1g（精确至 0.000 1g），置于 100mL 容量瓶中，用提取液溶解并定容。该溶液质量浓度为 1mg/mL，置于 4℃冰箱中保存，有效期 3 个月。

（7）烟酰胺标准中间溶液：准确吸取 5.0mL 烟酰胺标准贮备溶液于 100mL 容量瓶中，用提取液稀释至 100mL。该溶液质量浓度为 $50\mu g/mL$，置于 4℃冰箱中保存，有效期 1 个月。

（8）烟酰胺标准工作溶液：准确吸取 10.0mL 烟酰胺标准中间溶液至 100mL 容量瓶中，用提取液稀释定容。该标准工作溶液质量浓度为 $5.0\mu g/mL$，有效期 1 周。

（9）$0.45\mu m$ 有机微滤膜。

5. 测定方法

（1）试样溶液的制备：准确称取适量试样（配合饲料 5g，浓缩饲料 2g，添加剂预混合饲料 0.5g，精确至 0.000 1g），置于 100mL 容量瓶中，加入提取液约 70mL，超声振荡 10min，室温下静置，用提取液定容至刻度，混合均匀，然后在 $5\,000r/min$ 离心机上离心 5min，移取上清液过 $0.45\mu m$ 滤膜，供高效液相色谱仪测定或提取液适当稀释后测定。

（2）测定：

①色谱条件：

检测波长：267nm。

色谱柱：C_{18}柱，长 150mm，内径 4.6mm，粒度 $5\mu m$，或性能类似的色谱柱。

流动相：0.1%辛烷磺酸钠（pH＝2.1）：甲醇：异丙醇＝91：7：2。

流速：1.0mL/min。

柱温：25℃。

进样量：$20\mu L$。

②定量测定：取适量标准工作溶液和试样制备液测定，以色谱峰保留时间定性，以色谱峰面积积分值做单点或多点校准定量。

6. 结果计算　试样中烟酰胺含量的计算公式如下。

$$X_1 = \frac{P_0 \times \rho_s \times V}{P_s \times m} \times 100$$

式中：X_1 为试样中烟酰胺的含量（mg/kg）；P_0 为试样溶液的峰面积值；ρ_s 为标准工作溶液的质量浓度（$\mu g/mL$）；V 为试样总稀释体积（mL）；P_s 为标准工作溶液的峰面积值；m 为试样的质量（g）。

注意事项：测定结果用平行测定的算术平均值表示，计算结果保留三位有效数字。

六、饲料中叶酸含量的测定

1. 适用范围　本方法适用于配合饲料、浓缩饲料和添加剂预混合饲料中叶酸的测定，定量限为 0.3mg/kg。

2. 原理　用碳酸钠溶液提取饲料中的叶酸，提取液经阴离子交换固相萃取小柱净化富集后，注入反相高效液相色谱仪反相色谱系统中进行分离，用检测器检测。

3. 主要仪器设备

（1）高效液相色谱仪：配紫外检测器或二极管阵列检测器。

（2）分析天平：感量 0.1g。

（3）离心机：转速不低于 10 000r/min。

（4）超声波振荡器。

（5）涡旋混合器。

（6）pH 计：精度为 0.01。

（7）固体萃取装置。

4. 主要试剂和溶液

（1）甲醇：色谱纯。

（2）0.1mol/L 碳酸钠溶液：称取 10.6g 无水碳酸钠，用一级水溶解并定容至 1 000mL。

（3）0.1mol/L EDTA 溶液：称取 37.2g 二水合乙二胺四乙酸二钠，用一级水溶解并定容至 1 000mL。

（4）0.05mol/L 磷酸二氢钠溶液（pH＝6.30）：称取二水合磷酸二氢钠 7.8g，用一级水溶解并定容至 1 000mL。用 0.1mol/L 的氢氧化钠溶液调节 pH 至 6.30。

（5）固相萃取洗脱液：甲酸：甲醇：一级水＝5∶75∶20。

（6）叶酸对照品：纯度≥97.4%。

（7）叶酸标准贮备溶液：准确称取叶酸对照品适量，用 0.1mol/L 碳酸钠溶液溶解，加入 100μg 抗坏血酸并用一级水定容至 50mL 棕色容量瓶中，配制成 250$\mu g/mL$ 的标准贮备溶液。4℃避光保存，有效期 2 个月。

（8）叶酸标准工作溶液：准确量取 1mL 叶酸标准贮备溶液，用一级水定容至 50mL 容量瓶中，稀释成 5.0$\mu g/mL$ 的标准工作溶液。现配现用。

（9）固相萃取柱：200mg/6mL，混合型阴离子交换柱。

（10）微孔滤膜（PTFE）：0.22μm。

5. 测定方法

（1）提取：准确称取适量试样（配合饲料及浓缩饲料 2.5g，添加剂预混合饲料 1g，精确至 0.000 1g）至 50mL 离心管中，加入 5mL（添加剂预混合饲料需 8mL）0.1mol/L EDTA 溶液，涡旋混合 2min，加入 25mL 甲醇，涡旋混合 2min，全部转移至 50mL 容量瓶中，再加入 10mL 0.1mol/L 碳酸钠溶液，用蒸馏水定容至 50mL，超声提取 15min 后，取 20mL 试样液于 50mL 离心管中，10 000r/min 离心 10min。准确移取上清液 10mL 于 15mL 离心管中，在 40℃下氮气吹至约 6.5mL。

（2）净化：固相萃取柱先用 5mL 甲醇活化，再用 5mL 一级水进行平衡后，移取全部 6.5mL 上清液过柱。取 5mL 水冲洗盛放上清液的离心管，充分转移至萃取柱中淋洗，再用 5mL 甲醇淋洗，抽干 5min，用洗脱液每次 2mL 洗脱 3 次，流速控制在 1mL/min，收集洗脱液；洗脱液在 40℃下氮气吹至 1mL 以下，向残余物中加一级水至 1.0mL，超声 2min，混匀后过 0.22μm 滤膜，供高效液相色谱仪测定。

维生素预混合饲料可以不经过净化过程直接过 0.22μm 滤膜上机。

（3）测定：

①色谱条件：

色谱柱：C_{18}柱（可耐受 pH 10），长 100mm，内径 4.6mm，粒径 2.7μm，或相当者。

柱温：35℃。

检测器：紫外检测器或二极管阵列检测器。

检测波长：280nm。

流速：1.0mL/min。

进样量：10μL。

流动相：A 相为 0.05mol/L 磷酸二氢钠（pH=6.30），B 相为甲醇。

梯度洗脱程序见表 7-6。

表 7-6 梯度洗脱程序

时间（min）	磷酸二氢钠（A，%）	甲醇（B，%）
0	92	8
6	92	8
8	8	92
11	8	92
11.1	92	8
14	92	8

②定量测定：在仪器正常工作条件下，分别注入叶酸标准工作溶液和试样溶液进行测定。用液相色谱保留时间定性，用标准工作溶液做单点校准，以色谱峰面积值进行定量计算。

6. 结果计算 试样中叶酸含量的计算公式如下。

$$X = \frac{A \times \rho_s \times V \times V_2}{A_s \times m \times V_1} \times 100$$

式中：X 为试样中叶酸的含量（mg/kg）；A 为试样溶液中叶酸的峰面积值；ρ_s 为标准

工作溶液中叶酸的质量浓度（$\mu g/mL$）；V 为上机前最终定容体积（mL）；A_s 为标准工作溶液中叶酸的峰面积值；m 为试样的质量（g）；V_1 为提取液分取体积（mL）；V_2 为提取液总体积（mL）。

注意事项：测定结果用平行测定结果的算术平均值表示，计算结果保留三位有效数字；在重复性条件下获得的两次独立测定结果的绝对差值不大于这两个测定值的算术平均值的 20%。

第十节　维生素 B_{12} 的分析与测定

维生素 B_{12} 又称钴胺素，抗恶性贫血维生素。微溶于水，无嗅无味，相当稳定，但遇日光、氧化剂或还原剂易被破坏。除海藻外，仅存在于动物体内。维生素 B_{12} 与核酸、蛋白质的合成，甲基代谢及动物体内蛋白质、脂肪、碳水化合物的代谢有密切关系，有助于机体蛋白质和脂肪的沉积，具有促进同型半胱氨酸在动物体内合成蛋氨酸的作用，此外还参与红细胞的形成。缺乏维生素 B_{12} 将引起动物严重恶性贫血，糖代谢、脂类代谢和某些氨基酸代谢障碍，动物生长受阻，母畜受胎率和繁殖率降低，尤其对幼龄影响特别大。饲料中维生素 B_{12} 的测定方法有多种，如薄层色谱法、电位法、高效液相色谱法、分光光度法、原子吸收分光光度法、放射分析法、微生物法等。

一、饲料添加剂维生素 B_{12} 含量的测定

1. 适用范围　本方法适用于以维生素 B_{12}（钴胺素）为原料，加入碳酸钙、玉米淀粉等其他适宜的稀释剂制成的饲料添加剂维生素 B_{12} 含量的测定。

2. 原理　试样中维生素 B_{12} 经蒸馏水提取后，注入反相色谱柱上，与流动相中离子对试剂形成离子偶化合物，用流动相洗脱分离，外标法计算维生素 B_{12} 的含量。

3. 主要仪器设备

（1）超声波水浴装置。

（2）超纯水装置。

（3）紫外分光光度计。

（4）石英比色皿（1cm）。

（5）高效液相色谱仪：带紫外可调波长检测器或二极管阵列检测器。

4. 主要试剂和溶液

（1）25% 乙醇溶液（体积分数）。

（2）甲醇：色谱纯。

（3）冰乙酸。

（4）1-乙烷磺酸钠：色谱纯。

（5）维生素 B_{12} 标准品：符合《中华人民共和国药典》的要求。

（6）维生素 B_{12} 标准贮备溶液：称取约 0.1g（精确至 0.000 2g）维生素 B_{12} 标准品，置于 100mL 棕色容量瓶中，加适量 25% 乙醇溶液使其溶解，并稀释定容，摇匀。该贮备溶液含维生素 B_{12} 1mg/mL。

（7）维生素 B_{12} 标准工作溶液：准确吸取维生素 B_{12} 标准贮备溶液 1.00mL 于 100mL 棕色容量瓶中，用蒸馏水稀释定容，摇匀。该标准工作溶液含维生素 B_{12} 10$\mu g/mL$。

维生素 B_{12} 标准工作溶液的质量浓度按下述方法测定和计算：以蒸馏水为空白溶液，用紫外分光光度计测定维生素 B_{12} 标准工作溶液在 361nm 处的最大吸光度。维生素 B_{12} 标准工作溶液的质量浓度按下式计算。

$$X = \frac{10\,000 \times A}{207}$$

式中：X 为维生素 B_{12} 标准工作溶液的质量浓度（μg/mL）；A 为维生素 B_{12} 标准工作溶液在 361nm 波长处测得的吸光度；10 000 为维生素 B_{12} 标准工作溶液浓度单位换算系数；207 为维生素 B_{12} 标准百分吸收系数（$E_{1cm}^{1\%} = 207$）。

5. 测定方法

（1）试样溶液的制备：根据产品含量（表 7-7），称取试样 $0.1 \sim 1g$（精确至 0.000 2g），置于 100mL 棕色容量瓶中，加约 60mL 蒸馏水，在超声波水浴中超声提取 15min，冷却至室温，用蒸馏水定容至刻度，混匀，经 0.45μm 滤膜过滤，滤液供高效液相色谱仪分析。

表 7-7 产品中维生素 B_{12} 的标示量、称样量及提取液稀释体积示例

标示量 （%）	称样量 （g）	提取液体积 （mL）	提取液中维生素 B_{12} 质量浓度 （μg/mL）
0.1	1.000 0	100.0	10
0.5	0.400 0	100.0	20
1.0	0.100 0	100.0	10
5.0	0.100 0	250.0	20

（2）测定：

①色谱条件：

固定相：C_{18} 柱，长 150mm，内径 4.6mm，粒度 5μm。

流动相：每升蒸馏水溶液中含 300mL 甲醇、1g 乙烷磺酸钠和 10mL 冰乙酸，过滤，超声脱气。

流速：0.5mL/min。

检测器：紫外可调波长检测器或二极管阵列检测器，检测波长 361nm。

进样量：20μL。

②定量测定：按高效液相色谱仪说明书调整仪器参数，向色谱柱中注入维生素 B_{12} 标准工作溶液及试样溶液，得到色谱峰面积响应值，用外标法定量。

6. 结果计算 试样中维生素 B_{12} 含量的计算公式如下。

$$X_1 = \frac{P_i \times \rho \times 100}{P_{st} \times m} \times 100\%$$

式中：X_1 为试样中维生素 B_{12} 的含量；P_i 为试样溶液的峰面积值；ρ 为维生素 B_{12} 标准工作溶液的质量浓度（μg/mL）；P_{st} 为维生素 B_{12} 标准工作溶液的峰面积值；100 为试样溶液的稀释倍数；m 为试样的质量（g）。

二、添加剂预混合饲料中维生素 B_{12} 含量的测定

1. 适用范围 本方法适用于复合预混合饲料、维生素预混合饲料中维生素 B_{12} 含量的测

定。检测限为 0.1mg/kg，定量限为 0.5mg/kg。

2. 原理　试样中维生素 B_{12} 用蒸馏水提取，经 SPE 净化富集后，采用高效液相色谱仪分离检测，外标法定量。

3. 主要仪器设备

（1）分析天平：感量 0.000 1g、0.001g。

（2）离心机：可达 5 000r/min（离心力为 2 988g）。

（3）超声波水浴装置。

（4）固相萃取装置。

（5）高效液相色谱仪：配紫外可调波长检测器或二极管阵列检测器。

（6）氮吹装置。

（7）紫外分光光度计。

（8）C_{18}固相萃取小柱：500mg/6mL 或相当性能的固相萃取小柱。

4. 主要试剂和溶液

（1）乙腈：色谱纯。

（2）甲醇：色谱纯。

（3）氮气：纯度 99.9%。

（4）乙酸：优级纯。

（5）己烷磺酸钠：色谱级。

（6）维生素 B_{12} 标准品：维生素 B_{12} 含量≥96.0%。

（7）维生素 B_{12} 标准贮备溶液：准确称取 0.1g（精确至 0.000 1g）维生素 B_{12} 标准品，置于 100mL 棕色容量瓶中，加适量甲醇使其溶解，并稀释定容至刻度，摇匀。该标准贮备溶液中维生素 B_{12} 质量浓度为 1mg/mL。−18℃保存，有效期一年。

（8）维生素 B_{12} 标准工作溶液：准确吸取维生素 B_{12} 标准贮备溶液 1mL，置于 100mL 棕色容量瓶中，用蒸馏水稀释定容，摇匀。

维生素 B_{12} 标准工作溶液的质量浓度按下述方法测定和计算：以蒸馏水为空白溶液，用紫外分光光度计测定维生素 B_{12} 标准工作溶液在 361nm 处的吸光度。维生素 B_{12} 标准工作溶液的质量浓度按下式计算。

$$X = \frac{10\ 000 \times A}{207}$$

式中：X 为维生素 B_{12} 标准工作溶液的质量浓度（μg/mL）；A 为维生素 B_{12} 标准工作溶液在 361nm 波长处测得的吸光度；10 000 为维生素 B_{12} 标准工作溶液浓度单位换算系数；207 为维生素 B_{12} 标准百分系数（$E_{1cm}^{1\%} = 207$）。

（9）己烷磺酸钠溶液：称取己烷磺酸钠 1.1g 溶于 1 000mL 水中，加入 10mL 乙酸，超声混匀。

（10）0.1%磷酸溶液：取 1mL 磷酸加入 1 000mL 水中，超声脱气。

5. 测定方法

（1）提取：

①维生素预混合饲料的提取：称取试样 2～3g（精确至 0.001g），置于 50mL 离心管中，准确加入蒸馏水 20mL，充分摇动 30s，再置于超声波水浴中超声提取 30min，期间摇动

2 次，经 5 000r/min 离心 5min，取上清液。如果样品溶液为含量大于 10mg/kg 的维生素预混合饲料，则用 0.45μm 微孔滤膜过滤，导入 HPLC 测定。若测得样品溶液中维生素 B_{12} 质量浓度小于 2μg/mL，则需按以下（2）进行净化处理；若测得样品溶液中维生素 B_{12} 质量浓度大于 100μg/mL，应根据检测结果，用一定体积的蒸馏水稀释，使稀释后维生素 B_{12} 的含量在 2～100μg/mL，重新测定。

②复合预混合饲料的提取：称取试样 2～3g（精确至 0.001g），置于 50mL 离心管中，准确加入蒸馏水 20mL，充分摇动 30s，再置于超声波水浴中超声提取 30min，期间摇动 2 次，5 000r/min 离心 5min，取上清液进行下一步净化。

（2）试样净化：固相萃取小柱分别用 5mL 甲醇和 5mL 蒸馏水活化，准确移取 10mL 上清液过柱，用 5mL 蒸馏水淋洗，近干后，用 5mL 甲醇洗脱，收集洗脱液。50℃氮气吹至近干，准确加入 1mL 蒸馏水溶解，过 0.45μm 微孔滤膜，导入 HPLC 测定。若测得上机试样溶液中维生素 B_{12} 质量浓度超出线性范围，应根据检测结果，用一定体积的蒸馏水稀释，使稀释后维生素 B_{12} 质量浓度在 2～100μg/mL 之间，重新测定。

（3）测定：

①色谱条件：

a. 氨基柱：

色谱柱：氨基柱，长 250mm，内径 4mm，粒度 5μm，或相当性能类似的分析柱。

流动相：乙腈：0.1％磷酸溶液＝25：75。

流速：1.0mL/min。

温度：室温。

检测波长：361nm。

b. C_{18}柱：

色谱柱：C_{18}柱，长 150mm，内径 4.6mm，粒度 5μm，或参数类似的分析柱。

流动相：甲醇：己烷磺酸钠＝25：75。

流速：1.0mL/min。

温度：室温。

检测波长：546nm。

②定量测定：按高效液相色谱仪说明书调整仪器操作参数，向色谱柱注入相应的维生素 B_{12}标准工作溶液和试样溶液，得到色谱峰面积响应值，用外标法定量测定。

6. 结果计算 试样中维生素 B_{12}含量的计算公式如下。

$$X = \frac{P_1 \times V \times \rho}{P_2 \times m}$$

式中：X 为试样中维生素 B_{12} 的含量（mg/kg）；P_1 为试样溶液峰面积值；V 为稀释体积（mL）；ρ 为维生素 B_{12} 标准工作溶液的质量浓度（μg/mL）；P_2 为维生素 B_{12} 标准工作溶液峰面积值；m 为试样的质量（g）。

注意事项：测定结果用平行测定结果的算术平均值表示，保留三位有效数字。

第十一节 泛酸的分析与测定

泛酸是 β-丙氨酸的衍生物，广泛存在于一切动植物组织中。泛酸为淡黄色黏性油状物质，溶于水和醋酸，不溶于氯仿和苯。在中性溶液中对温热、氧化及还原都比较稳定，但酸、碱和干热均可以使其分解。常以其钙盐形式应用于生产，泛酸钙为无色粉状晶体，微苦，可溶于水，对光和空气都比较稳定，但是遇到 pH 5～7 的水溶液遇热而破坏。泛酸在体内多以辅酶 A 的形式存在，与脂肪和胆固醇的合成有关。缺乏泛酸时猪表现为生长缓慢、腹泻、脱毛、鳞片状皮炎和特有的"鹅步"步态。鸡缺乏则眼分泌物和眼睑黏合在一起，喙角和趾部形成痂皮，胫骨粗短，种蛋孵化率下降。测定饲料中泛酸的方法包括微生物法、放射免疫法、酶联免疫法、高效液相色谱法、荧光分光光度法等。

一、饲料添加剂 *D*-泛酸钙含量的测定

1. 适用范围 本方法适用于以合成法制得的饲料添加剂 *D*-泛酸钙含量的测定。

2. 原理 试样中泛酸钙经酸溶解后，采用电位滴定法或高效液相色谱法测定泛酸钙的含量。

3. 主要仪器设备

(1) 分析天平：感量 0.1mg。

(2) 全自动电位滴定仪。

(3) 高效液相色谱仪：带紫外检测器。

4. 主要试剂和溶液

(1) 冰乙酸。

(2) 乙酸酐。

(3) 高氯酸标准滴定溶液：$c(HClO_4)=0.1mol/L$。

(4) 磷酸：优级纯。

(5) 磷酸溶液：取磷酸 1mL 于 1 000mL 容量瓶中，用超纯水定容，摇匀。

(6) 滤膜：$0.45\mu m$，水系。

(7) *D*-泛酸钙标准品（Fluka）：含量≥99.0%。

(8) 氢氧化钠溶液：$c(NaOH)=0.1mol/L$。

(9) 磷酸缓冲液：称取 3.12g 二水磷酸二氢钠（$NaH_2PO_4 \cdot 2H_2O$）于 1 000mL 容量瓶中，用超纯水溶解并定容，用 0.1mol/L 氢氧化钠溶液调节 pH 至 5.5，该溶液通过 $0.45\mu m$ 滤膜，超声脱气，备用。

5. 测定方法

(1) 高氯酸全自动电位滴定法：精密称取试样 180～200mg（精确至 0.000 02g），加入约 50mL 冰乙酸溶解，加 3mL 乙酸酐，用 0.1mol/L 高氯酸（组合的玻璃电极）标准滴定溶液滴定，采用全自动电位滴定仪。

若滴定试样与标定高氯酸标准滴定溶液时的温度差超过 10℃，则应重新标定；若未超过 10℃，则可将高氯酸标准滴定溶液的物质的量浓度加以校正（见 GB/T 601 的修正方法）。

(2) 高效液相色谱法：

①试样溶液的制备：精密称取 *D*-泛酸钙试样约 200mg（精确至 0.000 02g），置于 100mL 容量瓶中，加磷酸溶液溶解并稀释定容，摇匀。取上述溶液 1.0mL 于 100mL 容量瓶中，用超纯水稀释定容，摇匀，过 $0.45\mu m$ 滤膜，上机测定。

②标准溶液的制备：准确称取 *D*-泛酸钙标准品约 200mg（精确至 0.000 02g），按上述

试样溶液的制备方法处理。

③色谱条件：

色谱柱：长 150mm，内径 4.6mm，填料为 C_{18}，粒径为 $5\mu m$ 的不锈柱，或参数相当者。

流动相：磷酸缓冲溶液。

流速：1.0mL/min。

检测波长：200nm。

进样量：$20\mu L$。

柱温：30℃。

④上机测定：用高效液相色谱仪分别对标准溶液和试样溶液进行进样检测，测定其色谱峰面积的响应值，进行定量计算。

6. 结果计算

（1）高氯酸全自动电位滴定法 D-泛酸钙含量的计算：

$$X=\frac{V_1\times c_1\times 238.27}{m_1\times 1\,000\times(1-X_5)}\times 100\%$$

式中：X 为试样中 D-泛酸钙的含量；V_1 为试样溶液消耗高氯酸标准滴定溶液的体积（mL）；c_1 为高氯酸标准滴定溶液的物质的量浓度（mol/L）；238.27 为 D-泛酸钙的摩尔质量 $[M(1/2C_{18}H_{32}CaN_2O_{10})=238.27]$（g/mol）；$m_1$ 为试样的质量（g）；X_5 为试样干燥失重质量分数。

（2）高效液相色谱法 D-泛酸钙含量的计算：

$$X=\frac{A_2\times\rho_2\times n_1}{A_1\times m_2\times(1-X_5)\times 1\,000\,000}\times 100\%$$

式中：X 为试样中 D-泛酸钙的含量；A_1 为标准溶液的峰面积值；A_2 为试样溶液的峰面积值；ρ_2 为标准溶液的质量浓度（$\mu g/mL$）；n_1 为试样溶液的稀释倍数；m_2 为试样的质量（g）；X_5 为试样干燥失重质量分数。

注意事项：计算结果均表示至小数点后一位。

二、预混合饲料中泛酸含量的测定

1. 适用范围 本方法适用于复合预混合饲料、维生素预混合饲料中泛酸的测定，检出限为 5mg/kg，定量限为 20mg/kg。

2. 原理 试样中的泛酸经乙腈磷酸水溶液提取，离心、过滤，用 C_{18} 色谱柱分离，紫外检测器检测，外标法定量。

3. 主要仪器设备

（1）分析天平：感量 0.000 1g。

（2）离心机：转速 3 000r/min。

（3）摇床。

（4）超声波清洗仪。

（5）样品筛：孔径 0.28mm。

（6）高效液相色谱仪：配有紫外检测器或二极管阵列检测器。

4. 主要试剂和溶液

（1）磷酸：含量≥85%。

（2）乙腈：色谱纯。

（3）0.05%磷酸溶液：将0.5mL磷酸加入容量瓶中，并定容至1 000mL。

（4）*D*-泛酸（或泛酸钙）标准贮备溶液：精确称取纯度大于99.0%的*D*-泛酸或*D*-泛酸钙标准纯品适量，置于100mL容量瓶中，用流动相溶解、定容，使标准贮备溶液中泛酸质量浓度为1 000μg/mL。此溶液在4℃可保存3个月。泛酸浓度＝*D*-泛酸钙的浓度×0.920。

（5）*D*-泛酸（或泛酸钙）标准工作溶液：分别准确吸取标准贮备溶液0.5mL、1.0mL、2.0mL、5.0mL、10.0mL于100mL容量瓶中，用流动相定容，得到质量浓度分别为5.0μg/mL、10.0μg/mL、20.0μg/mL、50.0μg/mL、100.0μg/mL的泛酸标准工作溶液。现用现配。

5. 测定方法

（1）提取：称取维生素预混合饲料0.25～0.5g或复合预混合饲料1～2g（精确至0.000 1g），置于150mL具塞锥形瓶中，准确加入50mL流动相，于超声波水浴提取15min，或置于摇床上振摇提取20min，静置。取适量溶液3 000r/min离心5min，离心后上清液经过0.45μm滤膜过滤，滤液供高效液相色谱仪分析用。

（2）测定：

①色谱条件：

色谱柱：C_{18}柱，长150mm，内径4.6mm，粒度5μm，或具有相同性能的色谱柱。

流动相：将50mL的乙腈加入950mL磷酸溶液中混匀。

流速：1.0mL/min。

进样量：10μL。

柱度：30℃。

检测器：紫外检测器或二极管阵列检测器PDA，使用波长200nm。

②定量测定：分别取适量的标准工作溶液和试样溶液，按色谱条件进行液相色谱分析测定，按照保留时间进行定性，以标准工作溶液做单点或多点校准，并用色谱峰面积值定量。待测液中泛酸的响应值应在标准曲线范围内，超出线性范围则应稀释后再进样分析。

6. 结果计算　试样中泛酸含量的计算公式如下。

$$X = \frac{\rho \times V \times n}{m}$$

式中：*X*为试样中泛酸的含量（mg/kg）；*ρ*为试样溶液中泛酸的质量浓度（μg/mL），根据峰面积从标准曲线计算；*V*为提取时加入的流动相总体积（mL）；*m*为试样的质量（g）；*n*为稀释倍数。

第十二节　生物素的分析与测定

生物素为含硫元素的环状化合物，在自然界中分布广泛，有多种异构体，但只有*D*-生物素才有活性。生物素是体内许多羧化酶的辅酶，参与体内蛋白质、脂肪、碳水化合物的代谢。缺乏时，动物表现出生长不良、皮炎、被毛脱落等症状。生物素的测定方法有微生物法、分光光度法、酶法、高效液相色谱法等。

一、饲料添加剂 *D*-生物素含量的测定

1. 适用范围　本方法适用于以化学合成法制得的饲料添加剂 *D*-生物素含量的测定。

2. 原理　试样在乙腈溶液中溶解后，用高效液相色谱仪分离、紫外检测器或二极管阵列检测器检测，按外标法以峰面积定量。

3. 主要仪器设备

（1）分析天平：感量 0.01mg。

（2）高效液相色谱仪：配有紫外检测器或二极管阵列检测器。

（3）滤膜：水系，0.45μm。

4. 主要试剂和溶液

（1）乙腈：色谱纯。

（2）*D*-生物素对照品：纯度≥99.0%。

（3）稀释液：乙腈：蒸馏水＝1∶4。

（4）缓冲溶液：称取一水合高氯酸钠 1g，加 500mL 蒸馏水溶解，再加 1mL 磷酸，用蒸馏水稀释至 1 000mL。

（5）标准溶液：称取 *D*-生物素对照品约 40mg（精确至 0.01mg），置于 200mL 容量瓶中，加稀释液约 180mL，50℃超声 5min 使溶解，冷却，用稀释液稀释至刻度，摇匀，用 0.45μm 水系滤膜过滤，供高效液相色谱仪分析。

5. 测定方法

（1）试样溶液的制备：称取 105℃干燥 4h 后冷却的试样约 40mg（精确至 0.01mg），置于 200mL 容量瓶中，加稀释液适量，50℃超声 5min 使溶解，冷却，用稀释液稀释至刻度，摇匀，用 0.45μm 水系滤膜过滤，供高效液相色谱仪分析。

（2）测定：

①色谱条件：

色谱柱：C_{18}柱，长 150mm，内径 4.6mm，粒度 5μm，或性能相当者。

流动相：乙腈：缓冲溶液＝8.5∶91.5。

流速：1.2mL/min。

检测波长：210nm。

进样量：20μL。

②定量测定：取标准溶液和试样溶液，注入高效液相色谱仪，记录色谱图，按外标法以峰面积值计算。

6. 结果计算　试样中 *D*-生物素含量的计算公式如下。

$$X = \frac{A_2 \times \rho_1}{A_1 \times \rho_2} \times 100\%$$

式中：*X* 为试样中 *D*-生物素的含量；A_2 为试样溶液色谱分析得到的 *D*-生物素主峰面积值；ρ_1 为标准溶液中 *D*-生物素的质量浓度（mg/mL）；A_1 为标准溶液色谱分析得到的

D-生物素主峰面积值；ρ_2 为试样溶液中 D-生物素的质量浓度（mg/mL）。

注意事项：测定结果用平行测定的算术平均值表示，计算结果保留至小数点后一位。

二、预混合饲料中 D-生物素含量的测定

1. 适用范围　本方法适用于 D-生物素含量大于 1.0mg/kg 的复合预混合饲料、维生素预混合饲料中 D-生物素含量的测定。

2. 原理　试样中 D-生物素用蒸馏水提取后，将过滤离心后的试样溶液注入高效液相色谱仪中进行分离，用紫外检测器测定，外标法计算 D-生物素的含量。

3. 主要仪器设备

（1）超声波提取器。

（2）高效液相色谱仪：配有紫外检测器或二极管阵列检测器。

4. 主要试剂和溶液

（1）二乙三胺五乙酸（DTPA）。

（2）三氟乙酸溶液：0.05％（体积分数），用 5mol/L 氢氧化钠溶液调节 pH 至 2.5。

（3）D-生物素标准溶液：

①D-生物素标准贮备溶液：准确称取 0.100 0g D-生物素，置于 100mL 容量瓶中，加蒸馏水溶解、定容，混匀。此液含 D-生物素 1.00mg/mL。

②D-生物素标准工作溶液：准确吸取 D-生物素标准贮备溶液 1.00mL，置于 50mL 容量瓶中，加蒸馏水定容，混匀。此液含 D-生物素 20.00μg/mL。

5. 测定方法

（1）试样溶液的提取：称取维生素预混合饲料约 2g（精确至 0.000 1g）、复合预混合饲料约 5g（精确至 0.000 1g），置于 100mL 容量瓶中（若预混合饲料中含有矿物质，加入 0.1g DTPA），加入 2/3 体积的蒸馏水，在超声波提取器中超声提取 20min，冷却后用蒸馏水定容至刻度，经 0.45μm 滤膜过滤，滤液待上机测试。

（2）测定：

①高效液相色谱条件：

色谱柱：C_{18}柱，长 250mm，内径 4.6mm，粒度 5μm。

流动相：850mL 三氟乙酸溶液加 150mL 乙腈（色谱纯）。

流速：1.0mL/min。

进样体积：20μL。

检测器：紫外检测器或二极管阵列检测器。使用波长 210nm。

②定量测定：按高效液相色谱仪说明书调整仪器操作参数。向色谱柱注入标准工作溶液及试样溶液，得到色谱峰面积的响应值，取标准溶液峰面积的平均值定量计算。

标准工作溶液应在分析始末分别进样，在样品多时，分析中间应插入标准工作溶液校正出峰时间。

6. 结果计算　试样中 D-生物素含量的计算公式如下。

$$X = \frac{S_1 \times V \times c_0 \times V_0}{S_0 \times V_1 \times m}$$

式中：X 为试样中 D-生物素的含量（mg/kg）；m 为试样的质量（g）；S_0 为标准工作

溶液峰面积值；S_1 为试样溶液峰面积值；c_0 为标准工作溶液的质量浓度（$\mu g/mL$）；V_0 为标准工作溶液的质量进样体积（μL）；V_1 为试样溶液的进样体积（μL）；V 为试样溶液的总体积（mL）。

第十三节　维生素 C 的分析与测定

维生素 C 又名抗坏血酸，是一种无色无嗅的晶体，在干燥固体状态相当稳定，在水溶液中易被氧化，氧化速度与温度和 pH 有关，在酸性溶液中稳定，光、热、金属离子等对维生素 C 的氧化有促进作用。维生素 C 来源广泛，在各种青绿饲料中较多。维生素 C 参与体内一系列代谢过程，如参与细胞间质的合成，刺激肾上腺皮质激素的合成，促进肠道内铁的吸收，使叶酸还原为具有活性的四氢叶酸，解毒以及减轻因维生素 A、维生素 E、硫胺素、核黄素、维生素 B_{12} 及泛酸等不足产生的症状。此外，维生素 C 易被氧化为脱氢抗坏血酸，保护其他化合物不被氧化，因而维生素 C 可以作为抗氧化剂。缺乏维生素 C 时，伤口溃疡不易愈合，骨骼和牙齿因钙化障碍易折断或脱落，毛细血管通透性增大，引起皮下黏膜、肌肉等出血。饲料中维生素 C 的测定方法有 2，6-二氯酚靛酚滴定法、2，4-二硝基苯肼法、荧光法等。2，6-二氯酚靛酚滴定法只能测定还原型抗坏血酸；2，4-二硝基苯肼法是比色法，易受杂质干扰，灵敏度较低；而荧光法的灵敏度高于 2，4-二硝基苯肼法，具有灵敏度高、选择性好、易于操作等优点。

一、饲料添加剂维生素 C 含量的测定

1. 适用范围　本方法适用于合成法或发酵法制得的饲料添加剂 L-抗坏血酸（维生素 C）含量的测定。

2. 原理　在酸性介质中，L-抗坏血酸（维生素 C）与碘液发生定量氧化还原反应，利用淀粉指示溶液遇碘显蓝色来判断反应终点。

3. 主要仪器设备　一般实验室仪器设备。

4. 试剂和溶液

（1）6%（体积分数）乙酸溶液。

（2）淀粉指示剂：5g/L（现用现配）。

（3）碘标准滴定溶液：$c(\frac{1}{2} I_2) = 0.1 mol/L$。

5. 测定方法　称取约 0.2g 样品（精确至 0.000 2g），置于 250mL 碘容量瓶中，加新煮沸过的冷蒸馏水 100mL 与 6%乙酸溶液 10mL 使之溶解，加 5g/L 淀粉指示剂 1mL，立即用 0.1mol/L 碘标准滴定溶液滴定，至溶液显蓝色 30s 不褪。同时做空白试验，除不加样品外，其他步骤与样品测定相同。

6. 结果计算　试样中 L-抗坏血酸（维生素 C）含量（以质量分数表示）的计算公式如下。

$$X = \frac{(V - V_0) \times c \times 0.088\ 06}{m} \times 100\ \%$$

式中：X 为试样中 L-抗坏血酸（维生素 C）的含量；V 为试样消耗碘标准滴定溶液的体积（mL）；V_0 为空白试验消耗碘标准滴定溶液的体积（mL）；c 为碘标准滴定溶液的物质

的量浓度（mol/L）；0.088 06 的含义为每 1mL 的 1mol/L 碘标准溶液相当于 0.088 06g 的 L-抗坏血酸（维生素 C）；m 为试样的质量（g）。

注意事项：重复条件下，两次平行测定结果的绝对值之差不大于 0.5%。

二、饲料中总抗坏血酸含量的测定

1. 适用范围　本方法适用于单一饲料、配合饲料、预混合饲料及浓缩饲料中抗坏血酸含量的测定，不适用于以酯化抗坏血酸形式添加的各种饲料中抗坏血酸的测定。在最终提取液中抗坏血酸最小检出限为 $0.022\mu g/mL$。

2. 原理　先将试样中抗坏血酸在弱酸性条件下提取出来，提取液中还原型抗坏血酸经活性炭氧化为脱氢抗坏血酸，与邻苯二胺（OPDA）反应生成有荧光的喹喔啉，其荧光强度与脱氢抗坏血酸的浓度在一定条件下成正比。另外，脱氢抗坏血酸与硼酸可形成硼酸-脱氢抗坏血酸络合物而不与邻苯二胺反应，以此作为空白排除试样中荧光杂质的干扰。

3. 主要仪器设备

（1）荧光分光光度计：激发波长 350nm，发射波长 430nm，1cm 石英比色皿。

（2）样品粉碎机。

4. 主要试剂和溶液

（1）偏磷酸-乙酸溶液：称取 15g 偏磷酸，加入 40mL 冰乙酸及 250mL 蒸馏水，加热，搅拌，使之逐渐溶解，冷却后加蒸馏水至 500mL，于 4℃冰箱可保存 7～10d。

（2）0.15mol/L 硫酸溶液：取 10mL 硫酸，小心加入水中，再加蒸馏水稀释至 1 200mL。

（3）偏磷酸-乙酸-硫酸溶液：以 0.15mol/L 硫酸溶液为稀释液代替蒸馏水，其余同（1）配制。

（4）50% 乙酸钠溶液：称取 500g 乙酸钠（$CH_3COONa \cdot 3H_2O$），加蒸馏水至 1 000mL。

（5）硼酸-乙酸钠溶液：称取 3g 硼酸，溶于 100mL 50%乙酸钠溶液中，临用前配制。

（6）邻苯二胺溶液：称取 20mg 邻苯二胺，于临用前用蒸馏水稀释至 100mL。

（7）抗坏血酸标准溶液（1mg/mL）：准确称取 50mg 抗坏血酸，用偏磷酸-乙酸溶液溶于 50mL 容量瓶中，并稀释至刻度。临用前配制。

（8）抗坏血酸标准工作溶液（$100\mu g/mL$）：取 10mL 1mg/mL 抗坏血酸标准溶液，用溶液稀释至 100mL。稀释前测试其 pH，如其 pH 大于 2.2 时，则用偏磷酸-乙酸-硫酸溶液稀释。

（9）0.04%百里酚蓝指示剂：称取 0.1g 百里酚蓝，加 0.02mol/L 氢氧化钠溶液，在玻璃研钵中研磨至溶解，氢氧化钠的用量为 10.75mL，磨溶后用蒸馏水稀释至 250mL。变色范围：pH 等于 1.2 时为红色；pH 等于 2.8 时为黄色；pH 大于 4.0 时为蓝色。

（10）活性炭的活化：加 200g 炭粉于 1L 盐酸（1∶9，体积比）中，加热回流 1～2h，过滤，用蒸馏水洗至无铁离子（Fe^{3+}）为止，置于 110～120℃烘箱中干燥，备用。

检验铁离子方法：利用普鲁士蓝反应。将 2%亚铁氰化钾与 1%盐酸等量混合，将上述洗出滤液滴入，如有铁离子则产生蓝色沉淀。

5. 测定方法

（1）试样的制备：取有代表性的饲料样品，四分法缩分至 200g，磨碎，全部通过 0.45mm（40 目）孔筛，混匀后装入密闭容器中，保存备用。

（2）试样中碱性物质量的预检：称取试样 1g 于烧杯中，加 10mL 偏磷酸-乙酸溶液，用 0.04％百里酚蓝指示剂检查其 pH，如呈红色，即可用偏磷酸-乙酸溶液作样品提取稀释液。如呈黄色或蓝色，则滴加偏磷酸-乙酸-硫酸溶液，使其变红，并记录所用量。

（3）试样溶液的制备：称取试样若干克（精确至 0.000 1g，含抗坏血酸 2.5～10mg），置于 100mL 容量瓶中，按步骤（2）预检碱性物质量，加偏磷酸-乙酸-硫酸溶液调 pH 为 1.2，或者直接用偏磷酸-乙酸溶液定容，摇匀。如样品含大量悬浮物，则需进行过滤，滤液为试样溶液。

（4）测定：

①氧化处理：分别取上述试样溶液及标准工作溶液 100mL，置于 200mL 带盖三角瓶中，加 2g 活性炭，用力振摇 1min，干法过滤，弃去最初数毫升，收集其余全部滤液，即为样品氧化液和标准氧化液。

②各取 10mL 标准氧化液于两个 100mL 容量瓶中，分别标明"标准"及"标准空白"。

③各取 10mL 样品氧化液于两个 100mL 容量瓶中，分别标明"样品"及"样品空白"。

④于"标准空白"及"样品空白"溶液中各加 5mL 硼酸-乙酸钠溶液，混合摇动 15min，用蒸馏水稀释至 100mL。

⑤于"标准"及"样品"溶液中各加入 5mL 50％乙酸钠溶液，用蒸馏水稀释至 100mL。

⑥荧光反应：取"标准空白"溶液、"样品空白"溶液及"样品"溶液 2.0mL，分别置于 10mL 带盖试管中。在暗室迅速向各管中加入 5mL 邻苯二胺溶液，振摇混合，在室温下反应 35min，于激发波长 350nm、发射波长 430nm 处测定荧光强度。

⑦标准曲线的绘制：取上述"标准"溶液（抗坏血酸含量 10μg/mL）0.5mL、1.0mL、1.5mL 和 2.0mL 标准系列各双份分别置于 10mL 带盖试管中，再用蒸馏水补充至 2.0mL。荧光反应按步骤⑥，以标准系列荧光强度分别减去标准空白荧光强度为纵坐标，对应抗坏血酸含量（μg）为横坐标，绘制标准曲线。

6. 结果计算 试样中总抗坏血酸含量的计算公式如下。

$$X = \frac{n \times \rho}{m}$$

式中：X 为试样中抗坏血酸及脱氢抗坏血酸总含量（mg/kg）；ρ 为从标准曲线上查得的试样溶液中抗坏血酸的含量（μg）；m 为试样的质量（g）；n 为试样溶液的稀释倍数。

注意事项：所得结果保留至小数点后一位。

第十四节　氯化胆碱的分析与测定

胆碱为无色晶体，易溶于水，碱性很强。饲料添加剂中常用的形式为氯化胆碱，包括 70％的液态和 50％的固态两种剂型。胆碱是磷脂的组成成分，在构成细胞结构和维持细胞功能上起重要作用；胆碱以卵磷脂的形式在脂肪代谢中起重要作用，可防止甘油三酯在肝中蓄积；胆碱是生成乙酰胆碱不可缺少的成分；胆碱是体内甲基的供体。胆碱的测定方法有多种，包括滴定法、酶法、分光光度法等。

一、饲料添加剂氯化胆碱含量的测定

1. 适用范围　本方法适用于以三甲胺盐酸水溶液与环氧乙烷反应生成的氯化胆碱水剂，以及以氯化胆碱水剂为原料加入二氧化硅、植物性载体等制成的饲料添加剂氯化胆碱粉剂的测定。

2. 原理　通过离子交换色谱柱将试样溶液中的氯化胆碱与其他阳离子分离，用抑制性电导检测器检测，外标法定量。

3. 主要仪器设备

（1）分析天平：感量 0.01g 和 0.000 1g。

（2）振荡器。

（3）离子色谱仪：具有弱酸型阳离子交换柱和带有连续自动再生膜阳离子抑制器的电导检测器。

4. 主要试剂和溶液

（1）甲基磺酸：含量≥98.5％。

（2）氯化胆碱对照品：含量≥98.0％。

（3）甲基磺酸溶液：取甲基磺酸适量，加蒸馏水溶解稀释成 18mmol/L 溶液，摇匀。

（4）氯化胆碱对照品贮备溶液：称取 0.1g 已在 105℃干燥 2h 的氯化胆碱对照品，置于 100mL 容量瓶中，加蒸馏水溶解，用蒸馏水稀释至刻度，摇匀。该溶液质量浓度约为 1mg/mL，2～8℃保存，有效期 3 个月。

（5）氯化胆碱系列标准工作溶液：量取氯化胆碱对照品贮备溶液适量，加蒸馏水稀释成质量浓度范围为 2～30μg/mL 的工作溶液系列。

5. 测定方法

（1）水剂的测定：称取试样 0.7g（精确至 0.1mg），置于 250mL 容量瓶中，用蒸馏水稀释至刻度，摇匀。移取 1.00mL，置于 100mL 容量瓶中，用蒸馏水稀释至刻度，摇匀。

（2）粉剂的测定：称取经 105℃干燥 2h 的试样 1.0g（精确至 0.1mg），置于 250mL 容量瓶中，加约 200mL 蒸馏水，摇匀，在（70±3）℃水浴中加热 15min，振荡 10min，冷却至室温，用蒸馏水稀释至刻度，摇匀后，用干燥滤纸和漏斗过滤。移取滤液 1.00mL 置于 100mL 容量瓶，用蒸馏水稀释至刻度，摇匀。

（3）测定：

①色谱条件：

色谱柱：羧基/磷酸基弱酸型阳离子交换柱，粒径 8.5μm，如 IonPac CS12A 250mm×4mm（带 IonPac CS12A 保护柱 50mm×4mm），或性能相当的离子色谱柱。

流动相：甲基磺酸溶液，18mmol/L。

流速：1.0mL/min。

柱温：30℃。

抑制剂：连续电化学自动再生膜阳离子抑制剂，或性能相当膜型阳离子抑制剂。

检测器：电导检测器。

进样体积：25μL（可根据试样中被测离子含量进行调整）。

②定量测定：分别取氯化胆碱系列标准工作溶液和试样溶液上机测定，平行测定结果的算术平均值为峰面积测定结果，以工作溶液质量浓度与峰面积平均值绘制标准曲线，根据标准曲线计算所得试样溶液中氯化胆碱的含量。

6. 结果计算 试样中氯化胆碱含量的计算公式如下。

$$X = \frac{\rho \times V_1 \times V_3 \times 10^{-6}}{m \times V_2} \times 100\%$$

式中：X 为试样中氯化胆碱的含量；ρ 为根据标准曲线计算所得试样溶液中氯化胆碱的质量浓度（$\mu g/mL$）；V_1 为试样定容的体积（mL）；V_2 为试样溶液移取的体积（mL）；V_3 为试样溶液最终定容的体积（mL）；m 为试样的质量（g）。

注意事项：取两次平行测定结果的算术平均值为测定结果，结果保留至小数点后一位。

二、预混合饲料中氯化胆碱含量的测定

1. 适用范围 本方法适用于预混合饲料中氯化胆碱含量的测定，定量限为 0.05g/kg。

2. 原理 用纯水提取样品中氯化胆碱，采用阳离子交换色谱-电导检测器检测，外标法定量。

3. 主要仪器设备

（1）恒温水浴装置。

（2）振荡器：往复式。

（3）色谱分析仪：具弱酸型阳离子交换柱，配电导检测器。

4. 主要试剂和溶液

（1）蒸馏水：一级。

（2）丙酮：色谱纯。

（3）嘧啶二羧酸（$C_7H_5NO_4$）。

（4）流动相：0.600 0g 柠檬酸、0.125 0g 嘧啶二羧酸，加蒸馏水 300mL，加热溶解，冷却后加入 150mL 丙酮，定容至 100 0mL 容量瓶中。

（5）氯化胆碱标准溶液：

①氯化胆碱标准贮备溶液：准确称取氯化胆碱标准品（含量≥99.5%）0.100 5g，置于 100mL 容量瓶中，用蒸馏水溶解，稀释至刻度，摇匀。该溶液中氯化胆碱的质量浓度为 1 000$\mu g/mL$，保存在 4℃冰箱中，有效期 1 个月。

②氯化胆碱标准工作溶液：准确移取一定量氯化胆碱贮备溶液，用蒸馏水稀释成质量浓度为 25.0$\mu g/mL$ 的标准工作溶液。该溶液应现配现用。

5. 测定方法

（1）试样溶液的制备：

①准确称取 2g 试样（含氯化胆碱 0.01～0.2g，精确至 0.000 1g），置于 100mL 容量瓶中，加约 60mL 蒸馏水，摇匀，在 70℃水浴锅中加热 20min，在往复振荡器上振荡 10min，冷却至室温，用蒸馏水稀释至刻度，摇匀，干过滤，滤液备用。

②吸取 5.0mL 滤液，置于 100mL 容量瓶中，摇匀，用蒸馏水稀释至刻度。过 0.45μm 滤膜，待上机测定。

（2）测定：

①色谱条件：

色谱柱：长 150mm，内径 4mm，粒径 4mm，阳离子交换柱（Na^+ 形式），或同等性能者。

流动相：见试剂与溶液中所列，或同等性能者。

流动相流速：1.0mL/min。

柱温：常温。

②定量测定：向离子色谱分析仪连续注入氯化胆碱标准工作溶液，直至得到基线平稳、峰形对称且峰面积能够重现的色谱峰。

氯化胆碱标准工作溶液与相邻的离子分离度大于 1.5。

依次注入标准工作溶液、试样溶液，积分得到峰面积值，用标准溶液进行单点或多点校准。

6. 结果计算　试样中氯化胆碱含量的计算公式如下。

$$X = \frac{P \times n \times \rho \times V}{P_0 \times m \times 1\,000}$$

式中：X 为试样中氯化胆碱的含量（g/kg）；P 为试样溶液峰面积值；n 为稀释倍数（试液②中上机测定的稀释倍数）；ρ 为标准工作溶液中氯化胆碱的质量浓度（$\mu g/mL$）；V 为试样溶液的体积（mL）；P_0 为标准工作溶液峰面积值；m 为称取试样的质量（g）。

📝 本章小结

不同饲料中维生素的含量不同，同一饲料原料中维生素的含量变化较大，特别是由于各种维生素的理化特性的区别，饲料中维生素活性受到破坏的程度变异较大，对饲料中维生素含量的测定的准确度受到取样时间、地点、测定方法等的影响，因此，对饲料中维生素含量的测定要求较高。本章主要介绍了含维生素高的添加剂原料和含维生素低的饲料（预混合饲料、浓缩饲料、配合饲料）的部分测定方法，为了与行业接轨，本章所介绍的分析测定方法主要以当前颁布的最新中华人民共和国国家饲料标准为基础。关于维生素分析测定的其他方法可参考相关书籍。

📝 思 考 题

1. 高效液相色谱法测定饲料中维生素 A 含量的原理是什么？
2. 高效液相色谱法测定饲料中维生素 D_3 含量的原理是什么？
3. 高效液相色谱法测定饲料中维生素 E 含量的原理是什么？
4. 高效液相色谱法测定饲料中维生素 K_3 含量的原理是什么？
5. 荧光分光光度法测定饲料中维生素 B_1 含量的原理是什么？
6. 荧光分光光度法测定饲料中维生素 B_2 含量的原理是什么？
7. 分光光度法测定饲料中 D-泛酸钙含量的原理是什么？
8. 荧光法测定饲料中总抗坏血酸含量的原理是什么？
9. 试述预混合饲料中氯化胆碱含量的测定方法及原理。

第八章　微量元素的分析与测定

自然界的大多数矿物元素也存在于动物组织，其中很多元素广泛参与动物体内的物质代谢与调节，一些元素的缺乏或过量会对动物的生长、发育、代谢及调节产生重要影响。动物体内的矿物元素主要来源于摄入的饲料和环境，因此分析和检测饲料原料及饲料产品中必需矿物元素和有毒有害元素是饲料企业饲料品质控制的重要环节。矿物元素分析包括定性分析与定量分析。通过点滴试验等方法对矿物元素进行定性检测；通过滴定分析法、分光光度法、原子吸收光谱法、原子荧光光谱分析法、等离子发射光谱法等方法对矿物元素进行定量检测。

第一节　微量元素的定性检测

饲用微量元素添加剂的种类的定性检测是饲料企业质检工作的一项日常工作。各种微量元素添加剂的定性检测可参照如下方法进行。其中定性检测用的饲料样品的抽样方法可按 GB/T 14699.1 的要求进行。

一、饲料级微量元素添加剂的定性检测

1. 主要试剂和材料

（1）亚铁氰化钾溶液：100g/L。

（2）铁氰化钾溶液：100g/L。

（3）乙酸溶液：1∶10（体积比）。

（4）硫酸钠溶液：250g/L。

（5）二硫腙四氯化碳溶液：1∶100（体积比）。

（6）三氯甲烷。

（7）乙酸-乙酸钠缓冲溶液：称取 2.7g 乙酸钠，加 60mL 冰乙酸，溶于 100mL 蒸馏水中。

（8）冰乙酸。

（9）钴试剂 {4-［（5-氯-2-吡啶）偶氮］-1，3-二氨基苯} 溶液：称取钴试剂 0.1g 溶于 100mL 的 95％乙醇中，置于棕色瓶中保存。

（10）盐酸溶液：2∶1（体积比）。

（11）硝酸。

（12）铋酸钠粉末。

（13）乙二胺四乙酸二钠溶液：150g/L。

（14）甲酸溶液：1∶9（体积比）。

（15）盐酸溶液：1∶1（体积比）。

（16）硒试剂溶液：5g/L 盐酸-3,3-二氨基联苯胺。

（17）淀粉溶液：10g/L。

（18）磷酸二氢钠溶液：50g/L。

（19）氨水溶液：2∶3（体积比）。

（20）氯化铵溶液：50g/L。

2. 检测方法

（1）铜离子的鉴别：称取 0.5g 饲料级硫酸铜试样，加 20mL 蒸馏水溶解。取 10mL 此溶液，加 0.5mL 新配的 100g/L 亚铁氰化钾溶液，摇振，生成红棕色沉淀，此沉淀不溶于稀酸。

（2）亚铁离子的鉴别：取少许饲料级硫酸亚铁试样，加蒸馏水溶解，滴加 100g/L 铁氰化钾溶液，生成深蓝色沉淀。

（3）锌离子的鉴别：称取 0.2g 饲料级硫酸锌试样，溶于 5mL 蒸馏水中。移取 1mL 试液，用乙酸溶液（1∶10，体积比）调节溶液的 pH 为 4～5，加 2 滴 250g/L 硫酸钠溶液，再加数滴二硫腙四氯化碳溶液（1∶100，体积比）和 1mL 三氯甲烷，摇振后，有机层显紫红色。

（4）钴离子的鉴别：取饲料级氯化钴试样溶液，加 2mL 乙酸-乙酸钠缓冲溶液，加 3 滴钴试剂溶液，3 滴盐酸溶液（2∶1，体积比），溶液呈现红色。

（5）锰离子的鉴别：取 0.2g 饲料级硫酸锰试样，溶于 50mL 水中。取 3 滴于点滴板上，加 2 滴硝酸，加少许铋酸钠粉末，产生紫红色。

（6）亚硒酸根离子的鉴别：取少许饲料级亚硒酸钠试样，加 5mL 蒸馏水溶解，加 5 滴 150g/L 乙二胺四乙酸二钠溶液、5 滴甲酸溶液（1∶9，体积比）。用盐酸溶液（1∶1，体积比）调节溶液 pH 至 2～3（用 pH 试纸检验），加 5 滴硒试剂溶液，振摇，放置 10min，即产生黄色沉淀。

（7）碘离子的鉴别：称取 0.5g 饲料级碘化钾试样，称准至 0.01g，置于 50mL 烧杯中，用 5mL 蒸馏水溶解，加入 1mL 10g/L 淀粉溶液，产生蓝紫色。

（8）镁离子的鉴别：将饲料级硫酸镁试样溶解于蒸馏水，加氨水（2∶3，体积比），即生成白色沉淀，滴加氯化铵溶液（50g/L），沉淀溶解，再加磷酸二氢钠溶液（50g/L），生成白色沉淀，此沉淀不溶解于氨水中。

二、饲料中微量元素的定性检测

动物饲料中使用的微量矿物元素添加剂多为化学合成的。配合饲料或复合预混合饲料中微量矿物元素的定性检测可采用点滴试验。

1. 样品制备　混合饲料中的矿物质一般是粉状物或细小颗粒体。筛分样品，并将其颗粒较细的部分倒入有氯仿的 100mL 烧杯中，倒出上浮物，再把剩下的试料用小勺撒到滤纸上进行点滴试验。

2. 各种金属离子的点滴方法

（1）钴（Co）、铜（Cu）、铁（Fe）：

①主要试剂：

溶液 A：酒石酸钾钠溶液（$KNaC_4H_4O_6 \cdot H_2O$）。用蒸馏水溶解 100g 酒石酸钾钠，制成 500mL 溶液。

溶液 B：亚硝基-R-盐溶液。用蒸馏水溶解 1g 1-亚硝基-2-羟基萘-3，6 二磺酸钠盐，制成 500mL 溶液。

②操作：用 3～4 滴溶液 A 浸湿滤纸，然后将试样撒到滤纸上，再滴加 2～3 滴溶液 B，让滤纸干燥后用显微镜仔细检查。

③结果判定：干燥后的滤纸显现粉红色说明样品中含有钴；显现淡褐色且呈环状则说明样品中含有铜；显现深绿色则说明样品中含有铁。

（2）锰（Mn）（二氧化锰和硫酸锰试验）：

①主要试剂：

溶液 A：2mol/L 氢氧化钠。

溶液 B：将 0.07g 二水合氯化联苯胺溶解于 1mL 冰乙酸中，拌匀，再用蒸馏水稀释至 100mL。

②操作：用溶液 A 浸湿滤纸；撒试样于滤纸上，静置 1min；加 2～3 滴溶液 B；若不立即发生反应，再加溶液 B，但不要溢出。

③结果判定：二氧化锰显现深蓝色，带一黑色中心；硫酸锰很快显现出较大的浅蓝色斑点。

（3）碘（I）（碘化钾试验）：

①主要试剂和材料：

a. 材料：淀粉试纸。

b. 试剂：溴溶液。量取 1mL 饱和溴水，用蒸馏水稀释至 20mL。

②操作：用溴溶液浸湿淀粉试纸，将试样撒于淀粉试纸上。

③结果判定：碘化物显现出蓝紫色。

（4）镁（Mg）（硫酸镁试验）：

①主要试剂：

溶液 A：1mol/L 氢氧化钾。

溶液 B：在 25mL 蒸馏水中溶解 12.7g 碘和 40g 碘化钾，摇匀，再稀释至 100mL。

②操作：将溶液 A 与超量的溶液 B 混合制成很深的褐色混合液；取少量该混合液，加入 2～3 滴溶液 A 直至其变成淡黄色；用此淡黄色溶液浸湿滤纸，再撒上少量试样。

③结果判定：镁呈现出黄褐色斑点。

注意：溶液 A 和溶液 B 的混合液变质非常快，要现用现配。

（5）锌（Zn）：

①主要试剂：

溶液 A：2mol/L 氢氧化钠。

溶液 B：溶解 0.1g 二硫腙于 100mL 四氯化碳中。

②操作：用溶液 A 浸湿滤纸；撒上少量试样；加 2～3 滴溶液 B。

③结果判定：锌呈现出木莓红色。

第二节　微量元素的定量检测——滴定分析法

对于饲料中的微量元素，我们常通过化学消化的方法将其转变成元素溶液，然后借助仪器分析的方法进行分析与检测，如分光光度法、原子吸收光谱法等。但是，饲料中微量元素通常采用饲料添加剂的方式提供，通常采用滴定分析法对饲料添加剂中微量元素含量进行检测，即试样在经过一定的化学反应或处理后，加入一定量的指示剂，用标准溶液进行滴定，标准溶液参与反应体系中进行反应，根据溶液颜色的变化确定反应终点，从消耗的标准滴定溶液的体积计算试样中矿物质添加剂的含量。本节主要介绍这种测定方法。

一、硫酸铜含量的测定（碘量法）

1. 原理　试样用蒸馏水溶解，在弱酸性条件下，加入适量的碘化钾与二价铜作用，析出等当量碘，以淀粉为指示剂，用硫代硫酸钠标准滴定溶液滴定析出的碘。以消耗硫代硫酸钠标准滴定溶液的体积，计算试样中硫酸铜含量。

$$2Cu^{2+} + 4I^- \longrightarrow 2CuI \downarrow + I_2$$
$$I_2 + 2S_2O_3{}^{2-} \longrightarrow 2I^- + S_4O_6{}^{2-}$$

2. 主要试剂和材料

(1) 碘化钾。

(2) 冰乙酸。

(3) 淀粉指示剂：5g/L。

(4) 硫代硫酸钠标准滴定溶液：$c(Na_2S_2O_3) = 0.1mol/L$。

3. 测定步骤　称取 1g 试样（精确至 0.000 1g），置于 250mL 碘量瓶中，加入 100mL 蒸馏水溶解，加入 4mL 冰乙酸，加 2g 碘化钾，摇匀后，于暗处放置 10min。用 0.1mol/L 硫代硫酸钠标准滴定溶液滴定，直至溶液呈现淡黄色，加 3mL 5g/L 淀粉指示剂，继续滴定至蓝色消失，即为终点。

4. 结果计算

试样中硫酸铜的含量（按 $CuSO_4 \cdot 5H_2O$ 计）按下式计算。

$$X_1 = \frac{V \times c \times 0.249\,7}{m} \times 100\%$$

试样中硫酸铜的含量（按 Cu 计）按下式计算。

$$X_2 = \frac{V \times c \times 0.063\,55}{m} \times 100\%$$

式中：c 为硫代硫酸钠标准滴定溶液的实际物质的量浓度（mol/L）；V 为滴定时消耗硫代硫酸钠标准滴定溶液的体积（mL）；m 为试样的质量（g）；0.249 7 为与 1.00mL 硫代硫酸钠标准滴定溶液 $[c(Na_2S_2O_3) = 1.000mol/L]$ 相当的、以克表示的五水硫酸铜的质量；0.063 55 为与 1.00mL 硫代硫酸钠标准滴定溶液 $[c(Na_2S_2O_3) = 1.000mol/L]$ 相当的、以克表示的铜的质量。

5. 重复性要求　取平行测定结果的算术平均值为测定结果。平行测定结果的绝对差值不大于 0.2%。

二、硫酸锌含量的测定

1. 原理　将硫酸锌用硫酸溶液溶解，加适量蒸馏水，加入氟化铵溶液、硫脲溶液、抗坏血酸作为掩蔽剂，以乙酸-乙酸钠缓冲溶液调节 pH 为 5～6，以二甲酚橙为指示剂，用乙二胺四乙酸二钠标准滴定溶液滴定至溶液由紫红色变为亮黄色即为终点。

2. 主要试剂和材料

（1）抗坏血酸。

（2）硫脲溶液：200g/L。

（3）氟化铵溶液：200g/L。

（4）硫酸溶液：1∶1（体积比）。

（5）乙酸-乙酸钠缓冲溶液：pH 5.5。称取 200g 乙酸钠，溶于蒸馏水，加 10mL 冰醋酸，稀释至 1 000mL。

（6）乙二胺四乙酸二钠标准滴定溶液：$c(EDTA) =0.05mol/L$。

（7）二甲酚橙指示剂：2g/L，使用期不超过 1 周。

3. 测定步骤　称取 0.3g 七水硫酸锌试样或 0.2g 一水硫酸锌试样（精确至 0.000 1g），置于 250mL 锥形瓶中，加少量蒸馏水浸湿，滴加 2 滴硫酸溶液（1∶1，体积比）使试样溶解，加 50mL 蒸馏水、10mL 200g/L 氟化铵溶液、2.5mL 200g/L 硫脲溶液、0.2g 抗坏血酸，摇匀溶解后加入 15mL 乙酸-乙酸钠缓冲溶液和 3 滴 2g/L 二甲酚橙指示剂，用 0.05mol/L 乙二胺四乙酸二钠标准滴定溶液滴定至溶液由红色变为亮黄色即为终点。

同时做空白试验。

4. 结果计算

试样中硫酸锌的含量（按 $ZnSO_4 \cdot 7H_2O$ 计）按下式计算。

$$X_1 = \frac{c \times (V_1 - V_0) \times 0.287\ 6}{m} \times 100\%$$

试样中硫酸锌的含量（按 $ZnSO_4 \cdot H_2O$ 计）按下式计算。

$$X_2 = \frac{c \times (V_1 - V_0) \times 0.179\ 5}{m} \times 100\%$$

试样中的硫酸锌含量（按 Zn 计）按下式计算。

$$X_3 = \frac{c \times (V_1 - V_0) \times 0.065\ 39}{m} \times 100\%$$

式中：c 为乙二胺四乙酸二钠标准滴定溶液的实际物质的量浓度（mol/L）；V_1 为滴定试样溶液消耗乙二胺四乙酸二钠标准滴定溶液的体积（mL）；V_0 为滴定空白溶液消耗乙二胺四乙酸二钠标准滴定溶液的体积（mL）；m 为试样的质量（g）；0.287 6 为与 1.00mL 乙二胺四乙酸二钠标准滴定溶液 $[c(EDTA) =1.000mol/L]$ 相当的、以克表示的七水硫酸锌的质量；0.179 5 为与 1.00mL 乙二胺四乙酸二钠标准滴定溶液 $[c(EDTA) =1.000mol/L]$ 相当的、以克表示的一水硫酸锌的质量；0.065 39 为与 1.00mL 乙二胺四乙酸二钠标准滴定溶液 $[c(EDTA) =1.000mol/L]$ 相当的、以克表示的锌的质量。

5. 重复性要求　取平行测定结果的算术平均值为测定结果。平行测定结果的绝对差值：一水硫酸锌和七水硫酸锌不大于 0.2%，锌（Zn）不大于 0.15%。

三、硫酸亚铁含量的测定

1. 原理　试样溶解后，加入硫磷混合酸，以二苯胺磺酸钠为指示剂，用重铬酸钾标准滴定溶液滴定，测定其含量。

2. 主要试剂和材料

（1）碳酸氢钠。

（2）盐酸溶液：1∶1（体积比）。

（3）硫磷混合酸：在 700mL 蒸馏水中加入 150mL 硫酸（$\rho=1.84g/mL$）、150mL 磷酸（$\rho=1.70g/mL$），混匀。

（4）饱和碳酸氢钠溶液。

（5）重铬酸钾标准溶液：$c(1/6\ K_2Cr_2O_7)=0.1mol/L$。

（6）二苯胺磺酸钠指示剂：5g/L。

3. 测定步骤　称取约 0.15g 试样（精确至 0.000 1g），置于 250mL 碘量瓶中，加入 10mL 盐酸溶液（1∶1，体积比），加入 5g 碳酸氢钠，迅速用带有导管的橡胶塞盖上瓶口，在电炉上慢慢加热至试样完全溶解，取下，将瓶外导管一端迅速插入饱和碳酸氢钠溶液中，待冷却至室温后，取下橡胶塞，加 10mL 硫磷混合酸、2 滴 5g/L 二苯胺磺酸钠指示剂，用 0.1mol/L 重铬酸钾标准滴定溶液滴定至溶液呈紫色为终点。

同时做空白试验。

4. 结果计算

试样中硫酸亚铁的含量（按 $FeSO_4 \cdot H_2O$ 计）按下式计算。

$$X_1=\frac{c\times(V_1-V_0)\times0.169\ 9}{m}\times100\%$$

试样中硫酸亚铁的含量（按 $FeSO_4 \cdot 7H_2O$ 计）按下式计算。

$$X_2=\frac{c\times(V_1-V_0)\times0.278\ 0}{m}\times100\%$$

试样中硫酸亚铁的含量（按 Fe 计）按下式计算。

$$X_3=\frac{c\times(V_1-V_0)\times0.055\ 85}{m}\times100\%$$

式中：c 为重铬酸钾标准滴定溶液的实际物质的量浓度（mol/L）；V_1 为滴定试样溶液消耗重铬酸钾标准滴定溶液的体积（mL）；V_0 为滴定空白溶液消耗重铬酸钾标准滴定溶液的体积（mL）；m 为试样的质量（g）；0.169 9 为与 1.00mL 重铬酸钾标准滴定溶液 $[c(1/6\ K_2Cr_2O_7)=1.000mol/L]$ 相当的、以克表示的一水硫酸亚铁的质量；0.278 0 为与 1.00mL 重铬酸钾标准滴定溶液 $[c(1/6\ K_2Cr_2O_7)=1.000mol/L]$ 相当的、以克表示的七水硫酸亚铁的质量；0.055 85 为与 1.00mL 重铬酸钾标准滴定溶液 $[c(1/6\ K_2Cr_2O_7)=1.000mol/L]$ 相当的、以克表示的铁的质量。

5. 重复性要求　取平行测定结果的算术平均值为测定结果。平行测定结果的绝对差值：硫酸亚铁不大于 0.3%，铁不大于 0.1%。

四、硫酸锰含量的测定

1. 原理　在磷酸介质中，于 220～240℃ 下用硝酸铵将试样中的二价锰定量氧化成三价锰，以 N-苯代邻氨基苯甲酸作指示剂，用硫酸亚铁铵标准滴定溶液滴定。

2. 主要试剂和材料

（1）磷酸。

（2）硝酸铵。

（3）无水碳酸钠。

（4）N-苯代邻氨基苯甲酸指示剂：2g/L。称取 0.2g N-苯代邻氨基苯甲酸，溶于少量蒸馏水中，加 0.2g 无水碳酸钠，低温加热溶解后，加蒸馏水至 100mL，摇匀。

（5）硫磷混合酸：于 700mL 蒸馏水中徐徐加入 150mL 硫酸（$\rho = 1.84g/mL$）及 150mL 磷酸（$\rho = 1.70g/mL$），摇匀，冷却。

（6）重铬酸钾标准溶液：$c(1/6K_2Cr_2O_7)$ 约为 0.1mol/L。准确称取在 120℃烘至质量恒重的基准重铬酸钾约 4.9g（精确至 0.000 1g），置于 1 000mL 容量瓶中，加适量蒸馏水溶解后，稀释至刻度，摇匀。

（7）硫酸亚铁铵标准溶液：$c[Fe(NH_4)_2(SO_4)_2] = 0.1mol/L$。硫酸亚铁铵标准滴定溶液的标定应与样品测定同时进行。

配制：称取 40g 硫酸亚铁铵，加入（1∶4，体积比）硫酸溶液 300mL，溶解后加 700mL 蒸馏水，摇匀。

标定：取 25mL 重铬酸钾标准溶液，加 10mL 硫磷混合酸，加蒸馏水至 100mL，用硫酸亚铁铵标准滴定溶液滴定至橙黄色消失。加入 2 滴 N-苯代邻氨基苯甲酸指示剂，继续滴定至溶液显亮绿色即为终点。

硫酸亚铁铵标准滴定溶液的物质的量浓度按下式计算。

$$c(\text{mol/L}) = \frac{V_1 \times m}{49.03 \times 1 \times V}$$

式中：m 为称取重铬酸钾的实际质量（g）；49.03 为重铬酸钾（$1/6K_2Cr_2O_7$）的摩尔质量（g/mol）；1 为"2"中"（6）"配制成的重铬酸钾标准溶液的体积（L）；V_1 为移取重铬酸钾标准溶液的体积（mL）；V 为滴定中消耗硫酸亚铁铵标准滴定溶液的体积（mL）。

3. 测定步骤 称取约 0.5g 试样（精确至 0.000 1g），置于 500mL 锥形瓶中，用少量蒸馏水润湿。加入 20mL 磷酸，摇匀后加热煮沸，至液面平静并微冒白烟（此时温度为 220～240℃），移离热源，立即加入 2g 硝酸铵并充分摇匀，使黄烟逸尽。冷却至约 70℃后，加 100mL 蒸馏水，充分摇动，使盐类溶解，冷却至室温。用硫酸亚铁铵标准滴定溶液滴定至浅红色，加入 2 滴 N-苯代邻氨基苯甲酸指示剂，继续滴定至溶液由红色变为亮黄色为终点。

4. 结果计算

试样中硫酸锰的含量（按 $MnSO_4 \cdot H_2O$ 计）按下式计算。

$$X_1 = \frac{c \times V \times 0.169\ 0}{m} \times 100\%$$

试样中硫酸锰的含量（按 Mn 计）按下式计算。

$$X_2 = \frac{c \times V \times 0.054\ 94}{m} \times 100\%$$

式中：c 为硫酸亚铁铵标准滴定溶液的实际物质的量浓度（mol/L）；V 为滴定试验溶液消

耗硫酸亚铁铵标准滴定溶液的体积（mL）；m 为试样的质量（g）；0.169 0 为与 1.00mL 硫酸亚铁铵标准滴定溶液 $\{c[\text{Fe}(\text{NH}_4)_2(\text{SO}_4)_2]=1.000\text{mol/L}\}$ 相当的、以克表示的一水硫酸锰的质量；0.054 94 为与 1.00mL 硫酸亚铁铵标准滴定溶液 $\{c[\text{Fe}(\text{NH}_4)_2(\text{SO}_4)_2]=1.000\text{mol/L}\}$ 相当的、以克表示的锰的质量。

5. 重复性要求　取平行测定结果的算术平均值为测定结果。平行测定结果的绝对差值：一水硫酸锰不大于 0.5%，锰不大于 0.2%。

五、亚硒酸钠含量的测定

1. 原理　在强酸性介质中，亚硒酸钠与碘化钾发生氧化-还原反应产生游离碘，用硫代硫酸钠标准滴定溶液滴定产生的碘，以淀粉为指示剂，根据颜色变化判断终点。

$$\text{SeO}_3{}^{2-}+4\text{I}^-+6\text{H}^+\longrightarrow 2\text{I}_2+\text{Se}+3\text{H}_2\text{O}$$
$$\text{I}_2+2\text{S}_2\text{O}_3{}^{2-}\longrightarrow 2\text{I}^-+\text{S}_4\text{O}_6{}^{2-}$$

2. 主要试剂和材料

（1）碘化钾。

（2）三氯甲烷。

（3）盐酸溶液：1∶1（体积比）。

（4）硫代硫酸钠标准滴定溶液：$c(\text{Na}_2\text{S}_2\text{O}_3)$ 约为 0.1mol/L。

（5）淀粉指示剂：10g/L，使用期为两周。

3. 测定步骤　称取约 0.1g、预先在 105～110℃下烘干至恒重的试样（精确至 0.000 1g），置于 250mL 碘量瓶中，加 100mL 蒸馏水使其溶解，加入 2g 碘化钾、10mL 三氯甲烷和 5mL 盐酸溶液（1∶1，体积比），摇匀，在暗处放置 5min。用约 0.1mol/L 硫代硫酸钠标准滴定溶液滴定，临近终点时（溶液由棕红色变为淡黄色）加 2mL 淀粉指示剂，强力振摇 1min，继续滴定至水层蓝色消失。

同时做空白试验。

4. 结果计算

试样中亚硒酸钠的含量（按 Na_2SeO_3 计）按下式计算。

$$X_1=\frac{c\times(V_1-V_0)\times 0.043\ 23}{m}\times 100\%$$

试样中亚硒酸钠的含量（按 Se 计）按下式计算。

$$X_2=\frac{c\times(V_1-V_0)\times 0.019\ 74}{m}\times 100\%$$

式中：c 为硫代硫酸钠标准滴定溶液的实际物质的量浓度（mol/L）；V_1 为滴定试样溶液消耗硫代硫酸钠标准滴定溶液的体积（mL）；V_0 为滴定空白溶液消耗硫代硫酸钠标准滴定溶液的体积（mL）；m 为试样（干基）的质量（g）；0.043 23 为与 1.00mL 硫代硫酸钠标准滴定溶液 $[c(\text{Na}_2\text{S}_2\text{O}_3)=1.000\text{mol/L}]$ 相当的、以克表示的亚硒酸钠的质量；0.019 74 为与 1.00mL 硫代硫酸钠标准滴定溶液 $[c(\text{Na}_2\text{S}_2\text{O}_3)=1.000\text{mol/L}]$ 相当的、以克表示的硒的质量。

5. 重复性要求　取平行测定结果的算术平均值为测定结果。平行测定结果的绝对差值：亚硒酸钠不大于 0.3%，硒不大于 0.14%。

六、氯化钴含量的测定

1. 原理　在酸性介质中，Co^{2+} 与 SCN^- 生成具有 $[Co(SCN)_4]^{2-}$ 离子式的蓝色络合物。在丙酮存在下，用乙二胺四乙酸二钠盐滴定，Co^{2+} 与乙二胺四乙酸二钠生成淡红色络合物，达终点时，蓝色消失。

2. 主要试剂和材料

（1）盐酸羟胺。

（2）硫氰酸铵。

（3）饱和乙酸铵溶液。

（4）丙酮。

（5）乙二胺四乙酸二钠标准滴定溶液：约为 0.05mol/L。

3. 测定步骤　称取 0.3g 试样（精确至 0.000 1g），置于 250mL 锥形瓶中，加 50mL 蒸馏水溶解，加 0.25g 盐酸羟胺，加 10g 硫氰酸铵，加 4mL 饱和乙酸铵溶液，摇匀，再加 50mL 丙酮，以约 0.05mol/L 乙二胺四乙酸二钠标准滴定溶液滴定至蓝色全部消失即为终点。

4. 结果计算

试样中氯化钴的含量（按 $CoCl_2 \cdot 6H_2O$ 计）按下式计算。

$$X_1 = \frac{c \times V \times 0.237\ 9}{m} \times 100\%$$

试样中氯化钴的含量（按 Co 计）按下式计算。

$$X_2 = \frac{c \times V \times 0.058\ 93}{m} \times 100\%$$

式中：c 为乙二胺四乙酸二钠标准滴定溶液的实际物质的量浓度（mol/L）；V 为滴定试样溶液消耗乙二胺四乙酸二钠标准滴定溶液的体积（mL）；m 为试样的质量（g）；0.237 9 为与 1.00mL 乙二胺四乙酸二钠标准溶液 $[c(EDTA) = 1.000mol/L]$ 相当的、以克表示的无水氯化钴的质量；0.058 93 为与 1.00mL 乙二胺四乙酸二钠标准溶液 $[c(EDTA) = 1.000mol/L]$ 相当的、以克表示的钴的质量。

5. 重复性要求　取平行测定结果的算术平均值为测定结果。平行测定结果的绝对差值不大于 0.2%。

七、碘化钾含量的测定

1. 原理　碘化钾与硝酸银反应，生成淡黄色沉淀。

$$KI + AgNO_3 \longrightarrow KNO_3 + AgI\downarrow$$

2. 主要试剂和材料

（1）冰乙酸：1∶16（体积比）。

（2）5g/L 曙红钠乙醇溶液。

（3）硝酸银标准溶液：$c(AgNO_3)$ 约为 0.1mol/L。

3. 测定步骤　称取已在 105℃烘至恒重的试样 0.25g（精确至 0.000 1g），置于 250mL 锥形瓶中，用 50mL 蒸馏水溶解，加 5mL 冰乙酸，加 3 滴曙红钠乙醇溶液，以约 0.1mol/L 硝酸银标准滴定溶液避光滴定，至溶液呈肉红色即为终点。

4. 结果计算

试样中碘化钾的含量（按 KI 计）按下式计算。

$$X_1 = \frac{c \times V \times 0.166\ 0}{m} \times 100\%$$

试样中碘化钾的含量（按 I 计）按下式计算。

$$X_2 = \frac{c \times V \times 0.127\ 0}{m} \times 100\%$$

式中：c 为硝酸银标准滴定溶液的实际物质的量浓度（mol/L）；V 为滴定试样溶液消耗硝酸银标准滴定溶液的体积（mL）；m 为试样的质量（g）；0.166 0 为与 1.00mL 硝酸银标准溶液 $[c(AgNO_3) = 1.000mol/L]$ 相当的、以克表示的碘化钾的质量；0.127 0 为与 1.00mL 硝酸银标准溶液 $[c(AgNO_3) = 1.000mol/L]$ 相当的、以克表示的碘的质量。

5. 重复性要求 取平行测定结果的算术平均值为测定结果。平行测定结果的绝对差值不大于 0.2%。

第三节 原子吸收光谱法

随着对微量元素认识和应用的深入，饲料和饲料添加剂微量矿物元素的分析测定就显得十分重要。一般的常规测试手段和方法达不到对含量仅百万分之几的成分的分析要求，这给饲料质量监测和研究工作带来了一些困难，而原子吸收光谱分析技术则提供了一个简便、快速、灵敏度很高的分析测试技术。

（一）概述

原子吸收光谱法是一种测量气态原子对光辐射吸收的方法，主要用于金属元素的分析。它是基于光源（空心阴极灯）辐射出具有待测元素的特征谱线的光（光波），通过试样所产生的原子蒸气，被蒸气中待测元素的基态原子所吸收，并由辐射光强度减弱的程度，求出样品中待测元素的含量。在实际分析工作中的一定试验条件下，吸光度与待测元素浓度的关系服从朗伯-比尔定律：

$$A = -\lg I/I_0 = -\lg T = kc$$

式中：I 为透射光强度；I_0 为发射光强度；T 为透射比；k 在一定试验条件下为一个常数；c 为待测元素的浓度。

由于吸光度与浓度成正比，因此，只需测量样品溶液的吸光度与待测元素的标准溶液的吸光度，便可计算出样品中待测元素的浓度。这就是原子吸收光谱法的定量测定基础。

（二）仪器组成及主要作用

原子吸收光谱分析仪主要由光源、原子化系统、分光系统、测光系统、数据处理及显示系统五大部分组成。

1. 光源 包括元素灯（空心阴极灯）和灯电源两部分，其作用是为仪器的光学系统提供一个输出稳定、发射强度大、具有特定波长、谱线宽度窄的锐线光谱。

2. 原子化系统 是使被测样品在仪器中变为基态原子的装置，其作用是保证空心阴极灯发射的被测元素的特征谱线能被样品中相应元素的基态原子充分而有效地吸收。分为火焰原子化器和电热原子化器（石墨炉原子化器）两种，根据测定分析的需要选用不同的原子化器。

3. 分光系统　由衍射光栅（或色散棱镜）、反射镜等组成。其作用是将透过原子化系统的复合光，经过衍射光栅的色散作用，展开成按波长顺序排列的单色成分，并通过扫描机构把被测元素的原子吸收光信号送入光电倍增管进行检测。

4. 测光系统　包括光电倍增管、负高压电源和放大器等部分。其作用是把从分光系统过来的原子吸收光信号接收下来，转换成光电流并经放大后输出。

5. 数据处理及显示系统　主要包括数据处理、显示器和打印机。作用是把从测光系统输入的电信号显示或记录下来，也可以根据确定的数学公式进行计算和处理，并把处理结果用一定的方式显示、打印出来。

（三）原子吸收光谱法的特点

原子吸收光谱仪采用最新的电子技术，实现了计算机控制的进样自动化和数据分析自动化等技术，现已迅速成为分析实验室的有力武器。

1. 灵敏度高　采用火焰原子化方式，大多数元素的灵敏度可达 10^{-6} g，少数元素可达 10^{-9} g，若用高温石墨炉原子化，其绝对灵敏度可达 $10^{-10} \sim 10^{-14}$ g，因此，原子吸收光谱法极适用于痕量金属分析。

2. 选择性好　由于原子吸收线比原子发射线少得多，因此此法的光谱干扰少，加之采用单元素制成的空心阴极灯作锐线光源，光源辐射的光谱较纯，在样品溶液中被测元素的共振线波长处不易产生背景发射干扰。

3. 操作方便、快速　原子吸收光谱分析与分光光度分析极为类似，其仪器结构、原理也大致相同，因此对于长期从事化学分析的人使用原子吸收光谱仪极为方便。火焰原子吸收光谱分析的速度也较快。

4. 抗干扰能力强　从玻尔兹曼方程可知，火焰温度的波动对发射光谱的谱线强度影响很大，而对原子吸收光谱分析的影响则要小得多。

5. 准确度高　空心阴极灯辐射出的特征谱线仅被其特定元素所吸收，所以原子吸收光谱分析的准确度较高。

6. 测定元素多　理论上讲，原子吸收光谱分析可直接测定自然界中存在的所有金属元素。目前应用原子吸收光谱法可测定的元素超过 70 种。

不过，值得注意的是原子吸收光谱法的缺点在于检测一种元素需要换用一种元素灯而使得操作麻烦。对于基体复杂的样品分析，尚存干扰问题需要解决。如何进一步提高灵敏度和降低干扰，仍是当前和今后原子吸收光谱分析工作者研究的重要课题。

（四）定量分析方法

原子吸收光谱分析是一种相对值的分析方法，它不能给出绝对值，而是通过与已知含量的标准样品做比较来计算出含量，常用以下几种方法。

1. 标准曲线法　这是原子吸收光谱分析中最常用的一种定量分析方法。它的原理是：根据朗伯-比尔定律 $A = kc$，配制一系列标准溶液，在相同的测定条件下，由低浓度到高浓度依次喷入火焰，分别测定其吸光度 A。以吸光度 A 为纵坐标，待测元素的含量或浓度 c 为横坐标，绘制吸光度与浓度标准曲线。在同样的测定条件下，喷入待测元素试样溶液，测定其吸光度，从标准曲线上查出待测元素的浓度。

标准曲线法最佳分析范围的吸光度在 $0.1 \sim 0.6$，一般据此选择标准溶液的浓度范围，标准曲线法的精密度（变异系数）为 $0.5\% \sim 2\%$，这样的分析精度一般能满足要求。计算机数据处理系统可以绘制标准曲线，并根据样本吸光度和标准曲线直接计算出试样溶液的浓度。

2. 标准加入法　标准加入法又称标准增量法、直接外推法。在原子吸收光谱分析中，当待测试样溶液的组分不完全确知时，则难以配制与待测试样溶液相似的标准溶液；或者试样溶液基体太复杂及试样溶液与标准溶液成分相差太大，为了减少差异（如溶液的成分、黏度等）而引起的误差或者为了消除某些化学干扰等，常用标准加入法。这一方法也常用于检验分析结果的可靠性。

其操作原理为：取相同体积的试样溶液两份，分别移入容量瓶 A 及 B 中，另取一定量的标准溶液加入 B 中，然后将两份溶液稀释至刻度，测出 A 及 B 两溶液的吸光度。设试样中待测元素（容量瓶 A 中）的浓度为 c_x，加入标准溶液（容量瓶 B 中）的浓度为 c_0，A 溶液的吸光度为 A_x，B 溶液的吸光度为 A_0，则可得：

$$A_x = kc_x$$
$$A_0 = k(c_0 + c_x)$$

由上两式得：

$$c_x = \frac{A_x}{A_0 - A_x} c_0$$

3. 内标法　内标法是指标准溶液和试样溶液中分别加入第三种元素（内标元素）。它只适用于双道型或多道型原子吸收分光光度计。

除上述直接测定方法外，在原子吸收光谱分析中还有间接测定方法，就是利用待测元素与一种或几种其他离子反应，然后测定反应产物浓度和未反应完的试剂浓度，间接测定元素含量。

（五）样品的前处理

在原子吸收光谱分析中，分析样品的制备目的，主要是将待测元素转移到溶液中去。在有些情况下，样品处理还包括从基体中预富集和分离待测元素。样品处理中最重要的步骤是固体样品的分解。常常遇到由于样品分解过程中引进了大的系统误差而使整个测定失败的情况。样品处理过程中系统误差可能有以下几方面来源：①空气污染、试剂空白以及容器污染；②待测元素挥发、被容器表面吸收或与容器材料相互作用而损失；③样品分解不完全。这些误差如采取适当措施、选择适宜的分解方法是可以消除或至少可以大大降低的。原子吸收光谱分析中常用的样品前处理方法有以下几种。

1. 干灰化法　干灰化法指样品经高温灼烧，有机物被氧化破坏，把剩下的矿物质成分溶解在稀酸中。灰化在高温炉中进行，灰化温度以暗红热为度，温度一般在 450～550℃。为了避免可能发生元素损失，不宜超过 450℃，个别元素可在 550℃。过高的温度除了导致有的元素会挥发损失外，常导致有不溶于酸的硅酸盐形成，其中含有的铜、锌、锰可能占总含量的 1/4 以上。非金属元素容易挥发损失，可加入碱来防止。灰化开始温度应低，冷的高温炉应缓慢升温。在放入高温炉之前先将样品在低温炉上炭化，应缓慢进行，并防止燃烧。为了使氧化加速，常加入酸或硝酸镁作为灰化辅助剂，通常是先用 1∶1 硝酸湿润试样后在低温下炭化，然后再放入高温炉灰化。

干灰化的优点是操作简单，适于大批量试样分析，灰化过程受污染的可能性小。但在 450℃ 下灰化所需的时间长，并且常有未完全灰化的残渣，残留的炭粒会吸附微量成分而造成结果偏低。遇到这种情况，应将坩埚冷却后加几滴硝酸或盐酸湿润灰分，然后在低温炉上干燥后再放入高温炉内灼烧至灰分成灰白色为止。《饲料中钙、铜、铁、镁、锰、钾、钠和锌含量的测定　原子吸收光谱法》（GB/T 13885—2017）采用干灰化法。

2. 湿消化法　湿消化法指用酸消煮来破坏有机物，有时则加入氧化剂。与干灰化相比较，湿消化不容易损失金属元素，所需时间也短。缺点是酸的用量大，有的酸不易纯化，造成较高的试剂空白。湿消化常用的酸是硝酸、硫酸和高氯酸。一般使用两种酸，有时也用三种酸或加入过氧化氢。原子吸收测定中常用硝酸和高氯酸消化，两种酸用量比为10∶1。使用硝酸-高氯酸消化时，一定注意先将硝酸加入放置几小时或过夜，使之与样品充分作用，然后再加入高氯酸，这可防止在硝酸完全分解后局部温度升高而导致高氯酸和有机物作用产生爆炸危险。在原子吸收测定中，一般很少用硫酸分解（或者使用少量硫酸），因为在原子吸收光谱分析法测定中，硫酸分子吸收大，造成样品吸光度偏低。如果硫酸浓度大，特别是含钙较多的试样，由于火焰原子吸收光谱测定时，溶液雾化后将硫酸钙的雾滴送入火焰，形成难离解的化合物而导致吸光度降低。具体操作如下：取1g试样于凯氏瓶中，加硝酸20mL，放置6～8h（或过夜），然后加2mL高氯酸，放电炉上慢慢加热，待大量棕色气体逸出后（严密注视不要让溶液蒸干）直至有高氯酸白色烟雾退出，溶液清亮时为止，冷却后加1mol/L盐酸10mL煮沸，取下、冷却后转移定容。

3. 酸溶解法　样品矿物质为无机预混合饲料或无机矿物质添加剂，可用盐酸或王水直接溶解。GB/T 13885—2017微量元素预混合饲料中铜、铁、镁、锰、钾、钠和锌含量的测定，其前处理采用的即是稀盐酸溶解法。具体方法是将1～3g样品加100mL盐酸溶液（1∶10，体积比），搅拌30min后离心或过滤。

（六）原子吸收光谱法测定饲料中铁、铜、锰、锌、钴、镁

1. 原理　用干灰化法灰化饲料原料、配合饲料、浓缩饲料样品，在酸性条件下溶解残渣，定容制成试样溶液；用酸浸提法处理预混合饲料样品，定容制成试样溶液。将试样溶液导入原子吸收分光光度计中，分别测定各元素的吸光度。

2. 主要仪器设备

（1）实验室常用仪器。

（2）原子吸收分光光度计：波长范围190～900nm。

（3）离心机：转速为3 000r/min。

（4）磁力搅拌器。

（5）硬质玻璃烧杯：100mL。

（6）具塞锥形瓶：250mL。

3. 主要试剂和材料

（1）盐酸：优级纯（$\rho_{20}=1.18\text{g/mL}$）。

（2）硝酸：优级纯（$\rho_{20}=1.42\text{g/mL}$）。

（3）硫酸：优级纯（$\rho_{20}=1.84\text{g/mL}$）。

（4）乙酸：优级纯（$\rho_{20}=1.049\text{g/mL}$）。

（5）乙醇：优级纯（$\rho_{20}=0.798\text{g/mL}$）。

（6）丙酮：优级纯（$\rho_{20}=0.788\text{g/mL}$）。

（7）乙炔：符合GB 6819规定。

（8）干扰抑制剂溶液：称取氯化锶152.1g，溶于420mL盐酸，加蒸馏水至1 000mL，摇匀，备用。

（9）铁标准溶液：

铁标准贮备溶液：准确称取（1.000 0±0.000 1）g铁（光谱纯）于高型烧杯中，加20mL盐酸及50mL蒸馏水，加热煮沸，放冷后移入1 000mL容量瓶中，用蒸馏水定容，摇匀，此液铁含量为1.00mg/mL。

铁标准中间工作溶液：取铁标准贮备溶液10mL于100mL容量瓶中，用盐酸（1∶100，体积比）稀释定容，摇匀，此液铁含量为100.00μg/mL。

铁标准工作溶液：取铁标准中间工作溶液0.00mL、4.00mL、6.00mL、8.00mL、10.00mL、15.00mL，分别置于100mL容量瓶中，用盐酸（1∶100，体积比）稀释定容，配制成0.00μg/mL、4.00μg/mL、6.00μg/mL、8.00μg/mL、10.00μg/mL、15.00μg/mL的标准系列。

（10）铜标准溶液：

铜标准贮备溶液：准确称取按顺序用乙酸（1∶49，体积比）、蒸馏水、乙醇洗净的铜（光谱纯）（1.000 0±0.000 1）g于高型烧杯中，加5mL硝酸，并于水浴中加热，蒸干后加盐酸（1∶1，体积比）溶解，移入1 000mL容量瓶中，用蒸馏水定容，摇匀，此液铜含量为1.00mg/mL。

铜标准中间工作溶液：取铜标准贮备溶液2.00mL于100mL容量瓶中，用盐酸（1∶100，体积比）稀释定容，摇匀，此液铜含量为20.0μg/mL。

铜标准工作溶液：取铜标准中间工作溶液0.00mL、2.50mL、5.00mL、10.0mL、15.0mL、20.0mL分别置于100mL容量瓶中，用盐酸（1∶100，体积比）稀释定容，配制成0.00μg/mL、0.50μg/mL、1.00μg/mL、2.00μg/mL、3.00μg/mL、4.00μg/mL的标准系列。

（11）锰标准溶液：

锰标准贮备溶液：准确称取用硫酸（1∶18，体积比）与蒸馏水洗净、烘干的锰（光谱纯）（1.000 0±0.000 1）g于高型烧杯中，加20mL硫酸（1∶4，体积比）溶解，移入1 000mL容量瓶中，用蒸馏水定容，摇匀，此液锰含量为1.00mg/mL。

锰标准中间工作溶液：取锰标准贮备溶液2.00mL于100mL容量瓶中，用盐酸（1∶100，体积比）稀释定容，摇匀，此液锰含量为20.0μg/mL。

锰标准工作溶液：取锰标准中间工作溶液0.00mL、2.50mL、5.00mL、10.0mL、20.0mL、25.0mL，分别置于100mL容量瓶中，加入干扰抑制剂溶液10mL，用盐酸（1∶100，体积比）稀释定容，配制成0.00μg/mL、0.50μg/mL、1.00μg/mL、2.00μg/mL、4.00μg/mL、5.00μg/mL的标准系列。

（12）锌标准溶液：

锌标准贮备溶液：准确称用盐酸（1∶3，体积比）、蒸馏水、丙酮洗净的锌（光谱纯）（1.000 0±0.000 1）g于高型烧杯中，加10mL盐酸溶解，移入1 000mL容量瓶中，用蒸馏水定容，摇匀，此液锌含量为1.00mg/mL。

锌标准中间工作溶液：取锌标准贮备溶液2.00mL于100mL容量瓶中，用盐酸（1∶100，体积比）稀释定容，摇匀，此液锌含量为20.0μg/mL。

锌标准工作溶液：取锌标准中间工作溶液0.00mL、1.00mL、2.50mL、5.00mL、7.50mL、10.0mL，分别置于100mL容量瓶中，用盐酸（1∶100，体积比）稀释定容，配

制成 $0.00\mu g/mL$、$0.20\mu g/mL$、$0.50\mu g/mL$、$1.00\mu g/mL$、$1.50\mu g/mL$、$2.00\mu g/mL$ 的标准系列。

（13）镁标准溶液：

镁标准贮备溶液：准确称取镁（光谱纯）（$1.000\ 0\pm0.000\ 1$）g 于高型烧杯中，加 10mL 盐酸溶解，移入 1 000mL 容量瓶中，用蒸馏水定容，摇匀，此液镁含量为 1.00mg/mL。

镁标准中间工作溶液：取镁标准贮备溶液 2.00mL 于 100mL 容量瓶中，用盐酸（1∶100，体积比）稀释定容，摇匀，此液镁含量为 $20.0\mu g/mL$。

镁标准工作溶液：取镁标准中间工作溶液 0.00mL、1.00mL、2.50mL、5.00mL、7.50mL、10.0mL 分别置于 100mL 容量瓶中，加入干扰抑制剂溶液 10mL，用盐酸（1∶100，体积比）稀释定容，配制成 $0.00\mu g/mL$、$0.20\mu g/mL$、$0.50\mu g/mL$、$1.00\mu g/mL$、$1.50\mu g/mL$、$2.00\mu g/mL$ 的标准系列。

（14）钴标准溶液：

钴标准贮备溶液：准确称取（$1.000\ 0\pm0.000\ 1$）g 钴（光谱纯）于高型烧杯中，加 40mL 硝酸（1∶1，体积比），加热溶解，放冷后移入 1 000mL 容量瓶中，用蒸馏水稀释定容，摇匀，此液钴含量为 1.00mg/mL。

钴标准中间工作溶液：取钴标准贮备溶液 2.00mL 于 100mL 容量瓶中，用盐酸（1∶100，体积比）稀释定容，摇匀，此液钴含量为 $20.0\mu g/mL$。

钴标准工作溶液：取钴标准中间工作溶液 0.00mL、1.00mL、2.00mL、2.50mL、5.00mL、10.0mL，分别置于 100mL 容量瓶中，用盐酸（1∶100，体积比）稀释定容，配制成 $0.00\mu g/mL$、$0.20\mu g/mL$、$0.40\mu g/mL$、$0.50\mu g/mL$、$1.00\mu g/mL$、$2.00\mu g/mL$ 的标准系列。

4. 试样制备　采集有代表性的样品至少 2kg，用四分法缩减至约 250g，粉碎过 40 目的筛，装入样品瓶内密封，保存备用。

5. 测定步骤

（1）饲料原料、配合饲料、浓缩饲料样品的处理：准确称取 2～5g 试样（精确至 0.000 1g）于 100mL 硬质玻璃烧杯中，于电炉或电热板上缓慢加热炭化，然后于高温炉中 500℃下灰化 16h，若仍有少量的炭粒，可滴入硝酸使残渣润湿，加热烘干，再于高温炉中灰化至无炭粒。取出冷却，向残渣中滴入少量蒸馏水润湿，再加 10mL 盐酸并加蒸馏水 30mL 煮沸数分钟后放冷，移入 100mL 容量瓶中，用蒸馏水定容，过滤，得试样分解液，备用，同时制备试样空白溶液。

（2）预混合饲料样品处理：准确称取 1～3g 试样（精确至 0.000 1g）于 250mL 具塞锥形瓶中，加入 100mL 盐酸（1∶10，体积比），置于磁力搅拌器上，搅拌提取 30min，再用离心机以 3 000r/min 离心 5min，取其上层清液，为试样分解液，或是搅拌提取后，取过滤所得溶液作为试样分解液，同时制备试样空白溶液。

含金属螯合物的预混合饲料按（1）处理。

（3）仪器工作参数：不同元素所用波长分别为铁 248.3nm，铜 324.8nm，锰 279.5nm，锌 213.8nm，钴 240.7nm，镁 285.2nm。

由于原子吸收分光光度计的型号不同，操作者可按所用仪器要求调整仪器工作条件。

（4）工作曲线的绘制：将待测元素的标准系列导入原子吸收分光光度计，按仪器工作条件测定标准系列的吸光度，绘制工作曲线。

（5）试样测定：将试样分解液 V_1（mL）用盐酸（1∶100，体积比）稀释至 V_2（稀释倍数根据该元素的含量及工作曲线的线性范围而定）。若测定锰、镁，加入定容体积 1/10 的干扰抑制剂溶液。将试样测定溶液导入原子吸收分光光度计中，测定其吸光度，同时测定试样空白溶液的吸光度，并由工作曲线求出试样测定溶液中该元素的质量浓度。

6. 结果计算　被测元素的含量按下式计算。

$$元素含量（mg/kg）= \frac{(\rho - \rho_0) \times 100 \times V_2}{m \times V_1}$$

式中：ρ 为由工作曲线求得的试样测定溶液中元素的质量浓度（μg/mL）；ρ_0 为由工作曲线求得的试样空白溶液中元素的质量浓度（μg/mL）；m 为试样的质量（g）；V_1 为分取试样分解液的体积（mL）；V_2 为试样测定溶液的体积（mL）；100 为试样分解液的体积（mL）。

7. 重复性要求　每个试样应称取 2 份试料进行平行测定，以其算术平均值为分析结果，其间分析结果的相对偏差应按照 GB/T 13884—2018 和 GB/T 13885—2017 的规定执行。

◆ 附 8-1　几种特殊样品的预处理方法

（一）粪便

（1）新鲜样本置于 65℃ 的烘箱中干燥至少 48h 以上，制成风干样本，然后冷却称量，计算干物质量。粉碎至 40～60 目。称取样品 5g 左右，然后放在高温炉中（均须用石英坩埚，容积至少 30mL），由 0℃ 上升到 450℃，灼烧 24h。

（2）打开高温炉，待温度下降到 200℃，取出放在干燥器冷却 30min。

（3）冷却后加入 3mol/L 盐酸 10mL，然后移至 100℃ 的水浴中，用表面皿（用前须先经 20% 硝酸浸泡数小时，然后用去离子水冲洗数次）覆盖坩埚，加热 10min（准时），取出，在无灰滤纸上过滤，并用去离子水洗净坩埚中的残渣，洗液也通过滤纸流入 100mL 容量瓶中，用去离子水冲洗滤纸上残渣 3 次，洗液也流入同一容量瓶中。

（4）小心取下滤液和残渣，将滤纸尖部朝上，置于石英坩埚中，移入烘箱中干燥 2h（105℃），取出放在高温炉中，温度从 0℃ 缓缓升到 450℃ 灼烧过夜（至少 8h）。用过的表面皿，重新放入 20% 硝酸中浸泡。

（5）打开高温炉，冷却至 200℃ 时，取出坩埚，注入 2mL 3mol/L 盐酸，加热（以不沸腾为宜，约 90℃），不久即出现白烟（加热时不要出现泡沫），待白烟有明显减少时取下，准备过滤。

（6）用无灰滤纸（慢速）过滤，滤液流入盛有第一次灰分滤液的 100mL 容量瓶中，并小心用带有橡皮头的玻璃棒擦拭坩埚，用去离子水冲洗坩埚数次，洗液应无损失流入同一容量瓶中，然后用少量的去离子水洗涤滤纸上的残渣（洗残渣要待快要滤干时再加水洗）、玻璃棒、滤纸四周和底部。

（7）将坩埚放入 20% 硝酸中浸泡 5min 左右，再用去离子水冲洗数次，干燥后置于高温炉中，以 900℃ 灼烧 2h，700℃ 灼烧 5h，备用。

（8）滤液用去离子水定容至100mL，通过漏斗转移到已编号的带盖塑料瓶中备用。

必须注意的事项：

①所有容器（除塑料容器外）均须经20%硝酸浸泡处理。

②水必须用去离子水。

③在第二次滤纸+残渣灼烧成的灰分的处理中，加入2mL 3mol/L盐酸后，可直接放在电炉上加热消化（不要全干），不必用水浴加热。

④在高温炉灼烧过程中，不能打开炉门。

（二）动物尸体与骨骼

（1）对小动物尸体，可将整个尸体（连毛、头、尾在内，血须先放干，血样另行分析），置于白金或石英蒸发皿中称量（不必事先脱脂处理），放于105℃烘箱中干燥3h，然后于干燥器中冷却1h，称量，即为样品干物质重。

（2）将样品置于高温炉中，从0℃缓缓上升到480℃，经48h，使样品全呈白色灰（在洗涤时有时可能有少许黑渣）。打开高温炉，待温度下降至200℃，取出样品，然后放在干燥器中冷却1h，称量，即为样品灰分重。

（3）向已称量的灰分中加入2～3mL 6mol/L盐酸，用100mL容量瓶，置于100℃水浴中加热至干，再加2～3mL 6mol/L盐酸，在100℃水浴中蒸发至干，如此反复三次。

（4）向经过三次6mol/L盐酸处理至干的残渣中加入10mL 6mol/L盐酸、5mL蒸馏水，搅拌后，通过慢速无灰滤纸滤过，滤液无损地流入100mL容量瓶中（6mol/L盐酸量为定容体积的1/10，定容至100mL，则加入6mol/L盐酸量为10mL），要热滤。继续用热蒸馏水（双重蒸馏水）洗涤蒸发皿，蒸发皿中的所有残渣均应洗入滤纸上，并用蒸馏水冲洗蒸发皿数次，洗液无损地通过滤纸滤入容量瓶中，再用热蒸馏水冲洗滤纸上的残渣。

（5）容量瓶冷却后，加蒸馏水至定容刻度。静置1～2h，再转入塑料瓶中保存备用。塑料瓶中所盛的溶液即可直接上原子吸收分光光度计上进行测定。

（6）对于大动物（牛、猪）的骨，可先用解剖刀将附在骨表面的肉、脂刮净，然后剁成1～2cm长度数段，也可用利刃将骨刮成碎片，分别装入125～150mL的白金或石英蒸发皿中，测水与灰分含量，灰分经上述三次6mol/L盐酸处理后，应同时通过同一漏斗将滤液与洗液转入同一容量瓶中，作为一个样品。

（三）尿液

（1）取尿液30mL于50mL的石英蒸发皿中，置于烘箱内，以50℃烘12h，80℃烘12h，然后在110℃烘5h，测定干物质量。

（2）将烘干的干物质全部移至30mL的石英坩埚中，放在高温炉中，从0℃缓慢上升到450℃，灼烧24～48h。其他同粪便处理方法。

（3）为了较快地获得测定结果，也可直接测定。即将尿液按1∶4（1份尿液∶4份蒸馏水）稀释后，即可取样上机测定。

（四）血液

（1）直接测定：取血清5～10mL按1∶4比例用蒸馏水稀释后，即可取样直接上机测定。

（2）干灰化法测定：取3～5mL血清，在高温炉中以400℃灼烧18h，一次灰化，其他如粪便处理方法。

（3）血清脱蛋白质法测定：取 1mL 血清，加入 1mL 盐酸，在 100℃ 水浴上加热 10min，然后加入 100g/L 三氯醋酸 1mL，离心，取上清液分析测定。

（五）组织

取 1g 组织置于坩埚中称量，于高温炉中 400～450℃ 灼烧 12h，再用 3mol/L 盐酸消化灰分，并用 0.36mol/L 盐酸稀释定容。其他同粪便处理方法。

（六）毛发

称取 1g 左右的样品放入 50mL 的分液漏斗中，加入 70℃ 热水振荡 5min，通过瓷漏斗滤去脏水，用约 200mL 热重蒸馏水冲洗。冲洗之后，在每个样品加入 50mL EDTA，振荡 2min，过滤（借助水泵吸滤），此后再用 EDTA 溶液 50mL 按上述方法洗涤过滤，继而将此残渣无损地收集在石英坩埚中，于 105℃ 烘箱中干燥 5h，测定干物质含量。

将此干样品于高温炉中从 0℃ 到 450℃ 灼烧 10h 左右。取出冷却，取少许 3mol/L 盐酸溶解，其他同粪便处理方法。

（七）水

1. 试样的预处理　试样中有机物并不总是有干扰的，不必彻底破坏这些物质，只需先溶解一些颗粒性物质，以防止堵塞原子吸收分光光度计的燃烧器，并保证对所有金属元素都能雾化。

用酸消化法可把所有金属元素都变成溶液离子状态，不需预分离，只要用一份试样进行消化，即可完成以后所有分析，故用 100mL 已消化试样即可。

2. 仪器

（1）空隙度较小的烧结玻璃过滤坩埚，带托架，也可用带玻璃纤维滤盘的古氏坩埚。

（2）水真空泵或抽气机。

所有玻璃容器须彻底洗净，然后用 1∶1 硝酸冲洗，最后用去离子水冲洗。

3. 操作方法　将水样彻底搅匀，取 100mL 放入 250mL 三角瓶内，加入 5mL 浓盐酸，于水浴中或电热板上加热 15min。稍冷却后，用烧结玻璃或瓷过滤坩埚真空抽滤，用一清洁过滤瓶收集滤液，并用几毫升去离子水冲洗漏斗。把滤液无损地移入 100mL 容量瓶内，并用 5mL 去离子水冲洗过滤瓶，洗液也收入容量瓶内。用去离子水稀释至刻度，充分混匀。这种滤液可直接上机测定各种金属元素（不包括铝和锰）。

当水样含有较多有机物时，可选下列三种方法中的任一种处理。

（1）硝酸-盐酸消化法：水样先用硝酸酸化至 pH 为 4，再于每升水样中加入 5mL 浓硝酸，取样时每 100mL 再加 5mL 浓盐酸，置电热板上加热消化 15min，冷却至室温，用玻璃砂芯漏斗过滤，最后以去离子水稀释定容。

（2）高压法：取一定量水样，每 100mL 加入 1mL 浓硝酸，在 0.1MPa 压力的压力锅中（121℃）存放 1h。

（3）高氯酸-硝酸消化法：取适量水样于 250mL 高型烧杯中，如采样时已于每升水样中加入 5mL 浓硝酸，此时不必再加酸，将水样置于电热板上蒸发至约剩 10mL，冷却。加入 10mL 硝酸和 5mL 高氯酸，加热消化至冒浓烈白烟，如此时溶液仍不清澈，再加少量硝酸继续消化，直至溶液透明无色或稍呈浅蓝色为止。消化过程中严防蒸干。消化完毕，加去离子水或重蒸馏水约 20mL，煮沸约 5min，冷却后用蒸馏水稀释定容。

第四节　原子荧光光谱法

　　饲料中还有一些微量元素不能用原子吸收光谱法精确测定，比如硒、砷等非金属元素，随着检测仪器的快速发展，可以选择原子荧光光谱法（AFS）。该方法是利用原子荧光谱线的波长和强度进行物质的定性及定量分析方法，是介于原子发射光谱（AES）和原子吸收光谱（AAS）之间的光谱分析技术。目前可以用来分析和测定砷、锑、铋、锡、硒、碲、铅、锗、汞、镉和锌等。

（一）概述

　　在原子荧光光谱分析的实验条件下，大部分原子处于基态，而且能够激发的能级又取决于光源所发射的谱线。根据所记录的荧光谱线的波长即可判断有哪些元素存在，这是原子荧光光谱法定性分析的基础。

　　原子荧光光谱法定量的理论与原子吸收光谱法是相似的，两者都是需要将分析试样有效地原子化，选择合适的光源，使分析样的基态原子有效地吸收光能，产生的光谱在可见紫外波段，在测量精度上都存在化学组成的干扰等。不过，原子吸收光谱法属于吸收光谱，原子荧光光谱法属于发射光谱，而且原子荧光光谱分析不一定要求同种原子的锐线光源辐射，如果荧光强度微弱，则要考虑弱信号检测和杂散光等干扰。于是，原子荧光谱线相对简单，仪器的结构也相对简单一些。

（二）仪器组成及主要作用

　　原子荧光分析仪分非色散型原子荧光分析仪与色散型原子荧光分析仪。这两类仪器的结构基本相似，差别在于单色器部分，仪器基本组成及主要作用如下所述。

　　1. 激发光源　可用连续光源或锐线光源。常用的连续光源是氙弧灯，常用的锐线光源是高强度空心阴极灯、无极放电灯、激光等。连续光源稳定，操作简便，寿命长，能用于多元素同时分析，但检出限较差。锐线光源辐射强度高，稳定，可得到更好的检出限。

　　2. 原子化器　原子荧光分析仪对原子化器的要求与原子吸收光谱仪基本相同。

　　3. 光学系统　光学系统的作用是充分利用激发光源的能量和接收有用的荧光信号，减少和除去杂散光。色散系统对分辨能力要求不高，但要求有较大的集光本领，常用的色散元件是光栅。非色散型仪器的滤光器用来分离分析线和邻近谱线，降低背景。非色散型仪器的优点是照明立体角大，光谱通带宽，集光本领大，荧光信号强度大，仪器结构简单，操作方便。缺点是散射光的影响大。

　　4. 检测器　常用的是光电倍增管，在多元素原子荧光分析仪中，也用光导摄像管、析像管做检测器。检测器与激发光束成直角配置，以避免激发光源对检测原子荧光信号的影响。

　　5. 数据处理及显示系统　主要包括数据处理、显示器和打印机。作用是把从测光系统输入的电信号显示或记录出，也可以根据确定的数学公式进行计算和处理，并把处理结果用一定的方式显示、打印出来。

（三）原子荧光光谱法的特点

　　（1）有较低的检出限，灵敏度高。由于原子荧光的辐射强度与激发光源成比例，采用新的高强度光源可进一步降低其检出限。特别对镉、锌等元素有相当低的检出限，镉可

达 $0.001ng/cm^3$、锌为 $0.04ng/cm^3$。目前已知 20 多种元素原子荧光光谱法的检出限低于其原子吸收光谱法的检出限。

（2）干扰较少，谱线比较简单。采用一些装置，可以制成非色散型原子荧光分析仪。

（3）分析校准曲线线性范围宽，可达 3～5 个数量级。

（4）能实现多元素同时测定。由于原子荧光是向空间各个方向发射的，比较容易制作多道仪器，因而能实现多元素同时测定。

（四）原子荧光光谱法测定饲料中硒的含量（GB 18823—2008）

1. 原理　试样经酸加热消化后，在盐酸介质中，将试样中的六价硒还原成四价硒，用硼氢化钠作还原剂，将四价硒在盐酸介质中还原成硒化氢，由载气带入原子化器中进行原子化，在硒空心阴极灯照射下，基态硒原子被激发至高能态，在去活化回到基态时，发射出特征波长的荧光，其荧光强度与硒含量成正比，与标准系列比定量。

2. 主要试剂和材料

（1）高氯酸：优级纯。

（2）硝酸：优级纯。

（3）混合酸溶液：硝酸：高氯酸＝4∶1（体积比）。

（4）盐酸：优级纯。

（5）氢氧化钠：优级纯。

（6）硒粉：光谱纯。

（7）硼氢化钠溶液：5g/L。称取 5.0g 硼氢化钠溶于 5g/L 氢氧化钠溶液中，然后定容至 1L。

（8）铁氰化钾溶液：200g/L。称取 20g 铁氰化钾溶于 100mL 水中，混匀。

（9）硒标准贮备溶液：准确称取 100.0mg 硒粉溶于少量的硝酸中，加 2mL 高氯酸，置于沸水浴中加热 3～4h，冷却后再加 8.4mL 盐酸，再置于沸水浴中煮 2min，用蒸馏水移入 1L 容量瓶中，稀释至刻度，摇匀。其盐酸的物质的量浓度为 0.1mol/L，此液硒含量为 $100\mu g/mL$。

（10）硒标准工作溶液：准确量取 1.00mL 硒标准贮备溶液于 100mL 容量瓶中，用蒸馏水稀释至刻度，摇匀。此标准工作液硒含量为 $1\mu g/mL$。现用现配。

3. 主要仪器设备

（1）分析天平：感量 0.000 1g。

（2）原子荧光光度计。

（3）电热板。

（4）实验室用样品粉碎机。

（5）载气：氩气或氮气。

（6）玻璃珠。

（7）容量瓶：50mL。

4. 试样的制备　试样磨碎，通过 0.45mm 孔筛，混匀，装入密闭容器中，避光低温保存备用。

5. 测定步骤

（1）试样的处理：称取试样 2.000 0g，置于 100mL 高型烧杯内，加 15.0mL 混合酸溶液及几粒玻璃珠，盖上表面皿冷消化过夜。次日于电热板上加热，当溶液高氯酸冒烟时，再继续加热至剩余体积 2mL 左右（切不可蒸干！）。冷却，再加 2.5mL 盐酸，用水吹洗表面皿和杯壁，继续加热至高氯酸冒烟时，冷却，移入 50mL 容量瓶中，用蒸馏水稀释至刻度，摇匀，作为试样消化液。量取 20mL 试样消化液于 50mL 容量瓶中，加 8mL 盐酸，2mL 铁氰化钾溶液，用蒸馏水稀释至刻度，摇匀，待测。

同时在相同条件下，做试剂空白试验。

（2）标准系列配制：分别准确量取 0.0mL、0.25mL、0.50mL、1.00mL、2.00mL、3.00mL 硒标准工作溶液于 50mL 容量瓶中，加入 10mL 蒸馏水、8mL 盐酸、2mL 铁氰化钾溶液，用蒸馏水稀释至刻度，摇匀。

（3）仪器参考条件：

光电倍增管负高压：340V；硒空心阴极灯电流：60mA；原子化温度：800℃；炉高：8mm；载气流速：500mL/min；屏蔽气流速：1 000mL/min；测量方式：标准曲线法；读数方式：峰面积；延迟时间：1s；读数时间：15s；加液时间：8s；进样体积：2mL。

（4）测量：设定好仪器最佳条件，待炉温升至设定温度后，稳定 15～20min 开始测量。连续用标准系列的零瓶进样，待读数稳定之后，首先进行标准系列测量，再转入试样测量，分别测定试剂空白和试样，在测量不同的试样前进样器应清洗。根据标准系列测量的荧光强度求出回归方程（标准曲线方程）。再利用标准曲线方程求得溶液中含硒量，试样中硒的结果按照下式计算。

6. 结果计算　试样中硒含量 X（mg/kg）按下式计算。结果用平行测定后的算术平均值表示，计算结果表示到 0.01mg/kg。

$$X = \frac{(\rho - \rho_0) \times V_0}{m \times 1\,000 \times V_1}$$

式中：ρ 为试样消化液中硒的质量浓度（ng/mL）；ρ_0 为试剂空白溶液中硒的质量浓度（ng/mL）；m 为试样的质量（g）；V_0 为试样消化液的总体积（mL）；V_1 为分取试液的体积（mL）。

7. 重复性要求　在同一实验室，同一分析者对两次平行测定的结果，应符合以下相对偏差的要求：当硒的质量分数小于或等于 0.20mg/kg 时，相对偏差≤25%；当硒的质量分数大于 0.20mg/kg 而小于 0.40mg/kg 时，相对偏差≤20%；当硒的质量分数大于 0.40mg/kg 时，相对偏差≤12%。

第五节　等离子发射光谱法

等离子发射光谱法，又名电感耦合等离子体发光光谱分析（ICP），该技术可以避免一般分析方法的化学干扰、基体干扰，与其他光谱分析方法相比，干扰水平比较低。另外，等离子体焰炬比一般化学火焰具有更高的温度，能使一般化学火焰难以激发的元素原子化、激发，有利于难激发元素的测定；同时元素在氩气氛中不易生成难熔的金属氧化物，从而使基体效应和共存元素的影响变得不明显，因而此法具有灵敏度高、分析速度快、线性范围宽且能多元素同时测定等特点，已被广泛应用于冶金、地质、环境、食品及饲料分析等诸多领域，成为多种物质中常量及微量元素分析的重要手段。

（一）仪器分析原理

利用高频电源及氩气产生等离子体，试样以溶液状态经雾化器雾化后引入等离子体进行脱水、干燥、激发等，样品中的受激发原子或离子产生光信号，利用分光系统分解光信号成为各元素的特征光谱线，用检测器测定谱线强度，并与标准的谱线强度比较，确定试样中待测元素的含量。

（二）仪器构造

等离子发射光谱仪由高频发生器、蠕动泵进样系统、光源、分光系统、检测器（CID）、冷却系统、数据处理等组成。

（三）主要试剂和仪器

（1）优级纯浓硝酸及高氯酸。

（2）所测元素的标准溶液用光谱纯化合物，如镁，用光谱纯的氧化镁。

（3）去离子水。

（4）电子天平。

（5）小三角瓶或消化管。

（6）电热沙炉或专门样品消化装置。

（7）去离子水发生装置。

（8）洗瓶。

（9）等离子发射光谱仪。

（四）仪器主要参数

等离子发射光谱仪有很多种型号，比如有多道直读的，也有单道扫描仪器等，本节将以 ICAP-9000 型等离子发射光谱仪为例阐述等离子发射光谱仪的主要参数。

光学系统：0.75M 罗兰园帕森伦装置，光栅刻线 1 510 线/mm。

线色数：0.92nm/mm，一级；0.46nm/mm，二级；0.31nm/mm，三级。

波长范围：170～600nm（真空型光谱仪），动态范围 78×10^5。

光源：25kW 射频发生器，工作频率 27.12MHz，自动功率控制和自动调频，光源在光谱仪箱内。

喷雾器：直角气流式雾化器。

炬管：石英。

氩气流量：15～20L/min，恒流、恒压控制。

冷却水流量：>0.4L/min。

（五）样品测定步骤（以 ICAP-9000 型等离子发射光谱仪为例）

1. 标准溶液的配制　共配制高浓度与低浓度溶液两种。高浓度溶液即按 ICAP-9000 型等离子发射光谱仪所能检测元素的最高限配制的标准液，其中互不干扰或谱线相互干扰很小的元素，列为一组标准液。低浓度标准即为空白的去离子水。标准液用于 ICAP-9000 型制作标准曲线。

2. 仪器的启动：按 ICAP-9000 型的光谱仪→RF 高频发生器→等离子体→计算机顺序启动。具体步骤详见有关 ICAP-9000 型等离子发射光谱仪的说明书。

3. ACT 的建立　为了分析实际样品，根据实验要求分析元素的数目，用配制的标准溶液，编辑分析控制表（简称 ACT）。具体详见有关说明书。

4. 描迹 分自动与手动描迹两种方式。一般要求每次开机前都应进行手动描迹。一般以汞灯的第 13 物理通道进行手动描迹，待描迹图在计算机上显示，图形的最高点对应的横轴为零，即为最佳状态，可完成描迹步骤。

5. 标准化过程 即仪器制作标准曲线的过程。根据计算机的指示命令，将配制好的低（空白）与高浓度标准液依次输入等离子体曝光测定，测定后计算机自动存入信号。当标准曲线作完后，计算机显示出各个元素的斜率和截距，此时可检查曲线的线性关系如何。如线性关系好，用此标准曲线反过来测定一组高浓度标准时，所测结果与配制的浓度接近，则可正式分析待测样品浓度。

6. 样品上机前的预处理 精确称取待测饲料样品 0.5g 左右，置于小三角瓶或消化管中，加入 10mL 左右浓硝酸，于 100℃以上湿消化 30min 后，再加 0.5~1mL 高氯酸继续消化。待液体消化至无色，仅剩极少量高氯酸时为止。如消化时仍有黑色炭粒，则于冷却后加少量浓硝酸，继续消化至无色为止。无损地转入容量瓶中，用去离子水定容至刻度（容量瓶的体积视待测样品元素含量而定），定容后的溶液即可上机测定。

7. 样品分析 从计算机用"…>"的形式输入样品的编号，如 56 号，则打入"56>"即可，待样品液上升到炬管火焰处发光时，打回车，然后由计算机控制进行曝光测定，最后由计算机根据内存的标准曲线打印出浓度结果。

8. 关机 按仪器启动相反顺序，逐一关机。

本章小结

本章系统介绍了饲料中几种必需微量元素的定性和定量检测方法，着重介绍了微量元素的定量检测。本章还介绍了原子光谱分析法测定中各种样品预处理方法和等离子发射光谱法。

思考题

1. 饲料中主要微量元素的检测方法有哪几种？
2. 饲料中微量元素的定性检测与定量检测有什么不同？
3. 饲料中各种微量元素定性检测的依据是什么？
4. 饲料级矿物质添加剂定量测定的原理是什么？
5. 原子吸收光谱法的分析原理是什么？
6. 原子吸收光谱法中样品的前处理有哪几种？各有何优缺点？

第九章 饲料加工质量监测项目的分析与检测

生产质优价廉的饲料产品，需要以优质、稳定的原料为基础，根据原料的能量、蛋白质、氨基酸和主要矿物元素等养分的含量设计科学的配方，然后通过合理的加工工艺，才能达到预期的目标。饲料加工质量检测分析是饲料产品质量监测的重要内容，是开展加工工艺改进和质量提升改造的重要依据，包括饲料原料加工质量和配合饲料加工质量。衡量原料加工质量的主要指标通常包括容重、密度、破损率等，衡量配合饲料加工质量的主要指标通常包括饲料粉碎粒度、混合均匀度、颗粒硬度、颗粒粉化率、颗粒饲料的淀粉糊化度和水中稳定性等。用于检测饲料加工质量指标的主要方法包括显微镜检测和筛分称量等物理方法，或者酶水解法等化学方法。目前，在我国颁布的饲料原料产品质量标准中规定的加工指标主要有不完善粒、杂质、容重等，配合饲料产品质量标准中规定的加工指标主要包括粉碎粒度、混合均匀度、颗粒粉化率、水中稳定性等。本章就衡量饲料加工质量的主要指标、检测方法及影响加工质量的主要因素等进行介绍。

第一节 饲料的显微镜检测

（一）饲料显微镜检测的原理

饲料显微镜检测是以动植物形态学、组织细胞学为基础，将显微镜下所见饲料的形态特征、物化特点、物理性状与实际使用的饲料原料应有的特征进行对比分析的一种鉴别方法。常用的显微镜检测技术包括体视显微镜检测技术和生物显微镜检测技术，前者以被检样品的外部形态特征为依据，如表面形状、色泽、粒度、硬度、破碎面形状等；后者以被检样品的组织细胞学特征为依据。由于动植物形态学特征在整体与局部上具有相对的独立性，各部位组织细胞学上具有特异性，因而不论饲料加工工艺如何处理，都或多或少地保留一些用于区别各种饲料的典型特征，这使得饲料显微镜检测结果具有稳定性与准确性。饲料显微镜检测的准确程度取决于对原料特征的熟悉程度及应用显微技术的熟练程度。

（二）饲料显微镜检测的目的与特点

1. 饲料原料或产品进行显微镜检测的主要目的 饲料原料或产品进行显微镜检测的主要目的包括：①检查饲料原料中应有的成分是否存在。②检查是否含有有害的成分。③检查是否存在污染物。④检查是否含有有毒的植物和种子。⑤检查处理是否恰当。⑥检查是否污染霉菌、昆虫或啮齿类的排泄物。⑦检查是否混合均匀。⑧弥补化学分析或其他分析的不足。

2. 饲料显微镜检测的主要特点 饲料显微镜检测的主要特点是：快速、简便、准确。这种检测手段既不需要大型的仪器设备，也不需要复杂的检前准备，只需将被检样品按要求进行研磨、过筛或脱脂处理即可，即使生物显微镜检测的样品处理也非常简单。此外，饲料的显微镜检测不仅可做定性分析，而且可做定量分析，可对原料成分的纯度进行准确分析。通过饲料显微镜检测可鉴别伪劣商品，控制饲料加工、贮藏品质，弥补化学分析之不足。

目前，在有些国家，显微镜检测已被规定为饲料质量诉讼案的法定裁决方法之一。

(三) 饲料显微镜检测所需设备

(1) 带有底座的放大镜：放大 3～10 倍。

(2) 体视显微镜：带有宽视野目镜和物镜，放大 10～45 倍，可变倍，配备照明装置。

(3) 生物显微镜：放大 40～400 倍，配备照明装置。

(4) 样品筛：规格 2.00mm、0.84mm、0.42mm、0.25mm 及 0.15mm（10 目、20 目、40 目、60 目及 100 目）。

(5) 电热板或酒精灯。

(6) 点滴板：黑色和白色。

(7) 镊子：有细尖头的弯曲式镊子。

(8) 滴瓶：琥珀色，30mL，用于分装试剂。

(9) 微型刮勺：用玻璃拉制的微型搅拌棒和小勺。

(10) 天平：普通天平、分析天平。

(11) 其他：手术刀、手术剪、载玻片、盖玻片、吸管、烧杯、洗瓶等。

(四) 镜检的试剂

(1) 四氯化碳或三氯甲烷（氯仿）：工业级，预先进行过滤和蒸馏处理。

(2) 丙酮：工业级。

(3) 稀释的丙酮：75mL 丙酮用 25mL 蒸馏水稀释。

(4) 稀盐酸：盐酸和蒸馏水按 1∶1 混合稀释。

(5) 稀硫酸（1∶1，体积比）、3% 硫酸。

(6) 5% 氢氧化钠溶液。

(7) 10% 铬酸溶液。

(8) 10% 硝酸溶液。

(9) 过氧化氢。

(10) 浓氨水。

(11) 碘溶液：0.75g 碘化钾和 0.1g 碘溶于 30mL 水中，加入 0.5mL 盐酸，贮存于琥珀色滴瓶中。

(12) Millon 试剂：稍加温热使 1 份质量的汞溶于 2 份质量的 10% 硝酸溶液，再加 2 倍体积的蒸馏水稀释，混匀，静置过夜并滤出上清液，此溶液含有 $Hg(NO)_2$、$HgNO_3$、HNO 和一些 HNO_2，贮存于玻塞瓶中。

(13) 硝酸铵溶液：溶解 10g 硝酸铵于 100mL 蒸馏水中。

(14) 钼酸盐溶液：20g 三氯化钼溶入 30mL 氨水与 50mL 水的混合液中，将此液缓慢倒入 100mL 硝酸与 25mL 水的混合液中，微热溶解，冷却后，与 100mL 的 10% 硝酸铵溶液混合。只将澄清的上清液注入 30mL 琥珀色滴瓶中。当有结晶析出时弃去，并重新注入澄清的上清液。

（15）悬浮剂 I：溶解 10g 水合氯醛于 100mL 水中，加入 10mL 甘油，贮于琥珀色滴瓶中。

（16）悬浮剂 II：溶解 160g 水合氯醛于 100mL 水中，加入 10mL 盐酸，贮于琥珀色滴瓶中。

（17）硝酸银溶液：溶解 10g 硝酸银于 100mL 水中。

（五）镜检前的准备工作

（1）收集各种单一饲料的纯品、劣质品和污染品。

（2）收集饲料中常见的杂草种子，尤其是有毒的或有害的植物种子。

（3）利用体视显微镜（5～45 倍），熟悉上述样品的外观、色泽、软硬度、弹性和粒子大小。

（4）利用生物显微镜（40～400 倍），了解上述样品的细胞形状、大小及排列，细胞壁及细胞内容物，淀粉粒的形状，植物纤维的大小及形状、颜色等。

（5）练习混合饲料的鉴定，首先是简单的混合成分，进而到复杂的成分。

（六）饲料显微镜检测的基本步骤

饲料显微镜检测的基本步骤可用图 9-1 来说明。

单一饲料样品和混合饲料样品的观察程序相同。首先确定颜色和组织结构以获得最基本的资料。通常可从饲料的气味（焦味、霉味、酚味、发酵味）和味道（肥皂味、苦味、酸味）获得进一步资料，接着将样品通过筛分或浮选制备完毕，以便进行显微镜检测。

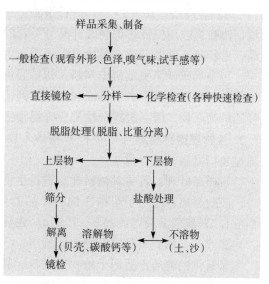

图 9-1　饲料显微镜检测基本步骤示意图

1. 体视显微镜检测

（1）原始样品：采集方法见饲料样品的采集与制备。将待测样品平铺于纸上，仔细观察，记录原始样品的外观特征如颜色、粒度、软硬程度、气味、霉变、异物等情况。观察中应特别注意细粉粒，因为掺假掺杂物往往被粉得很细以逃避检查。将记录下来的特征与参照样的特征进行比较，判断是否有疑问。

（2）样品前处理：

①破碎：粉状饲料可不制备即做进一步分析；颗粒饲料或大小差异很大的饲料则需减小颗粒大小，以便观察；硬颗粒饲料必须进行粉化处理（有时用水，但可能影响某些有机物的分析），使所有微粒都分离开来。减小粒度的方法有两种：一，将饲料样品粉碎、过孔径 0.42mm 的分级筛，以便在粒度大致相同的基础上进行观察。二，用研钵和杵将较大的样品捣碎，但尽量使原粒度均匀的组分保持原料的粒度级别。第二种方法最常用，以便获得样品主要组分的最大信息量。

②筛分：即将样品过筛处理。筛分时筛孔应与饲料颗粒大小相匹配，使饲料中粗、细颗粒分开，再进行观察或解离后观察。对于颗粒饲料，可先将颗粒放入烧杯中，加入少量水浸

泡后搅拌，使颗粒分散，再用孔径为 0.2～0.5mm 的筛网过筛，所得筛上物用丙酮处理脱水，样品干燥后再镜检。

③脱脂：对高脂含量的样品，脂肪溢于样品表面，往往黏附许多细粉，使观察产生困难。可用乙醚、四氯化碳等有机溶剂脱脂，然后烘箱干燥 5～10min 或室温干燥后，可使样品清晰可辨。脱脂样品可以另外称样进行。脱脂后，将样品过分级筛，称取各级组分的质量。

④脱色：对经过焙烤或染色的饲料，需进行脱色处理。即首先将饲料放入烧杯中用少量蒸馏水浸润，加入过氧化氢混合，静置 20min，加 2～3 滴浓氨水，15min 后将样品过滤，用蒸馏水冲洗，取残余物检测。

⑤浮选：将样品浸泡在适量的四氯化碳或氯仿中，然后充分搅拌，静置沉淀，将有机物质和无机物质两类成分清楚地分开，上部为有机物质，下部为无机物质，再将各部分取出，置于表面皿内，使其在室温下干燥后，分别进行显微镜检测。

（3）观察：将筛分好的各组样品分别平铺于纸上或表面皿中，置于体视显微镜下，从低倍（7 倍）至高倍（20～40 倍）进行检测。从上到下，从左到右顺序逐粒观察，先粗粒，后细粒，边检查边用探针将识别的样品分类，同时探测各种颗粒的硬度、结构、表面特征，如色泽、形状等，并做记载。将检出的结果与生产厂家出厂记录的成分相对照，即可对掺假、掺杂、污染等质量情况做初步判断。初检后再复检一遍，如果形态特征不足以鉴定，可进一步用生物显微镜观察组织学特征和细胞排列情况，以便做出最后的判定。尤其注意 0.42mm 孔径筛的筛下物，因一般掺杂物都粉碎得很细以逃避检测。

2. 生物显微镜检测　当某种异物掺入较少且磨得很细时，在体视显微镜下很难辨认，需通过生物显微镜进行观察。

（1）样品处理：若要对饲料样品进行生物显微镜观察，则要对饲料样品进行消化解离。

①硫酸解离：适用于动物性饲料样品的处理。取 0.5～1g 样品，置于 100mL 烧杯中，加 20mL 3％硫酸溶液，煮沸 5～15min（视样品性质而定）。冷却后过滤，用蒸馏水冲洗滤渣，弃滤液，将残渣用蒸馏水浸泡，备用。

②氢氧化钠解离：适用于植物性饲料样品的处理。取 0.5～1g 样品，置于 200mL 氢氧化钠溶液中，煮沸 5～15min（视样品性质而定）。冷却后过滤，用蒸馏水洗涤滤渣，并将其置于水中浸泡备用。

③铬酸硝酸解离：适用于植物木质化组织的处理。取 0.5～1g 样品置于 200mL 铬酸硝酸混合溶液（10％铬酸与 10％硝酸等量混合）中，浸泡 1～2d（40℃）。

（2）制片与观察：取少量处理好的样品于载玻片上，加适量载液并将样品铺平，力求薄而匀，载液可用 1∶1∶1 的蒸馏水∶水合氯醛∶甘油，也可用矿物油等，单纯用蒸馏水也较普遍。

观察时，应注意样片的每个部位，而且至少要检查 3 个样片后再做综合判断。

3. 定量分析　定量分析不如定性分析容易，受技术人员的技能和经验影响。镜检人员应不断改进、提高操作技能，以使显微镜检测工作做得更好。下面介绍几种主要方法及实例。

（1）采样和称量：大部分精确的定量测定是检出某一成分的所有颗粒，分别称量各级颗粒。因为操作较困难，所以一般取样可以少些，减少工作量（假设少量的样品就能反映所有特点）。最好样品是有色的（如棉籽粕）或晶状物（如盐），那么在 10～30 倍的放大镜下就可以很容易辨别。如果测出含淀粉的胚乳粉并分离、称量，则可以肯定判断粉碎的成分（如玉米）。

（2）以标准物为对照：使用某标准含量的、密度基本相同的物质作为标准。往往用食盐，或使用已知质量比例的普通组分混合物，例如一种含 1g 盐、5g 硫酸铜和 94g 磷酸氢二钙的混合物，或使用两种组分的一整套混合物标准递增，如以 10％递增的 10∶90，20∶80，30∶70，40∶60，50∶50 的混合物或以 5％递增的 35∶65，40∶60，45∶55 等的混合物。肉眼不能辨别 5 个单位以下的比例，因此不可能得到更精确的结果。在显微镜下，必须数几个未知视野来确定正确的比例。

（3）数细胞：需要准备一个细胞计数框和生物显微镜。细胞计数载玻片（血细胞计玻片）或普通载玻片带有刻度计数框均可以。载玻片要仔细校认标准的刻度，待测物要做相同的处理，每次测定要数几个载玻片，取其均值。

（4）用化学分析法做验证：可用粗蛋白质含量来推算每种成分的含量（直接或间接地），或验证由其他方法获得的百分比含量。显微镜检员要多次验证每种成分的相关比例，否则找不到平衡的原因。差异值应该保持在 ±10％，最好能在 ±5％。

鉴定步骤应依具体样品进行安排，并非每一样品均须经过以上所有步骤，仅以能准确无误完成所要求的鉴定为目的。

（七）植物性饲料原料的显微镜检测

1. 原理　将饲料原料按颗粒大小分级，需要做仔细观察时还要清理干净，凝集成团的要分散成不同的组分，分级分类摊放在适当的平台上，以便做最低倍数的显微镜检验，对照各标准饲料原料鉴别各个组分。

2. 一般方法

（1）粗饲料：将有代表性的部分样品摊放在白纸上，并用放大倍数为 3 倍的放大镜，在荧光照明装置下观察，识别谷物和杂草种子。注意其他掺杂物、热损和虫蚀颗粒、活的昆虫、啮齿动物粪便。检查有无黑粉病、麦角病和霉菌。

（2）基本不黏附细颗粒的谷糠饲料：

①体视显微镜检查：根据颗粒大小用套叠的三层筛筛分饲料。一般家畜饲料用 10、20 和 40 号筛，家禽饲料用 20、40 和 60 号筛，均需包括底盘。将约 10g 未经研磨的饲料置于套筛上充分筛分，用小刮勺从每层筛上取部分样品推于玻璃平台上，并置于体视显微镜下（也可用蓝色的纸作载物台），调整照明（以蓝光或来自上方的日光最好），调节光照角度（使光以约 45° 的角度照到样品上以缩小阴影），调节放大倍数（约 15 倍最佳），选择合适的滤光片，以便能清晰地观察。观察时，应分别而系统地检查载物台上的每一组分。观察饲料颗粒时，要连续地拨动、翻转，并用镊子试验对压力的耐压性。记录颗粒大小、形状、颜色、对压力的耐压性、质地、气味和主要结构特点，并与标准的比较。如有必要，可用镊子取一单个颗粒置于第二玻片上，直接与从标准中取出的相应组织比较，与此类似，可移取一团粒并用镊子的平头端轻轻压碎、观察。列表报告观察到的结果。

②生物显微镜检查：降低照明装置并选择滤光器，由生物显微镜台下聚光器反射出适当的蓝光。用微型刮勺从底筛或底盘中移取少量细粒筛分物，置于载玻片上，加 2 滴悬浮液Ⅰ，用微型搅拌棒分散，再以显微镜（120 倍最佳）检验，与标准进行组织上比较。取出载玻片，加 1 滴碘溶液，搅拌，再观察检验。此时淀粉细胞被染成浅蓝色至黑色，酵母及其他蛋白质细胞呈黄色至棕色，如欲做进一步的组织分级，可取少量相同的细粒筛分物，加入约

5mL悬浮液Ⅱ并煮沸1min，冷却，移取1或2滴底部沉积物于载坡片上，盖好后，用显微镜检测。列表报告观察到的情况，并与标准的比较。

（3）油类饲料或含有被黏附的细小颗粒遮盖的大颗粒：大多数家禽饲料的未知饲料最好用此方法检验。取约10g未研细的饲料置于100mL高型烧杯中，加入三氯甲烷（氯仿）至近满（通风橱内），简捷地搅拌数下并放置沉降约1min。用勺移取漂浮物（有机物）于9cm表面皿上，滤干并于蒸汽浴上干燥。过筛，依照上述步骤进行检验。如有必要可过滤三氯甲烷中悬浮的细粒，并用显微镜检查（一般无此必要）。列表报告观察到的结果。

（4）因有糖蜜而形成团块结构或模糊不清的饲料：取约10g未研磨的饲料置于100mL高型烧杯中，加入75%丙酮75mL，搅拌数分钟以溶解糖蜜，并令其沉降。小心滤析并重复提取，用丙酮洗涤，滤析残渣2次，置于蒸汽浴上干燥，筛分并依照上述步骤进行检验。列表报告观察到的结果。

（八）动物性饲料原料和矿物质组分的显微镜检测

1. 原理　当含有动物组织和矿物质的饲料悬浮于三氯甲烷时，很容易地分成两部分。悬浮在上层的是有机物部分，包括肌肉纤维、结缔组织、干燥过的粉碎器官、残存的羽毛、蹄角碎粒等。此外，还有所有的植物组织。下沉在下层的是无机物部分，包括骨头、鱼鳞、牙齿和矿物质。

2. 一般方法

（1）样品的制备：将样品以三氯甲烷进行悬浮分离、收集漂浮物料并于蒸汽浴上干燥。滤去三氯甲烷，收集无机物部分，于蒸汽浴上干燥。

（2）动物组织的鉴别：检验干燥的漂浮物质。列表报告观察到的结果。

（3）主要无机物组分的鉴别：将干燥的无机物部分置于套在一起的40、60、80号筛和底盘分样筛上，筛分，将分开的四部分分别放在玻璃板或蓝色纸载物台上，用体视显微镜于放大倍数约15倍下观察检验。动物和鱼类的骨头、鱼鳞和软体动物的外壳一般是易于识别的；盐通常呈立方体，可能被染色；方解石呈菱形六面体。

（4）确认试验：用镊子将未知颗粒放在玻璃板上，用平面处轻轻压碎，在体视显微镜下使各粒子彼此分开，使其相距约2.5cm，然后依次分别滴数滴硝酸银溶液、稀盐酸溶液（1：1，体积比）、钼酸盐溶液、Millon试剂、稀硫酸溶液（1：1，体积比），用微型搅拌棒将各颗粒推入液体并观察界面发生的变化，直至得到鉴别结果。列表报告观察到的结果。

①硝酸银溶液试验：一，如果结晶立即变成白色且慢慢变大，则说明被检者是氯化物，可能是盐。二，如果结晶变黄且开始长成黄色针状，则说明被检者是磷酸二氢盐或磷酸氢二盐，一般是磷酸氢二钙。三，如果形成可略微溶解的白色针状，则说明被检者是硫酸盐（硫酸镁或硫酸锰）。四，如果颗粒慢慢变暗，则说明被检者是骨。

②稀盐酸试验：一，如果剧烈起泡，则说明是碳酸钙。二，如果慢慢起泡或不起泡，须再进行下述试验。

③钼酸盐溶液试验：如果在离颗粒有些距离的地方形成微小的黄色结晶，则说明被检者是磷酸三钙 $[Ca_3(PO_4)_2]$，或是磷酸盐、岩石或骨（所有磷酸盐均有此反应，但磷酸二氢盐和磷酸氢二盐均已用硝酸银鉴别过）。

④Millon试剂试验：一，如果形成散碎的颗粒且大多漂浮，由粉红变为红色，且约5min后褪色，则说明被检者是骨质磷酸盐；不褪色的，则说明被检者是蛋白质。二，如果

形成的颗粒膨胀、破裂，但仍沉于底部，则说明被检者是脱氟磷酸盐矿石。三，如果颗粒只慢慢分裂，则说明被检者是磷酸盐矿物。

⑤稀硫酸试验：在颗粒的盐酸（1:1，体积比）溶液中滴入硫酸溶液（1:1，体积比）时，如果慢慢形成细长的白色针状物，则说明被检者是钙盐。

（九）霉菌毒素的显微镜检测

霉菌毒素的污染是饲料行业中的一个突出问题，可给饲料厂家和养殖者带来惨重的损失。有许多方法可用来检测霉菌毒素，显微镜检测就是其中一种简便有效的方法。

霉菌毒素的显微镜检测又可称为黑光灯法。该测试法利用黑暗视野中的长波紫外线进行检测。若显示明亮的绿黄色荧光（BGYF）则表明受黄曲霉毒素污染。所采集的样品必须具有代表性，所有谷粒应被破碎，观测由一位操作者来实施，这样检测结果比较准确。玉米贮藏过程中尽管可能有黄曲霉毒素污染，但由于荧光减弱，会呈现假性结果。

（十）常见饲料原料的显微特征

1. 常见植物性饲料的显微特征

（1）谷物类原料：

①玉米及其制品：整粒玉米形似牙齿，黄色或白色，主要由玉米皮、胚乳及胚芽三部分组成。胚乳包括糊粉层、角质淀粉和粉质淀粉。玉米粉碎后各部分特征明显。体视显微镜下玉米皮薄而半透明，略有光泽，呈不规则片状，较硬，其上有较细的条纹。角质淀粉为黄色（白玉米为白色），多边，有棱，有光泽，较硬；粉质淀粉为疏松、不定型颗粒，白色，易破裂。许多粉质淀粉颗粒和糊粉层的细小粉末常黏附于角质淀粉颗粒和玉米皮表面，另外还可见漏斗状帽盖和质轻而薄的红色片状颖花。生物显微镜下可见玉米表皮细胞，长形，壁厚，相互连接排列紧密，如念珠状。角质淀粉的淀粉颗粒为多角形；粉质淀粉的淀粉颗粒为圆形，多成对排列。每个淀粉颗粒中央有一清晰的脐点，脐点中心向外有放射性裂纹。

②小麦及其制品：整粒小麦为椭圆形，浅黄色至黄褐色，略有光泽。其腹面有一条较深的腹沟，背部有许多细微的波状皱纹。主要由种皮、胚乳、胚芽三部分组成。小麦麸皮多为片状结构，其片大小、形状依制粉程度不同而不同，通常可分为大片麸皮和小片麸皮。大片麸皮片状结构大，表面保留有小麦粒的光泽和细微横向纵纹，略有卷曲，麸皮内表面附有许多淀粉颗粒。小片麸皮片状结构小，淀粉含量高。小麦的胚芽扁平，浅黄色，含有油脂，粉碎时易分离出来。高倍显微镜下可见小麦麸皮由多层组成，具有链珠状的细胞壁（清晰可见），仅一层管状细胞，在管状细胞下整齐地排列一层横纹细胞。小麦淀粉颗粒较大，直径达 $30\sim40\mu m$，圆形，有时可见双凸透镜状，没有明显的脐点。

③高粱及其制品：整粒高粱为卵圆形至圆形，端部不尖锐，在胚芽端有个颜色加深的小点，从小点向四周颜色由深至浅，同时有向外的放射状细条纹。高粱外观色彩斑驳，由棕、浅红、棕黄、白等多色混杂，外壳有较强的光泽。在体视显微镜下可见皮层紧紧附在角质淀粉上，粉碎物粒度大小参差不齐，呈圆形或不规则形状，颜色因品种而异，可为白、红褐、淡黄等。角质淀粉表面粗糙，不透明；粉质淀粉色白，有光泽，呈粉状。在高倍显微镜下，高粱种皮和淀粉颗粒的特征在鉴定上尤为重要。其种皮色彩丰富，细胞内充满了红色、橘红、粉红和黄色的色素颗粒，淡红棕色的色素颗粒常占优势。高粱的淀粉颗粒与玉米淀粉颗粒极为相似，也为多边形，中心有明显的脐点并向外呈放射状裂纹。

④稻谷及其制品：整粒稻谷由内颖、外颖（或仅有内颖）、种皮、胚乳、胚芽构成，长

形，外表粗糙，其上有刚毛，颜色由浅黄至金黄色。稻谷粉碎后用作饲料的主要有粗糠（统糠）、米糠和碎米。粗糠主要是稻壳的粉碎物。在体视显微镜下稻壳呈较规则的长形块状，一些交错的纹理凹陷使得突起部分呈棱格状排布，并闪着光泽，如珍珠亮点，可见刚毛。高倍显微镜下，可见管细胞上纵向排布的弯曲细胞，细胞壁较厚，这种特有的细胞排列方式是稻壳在生物显微镜下的主要特征。米糠是一层种皮，由于稻谷的种皮包裹在胚乳、胚芽之外不易脱落，因此在米糠中常有许多碎米，体视显微镜下，米糠为无色透明，柔软，含油脂或不含油脂（全脂米糠或脱脂米糠）的薄片状结构，其中还有一些碎小的稻壳，碎米粒较小，具有剔透晶莹之感。生物显微镜下米糠的细胞非常小，细胞壁薄而呈波纹状，略有规律的细胞排列形式似筛格状。米粒的淀粉颗粒小呈圆形，有脐点，常聚集成团。

（2）饼粕类原料：

①大豆饼粕：大豆饼粕主要由种皮、种脐、子叶组成。在体视显微镜下可见明显的大块种皮和种脐。种皮表面光滑，坚硬且脆，向内面卷曲。在 20 倍放大条件下，种皮外表面可见明显的凹痕和针状小孔，内表面为白色多孔海绵状组织。种脐明显，长椭圆形，有棕色、黑色、黄色。浸出粒中子叶颗粒大小较均匀，形状不规则，边缘锋利，硬而脆，无光泽不透明，呈奶油色或黄褐色。豆饼粉碎物中的子叶因挤压而成团，近圆形，边缘浑圆，质地粗糙，颜色外深内浅。高倍显微镜下大豆种皮是大豆饼粕的主要鉴定特征。在处理后的大豆种皮表面可见多个凹陷的小点及向四周呈现的辐射状裂纹，犹如一朵朵小花，同时还可看见表面的"工"字形细胞。

②花生饼粕：花生饼粕以碎花生仁为主，但仍有不少花生种皮、果皮存在，体视显微镜下能找到破碎外壳上的成束纤维脊，或粗糙的网络状纤维，还能看见白色柔软有光泽的小块。种皮非常薄，呈粉红色、红色或深紫色，并有纹理，常附着在子仁的碎块上。生物显微镜下，花生壳上交错排列的纤维更加明显，内果皮带有小孔，中果皮为薄壁组织，种皮的表皮细胞有 4～5 个边的厚壁，壁上有孔，由正面观可看见细胞壁上有许多指状突起物。子仁的细胞大，壁多孔，含油滴。

③棉籽饼粕：棉籽饼粕主要由棉籽仁、少量的棉籽壳、棉纤维构成。在体视显微镜下，可见棉籽壳和短绒毛黏附在棉籽仁颗粒中。棉纤维中空、扁平、卷曲。棉籽壳为略凹陷的块状物，呈弧形弯曲，壳厚，棕色、红棕色。棉籽仁碎粒为黄色或黄褐色，含有许多黑色或红褐色的棉酚色素腺。棉料压榨时将棉籽仁碎片和外壳都压在一起了，看起来颜色较暗，每一碎片的结构难以看清。生物显微镜下可见棉籽种皮细胞壁厚，似纤维，带状，呈不规则的弯曲，细胞空腔较小，多个相邻细胞排列呈花瓣状。

④菜籽饼粕：在体视显微镜下，菜籽饼粕中的种皮仍为主要的鉴定特征。一般为很薄的小块状，扁平，单一层，黄褐色至红棕色。表面有油光泽，可见凹陷刻窝。子叶为不规则小碎片，黄色，无光泽，质脆。生物显微镜下，菜籽饼粕最典型的特征是种皮上的栅栏细胞，有褐色色素，为四边形或五边形，细胞壁深褐色，壁厚，有宽大的细胞内腔，其直径超过细胞壁宽度，表面观察，这些栅栏细胞在形状、大小上都较近似，相邻两细胞间部以较长的一边相对排列，细胞间连接紧密。

⑤向日葵粕：其中存在着未除净的葵花籽壳是主要的鉴别特征。向日葵粕为灰白色，壳为白色，其上有黑色条纹。由于壳中含有较高的纤维素、木质素，通常较坚韧，呈长条形，断面也呈锯齿状。子仁的粒度小，形状不规则，黄褐色或灰褐色，无光泽。高倍显微镜下可

见种皮细胞长，有"工"字形细胞壁，而且可见双毛，即两根毛从同一个细胞长出。

2. 常见动物性原料的显微特征

（1）鱼粉：鱼粉一般是将鱼加压、蒸煮、干燥粉碎加工而成的。多为棕黄色至褐色，粉状或颗粒状，有烤鱼香味。在体视显微镜下，鱼肉颗粒较大，表面粗糙，用小镊子触之有纤维状破裂，有的鱼肌纤维呈短断片状。鱼骨是鱼粉鉴定中的重要依据，多为半透明或不透明的碎片，观察可找到鱼体各部位的鱼骨如鱼刺、鱼脊、鱼头等。鱼眼球为乳白色玻璃球状物，较硬。鱼磷是一种薄平而卷曲的片状物，半透明，有圆心环纹。

（2）虾壳粉：虾壳粉是对虾或小虾脱水干燥加工而成的。在显微镜下的主要特征是触角、虾壳及复眼。虾触角以片断存在，呈长管状，常有 4 个环节相连。虾壳一般薄而透明，头部的壳片则厚而不透明，壳表面有平行线，中间有横纹，部分壳有"十"字形线或玫瑰花形线纹。虾眼为复眼，多为皱缩的小片，深色或黑色，表面上有横影线。

（3）蟹壳粉：蟹壳粉的鉴别主要依据蟹壳在体视显微镜下的特征。壳为小的无规则几丁质壳形状，壳外表多为橘红色，而且多孔，有时蟹壳可破裂成薄层，边缘较卷曲，褐色如麦皮。在蟹壳粉中常可见到蟹螯肢、头部。

（4）贝壳粉：体视显微镜下贝壳粉多为小的颗粒状物，质硬，表面光滑，多为白色至灰色，光泽暗淡，有些颗粒的外表面具有同心或平行的线纹。

（5）骨粉及肉骨粉：在肉骨粉中肉的含量一般较少，颗粒具油腻感，浅黄色至深褐色，粗糙，可见肌纤维。骨为不定型块状，边缘浑圆，灰白色，具有明显的松质骨，不透明。肉骨粉及骨粉中还常有动物毛发，长而稍卷曲，黑色或灰白色。

（6）血粉：喷雾干燥的血粉多为血红色小珠状，晶亮；滚筒干燥的血粉为边缘锐利的块状，深红色，厚的地方为黑色，薄的地方为血红色，透明，其上可见小血细胞亮点。

（7）水解羽毛粉：其多为碎玻璃状或松香状的小块，透明易碎，浅灰色、黄褐色至黑色，断裂时常呈扇状边缘。在水解羽毛粉中仍可找到未完全水解的羽毛残支。

第二节　饲料中杂质与不完善粒的分析与检测

一、饲料中杂质的分析与检测

饲料中杂质检测可采用筛分法，该方法是目前我国采用的出入境检验检疫行业标准测定方法（SN/T 0800.18—1999）。

1. 适用范围　该方法适用于进出口饲料中杂质的检测。

2. 原理　用规定的标准试验筛在振筛机上或人工对试样进行筛分，测定各层筛上留存试样质量，计算其占试样总质量的百分数。

3. 主要仪器设备

（1）天平：感量 0.1g 和 0.01g 的天平各 1 台。

（2）标准试验筛：采用金属编织的标准试验筛，筛框直径为 200mm、高度为 50mm，试验筛的筛孔尺寸和金属丝选配等制作应符合 GB/T 6005—2008 和 GB/T 6003.1—2012 的规定，直径为 1.0mm、1.2mm、1.5mm、2.0mm、3.0mm、4.0mm。根据不同饲料产品、单一饲料等的质量要求，选用相应规格的 2 个标准试验筛、1 个盲筛（底筛）及 1 个筛盖。

（3）振筛机：采用拍击式电动振筛机，筛体振幅（35±10）mm，振动频率为（220±20）次/min，拍击次数（150±10）次/min，筛体的运动方式为平面回转运动。

（4）镊子、样品盘、表面皿、毛刷、手持放大镜等。

4. 检测步骤

（1）筛分：将所需用的筛具按孔径由小到大的顺序套在筛底盘上，将适量试样轻轻倒入顶层筛子中心，盖上筛盖。

①手筛：将圆孔选筛放在玻璃板或光滑的桌面，用双手以110～120次/min的速度，按顺时针方向和逆时针方向各筛动1min，筛幅为选筛直径扩大8～10cm。

②机筛：电动振筛机筛动2min。

筛分完毕后，轻轻取下筛具，把筛上物倒入样品盘内，将塞在筛孔中的物质归并入筛上样品中。然后，倒出筛底盘里的筛下物，并用毛刷清扫黏附在筛底盘上的粉尘，归并入筛下物。

（2）有害杂质、大型杂质检验：

①操作方法：按照要求制取平均样品，平均样品量按SN/T 0800.18确定。在检验外观后，将其在感量0.1g的天平上称量，然后置于样品盘中，按照SN/T 0798中的说明，拣出有害杂质及大型杂质，放在感量0.01g的天平上分别称量。

②结果计算：大型杂质含量和有害杂质含量按式（①）和式（②）计算。

$$t_1 = \frac{m_1}{m} \times 100\% \qquad （①）$$

式中：t_1为大型杂质含量；m_1为大型杂质质量（g）；m为样品质量（g）。

$$t_2 = \frac{m_2}{m} \times 100\% \qquad （②）$$

式中：t_2为有害杂质含量；m_2为有害杂质质量（g）；m为样品质量（g）。

（3）小型杂质、筛下杂质检验：

①操作方法：按照要求制取平均样品，试样量按表9-1确定，在感量0.1g的天平上称量，放入按规定筛孔的选筛中，选筛规格见表9-2，按"筛分"中方法进行筛分。筛毕，按照SN/T 0798的说明，从筛上拣出各项杂质（必要时使用放大镜），与筛下杂质合并，在感量0.01g的天平上称量。

表 9-1 杂质检验的试样量

项目	商品名称	试样量（最小，g）
小型杂质、筛下杂质	蚕豆、大粒芸豆	400
	玉米、绿豆、小豆、豇豆、竹豆、小扁豆、豌豆、中小粒芸豆	200
	高粱、荞麦	100
	粟（谷子）、黍子（稷、糜子）、稗子、小米	20
糠粉	大米	100
稻谷、带壳稗子、矿物质、异种粮粒	大米	500

（续）

项目	商品名称	试样量（最小，g）
其他杂质	大米	50

注：表中未包括商品的最小试样量应与粒形相似、大小相近品种规定的相同。

表 9-2　杂质检验用筛规格

品　名	孔径（mm）
大米、小米、粟（谷子）、稗子、糙米等	1.0
小麦、大麦、燕麦、高粱等	1.5
稻谷、小豆、绿豆、竹豆、小扁豆、荞麦等	2.0
玉米、豌豆、豇豆等	3.0
蚕豆等	4.0

②结果计算：小型杂质、筛下杂质含量按式（③）计算。

$$t_3 = \frac{m_3}{m} \times 100\%　　　　　　　　　（③）$$

式中：t_3 为小型杂质、筛下杂质含量；m_3 为小型杂质、筛下杂质的质量；m 为试样的质量（g）。

（4）杂质总量计算：杂质总量按式（④）计算。

$$t = (t_1 + t_2 + t_3)\,m　　　　　　　　（④）$$

式中：t 为杂质总量；t_1 为大型杂质含量；t_2 为有害杂质含量；t_3 为小型杂质、筛下杂质含量。

杂质总量检验结果取小数点后一位，杂质子项检验结果取小数点后两位。

二、饲料中不完善粒的分析与检测

饲料中不完善粒的检测方法是目前我国采用的出入境检验检疫行业标准测定方法（SN/T 0800.7）。

1. 适用范围　该方法适用于进出口饲料不完善粒的检测。

2. 主要仪器设备

（1）电子天平：感量 0.1g 和 0.01g。

（2）样品盘、表面皿、手持放大镜、镊子、解剖刀。

3. 米类饲料检测方法

（1）操作步骤：按照要求制取试样。饲料检测不完善粒的试样量按表 9-3 确定，按照表 9-4 和 SN/T 0798 中规定，结合 GB 1354、GB/T 11766、GB/T 13356、GB/T 13358 中定义，在检验碎米等项目的同时，挑选出各种不完善粒置于表面皿中，分别在感量 0.01g 的天平上称量，并记录称量结果。

表 9-3　饲料中检验不完善粒试样量

商品名称	试样量（最小，g）
花生果	1 000

（续）

商品名称	试样量（最小，g）
花生仁	500
蚕豆、大粒芸豆	400
玉米、绿豆、小豆、豇豆、竹豆、小扁豆、中小粒芸豆、蓖麻籽、葵花子、棉籽、大豆	200
高粱、荞麦	100
大米、小麦、亚麻籽、大麻籽	50
粟（谷子）、小米、黍子（稷、穄子）、稗子、芝麻、油菜籽、芥菜籽、苏籽	20

注：表中未包括饲料的最小试样量可参照粒形相似、大小相近品种的最小试样量执行。

表 9-4 饲料中检验不完善粒子项的确定

商品名称	不完善粒子项
小麦	虫蚀粒、病斑粒（黑胚粒、赤霉病粒）、破碎粒、生芽粒、生霜粒
大豆	破碎粒、未熟粒、损伤粒（虫蚀粒、病斑粒、生芽粒、涨大粒、生霉粒、冻伤粒、热损伤粒）
玉米	虫蚀粒、病斑粒、破碎粒、生芽粒、生霉粒、热损伤粒（自然热损伤粒、烘干热损伤粒）
大米	未熟粒、虫蚀粒、病斑粒、生霉粒、整糙米粒
高粱	破损粒、未熟粒、虫蚀粒、损伤粒（生芽粒、生霉粒、病斑粒、热损伤粒）
荞麦	破损粒、未熟粒、虫蚀粒、损伤粒（生芽粒、生霉粒、病斑粒、热损伤粒）
蚕豆、豌豆、小豆	破损粒、未熟粒、虫蚀粒、损伤粒（病斑粒、生芽粒、生霉粒、变色粒、水湿粒）
芝麻	破损粒、未熟粒、虫蚀粒、损伤粒（病斑粒、霉变粒、出芽粒）
油菜籽	生芽粒、生磁粒、未熟粒、热损伤粒
小米、黍米、稷米	破损粒、未熟粒、虫蚀粒、损伤粒（生霉粒、出芽粒、病斑粒）
花生果、花生仁	破碎粒、未熟粒、虫蚀粒、损伤粒（霉变粒、出芽粒、泛油粒、明显污染粒）
棉籽、亚麻籽、大麻籽、蓖麻籽、芥菜籽、苏籽	破碎粒、未熟粒、虫蚀粒、损伤粒（病斑粒、霉变粒、出芽粒）
小扁豆	破碎粒、未熟粒、虫蚀粒、损伤粒（病斑粒、霉变粒、出芽粒、变色粒、水湿粒）
豇豆、竹豆、绿豆、芸豆	破碎粒、未熟粒、虫蚀粒、损伤粒（病斑粒、霉变粒、出芽粒、冻伤粒、水湿粒、热损伤粒）

注：表中未包括的饲料品种，其不完善粒的检验项目按具有相近粒形、相近特性品种的项目检验。

（2）结果计算：米类饲料不完善粒总含量按下式计算。

$$b = \frac{\sum_{i=1}^{n} m_n}{m} \times 100\%$$

式中：b 为不完善粒总含量；m_n 为不完善粒每个子项质量（g）；m 为试样质量（g）。

不完善粒总量检验结果取小数点后一位，不完善粒子项检验结果取小数点后两位。不完善粒子项兼项的归属采用 SN/T 0799 中子项兼项的归属规则。

4. 其他饲料检测方法

（1）操作步骤：按照要求制取试样。按照 SN/T 0800.18 中方法计算大型杂质含量（t_1）和有害杂质含量（t_2）。不完善粒试样量按表 9-3 确定，按照表 9-4 和 SN/T 0798 中规定，结合 GB 1351、GB 1353、GB/T 8231、GB/T 10458、GB/T 10459、GB/T 10460、GB/T 10461、GB/T 10462 中定义，挑选出经肉眼或用放大镜鉴定（必要时大中粒样品应切开或剥开鉴定）的各种不完善粒，将其放在表面皿中，分别在感量 0.01g 的天平上称量，并记录称量结果。

（2）结果计算：其他饲料不完善粒总含量按下式计算。

$$b' = \sum_{t=1}^{n} (1 - t_1 - t_2) m'_n / m_1 \times 100\%$$

式中：b' 为不完善粒总含量；t_1 为大型杂质含量；t_2 为有害杂质含量；m'_n 为不完善粒每个子项质量（g）；m_1 为试样质量（g）。

不完善粒总量检验结果取小数点后一位，不完善粒子项检验结果取小数点后两位。不完善粒子项兼项的归属采用 SN/T 0799 中子项兼项的归属规则。

第三节　饲料容重与密度的测定

一、饲料原料容重的测定

容重是指单位体积的饲料所具有的质量，通常以 1L 体积的饲料质量计。

1. 原理　各种饲料原料都有一定的容重，通过测定饲料的容重，并与该种饲料的标准容重相比较，可以初步判定饲料原料的质量状况，分辨出所测饲料中是否掺杂。

2. 样品制备

（1）完整谷粒要求混合均匀，无须粉碎。

（2）碎粒或粉粒状料要求粉碎通过 10 目筛板，并混合均匀。

3. 主要仪器设备　天平（感量 0.1g）1 台，1 000mL 量筒 4 个，不锈钢盘（30cm×40cm）4 个，刮铲 2 个。

4. 测量

（1）取被测样本铺于瓷盘中，用四分法取样，轻而仔细地倒入 1 000mL 量筒中，用刮铲调整至 1 000mL 刻度处（勿压和振摇）。

（2）将样品从量筒中倒出称量，以 g/L 计算样品容重。每一样品要求重复测量 3 次，取其平均值作为容重。

5. 结果分析　测定结果与纯料容重比较。各种常见饲料原料的容重参考表 9-5。若饲料原料质量有变化，测定容重会低于或高于标准容重值；若含有杂质或掺杂物，容重也会改变（或大、或小）。

表 9-5　常见饲料原料的容重

（引自夏玉宇、朱丹，饲料质量分析检验，1994）

饲料名称	容重（g/L）	饲料名称	容重（g/L）
麦（皮麦）	580	大麦混合糠	290

（续）

饲料名称	容重（g/L）	饲料名称	容重（g/L）
大麦	460	大麦细糠	360
黑麦	730	豆饼	340
燕麦	440	豆饼（粉末）	520
粟	630	棉籽饼	480
玉米	730	亚麻籽饼	500
玉米（碎的）	580	淀粉糟	340
碎米	750	鱼粉	700
糙米	840	碳酸钙	850
麸	350	贝壳粉（粗）	630
米糠	360	贝壳粉（细）	600
脱脂米糠	426	盐	830

二、颗粒饲料密度的测定

水产饲料的颗粒密度是影响质量的关键因素。通常描述饲料密度是颗粒饲料的实际密度而不是容重。饲料密度对动物的饲喂效果有很大影响。饲料密度并不是每批都完全相同，如果每次都以相同体积的饲料饲喂动物，势必造成浪费或不足。因此，最好能测出每批饲料的密度，从而合理调整配合饲料饲喂体积量。

1. 原理　一定体积的饲料除了颗粒以外，还包括饲料颗粒之间的空隙，而空隙的大小是由原料的种类、颗粒的大小和表面特性等因素决定的。实际测定水产颗粒饲料的密度比较复杂，一般表示关系为：颗粒密度＝产品容重÷（1－空隙率）。由于空隙率对于水产饲料来说没有意义，所以水产饲料密度就直接通过产品容重表示。

2. 样品制备　完整颗粒饲料无须粉碎。

3. 主要仪器设备　天平（感量 0.1g）1 台，1 000mL 量筒 4 个，不锈钢盘（30cm×40cm）4 个，刮铲 2 个。

4. 测量

（1）取被测样本铺于瓷盘中，用四分法取样，轻而仔细地倒入 1 000mL 量筒中，用刮铲调整至 1 000mL 刻度处（勿压和振摇）。

（2）将样品从量筒中倒出称量，以 g/L 计算样品密度。每一样品要求重复测量 3 次，取其平均值作为密度。

5. 结果分析　颗粒的密度是由组成颗粒的粒子、多孔性和空气混入程度等多种因素决定的。加工工艺、设备、加工参数、过程控制、饲料原料和配方等都会影响到水产饲料颗粒密度。水产颗粒饲料的沉浮性和密度是密切相关的，见表 9-6。

表 9-6　水产颗粒饲料密度和沉浮性的关系（g/L）

（引自陶健芳、刘来亭、冯建新，膨化水产饲料的密度控制技术，2006）

饲料特性	海水 20℃（3%盐度）	淡水 20℃
快沉	＞640	＞600

（续）

饲料特性	海水 20℃（3％盐度）	淡水 20℃
慢沉	580～600	540～560
中浮	520～540	480～500
慢浮	<480	<440

第四节　饲料粉碎粒度的测定

饲料粉碎粒度检测通常采用两层筛分法，该方法是目前我国采用的国家标准测定方法（GB/T 5917.1）。

1. 适用范围　该方法适用于配合饲料、浓缩饲料、精料补充料、添加剂预混合饲料、单一饲料粉碎粒度的测定，也可用于饲料添加剂粉碎粒度的测定。

2. 原理　用规定的标准试验筛在振筛机上或人工对试料进行筛分，测定各层筛上留存物料质量，计算其占试料总质量的百分数。

3. 主要仪器设备

（1）标准试验筛：采用金属丝编织的标准试验筛，筛框直径为 200mm，高度为 50mm。试验筛筛孔尺寸和金属丝选配等制作质量应符合 GB/T 6005 和 GB/T 6003.1 的规定。

根据不同饲料产品、单一饲料等的质量要求，选用相应规格的 2 个标准试验筛、1 个盲筛（底筛）及 1 个筛盖。

（2）振筛机：采用拍击式电动振筛机，筛体振幅（35±10）mm，振动频率为（220±20）次/min，拍击次数（150±10）次/min，筛体的运动方式为平面回转运动。

（3）天平：感量为 0.01g 的天平。

4. 测定步骤

（1）将标准试验筛和盲筛按筛孔尺寸由大到小上下叠放。

（2）从试样中称取试料 100.0g，放入叠放好的组合试验筛的顶层筛内。

（3）将装有试料的组合试验筛放入电动振筛机上，开动振筛机，连续筛 10min。在无电动振筛机的条件下，可手工筛理 5min。筛理时，应使试验筛做平面回转运动，振幅为 25～50mm，振动频率为 120～180 次/min。

注意：电动振筛机筛分法为仲裁法。

（4）筛分完后将各层筛上物分别收集、称量（精确至 0.1g），并记录结果。

5. 结果计算　某层试验筛筛上物的质量分数按下式计算。

$$P_i = \frac{m_i}{m} \times 100\％$$

式中：P_i 为某层（$i=1$、2、3…）试验筛筛上留存物料质量占试料总质量的百分数；m_i 为某层（$i=1$、2、3…）试验筛上留存的物料质量（g）；m 为试料的总质量（g）。

每个试样平行测定两次，以两次测定结果的算术平均值表示，保留至小数点后一位。筛分时若发现有未经粉碎的谷粒、种子及其他大型杂质，应加以称量并记入实验报告。

6. 允许偏差

(1) 试料过筛的总质量损失不得超过 1%。

(2) 第二层筛筛下物质量的两个平行测定值的相对偏差不超过 2%。

第五节 配合饲料混合均匀度的测定

一、配合饲料混合均匀度的测定

配合饲料产品混合均匀度的测定一般依据 GB/T 5918—2008 进行。该标准中包括两种方法，分别为氯离子选择性电极法和甲基紫法，其中氯离子选择性电极法为仲裁法。

(一) 氯离子选择性电极法

1. 适用范围　该法适用于配合饲料、浓缩饲料、精料补充料混合均匀度的测定，也可用于混合机混合性能的测试。

2. 原理　用通过氯离子选择电极的电极电位对溶液中氯离子的选择性响应来测定氯离子的含量，以同一批次饲料的不同试样中氯离子含量的差异来反映饲料的混合均匀度。

3. 主要仪器设备

(1) 氯离子选择电极。

(2) 双盐桥甘汞电极。

(3) 酸度计或电位计：精度 0.2mV。

(4) 磁力搅拌器。

(5) 烧杯：100mL、250mL。

(6) 移液管：1mL、5mL、10mL。

(7) 容量瓶：50mL。

(8) 分析天平：感量 0.0 001g。

4. 主要试剂和溶液　以下试剂除特别注明外，均为分析纯。水为蒸馏水，符合 GB/T 6682 的三级用水规定。

(1) 硝酸溶液：物质的量浓度约为 0.5mol/L。吸取浓硝酸 35mL 用水稀释至 1 000mL。

(2) 硝酸钾溶液：物质的量浓度约为 2.5mol/L。称取 252.75g 硝酸钾于烧杯中，加水微热溶解，用水稀释至 1 000mL。

(3) 氯离子标准溶液：称取经 550℃灼烧 1h 冷却后的氯化钠 8.244 0g 于烧杯中，加水微热溶解，转入 1 000mL 容量瓶中，用水稀释至刻度，摇匀，溶液中含氯离子 5mg/mL。

5. 样品采集与制备

(1) 此法所需样品应单独采取。

(2) 每一批饲料产品抽取 10 个有代表性的原始样品，每个样品的采样量约 200g。取样点的确定应考虑各方位的深度、袋数或料流的代表性，但每一个样品应由一点集中取样。取样时不允许有任何翻动或混合。

(3) 试样制备：将每个样品在实验室内充分混合。颗粒饲料样品需粉碎通过 1.40mm 筛孔。

6. 测定步骤

(1) 标准曲线的绘制：精确量取氯离子标准工作溶液 0.1mL、0.2mL、0.4mL、

0.6mL、1.2mL、2.0mL 和 6.0mL 分别于 50mL 容量瓶中，加入 5mL 硝酸溶液和 10mL 硝酸钾溶液，用水稀释至刻度，摇匀，即可得到每 50mL 0.50mg、1.00mg、2.00mg、3.00mg、6.00mg、10.00mg、20.00mg 和 30.00mg 的氯离子标准系列，分别将它们倒入 100mL 的干燥烧杯中，放入磁力搅拌子 1 粒，以氯离子选择电极为指示电极，甘汞电极为参比电极，搅拌 3min。在酸度计或电位计上读取电位值（mV），以溶液的电位值为纵坐标，氯离子质量浓度为横坐标，在半对数坐标纸上绘制出标准曲线。

（2）测试液的制备：准确称取试样（10.00±0.05）g 置于 250mL 烧杯中，准确加入 100mL 水，搅拌 10min，静置澄清，用干燥的中速定性滤纸过滤，滤液作为待测试液备用。

（3）测试液的测定：准确吸取待测试液 10mL，置于 50mL 容量瓶中，加入 5mL 硝酸溶液和 10mL 硝酸钾溶液，用水稀释至刻度，摇匀，然后倒入 100mL 的干燥烧杯中，放入磁力搅拌子 1 粒，以氯离子选择电极为指示电极，甘汞电极为参比电极，搅拌 3min，在酸度计或电位计上读取电位值（mV）。从标准曲线上求得氯离子质量浓度的对应值 X。按此步骤依次测定出同一批次的 10 个试液中的氯离子质量浓度 X_1、X_2、X_3、$\cdots$、X_{10}。

7. 结果计算

（1）试液氯离子质量浓度平均值 $\overline{X}$ 按下式计算。

$$\overline{X} = \frac{X_1 + X_2 + \cdots + X_{10}}{10}$$

（2）试液氯离子质量浓度的标准差 S 按下式计算。

$$S = \sqrt{\frac{(X_1 - \overline{X})^2 + (X_2 - \overline{X})^2 + \cdots + (X_{10} - \overline{X})^2}{10 - 1}}$$

（3）混合均匀度值：混合均匀度值以同一批次的 10 个试液中氯离子质量浓度的变异系数 CV 表示，CV 越大，混合均匀度越差。

10 个试液中氯离子质量浓度的变异系数 CV 按下式计算。

$$CV = \frac{S}{\overline{X}} \times 100\%$$

计算结果精确至小数点后两位。

（二）甲基紫法

1. 适用范围 此法主要适用于混合机和饲料加工工艺中混合均匀度的测定。不适用于添加有苜蓿粉、槐叶粉等含色素组分的饲料产品混合均匀度的测定。

2. 原理 此法以甲基紫色素作为示踪物，在大批饲料加入混合机后，再将甲基紫与添加剂一起加入混合机，混合规定时间，然后取样，以比色法测定样品中甲基紫的含量，以同一批次饲料的不同试样中甲基紫含量的差异来反映饲料的混合均匀度。

3. 主要仪器设备

（1）分光光度计：带 5mm 比色皿。

（2）标准筛：筛孔净孔尺寸 100μm。

（3）分析天平：感量 0.0001g。

（4）烧杯：100mL、250mL。

4. 主要试剂和溶液

（1）甲基紫（生物染色剂）。

（2）无水乙醇。

5. 示踪物的制备与添加　将测定用的甲基紫混匀并充分研磨，使其全部通过净孔尺寸为 $100\mu m$ 的标准筛。按照混合机混一批饲料量的十万分之一的用量，在大批饲料加入混合机后，再将其与添加剂一起加入混合机，混合规定时间。

6. 样品采集与制备　样品采集与制备与氯离子选择电极法相同。

7. 测定步骤　称取试样（10.00±0.05）g 放在 100mL 的小烧杯中，加入 30mL 无水乙醇，不时地加以搅动，烧杯上盖 1 个表面皿，30min 后用中速定性滤纸过滤。以无水乙醇作空白调节零点，用分光光度计，以 5mm 比色皿在 590nm 的波长下测定滤液的吸光度。

以同一批次 10 个试样测得的吸光度值 X_1、X_2、X_3、$\cdots$、X_{10} 分别计算平均值 $\overline{X}$、标准差 S 和变异系数 CV。计算公式同氯离子选择性电极法。

8. 注意事项　由于出厂的各批甲基紫的甲基化程度不同，色调可能有差别，因此测定混合均匀度用的甲基紫必须是同一批次且混合均匀的，才能保持同一批饲料中各样品测定值的可比性。

二、微量元素预混合饲料混合均匀度的测定

微量元素预混合饲料产品混合均匀度通常采用比色法测定，该方法也是目前我国采用的国家标准（GB/T 10649—2008）测定方法。

1. 适用范围　该法适用于含铁盐的微量元素预混合饲料混合均匀度的测定。

2. 原理　该法通过盐酸羟胺将样品液中的铁还原成二价铁离子，再与显色剂邻菲啰啉反应，生成橙红色的络合物，用比色法测定铁的含量，以同一批次试样中铁含量的差异来反映所测产品的混合均匀度。

3. 主要仪器设备

（1）分析天平：感量 0.1mg。

（2）分光光度计：带 1cm 比色皿。

4. 主要试剂和溶液　以下试剂除特别注明外，均为分析纯。水为蒸馏水，符合 GB/T 6682 的三级用水规定。

（1）浓盐酸。

（2）盐酸羟胺溶液：100g/L。称取 10g 盐酸羟胺溶于水中，再用水稀释至 100mL，摇匀，移入棕色瓶中并置于冰箱内保存。

（3）乙酸盐缓冲溶液：pH 约为 4.5。称取 8.3g 无水乙酸钠溶于水中，再加入 12mL 冰乙酸，并用水稀释至 100mL，摇匀。

（4）邻菲啰啉溶液：1g/L。称取 0.1g 邻菲啰啉溶于约 80mL 80℃的水中，冷却后用水稀释至 100mL，摇匀，移入棕色瓶中并置于冰箱内保存。

5. 样品采集与制备

（1）此法所需样品应单独采制。

（2）每一批饲料抽取 10 个有代表性的原始样品，每个样品 50～100g。样品的采集应考虑代表性，但每一个样品应由一点集中取样。取样时不允许有任何翻动或混合。

（3）试样的制备：样品的制备应按 GB/T 20195 的规定进行。将上述每个样品在实验室

内充分混匀，称取 1～10g（以所测试液吸光度值在 0.2～0.8 以内为准）试样进行测定。

6. 测定步骤　称取试样 1～10g（精确至±0.000 2g）于 250mL 烧杯中，加少量水润湿，慢慢滴加 20mL 浓盐酸，防样液溅出，充分摇匀后再加入 50mL 水搅匀，充分转移到 250mL 容量瓶，用水稀释至 250mL，摇匀，过滤。移取 2mL 滤液于 25mL 容量瓶中，加入 100g/L 盐酸羟胺溶液 1mL，充分混匀，5min 后加入乙酸盐缓冲溶液 5mL，摇匀，再加入 1g/L 邻菲啰啉溶液 1mL（对于高铜的预混合饲料邻菲啰啉溶液可酌情提高用量至 3～5mL），用水稀释至 25mL，充分混匀，放置 30min，以试剂空白作参比，用分光光度计在 510nm 波长处测定试液的吸光度值。按此步骤依次测定出同一批次的 10 个试液中的吸光度值 A_1、A_2、A_3、$\cdots$、A_{10}。

7. 结果计算　由于试液中铁离子含量与其吸光度值存在线性关系，所以直接以试液吸光度值进行计算，从而反映所测产品的混合均匀度。

（1）单位质量的吸光度值 X_i 按下式计算。

$$X_i = \frac{A_i}{m_i}$$

式中：A_i 为第 i 个试液的吸光度值；m_i 为第 i 个试样的质量（g）。

（2）单位质量的吸光度平均值 $\overline{X}$ 按下式计算。

$$\overline{X} = \frac{X_1 + X_2 + \cdots + X_{10}}{10}$$

（3）单位质量的吸光度值的标准差 S 按下式计算。

$$S = \sqrt{\frac{(X_1 - \overline{X})^2 + (X_2 - \overline{X})^2 + \cdots + (X_{10} - \overline{X})^2}{10 - 1}}$$

（4）混合均匀度值：混合均匀度值以同一批次的 10 个单位质量的吸光度值的变异系数 CV 表示，CV 越大，混合均匀度越差。

10 个试液单位质量的吸光度值的变异系数 CV 按下式计算。

$$CV = \frac{S}{\overline{X}} \times 100\%$$

计算结果精确至小数点后两位。

第六节　颗粒饲料硬度的测定

颗粒饲料硬度是指颗粒对外压力所引起变形的抵抗能力，通常采用硬度计进行测量。

1. 适用范围　该法适用于一般通过挤压制粒制备的硬颗粒饲料的硬度测定。

2. 原理　用对单颗饲料粒径方向加压的方法使其破碎，以此时的压力表示该颗粒的硬度。用多个颗粒的硬度平均值表示该样品的硬度。

3. 主要仪器设备　木屋式硬度计。

4. 样品制备　从每批颗粒饲料中取出具有代表性的样品约 20g，用四分法从各个部分选取长度 6mm 以上、大体上同样大小、同样长度的（以颗粒两头最凹陷处计算）颗粒 20 粒。

5. 测定步骤　将硬度计的压力指针调整至零点，用镊子将颗粒横放在载物台上，正对压杆下方，转动于轮，使压杆下降，中等匀速。颗粒破碎后读取压力数值（X_1、X_2、X_3、…、X_{20}）。清扫载物台上碎屑。将压力计指针重新调整至零点，开始下一个样品的测定。

6. 结果计算 样品的颗粒硬度按照下式计算。

$$\overline{X} = \frac{X_1 + X_2 + \cdots + X_{20}}{20}$$

式中：$\overline{X}$ 为样品硬度（kg）；X_1、X_2、X_3、…、X_{20} 为各单粒样品的硬度（N）。

如果颗粒长度不足 6mm，则在测定硬度值后注明平均长度。

两个平行测定结果的绝对差值不大于 9.8N。

第七节　颗粒饲料淀粉糊化度的测定

1. 适用范围 该方法适用于经挤压、膨化等工艺制得的各种颗粒饲料中淀粉糊化度的测定。

2. 原理 β-淀粉酶在适当的 pH 和温度下，能在一定的时间内，定量地将糊化淀粉转化成还原糖，转化的糖量与淀粉的糊化程度成比例关系。用铁氰化钾法测其还原糖量，即可计算出淀粉的糊化度。

3. 主要仪器设备

（1）分析天平：感量 0.1mg。

（2）多孔恒温水浴装置：可控温度（40±1）℃。

（3）定性滤纸：中速，直径 7～9cm。

（4）碱式滴定管：25mL（刻度 0.1mL）。

（5）移液管：2mL、5mL、15mL、25mL。

（6）玻璃漏斗。

（7）容量瓶：100mL。

4. 主要试剂和溶液

（1）磷酸盐缓冲液：pH 6.8。

甲液：溶解 71.64g 磷酸氢二钠于蒸馏水中，稀释至 1 000mL。

乙液：溶解 31.21g 磷酸二氢钠于蒸馏水中，稀释至 1 000mL。

取甲液 49mL 与乙液 51mL，合并为 100mL，再加入 900mL 蒸馏水即为磷酸盐缓冲液。

（2）60g/L β-淀粉酶溶液：溶解 6.0g/L β-淀粉酶（pH 6.8，40℃时活力大于 1×10^5，细度为 80% 以上通过 60 目）于 100mL 磷酸盐缓冲液中成乳浊液（β-淀粉酶贮于冰箱内，用时现配）。

（3）10% 硫酸溶液：将 10mL 浓硫酸用蒸馏水稀释至 100mL。

（4）120mg/L 钨酸钠溶液：溶解 12.0g 钨酸钠于 100mL 蒸馏水中。

（5）0.1mol/L 碱性铁氰化钾溶液：溶解 32.9g 铁氰化钾和 44.0g 无水碳酸钠于蒸馏水中并稀释至 1 000mL，贮于棕色瓶内。

（6）乙酸盐溶液：取 70.0g 氯化钾和 40.0g 硫酸锌于蒸馏水中加热溶解，冷却至室温，再缓缓加入 200mL 冰乙酸并稀释至 1 000mL。

（7）100g/L 碘化钾溶液：溶解 10.0g 碘化钾于 100mL 蒸馏水中，加入几滴饱和氢氧化钠溶液，防止氧化，贮于棕色瓶内。

（8）0.1mol/L 硫代硫酸钠溶液：溶解 24.82g 硫代硫酸钠和 3.8g 硼酸钠于蒸馏水中，并稀释至 1 000mL，贮于棕色瓶内（此液放置 2 周后使用）。

（9）10g/L 淀粉指示剂：溶解 1.0g 可溶性淀粉于煮沸的蒸馏水中，再煮沸 1min，冷却，稀释至 100mL。

5. 试样的制备　取要检测的颗粒饲料样品 50g 左右，在实验室样品磨中粉碎，其细度通过 40 目筛，混匀，放于密闭容器内，贴上标签作为试样。样品应低温保存（4～10℃）。

6. 测定步骤

（1）分别称取 1g 试样 2 份，精确至 0.2mg（淀粉含量不大于 0.5g），置于 2 支 150mL 三角瓶中，标上 A 和 B。另取一支 150mL 三角瓶，不加试样，作空白，并标上 C。在这 3 支三角瓶中各用 50mL 量筒加入 40mL 磷酸盐缓冲液。

（2）将 A 置于沸水浴中煮沸 30min，取出快速冷却至 60℃以下。

（3）将 A、B、C 置于（40±1）℃恒温水浴装置中预热 3min 后，各用 5mL 移液管加入 (5.0±0.1) mL 60g/L β-淀粉酶溶液，保温［（40±1）℃］1h（每隔 15min 轻轻摇晃 1 次）。

（4）1h 后，将 3 支三角瓶取出，用移液管分别加入 2mL 10% 硫酸溶液，摇匀，再加入 2mL 120mg/L 钨酸钠溶液，摇匀，并将它们全部转移到 3 支 100mL 容量瓶中（用蒸馏水荡洗三角瓶 3 次以上，荡洗液也转移至相应的容量瓶内）。最后用蒸馏水定容至 100mL，并贴上标签。

（5）摇晃容量瓶，静置 2min 后，用中速定性滤纸过滤。留滤液作为下面测定试样。

（6）用 5mL 移液管分别吸取上述滤液 5mL，放入洁净的 150mL 三角瓶内，再用 15mL 移液管加入 15mL 0.1mol/L 碱性铁氰化钾溶液，摇匀后置于沸水浴中准确加热 20min 后取出，用冷水快速冷却至室温，用 25mL 移液管缓慢加入 25mL 乙酸盐溶液，并摇匀。

（7）用 5mL 移液管加入 5mL 100g/L 碘化钾溶液，摇匀，立即用 0.1mol/L 硫代硫酸钠溶液滴定，当溶液颜色变成淡黄色时，加入几滴 10g/L 淀粉指示剂，继续滴定到蓝色消失。各三角瓶分别逐一滴定，并记下相应的滴定量。

7. 结果计算　试样糊化度 α 按下式计算。

$$\alpha = \frac{V - V_2}{V - V_1} \times 100\%$$

式中：V 为空白滴定量（mL）；V_1 为完全糊化试样溶液滴定量（mL）；V_2 为试样溶液滴定量（mL）。

每个试样取 2 个平行样进行测定，以其算术平均值为结果。

双试验的相对偏差：糊化度在 50% 以下时，不超过 10%；糊化度在 50% 以上时，不超过 5%。

8. 注意事项

（1）β-淀粉酶在贮存期间内会有不同程度的失活，一般每贮藏 3 个月需测 1 次酶活力。为了保证样品酶解完全，以酶活力 8×10^4U，酶用量 300mg 为准，如酶的活力降低，酶用量则按比例加大。

（2）在滴定时，指示剂不要过早加入，否则会影响测定结果。同一样品滴定时，应在变到一样的淡黄色时加入淀粉指示剂。

◆ **附 9-1　饲料淀粉糊化度测定简易方法**

该法是由美国大豆协会熊易强博士根据美国饲料工业界普遍采用的测定淀粉饲料热加工程度的方法简化而成的。通过调质制粒，淀粉糊化度一般在 20%～40% 之间，而挤压膨化糊化度则可上升至 30%（110℃）、50%（130℃）和 90%（160℃）。

现将该简易方法介绍如下。

1. 原理　该法是根据糊化后的淀粉易被酶解释放出葡萄糖的原理测定的。具体做法是称出 4 份相同质量的加工过的饲料样品，两份加缓冲液，置于沸水浴中，加热，令其充分糊化，即成为全糊化样品，立即冷却，然后与另两份样品一道在同样的缓冲液、同样的温度下，用淀粉酶水解，将糊化的淀粉转化为葡萄糖，再用比色法测定，比较各自的葡萄糖含量。与全糊化样品相比，加工样品酶解得到的葡萄糖越多，说明其加工的熟化度越好；反之则差。

2. 主要仪器设备

（1）天平：感量 0.000 1g。

（2）恒温水浴装置：可调控在（40±2）℃。

（3）沸水浴。

（4）分光光度计或比色计。

3. 主要试剂和溶液

（1）缓冲液：将 4.1g 无水乙酸钠（或 6.8g $NaC_2H_3O_2 \cdot 3H_2O$）溶于约 100mL 蒸馏水中，加 3.7mL 冰乙酸，用蒸馏水定容至 1L，混匀，测定并用乙酸或乙酸钠将 pH 调至 4.5±0.05。

（2）酶溶液：将 750mg 脱支酶（amyloglucosidase，Sigma，12 100U/g）溶于 50mL 蒸馏水中，也可根据用量，配制 15mg/mL 或 180U/mL 的酶溶液。注意该液最好临用前配制，当日有效。

（3）蛋白沉淀剂：

① 100g/L 硫酸锌（$ZnSO_4 \cdot 7H_2O$）溶液。

② 0.5mol/L 氢氧化钠溶液。

（4）铜试剂：将 40g 无水碳酸钠（Na_2CO_3）溶于约 400mL 蒸馏水中，加 7.5g 酒石酸，溶解后加 4.5g 硫酸铜（$CuSO_4 \cdot 5H_2O$），溶解并定容至 1L。

（5）磷钼酸试剂：取 70g 钼酸和 10g 钨酸钠，加入 400mL 100g/L 氢氧化钠溶液和 400mL 蒸馏水。煮沸 20～40min，冷却，加蒸馏水至约 700mL，加 250mL 浓的正磷酸（85% H_3PO_4），稀释至 1L。

4. 测定步骤　将风干样品粉碎，过 1mm 筛孔的筛。根据样品中淀粉的含量，称取质量相等的 4 份样品（称样量与淀粉含量的关系可参见表 9-7），其中 2 份用作全糊化试样，另 2 份用作测定试样，具体操作步骤参见图 9-2。

表 9-7　称样量推荐表

样品类型	淀粉含量	推荐称样量（mg）
纯淀粉	100%.	100
谷物	70%以上	150
一般饲料	30%～60%	200
某些饲料	45%	400

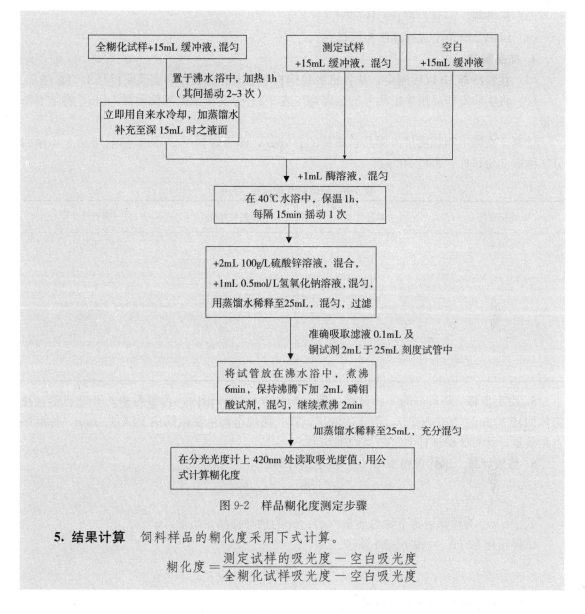

图 9-2　样品糊化度测定步骤

5. 结果计算　饲料样品的糊化度采用下式计算。

$$糊化度 = \frac{测定试样的吸光度 - 空白吸光度}{全糊化试样吸光度 - 空白吸光度}$$

第八节　颗粒饲料粉化率与含粉率的测定

1. 适用范围　颗粒饲料粉化率是指颗粒饲料在特定条件下产生的粉末质量占其总质量的百分比。含粉率是指颗粒饲料中所含粉料质量占其总质量的百分比。

该法适用于一般硬颗粒饲料的粉化率、含粉率测定。

2. 原理　该法通过利用粉化仪对颗粒产品的翻转摩擦后成粉量的测定，反映颗粒的坚实程度。

3. 主要仪器设备

（1）瑞士 RETCH-API 型粉化仪：两箱体式。

（2）国产 SFCX2 型粉化仪：两箱体式。

（3）标准筛：一套，符合 GB 6004。

（4）SDB-200 顶击式标准筛振筛机。

4. 样品制备

（1）颗粒冷却 1h 以后测定，从各批颗粒饲料中取出有代表性的实验室样品 1.5kg 左右。

（2）将实验室样品用规定筛号的金属筛（表 9-8）分 3 次用振筛机预筛 1min，将筛下物称量。

计算 3 次筛下物总质量占样品总质量的百分数，即为含粉率（％），然后将筛上物用四分法称取 2 份试样，每份 500g。

表 9-8　规定筛号的规格（mm）

颗粒直径	筛孔尺寸	颗粒直径	筛孔尺寸
1.5	1.0	5.0	4.0
2.0	1.4	6.0	4.0
2.5	2.0	8.0	5.6
3.0	2.36	10.0	8.0
3.5	2.8	12.0	8.0
4.0	2.8	16.0	11.2
4.5	3.35	20.0	16.0

5. 测定步骤　将称好的 2 份试样分装入粉化仪的回转箱内，盖紧箱盖，开动机器，使箱体回转 10min（500r/min），停止后取出试样，用规定筛格在振筛机上筛理 1min，称取筛上物质量，计算 2 份试样测定结果的平均值。

6. 结果计算　试样含粉率（X_1）按下式计算。

$$X_1 = \frac{m_1}{m} \times 100\%$$

式中：m_1 为预筛后筛下物总质量（g）；m 为预筛样品总质量（g）。

试样粉化率（X_2）按下式计算。

$$X_2 = 1 - \frac{m}{500}$$

式中：m 为回转后筛上物质量（g）。

所得结果精确至小数点后一位。

2 份试样测定结果绝对差不大于 1，在仲裁分析时绝对差不大于 1.5。

7. 补充说明　在样品量不足 500g 时，也可用 250g 样品，回转 5min，测定粉化率。

第九节　水产配合饲料在水中稳定性的测定

1. 适用范围　该法适用于水产动物用粉末配合饲料、颗粒配合饲料与膨化配合饲料水中稳定性的测定。

2. 测定原理　该法通过测定水产动物用粉末饲料、颗粒饲料和膨化饲料在一定温度的水中浸泡一定时间后的水中溶失率来评定饲料在水中的稳定性。

3. 主要仪器设备

（1）分析天平：感量 0.1g。

（2）电热鼓风干燥箱。

（3）恒温水浴装置。

（4）立式搅拌器。

（5）量筒：20mL、500mL。

（6）温度计：精度 0.1℃。

（7）圆筒形网筛（自制）：网筛框高 6.5cm，直径为 10cm，金属筛网孔径应小于被测饲料的直径。

（8）秒表。

4. 主要试剂　蒸馏水。

5. 测定步骤

（1）粉末饲料水中稳定性的测定：准确称取 2 份试样各 200g（精确至 0.1g），分别倒入盛有 200~240mL 蒸馏水的搅拌器中，在室温条件下低速（105r/min）搅拌 10min。搅拌完毕后取出，平分 2 份，取其中 1 份放置静水中，在水温（25±2）℃浸泡 1h，捞出后与另一份对照样同时放入烘箱中在 105℃恒温下烘至恒重后，分别准确称量。饲料水中溶失率按下式计算。

$$S = \frac{m_1 - m_2}{m_1} \times 100\%$$

式中：S 为溶失率；m_1 为对照料烘干后的质量（g）；m_2 为浸泡料烘干后的质量（g）。

（2）颗粒饲料水中稳定性测定：称取试样 10g（精确至 0.1g），放入已备好的圆筒形网筛内。网筛置于盛有水、水深为 5.5cm 的容器中，水温为（25±2）℃，浸泡（硬颗粒饲料浸泡时间 5min，膨化饲料浸泡时间为 20min）后，把网筛从水中缓慢提至水面，再缓慢沉入水中，使饲料离开筛底，如此反复 3 次后取出网筛，把网筛内饲料置于 105℃烘箱内烘干至恒重，称量（m_2）。同时，称一份未浸水的同样饲料，置于 105℃烘箱内烘干至恒重，称量（m_1）。计算公式同粉末饲料水中稳定性的测定。

6. 说明　每个试样应取 2 个平行样进行测定，以其算术平均值为结果，结果表示至一位小数，允许相对偏差≤4%。

📝 本章小结

饲料加工质量是饲料产品质量控制体系的主要组成部分。本章系统地介绍了饲料原料和配合饲料加工处理后品质特点的主要关键分析指标及其检测方法。

📝 思考题

1. 饲料原料和配合饲料产品加工质量的主要指标有哪些？

2. 阐述饲料加工质量检测的目的与意义。

3. 颗粒饲料淀粉糊化度和水产动物配合饲料水中稳定性测定的意义是什么？

第十章　饲料中有毒有害物质的
分析与测定

第一节　饲料中有毒有害化合物的分析与测定

饲料中有毒有害化合物是指存在于饲料中对动物生存、成长发育和生产有副作用的物质。按其来源可分为天然、次生和外源性物质；按其化学性质可分为有机和无机类有毒有害物质。本节介绍饲料中主要的有毒有害物质如黄曲霉毒素、游离棉酚、异硫氰酸酯、噁唑烷硫酮和氰化物等的分析检测方法。

一、饲料中黄曲霉毒素 B_1 的分析与测定

黄曲霉毒素是由黄曲霉和部分曲霉菌株产生的双呋喃环类毒素，其衍生物约有 20 种，分别命名为 B_1、B_2、G_1、G_2、M_1、M_2、GM、P_1、Q_1、毒醇等。其中以黄曲霉毒素 B_1 的毒性最大，致癌性最强。黄曲霉毒素的分析测定方法最初以薄层层析法为主，发展到高效液相色谱法、微柱法、酶联免疫吸附法等多种方法，其中高效液相色谱法具有分辨率高、分析时间较短等优点。本文仅介绍高效液相色谱法（GB/T 36858—2018），该标准适用于饲料原料、配合饲料、浓缩饲料、精料补充料中黄曲霉毒素 B_1 的测定。该法的检出限为 $0.5\mu g/kg$，定量限为 $2.0\mu g/kg$。

1. 原理　试样中的黄曲霉毒素 B_1 经黄曲霉毒素 B_1 提取溶液提取后，再经三氯甲烷萃取、三氟乙酸衍生，衍生后的黄曲霉毒素 B_1 采用反相高效液相色谱-荧光检测器进行测定，外标法定量。

2. 主要仪器设备

（1）高效液相色谱仪：配备荧光检测器。

（2）分析天平：感量为 0.01mg。

（3）溶剂过滤器：规格 1 000mL。

（4）氮吹仪。

（5）恒温振荡器。

（6）旋涡混合仪。

（7）超声波清洗仪。

（8）恒温水浴装置。

3. 主要试剂和材料

（1）有机滤膜：直径 50mm，孔径 $0.22\mu m$。

（2）针头式过滤器：有机型，孔径 $0.22\mu m$。

（3）水：符合 GB/T 6682 中规定的一级用蒸馏水。

（4）甲醇：色谱级。

（5）乙腈：色谱级。

（6）三氯甲烷。

（7）黄曲霉毒素 B_1 提取溶液：量取 84mL 乙腈，加入到 16mL 水中，混匀。

（8）黄曲霉毒素 B_1 衍生溶液：分别量取 20mL 三氟乙酸，加入 70mL 水中，混匀后加入 10mL 冰乙酸，混匀。现用现配。

（9）流动相：分别量取 20mL 甲醇、10mL 乙腈和 70mL 水，混匀。经 $0.22\mu m$ 有机滤膜过滤后备用。

（10）黄曲霉毒素 B_1 标准贮备溶液（$1\,000\mu g/mL$）：精确称取黄曲霉毒素 B_1 对照品（纯度≥98%）10.0mg，用 10mL 乙腈完全溶解，配制成黄曲霉毒素 B_1 质量浓度为 $1\,000$ $\mu g/mL$ 的标准贮备溶液，$-20℃$ 保存，有效期为 6 个月。

（11）黄曲霉毒素 B_1 标准工作溶液（100 ng/mL）：取 1.0mL 黄曲霉毒素 B_1 标准贮备溶液，用乙腈定容至 100mL，质量浓度为 $10\mu g/mL$。再取此稀释液 1.0mL，用乙腈定容至 100mL，则稀释为质量浓度 100ng/mL 的标准工作溶液。

（12）黄曲霉毒素 B_1 标准系列溶液：黄曲霉毒素 B_1 标准工作溶液用乙腈分别稀释成 1ng/mL、2ng/mL、5ng/mL、10ng/mL、20ng/mL、50ng/mL、100ng/mL 的标准系列溶液。现用现配。

（13）乙腈水溶液：量取 90mL 乙腈，加入到 10mL 水中，混匀。

4. 样品　按 GB/T 14699.1 规定采集有代表性的试样，按 GB/T 20195 规定将试样粉碎，过 0.42mm 分样筛，混匀后装入密闭容器中，备用。

5. 测定步骤

（1）试样处理：平行做两份试验。称取 5.00g（精确至 0.000 1g）试样置于 100mL 带塞锥形瓶中，加入 25.0mL 黄曲霉毒素 B_1 提取溶液，室温下 200r/min 振荡提取 60min，用中速滤纸过滤，取 10.0mL 滤液于 50mL 具塞离心管中，加入 10.0mL 三氯甲烷萃取，旋涡混合 1min，静置分层后，取下层萃取液于 15mL 具塞离心管中，50℃ 水浴氮气吹干。加入 $200\mu L$ 乙腈水溶液复溶，然后加入 $700\mu L$ 黄曲霉毒素 B_1 衍生溶液，加塞混匀，40℃ 下恒温水浴衍生反应 75min 后，再经 $0.22\mu m$ 微孔滤膜过滤，待测。

（2）标准系列：分别取 0.9mL 黄曲霉毒素 B_1 标准系列溶液于 7 个 10mL 具塞离心管中，50℃ 水浴氮气吹干，用 $200\mu L$ 乙腈水溶液复溶，然后加 $700\mu L$ 黄曲霉毒素 B_1 衍生溶液，加塞混匀，40℃ 下恒温水浴衍生反应 75min 后，再经 $0.22\mu m$ 微孔滤膜过滤，待测。

（3）高效液相色谱参考条件：

色谱柱：C_{18} 色谱柱，长 250mm，内径 4.6mm，粒径 $5\mu m$，或性能相当者。

流动相。

流速：1mL/min。

激发波长：365nm。

发射波长：440nm。

柱温：30℃。

进样体积：$20\mu L$。

（4）测定：在上述液相色谱参考条件下，将衍生后的黄曲霉毒素 B_1 标准系列溶液、试样溶液注入高效液相色谱仪，测定相应的响应值（峰面积），采用单点或多点校正，外标法定量。

6. 结果计算　试样中黄曲霉毒素 B_1 的含量 w（μg/kg）按下式计算。

$$w = \frac{0.9 \times p \times V_1}{m \times V_2}$$

式中：p 为试样衍生液在标准曲线上对应的黄曲霉毒素 B_1 含量（ng/mL）；V_1 为提取液的总体积（mL）；V_2 为用于萃取的提取液体积（mL）；m 为试样的质量（g）；0.9 为衍生后的试样溶液体积（mL）。

二、配合饲料中游离棉酚的分析与测定

棉酚是一种黄色多酚羟基双萘醛类化合物，主要存在于棉花的根、茎、叶和种子内，棉籽仁中含量最高，在棉籽榨取棉籽油后仍然有部分棉酚残留在棉籽粕中。在湿热条件下棉酚的醛基可以与蛋白质的氨基发生缩合反应，形成结合态棉酚，棉籽粕中棉粕的毒性主要来自游离棉酚。棉籽粕中游离棉酚的分光光度计测定方法有苯胺比色法、间苯三酚法和国标法等，本文仅介绍国标法（GB/T 13086—1991），该法适用于棉籽粉、棉籽饼粕和含有这些物质的配合饲料（包括混合饲料）中游离棉酚的测定。

1. 原理　在 3-氨基-1-丙醇存在下，用异丙醇与正己烷的混合试剂提取游离棉酚。用苯胺使棉酚转化为苯胺棉酚，在最大吸收波长 435～445nm 处进行比色测定。

2. 主要仪器设备

（1）电动振荡器。

（2）恒温水浴装置。

（3）分光光度计。

（4）100mL、250mL 具塞锥形瓶。

3. 主要试剂和材料

（1）异丙醇。

（2）正己烷。

（3）冰乙酸。

（4）3-氨基-1-丙醇。

（5）苯胺：如果测定的空白试验吸收值超过 0.022，应在苯胺中加入锌粉进行蒸馏。弃去开始和最后的 10% 蒸馏部分，放入棕色玻璃瓶内，在 0～4℃可保存几个月。

（6）异丙醇-正己烷混合溶剂：6∶4（体积比）。

（7）溶剂 A：量取 500mL 异丙醇-正己烷混合溶剂、2mL 3-氨基-1-丙醇、8mL 冰乙酸和 50mL 蒸馏水于 1 000mL 容量瓶中，再用异丙醇-正己烷混合溶剂定容至刻度。

4. 试样的制备　采集具有代表性的饲料样品，至少 2kg，四分法缩分至约 250g，磨碎，过 2.8mm 孔筛，混匀，装入密闭容器，防止试样变质，低温保存备用。

5. 测定步骤

（1）称取 1～2g 试样（精确至 0.000 1g），置于 250mL 具塞锥形瓶中，加入 20 粒玻璃珠，用移液管准确加入 50mL 溶剂 A，塞紧瓶塞，放入振荡器内振荡 1h（120 次/min 左

右），或用磁力搅拌器搅拌 1h。用干燥的定量滤纸过滤，过滤时在漏斗上加盖一玻璃皿以减少溶剂挥发。弃去最初几滴滤液，收集滤液于 100mL 具塞锥形瓶中。

（2）用移液管吸收等量两份滤液 5～10mL（每份含 50～100μg 的棉酚），分别置于两个 25mL 棕色容量瓶 a 和 b 中，用溶剂 A 补充至 10mL。

（3）用异丙醇-正己烷混合溶剂稀释瓶 a 至刻度，摇匀，该溶液用作试样测定液的参比溶液。

（4）用移液管吸取两份 10mL 的溶剂 A 分别置于两个 25mL 棕色容量瓶 c 和 d 中。

（5）用异丙醇-正己烷混合溶剂稀释瓶 c 至刻度，摇匀，该溶液用作空白测定液的参比溶液。

（6）加 2.0mL 苯胺于容量瓶 b 和 d 中，在沸水浴上加热 30min 显色。

（7）冷却至室温，用异丙醇-正己烷混合溶剂定容，摇匀并静置 1h。

（8）用分光光度计在最大波长 440nm 处，以 c 为参比溶液测定空白测定液 d 的吸光度，以 a 为参比溶液测定试样测定液 b 的吸光度，从试样测定液的吸光度值中减去空白测定液的吸光度值，得到校正吸光度 A。

6. 结果计算　游离棉酚的含量 X（mg/kg）按下式计算。

$$X = \frac{A \times 1\ 250 \times 1\ 000}{a \times m \times V \times L}$$

式中：A 为校正吸光度；1 250 为提取试样的提取液体积 50mL×比色测定时的体积 25mL；1 000 为单位换算系数；a 为质量吸收系数，游离棉酚为 62.5L/（cm·g）；m 为试样质量（g）；V 为测定用滤液的体积（mL）；L 为吸收池长度（cm）。

三、油菜籽与菜籽饼粕中异硫氰酸酯（TIC）的分析与测定

硫代葡萄糖苷以钠盐或钾盐颗粒形式存在于油菜籽的胚细胞中，在吸水或受潮时，在芥子酶作用下，分解为硫氰酸、噁唑烷硫酮（OZT）、异硫氰酸酯（TIC）等毒性物质。异硫氰酸酯在高温下易挥发，噁唑烷硫酮则不易挥发，在 245nm 处有最大吸收。因此可用异硫氰酸酯和噁唑烷硫酮的气相色谱、紫外吸收联用法来测定油菜籽和菜籽饼粕中这两种物质的含量。饲料中异硫氰酸酯还可用银量法进行测定。本文仅介绍气相色谱法。

1. 原理　在 pH 为 7 的条件下，提取菜籽饼粕中硫代葡萄糖苷在芥子酶作用下水解生成的异硫氰酸酯，采用气相色谱法测定 3-丁烯基异硫氰酸酯和 4-戊烯基异硫氰酸酯等。带有羟基的硫苷产物在极性溶液中，自动环化成不具挥发性的噁唑烷硫酮，其最大吸收在 245nm 处，直接进行吸光度测定。

2. 主要仪器设备

（1）气相色谱仪：带氢焰离子化检测器。

（2）紫外分光光度计。

（3）离心机。

（4）振荡器。

（5）恒温水浴装置。

3. 主要试剂和溶液

（1）芥子酶的制备：

方法一：称 400g 芥子粉于 2 000mL 烧杯中，加 4℃ 的蒸馏水 1 200mL，在 4℃ 冰箱中静置 1h，倾出上层清液，加等体积的 4℃ 乙醇，1 400r/min 离心 15min，用 4℃ 70％乙醇冲洗沉淀，再用 1 400r/min 离心 15min。沉淀溶于 400mL 蒸馏水中，再离心，冻干，一般可获得无定形的白色粉末。

方法二：使用粗芥子酶。取已抽提脂肪的白芥子粉在 40℃ 干燥 1～2h，研磨成粉末状，过 60 目筛，贮存于干燥器中备用。

（2）pH 为 7 的缓冲溶液：将 35mL 0.1mol/L 柠檬酸与 165mL 0.2mol/L 的磷酸二氢钠溶液混合，调 pH 为 7。

（3）内标试剂：将内标物正丁基异硫氰酸盐用石油醚配成 80μL/L 的试剂备用。

（4）pH 为 7 的 40％乙醇缓冲液：pH 为 7 的缓冲溶液与无水乙醇 3∶2（体积比）混合。

（5）无水乙醚。

（6）石油醚。

（7）无水乙醇。

4. 试样的制备　采集具有代表性的饲料样品至少 2kg，四分法缩分至约 250g，磨碎，过 1mm 孔筛，混匀，装入密闭容器，防止试样变质，低温保存备用。

5. 异硫氰酸酯的气相色谱测定

（1）准确称取 0.5g（精确至 0.000 1g）脱脂菜籽饼粕和 0.3g 芥子酶于带塞锥形瓶中。加入 50mL pH 为 7 的 40％乙醇缓冲液，振荡片刻，置于 35～38℃ 下放置过夜。

（2）用 3 000～4 000r/min 离心去渣，并将滤液倒入另一具塞锥形瓶中，加入 12.5mL 内标试剂，强烈振荡 10min。

（3）待静置分层后，在分液漏斗中分液，将上层石油醚放在带刻度的离心管中，并在热水浴上适当浓缩后，注入气相色谱测定异硫氰酸盐。

（4）分得下层溶液，保存待测噁唑烷硫酮。

（5）气相色谱条件：

①色谱柱：不锈钢，Φ3mm×3 000mm，8％EGS 固定液，101 白色酸洗担体，100～120 目。

②检测柱：氢焰离子化检测器。

③柱温：100℃。

④洗化温度：220℃。

⑤检测温度：200℃。

⑥气流：氮气，17mL/min；空气，450mL/min；氢气，58mL/min。

（6）结果计算：

$$3\text{-丁烯基异硫氰酸盐含量（mg/kg）} = \frac{3\text{-丁烯基异硫氰酸盐峰面积}}{\text{正丁基异硫氰酸盐峰面积}} \times 0.39$$

$$4\text{-戊烯基异硫氰酸盐含量（mg/kg）} = \frac{4\text{-戊烯基异硫氰酸盐峰面积}}{\text{正丁基异硫氰酸盐峰面积}} \times 0.35$$

四、油菜籽与菜籽饼粕中噁唑烷硫酮（OZT）的分析与测定

1. 原理　饲料中的硫代葡萄糖苷被芥子酶水解生成噁唑烷硫酮，再用分光光度计测定。

2. 主要仪器设备

（1）紫外分光光度计。

（2）离心机：4 000r/min。

（3）振荡器。

（4）恒温水浴装置。

3. 主要试剂和溶液

（1）芥子酶的制备：方法同"三"中"2"。

（2）pH 为 7 的缓冲溶液：将 35mL 0.1mol/L 柠檬酸与 165mL 0.2mol/L 的磷酸二氢钠溶液混合，调 pH 为 7。

（3）内标试剂：将内标物正丁基异硫氰酸盐用石油醚配成 80μl/L 的试剂备用。

（4）无水乙醚。

（5）石油醚。

（6）二氯甲烷。

（7）95%乙醇。

（8）无水乙醇。

4. 试样的制备 采集具有代表性的饲料样品至少 500g，四分法缩分至 50g，磨碎，使其 80%能通过 0.28mm 孔筛，混匀，备用。

5. 测定步骤

（1）准确称取 0.100 0g 样品于 10mL 带塞离心管中，加芥子酶 0.1g 左右。同时做空白试验。

（2）加 1mL pH 为 7 的缓冲溶液，2.5mL 二氯甲烷，盖上塞子。

（3）在混匀器上充分混匀后，于振荡器上振荡 2h 以上，进行酶解。

（4）在 3 000~4 000r/min 离心 20min。

（5）吸取下层二氯甲烷 50μL 于 10mL 玻璃管中，加 95%乙醇 3mL。

（6）在 50℃恒温水浴装置上保温 1h。

（7）分别在分光光度计的 235nm、245nm、255nm 处，以 1cm 比色皿，测定吸光度值。以空白管作参比液。

6. 结果计算 噁唑烷硫酮的含量 X（mg/g）按下式计算。

$$X = (A_{245} - \frac{A_{235} + A_{255}}{2}) \times 22.1$$

式中：A_{245} 为 245nm 处的吸光度值；A_{235} 为 235nm 处的吸光度值；A_{255} 为 255nm 处的吸光度值；22.1 为换算系数。

◆ **附 10-1 噁唑烷硫酮的紫外吸收定量测定**

（1）将本章"三"测定中分得的下层溶液置于沸水浴中煮沸 5min。

（2）冷却后，倒入 50mL 具塞比色管中，用 pH 为 7 的缓冲溶液定容至 50mL，过滤。

（3）吸取滤液 2.5mL 于另一个 50mL 具塞比色管中，加 25mL 无水乙醚，强烈振荡 5min，静置。

（4）在紫外分光光度计的 230nm、245nm、260nm 处，测定吸光度值。以空白管作参比液。

(5) 结果计算：噁唑烷硫酮的含量 X 按下式计算。

$$X = (A_{245} - \frac{A_{230} + A_{260}}{2}) \times 12.0$$

式中：A_{245} 为 245nm 处的吸光度值；A_{230} 为 230nm 处的吸光度值；A_{260} 为 260nm 处的吸光度值；12.0 为换算系数。

五、菜籽饼粕中腈的分析与测定

1. 原理　菜籽饼粕中的硫代葡萄糖苷在亚铁离子存在的条件下，经芥子酶酶解产生的腈为酶解腈，饼粕中存在的腈为游离腈。用三氯甲烷提取游离腈或酶解腈，腈在碱液中经过氧化氢催化，发生酰胺化反应，酰胺进一步与碱液作用生成氨。通过测定生成的氨，可计算腈的含量。

2. 主要仪器设备

(1) 半微量凯氏定氮蒸馏装置。

(2) 离心机。

(3) 恒温水浴装置。

3. 主要试剂和材料

(1) 三氯甲烷。

(2) 氢氧化钠溶液：33%。

(3) 标准盐酸：0.01mol/L。

(4) 硼酸溶液：2%。

(5) 甲基红-溴甲酚绿混合指示剂：pH 为 4.5。

(6) 芥子酶的制备：方法同"三"中"2"。

(7) 硫酸亚铁。

4. 测定步骤

(1) 游离腈的测定：准确称取菜籽饼粕 50.000 0g 于 100mL 具塞锥形瓶中，加入 50mL 三氯甲烷，振摇 5min，用定性滤纸过滤，滤渣用 25mL 三氯甲烷洗涤 2 次，合并滤液，于 50℃水浴浓缩至约 5mL，移至 100mL 具塞锥形瓶中，加入 6%过氧化氢溶液 10mL，摇振 2min，再加入 33%氢氧化钠溶液 10mL，室温下水解 2h，将水解液蒸馏。用 8mL 2%硼酸溶液吸收氨，用 0.01mol/L 标准盐酸滴定，采用甲基红-溴甲酚绿混合指示剂（pH 为 4.5）。取 5mL 三氯甲烷作为空白，按上述步骤进行水解，蒸馏定氮。

(2) 酶解腈的测定：准确称取菜籽饼粕 5.000 0g 于 100mL 具塞锥形瓶中，加入 10mL 芥子酶液，再加 15mL pH 为 5.0 的缓冲液，并加入 50mg 硫酸亚铁，于 37℃酶解 16h。酶解结束后加入三氯甲烷 50mL，振摇 5min，用 3 000r/min 离心 15min，过滤。残渣用三氯甲烷洗涤 2 次，合并滤液，分离出氯仿层，在 50℃下浓缩至约 5mL。此后，进行水解和定氮。

5. 结果计算

(1) 试样腈含量 X（以氮计，mg/kg）按下式计算。

$$X = (V - V_0) \times 14 \times c \times 200$$

式中：V 为滴定样品消耗标准盐酸的体积（mL）；V_0 为空白测定消耗标准盐酸的体积（mL）；14 为氮的摩尔质量（g/mol）；c 为标准盐酸的物质的量浓度（mol/L）；200 为换算成每千克样品计的系数。

（2）试样腈含量 X（以戊烯腈计，mg/kg）按下式计算。

$$X = (V - V_0) \times 14 \times c \times 200 \times 81$$

式中：V 为滴定样品消耗标准盐酸的体积（mL）；V_0 为空白测定消耗标准盐酸的体积（mL）；14 为氮的摩尔质量（g/mol）；c 为标准盐酸的物质的量浓度（mol/L）；200 为换算成每千克样品计的系数；81 为戊烯腈的相对分子质量。

六、饲料中氰化物的分析与测定

木薯及青绿饲料幼苗中含有氰苷，经酶或酸水解后产生具有毒性的氢氰酸。测定氰化物的常用定性方法是普鲁士蓝法和苦味酸试纸法，常用定量方法有异烟酸-吡唑酮比色法、硝酸盐滴定法等。本文仅介绍苦味酸试纸法和异烟酸-吡唑酮比色法（GB/T 13084—2006）。

（一）苦味酸试纸法

1. 原理 氰化物遇酸产生氢氰酸，氢氰酸与苦味酸钠作用，生成红色异氰紫酸钠。

2. 主要试剂和材料

（1）无水乙醇。

（2）酒石酸。

（3）碳酸钠溶液：100g/L。

（4）苦味酸试纸的制备：取定性滤纸剪成长 7cm、宽 0.3～0.5cm 的纸条，浸入饱和苦味酸-乙醇溶液中，数分钟后取出，在空气中阴干，贮存备用。临用时，以 100g/L 碳酸钠溶液湿浸。

3. 测定步骤

（1）称取 5g 试样，置于 100mL 锥形瓶中，加 20mL 蒸馏水及 0.5g 酒石酸，立即将苦味酸试纸夹于瓶口与瓶塞之间，使纸条悬挂于瓶中（勿接触瓶壁及溶液）。

（2）置于 40～50℃水浴中，加热 30min，观察试纸颜色变化。如有氢氰酸或氰化物存在，量少时试纸呈橙红色，量多时试纸呈红色。

（二）异烟酸-吡唑酮比色法

1. 原理 以氰苷形式存在于植物体内的氰化物经水浸泡水解后，在酸性溶液中进行水蒸气蒸馏，蒸出的氢氰酸被碱液吸收。在 pH 为 7.0 的溶液中，用氯胺 T 将氰化物转变为氯化氰，再与异烟酸-吡唑酮作用，生成蓝色染料，与标准系列比较定量。该法的最终蒸馏收集液中氢氰酸检出限为 0.01μg/mL。

2. 主要仪器设备

（1）250mL 玻璃水蒸气蒸馏装置。

（2）分光光度计。

3. 主要试剂和溶液

（1）氢氧化钠溶液：1g/L、10g/L、20g/L。

（2）乙酸锌溶液：100g/L。

（3）酒石酸。

（4）酚酞-乙醇指示液：10g/L。

（5）乙酸溶液：乙酸与蒸馏水以1：24（体积比）比例混合。

（6）磷酸盐缓冲溶液（pH 为 7.0）：称取 34.0g 无水磷酸二氢钾和 35.5g 无水磷酸氢二钠，溶于蒸馏水并稀释至 1 000mL。

（7）氯胺 T 溶液：称取 1g 氯胺 T（有效氯含量应在 11% 以上），溶于 100mL 水中，现用现配。

（8）异烟酸-吡唑酮溶液：称取 1.5g 异烟酸溶于 24mL 20g/L 的氢氧化钠溶液中，加蒸馏水至 100mL，另称取 0.25g 吡唑酮，溶于 20mL N，N-二甲基甲酰胺中，合并上述两种溶液，混匀。

（9）试银灵（对二甲氨基亚苄基罗丹宁）溶液：称取 0.02g 试银灵，溶于 100mL 丙酮中。

（10）硝酸银标准滴定溶液：$c(AgNO_3)＝0.020mol/L$。

（11）氰化钾标准贮备溶液：称取 0.25g 氰化钾，溶于蒸馏水中，并稀释至 1 000mL，每毫升此溶液约相当于 0.1mg 氰化物，其准确度可在使用前用下法标定。

取上述溶液 10.0mL，置于锥形瓶，加 1mL 20g/L 的氢氧化钠溶液，使溶液 pH 大于 11，加 0.1mL 试银灵溶液，用硝酸银标准滴定溶液滴定至橙红色。

（12）氰化钾标准工作溶液：根据氰化钾标准贮备溶液的质量浓度吸取适量，用 1g/L 的氢氧化钠溶液稀释成氢氰酸含量为 1μg/mL。

4. 测定步骤

（1）称取 10～20g 试样（精确至 0.001g）于 250mL 蒸馏瓶中，加蒸馏水约 200mL，塞严瓶口，在室温下放置 2～4h，使其水解。加 20mL 100g/L 乙酸锌溶液，加 1～2g 酒石酸，迅速连接好全部蒸馏装置，将冷凝管下端插入盛有 5mL 10g/L 的氢氧化钠溶液的 100mL 容量瓶的液面下，缓缓加热，通水蒸气进行蒸馏。

（2）收集蒸馏液近 100mL，取下容量瓶，加蒸馏水至刻度（V_1），混匀，取 10mL 蒸馏液（V_2）置于 25mL 比色管中。

（3）吸取 0mL、0.3mL、0.6mL、0.9mL、1.2mL、1.5mL 氰化钾标准工作溶液（相当于 0μg、0.3μg、0.6μg、0.9μg、1.2μg、1.5μg 氢氰酸），分别置于 25mL 比色管中，各加蒸馏水至 10mL。

（4）于试样溶液及标准溶液中各加 1mL 10g/L 的氢氧化钠和 1 滴酚酞-乙醇指示液，用乙酸调至红色刚刚消失，加 5mL 磷酸盐缓冲溶液，加温至 37℃左右，再加入 0.25mL 氯胺 T 溶液，加塞混合，放置 5min，然后加入 5mL 异烟酸-吡唑酮溶液，加蒸馏水至 25mL，混匀，于 25～40℃放置 40min，用 2cm 比色杯，以零管调节零点，于波长 638nm 处测吸光度值。

5. 结果计算 试样中氰化物（以氢氰酸计）的含量 X（mg/kg）按下式计算。

$$X=\frac{A \times V_1}{m \times V_2}$$

式中：A 为测定试样溶液氢氰酸的质量（μg）[1mL $c(AgNO_3)＝0.020mol/L$ 硝酸银标准溶液相当于 1.08mg 氢氰酸]；m 为试样质量（g）；V_1 为试样蒸馏液总体积（mL）；V_2 为测定用蒸馏液体积（mL）。

每个试样取两份试料进行平行测定，以其算术平均值为测定结果。

七、饲料中三聚氰胺的分析与测定

三聚氰胺是一种三嗪类含氮杂环有机化合物（$C_3H_6N_6$），通常作为化工原料使用。测定饲料中三聚氰胺，通常采用高效液相色谱法（HPLC）和气相色谱质谱联用法（GC-MS）（NY/T 1372—2007）。采用 HPLC 法测定操作简便，结果更精确，但易出现假阳性；采用 GC-MS 法测定操作复杂，但是确证法且定量限更低。

（一）高效液相色谱法（HPLC）

1. 原理　试样中的三聚氰胺用三氯乙酸溶液提取，提取液离心后经混合型阳离子交换固相萃取柱净化，洗脱物吹干后用甲醇溶液溶解，用高效液相色谱仪进行测定。

2. 主要仪器设备

（1）高效液相色谱仪：配有二极管阵列检测器或紫外检测器。

（2）离心机：10 000r/min。

（3）涡旋混合器。

（4）超声波清洗仪。

（5）氮吹仪：可控温至 60℃。

（6）固相萃取装置。

（7）高速匀质器。

（8）索式提取器。

（9）震荡摇床。

3. 主要试剂和材料

（1）甲醇：色谱纯。

（2）乙腈：色谱纯。

（3）氨水：浓度 25%～28%。

（4）混合型阳离子交换固相萃取柱：60mg，3mL。

（5）三氯乙酸溶液：10g/L。称取 10g 三氯乙酸加蒸馏水至 1 000mL。

（6）氨水甲醇溶液：量取 5mL 氨水，溶解于 100mL 甲醇中。

（7）乙酸铅溶液：22g/L。取 22g 乙酸铅用约 300mL 蒸馏水溶解后定容至 1L。

（8）滤膜：$0.45\mu m$，有机相。

（9）甲醇溶液：200mL 甲醇加入 800mL 一级水，混匀。

（10）流动相：称取 2.02g 庚烷磺酸钠和 2.10g 柠檬酸于 1L 容量瓶中，用蒸馏水溶解并稀释至刻度。取该溶液 900mL 加入 100mL 乙腈。

（11）三聚氰胺标准品：纯度＞99%。

（12）三聚氰胺标准溶液：

①标准贮备溶液：称取 100mg（精确至 0.1mg）的三聚氰胺标准品，用甲醇溶液溶解并定容于 100mL 容量瓶中，该溶液三聚氰胺质量浓度为 1mg/mL，于 4℃冰箱贮存，有效期 3 个月。

②标准中间溶液：吸取标准贮备溶液 5.00mL 于 50mL 容量瓶内，用甲醇溶液定容至 50mL，该溶液三聚氰胺溶液质量浓度为 $100\mu g/mL$，于 4℃冰箱贮存，有效期 1 个月。

③标准工作溶液：用移液管分别移取标准中间溶液 1mL、5mL、10mL、25mL、50mL

于 5 个 100mL 容量瓶内，用甲醇溶液定容，该溶液三聚氰胺质量浓度为 1.0μg/mL、5.0μg/mL、10μg/mL、25μg/mL、50μg/mL，于 4℃冰箱贮存，有效期 1 周。

4. 测定步骤

（1）提取：

①配合饲料、浓缩饲料、添加剂预混合饲料、植物性蛋白质饲料和宠物饲料（干粮）中三聚氰胺的提取：称取 5g 试样（精确至 0.01g），准确加入 50mL 10g/L 的三氯乙酸溶液，加入 2mL 22g/L 乙酸铅溶液。摇匀，超声提取 20min。静置 2min，取上层提取液约 30mL 转入离心管，在 10 000r/min 离心机上离心 5min。

②宠物饲料（罐头）中三聚氰胺的提取：称取 5g 试样（精确至 0.01g），加入 50mL 乙醚，摇床上 120r/min 振荡 1h，弃去乙醚，再加入 50mL 乙醚，摇床上 120r/min 振荡 1h，弃去乙醚，其余步骤同上。

（2）净化：分别用 3mL 甲醇、3mL 蒸馏水活化混合型阳离子交换固相萃取柱，准确移取 10mL 离心液分次上柱，控制过柱速度在 1mL/min 以内。再用 3mL 蒸馏水和 3mL 甲醇洗涤混合型阳离子交换固相萃取柱，抽近干后用氨水甲醇溶液 3mL 洗脱。洗脱液经 50℃氮气吹干，准确加入甲醇溶液，涡旋振荡 1min，过 0.45μm 滤膜，上机测定。

（3）液相色谱条件：

①色谱柱：C_{18}柱，长 150mm，内径 4.6mm，粒度 5μm，或性能相当的色谱柱。

②柱温：室温。

③流动相流速：1.0mL/min。

④检测波长：240nm。

（4）测定：按照保留时间进行定性，试样溶液与标准工作溶液保留时间的相对偏差不大于 2%，单点或多点校正，外标法定量。待测样液中三聚氰胺的色谱峰响应值应在工作曲线范围内。

5. 结果计算 试样中三聚氰胺的含量 X 以 mg/kg 表示。

（1）单点校正按下式计算。

$$X = \frac{A \times \rho_s \times V}{A_s \times m} \times n$$

式中：V 为净化后加入的甲醇溶液体积（mL）；A_s 为三聚氰胺标准工作溶液对应的峰面积值；A 为试样溶液对应的峰面积值；ρ_s 为三聚氰胺标准工作溶液的质量浓度（μg/mL）；m 为试样质量（g）；n 为稀释倍数。

（2）多点校正按下式计算。

$$X = \frac{c_x \times V}{m} \times n$$

式中：V 为净化后加入的甲醇溶液体积（mL）；c_x 为标准曲线上查得的试样溶液中三聚氰胺的质量浓度（μg/mL）；m 为试样质量（g）；n 为稀释倍数。

（二）GC-MS 法

1. 原理 试样中的三聚氰胺用三氯乙酸溶液提取，经混合型阳离子交换固相萃取柱净化，用 N, O-双（三甲基硅基）三氟乙酰胺（BSTFA）衍生化，以气相色谱质谱联用仪进行定性和定量。

2. 主要仪器设备

（1）气相色谱质谱联用仪。

（2）离心机：10 000r/min。

（3）涡旋混合器。

（4）超声波清洗仪。

（5）氮吹仪：可控温至 60℃。

（6）固相萃取装置。

（7）高速匀质器。

（8）索式提取器。

（9）振荡摇床。

3. 主要试剂和材料

（1）衍生化试剂：BSTFA＋1‰三甲基氯硅烷（TMCS）。

（2）吡啶：优级纯。

（3）甲醇：色谱纯。

（4）乙腈：色谱纯。

（5）氨水：浓度 25％～28％。

（6）混合型阳离子交换固相萃取柱：60mg，3mL。

（7）三氯乙酸溶液：10g/L。称取 10g 三氯乙酸加蒸馏水至 1 000mL。

（8）氨水甲醇溶液：量取 5mL 氨水，溶解于 100mL 甲醇中。

（9）乙酸铅溶液：22g/L。取 22g 乙酸铅用约 300mL 蒸馏水溶解后定容至 1L。

（10）滤膜：0.45μm，有机相。

（11）三聚氰胺标准品：纯度＞99％。

（12）三聚氰胺标准溶液：同 HPLC 法。

（13）标准工作溶液：用移液管分别吸取 HPLC 法中三聚氰胺标准工作溶液中质量浓度为 10μg/mL 的溶液 0.5mL、1mL、2mL、5mL、10mL 于 5 个 100mL 容量瓶中，用甲醇定容，该溶液三聚氰胺质量浓度为 0.05μg/mL、0.1μg/mL、0.2μg/mL、0.5μg/mL、1.0μg/mL。

4. 测定步骤

（1）前处理同 HPLC 测定法中的提取与净化，但需根据洗脱液中三聚氰胺的质量浓度用甲醇进行适当稀释。

（2）衍生化：取样品稀释液适量用氮气吹干，加入 200μL 的吡啶和 200μL 的衍生化试剂，混匀，70℃反应 30min。同时，用三聚氰胺标准系列或相应质量浓度单点标准做同步衍生。

（3）测定：

①GC-MS 条件：

色谱柱：长 30m，内径 0.25mm，甲基苯基聚硅氧烷涂层，膜厚 0.25μm。

载气：氦气，流速为 1.3mL/min。

进样量：1μL。

进样口温度：250℃。

升温程序：起始温度 75℃，持续 1.0min，以 30℃/min 升温至 300℃，保持 2.0min。

传输线温度：280℃。

运行时间：10.5min。

扫描范围：60～400m/z。

扫描模式：选择离子扫描。监测离子 $99m/z$、$171m/z$、$327m/z$、$342m/z$。

离子源温度：230℃。

EI 源轰击能：70eV。

②测定：

定性方法：试样溶液与标准工作溶液保留时间的相对偏差不大于 0.5%，特征离子丰度与标准工作溶液相差不大于 20%。

定量方法：以 342、327、171 和 99 峰面积值之和进行单点或多点校正定量。

5. 结果计算　试样中三聚氰胺的含量 X 以 mg/kg 表示。

（1）单点校正时按下式计算。

$$X = \frac{A \times \rho_s \times V}{A_s \times m} \times n$$

式中：A 为试样溶液对应的色谱峰面积响应值；A_s 为三聚氰胺标准工作溶液对应的峰面积值；ρ_s 为标准工作溶液中三聚氰胺的质量浓度（μg/mL）；V 为用于衍生的试样溶液体积（mL）；m 为试样质量（g）；n 为稀释倍数。

（2）多点校正时按下式计算。

$$X = \frac{\rho_x \times V}{m} \times n$$

式中：V 为用于衍生的试样溶液体积（mL）；ρ_x 为标准曲线上查得的试样溶液中三聚氰胺的质量浓度（μg/mL）；m 为试样质量（g）；n 为稀释倍数。

八、饲料中盐酸克伦特罗与莱克多巴胺的分析与测定

饲料中盐酸克伦特罗和莱克多巴胺的分析测定方法主要有液相色谱法（HPLC 法）、气相色谱质谱联用法（GC-MS 法）和液相色谱质谱联用（LC-MS）法，分别适用于配合饲料、浓缩饲料和添加剂预混合饲料中盐酸克伦特罗和莱克多巴胺的测定。其中 GC-MS 法为仲裁法。HPLC 法对盐酸克伦特罗的最低检测限为 0.5ng（取样 5g 时，最低检测质量浓度为 0.05mg/kg），对莱克多巴胺的最低检测限为 0.5μg/g。GC-MS 法最低检测限均为 0.025ng（取样 5g 时，最低检测质量浓度为 0.01mg/kg）。LC-MS 法检测限均为 0.01mg/kg，定量限均为 0.05mg/kg。

（一）饲料中盐酸克伦特罗的测定（HPLC 法和 GC-MS 法）

1. 原理　用加有甲醇的稀酸溶液将饲料中的盐酸克伦特罗盐酸盐溶出，溶液碱化，经液液萃取和固相萃取净化后，直接在 HPLC 仪上分离、测定，或经衍生后于 GC-MS 仪器上分离、检测。

2. 主要仪器设备

（1）实验室常用仪器设备。

（2）分析天平：感量 0.000 1g、0.000 01g。

（3）超声波水浴装置。

（4）离心机：4 000r/min。

（5）分液漏斗：150mL。

（6）电热块或沙浴：可控制温度至[(50～70)±5]℃。

（7）烘箱：温度可控制在（70±5）℃。

（8）高效液相色谱仪：具有 C_{18} 柱，粒度 $4\mu m$，150mm×3.9mm ID，或类似的分析柱；UV 检测器或二极管阵列检测器。

（9）气相色谱质谱联用仪：装有弱极性或非极性的毛细管柱的气相色谱仪和具有电子轰击离子源和检测器。

3. 主要试剂和材料

（1）甲醇、乙腈：均为色谱纯，过 $0.45\mu m$ 滤膜。

（2）提取液：0.5%偏磷酸溶液（14.29g 偏磷酸溶解于蒸馏水，并稀释至 1L）：甲醇＝80：20。

（3）2mol/L 氢氧化钠溶液：20g 氢氧化钠溶于 250mL 蒸馏水中。

（4）液液萃取用试剂：

①乙醚。

②无水硫酸钠。

（5）氮气。

（6）0.02mol/L 盐酸溶液：1.67mL 盐酸用蒸馏水定容至 1L。

（7）固相萃取（SPE）用试剂：

① 30mg/1cc Oasis® HLB 固相萃取小柱 * 或同等效果净化柱。

②甲醇。

③SPE 淋洗液：

a. 淋洗液 1：含 2%氨水的 5%甲醇水溶液。

b. 淋洗液 2：含 2%氨水的 30%甲醇水溶液。

（8）盐酸克伦特罗标准溶液：

①贮备溶液（$200\mu g/mL$）：10.00mg 盐酸克伦特罗（含 $C_{12}H_{18}Cl_2N_2O \cdot HCl$ 不少于 98.5%）溶于 0.02mol/L 盐酸溶液，并定容至 50mL，贮存于冰箱中。有效期 1 个月。

②工作溶液（$2.00\mu g/mL$）：用微量移液器移取贮备溶液 $500\mu L$，以 0.02mol/L 盐酸溶液稀释至 50mL，贮存于冰箱中。

③标准系列：用微量移液器移取工作溶液 $25\mu L$、$50\mu L$、$100\mu L$、$500\mu L$、$1\,000\mu L$，以 0.02mol/L 盐酸溶液稀释至 2mL，该标准系列的相应质量浓度分别为 $0.025\mu g/mL$、$0.050\mu g/mL$、$0.100\mu g/mL$、$0.500\mu g/mL$、$1.000\mu g/mL$，贮存于冰箱中。

（9）HPLC 专用试剂：

HPLC 流动相：1mL 1：1 磷酸（优级纯）用去离子水稀释至 1L，并按 100：12 的比例和乙腈混合，用前超声脱气 5min。

（10）GC-MS 专用试剂：

---

* Oasis® HLB 固相萃取小柱是由 water corperation（34 Maple Street，Milford MA，USA）提供的产品的商品名称，给出这一信息是为了给本行业标准使用者提供方便，而不是标准主管部门对这一产品的认可。

衍生剂：N，O-双（三甲基硅基）二氟乙酰胺（BSTFA）。

4. 样品制备　取具有代表性的饲料样品，用四分法缩减分取 200g 左右，粉碎并过 0.45mm 孔径的筛，充分混匀，装入磨口瓶中备用。

5. 测定步骤

（1）提取：称取适量试样（配合饲料 5g，预混合饲料和浓缩饲料 2g），精确至 0.000 1g，置于 100mL 三角瓶中，准确加入提取液 50mL，振摇使全部润湿，放在超声波水浴中超声提取 15min，期间每 5min 用手振摇一次。超声结束后，手摇至少 10s，并取上层液于离心机上 4 000r/min 离心 10min。

（2）净化：准确吸取上清液 10.00mL，置于 150mL 分液漏斗中，滴加 2mol/L 氢氧化钠溶液，充分振摇，将 pH 调至 11~12，该过程反应较慢，放置 3~5min 后，检查 pH，如 pH 降低，需要加碱调节。溶液分别用 30mL、25mL 乙醚萃取两次，令醚层通过无水硫酸钠干燥，用少许乙醚淋洗分液漏斗和无水硫酸钠，并用乙醚定容至 50mL。准确吸取 25mL 溶液于 50mL 烧杯中，置于通风橱内、低于 50℃ 加热或沙浴上蒸干，残渣溶于 2mL 0.02 mol/L盐酸溶液，取 1.0mL 置于预先已分别用 1mL 甲醇和 1mL 去离子水处理过的 SPE 小柱上，用注射器稍稍加压，使其过柱速度不超过 1mL/min，再先后分别用 1mL SPE 淋洗液 1 和淋洗液 2 淋洗，最后用甲醇洗脱，洗脱液置（70±5）℃ 加热块或沙浴上，用氮气吹干。

（3）测定：

①HPLC 法（筛选法）：

a. 向净化、吹干的样品残渣中准确加入 1mL 0.02mol/L 盐酸溶液，充分振摇，超声，使残渣溶解，必要时过 0.45μm 的滤膜，上清液上机测定，用盐酸克伦特罗标准系列进行单点或多点校准。

b. HPLC 测定参数设定：

色谱柱：C$_{18}$柱，150mm×3.9mm ID，粒度 4μm，或参数类似的分析柱。

柱温：室温。

流动相：0.05% 磷酸水溶液：乙腈＝100：12。

流速：1.0mL/min。

检测器：二极管阵列检测器或紫外线检测器。

检测波长：210nm 或 243nm。

进样量：20~50μL。

c. 定性定量方法：

定性方法：除了用保留时间定性外，还可用二极管阵列测定盐酸克伦特罗紫外线区的特征光谱，即在 210nm、243nm 和 296nm 有三个峰值依次变低的吸收峰。

定量方法：积分得到峰面积，然后用单点或多点校准法定量。

②GC-MS 法（确证法）：

a. 衍生：向净化、吹干的样品残渣中加入衍生剂 BSTFA 50μL，充分涡旋混合后，置于（70±5）℃ 烘箱中，衍生反应 30min。用氮气吹干，加甲苯 100μL，混匀，上 GC-MS 联用仪测定。同时用盐酸克伦特罗标准系列做同步衍生。

b. GC-MS 测定参数设定：

色谱柱：DB-5MS，30m×0.25mm，ID 0.25μm。

载气：氦气；柱头压：50kPa。

进样口温度：260℃。

进样量：1μL，不分流。

柱温程序：70℃保持1min，以25℃/min速度升至200℃，于200℃保持6min，再以25℃/min的速度升至280℃并保持2min。

EI源电子轰击能：70eV。

检测器温度：200℃。

接口温度：250℃。

质量扫描范围：60～400AMU。

溶剂延迟：7min。

检测用克伦特罗三甲基硅烷衍生物的特征质谱峰：$m/z＝86$、187、243、262。

c. 定性定量方法：

定性方法：试样溶液与标准工作溶液保留时间的相对偏差不大于0.5%，特征离子基峰百分数与标准工作溶液相差不大于20%。

定量方法：选择离子监测（SIM）法计算峰面积值，单点或多点标准法定量。

6. 结果计算　盐酸克伦特罗的含量X（mg/kg）按下式计算。

$$X＝\frac{m_1}{m}×D$$

式中：m_1为HPLC或GC-MS色谱峰的面积对应的盐酸克伦特罗的质量（μg）；D为稀释倍数；m为所称量的样品质量（g）。

（二）饲料中莱克多巴胺的测定（HPLC法）

1. 原理　用酸性甲醇-水提取试样中莱克多巴胺，二氯甲烷和正己烷萃取净化，以2%冰乙酸-乙腈-水作为流动相，用高效液相色谱-荧光检测法分离测定。

2. 主要仪器设备

（1）高效液相色谱仪：配荧光检测器。

（2）离心机。

（3）振荡器。

（4）玻璃具塞锥形瓶：250mL。

（5）微孔滤膜：0.45μm。

（6）旋涡混合器。

3. 主要试剂和溶液

（1）乙腈：色谱纯。

（2）甲醇：色谱纯。

（3）二氯甲烷。

（4）正己烷。

（5）乙酸溶液：取5mL冰乙酸加蒸馏水至250mL。

（6）提取液：取900mL甲醇加蒸馏水至1 000mL，再加2mL浓盐酸，混匀。

（7）流动相：取320mL乙腈加蒸馏水到1 000mL，再加20mL冰乙酸和0.87g戊烷磺酸钠（$C_5H_{11}O_3SNa \cdot H_2O$），混匀。

（8）莱克多巴胺标准贮备溶液：准确称取莱克多巴胺标准品（纯度≥99％）0.100 0g，置于100mL容量瓶中，用甲醇溶解，定容，其质量浓度为1 000μg/mL，置于4℃冰箱中，可保存3个月。

（9）莱克多巴胺标准工作溶液：分别准确吸取一定量的标准贮备溶液，置于10mL容量瓶中，用2％冰乙酸稀释、定容，配制成质量浓度为0.01μg/mL、0.1μg/mL、0.2μg/mL、0.5μg/mL、1.0μg/mL、2.0μg/mL的标准溶液，进行HPLC检测。

4. 试样制备 按GB/T 14699.1规定，取有代表性的样品，四分法缩减取约200g，经粉碎，全部过1mm孔筛，混匀，装入磨口瓶中备用。

5. 测定步骤

（1）试样提取：称取适量试样（10g配合饲料，或5g浓缩饲料，或1g添加剂预混合饲料），精确至0.000 1g，置于250mL玻璃具塞三角瓶中，加入100mL提取液，振荡30min。静置20min，取上清液1mL于离心管中，于45℃下氮气吹干，加入4mL乙酸溶液溶解，涡动30～60s，加入2mL二氯甲烷萃取，涡动30s，3 000r/min离心10min，取上层乙酸相于另一离心管中，加入2mL正己烷，涡动30s，1 000r/min离心5min，弃去上层，用0.45μm微孔有机滤膜过滤作为试样制备液，供高效液相色谱仪分析。

（2）HPLC色谱条件：

色谱柱：C_{18}柱，长250mm，内径4.6mm，粒径5μm，或相当者。

柱温：室温。

流动相：取320mL乙腈，加蒸馏水到1 000mL，再加20mL冰乙酸和0.87g戊烷磺酸钠，混匀。

流动相流速：1.0mL/min。

激发波长：226nm。

发射波长：305nm。

进样量：50μL。

（3）HPLC测定：取适量试样制备液和相应质量浓度的标准工作溶液，做单点或多点校正，以色谱峰面积积分值定量。当分析物质量浓度不在线性范围内时，应将分析物稀释或浓缩后再进行检测。

6. 结果计算 试样中莱克多巴胺的含量X（mg/kg）按下式计算。

$$X = \frac{m_1}{m} \times n$$

式中：m_1为HPLC试样制备液色谱峰对应的莱克多巴胺的质量（μg）；m为试样质量（g）；n为稀释倍数。

九、饲料中亚硝酸盐的分析与测定

饲料中亚硝酸盐的分析测定分为定量测定与定性测定。定量测定通常采用重氮偶合比色法，依试剂的不同分为盐酸萘乙二胺法和α-萘胺比色法。两种方法均有较好的准确度和精密度。盐酸萘乙二胺法的原理是在弱酸性条件下，亚硝酸盐与对氨基苯磺酸重氮化后，再与盐酸萘乙二胺偶合成紫色染料与标准比较定量。α-萘胺比色法的原理是在微酸性条件下，亚硝酸盐与对氨基苯磺酸重氮化后，再与 α-萘胺偶合成紫红色偶氮染料，颜色强度与亚硝酸盐含量成正比。亚硝酸盐的定性检验法有对氨基苯磺酸重氮法、联苯胺法和安替比林法。

（一）对氨基苯磺酸重氮法

1. 原理　在微酸性条件下，亚硝酸盐与对氨基苯磺酸重氮化后，再与 α-萘胺偶合生成紫红色偶氮染料。

2. 主要试剂

（1）对氨基苯磺酸溶液：准确称取对氨基苯磺酸 0.5g，溶于 150mL 12％醋酸溶液中，贮于棕色瓶中。如溶液有颜色，临用时加入少许活性炭，加热至 80℃ 并进行过滤，即可脱色。

（2）盐酸 α-萘胺溶液：取盐酸 α-萘胺 0.2g，加蒸馏水 20mL，加盐酸 0.5mL，微热溶解，用蒸馏水稀释至 100mL，贮于棕色瓶中。如溶液有颜色，按以上方法脱色。

3. 测定步骤

（1）取研碎混匀样品约 5g，置于 100mL 烧杯中。加 70℃ 热蒸馏水 30～50mL，放置 15min。过滤。如溶液有颜色，加入少许活性炭脱色。

（2）取 2mL 滤液于小试管中，加对氨基苯磺酸溶液 2～3 滴。2～3min 后，再加入盐酸 α-萘胺溶液 2～3 滴。数分钟后，如果出现紫红色，表示有亚硝酸盐存在。如将试管用 70℃ 热蒸馏水加热数分钟，颜色更明显。

（二）联苯胺法

1. 原理　在酸性溶液中，亚硝酸盐与联苯胺重氮化生成一种醌式棕红色化合物，用于鉴定有无亚硝酸盐存在。

2. 主要试剂

0.1％联苯胺-醋酸溶液：取 0.1g 联苯胺，溶于 10mL 冰醋酸中，加蒸馏水稀释至 100mL。

3. 测定步骤　取对氨基苯磺酸重氮法样品制备液 2 滴于滤纸或点滴板上，加联苯胺-醋酸溶液 2 滴。如出现棕红色，表示有亚硝酸盐存在。

（三）安替比林法

1. 原理　在酸性条件下，亚硝酸盐使安替比林亚硝基化，溶液呈绿色。

2. 主要试剂

安替比林溶液：取 5g 安替比林，溶于 100mL 2mol/L 硫酸中。

3. 测定步骤　取对氨基苯磺酸重氮法样品制备液 2 滴于滤纸或点滴板上，加 2 滴安替比林溶液。如溶液呈绿色，表示有亚硝酸盐存在。

◆ **附 10-2　白菜中亚硝酸盐的测定**（**Peter Griess 法**）

白菜或其他菜类，在煮沸后保持在 30～90℃ 下 6～12h 后，其中所含的硝酸盐被其中含有的还原物还原为亚硝酸盐。霉烂白菜受到酶的作用，也会产生亚硝酸盐。

1. 试剂

（1）α-对氨基苯磺酸溶液：称取 0.5g α-对氨基苯磺酸，溶于 150mL 2mol/L 醋酸中。

（2）α-萘胺溶液：称取 0.2g α-萘胺，溶于 20mL 蒸馏水中，从蓝色废渣中取出澄清液体，注入 150mL 2mol/L 醋酸中。

2. 测定方法

（1）定性法：取白菜或其他菜类的汁液 2mL 于试管中，加入 α-对氨基苯磺酸溶液和 α-萘胺溶液各 1 滴，摇匀后放置 5～10min，如样液中含有微量的亚硝酸根存在，则会产生偶氮的红色。

（2）定量法：取白菜浸出液 2mL，加入 16.5mL 的蒸馏水，然后各加入 0.75mL 的 α-对氨基苯磺酸溶液和 α-萘胺溶液，放置 15min 后，在 800nm 滤色片进行比色，然后查对标准曲线，即可求得每毫升内所含亚硝酸盐质量（mg）。

标准曲线的制备：称取 0.1g 化学纯亚硝酸钠，溶于 1 000mL 容量瓶中，加蒸馏水至刻度，然后由此加蒸馏水稀释至 10 倍、50 倍、100 倍，得到 0.01mg/mL、0.002mg/mL、0.001mg/mL 亚硝酸盐溶液。各吸取 2mL，在 800nm 滤色片进行比色，得出比色时的吸光度值，以亚硝酸钠的质量浓度为横坐标、吸光度值为纵坐标制成标准曲线。由于所产生的偶氮红色会不断加深，所以要控制在 15～16min 时比色，得到亚硝酸含量在 0.1～0.001mg/mL 时的吸光度值。这样才能成为直线。

第二节　饲料中一些有毒有害元素的分析与测定

自然界的大多数矿物元素都存在于动物组织，其中很多元素广泛参与体内的物质代谢与调节，一些元素的缺乏或过量会对动物的生长、发育、代谢及调节产生重要影响。矿物元素砷（As）、铅（Pb）、镉（Cd）、汞（Hg）、铬（Cr）、氟（F）等均属于对畜禽生产有不良影响的有毒有害元素，采食或吸收过量对畜禽的危害极大，会出现慢性或急性中毒。因此，分析和检测饲料原料及饲料产品中相关的有毒有害元素是饲料品质控制的重要环节。目前生产中，相关元素的定量检测以滴定分析法、原子吸收光谱分析法、等离子发射光谱法等为主，其中原子吸收光谱分析法是定量分析的主要方法，而等离子发射光谱法虽具有比原子吸收光谱分析法更多的优点，但由于其仪器设备昂贵，暂未被普及应用。

一、饲料中砷的分析与测定

饲料中砷含量的测定方法有砷斑法、银盐（二乙基二硫代氨基甲酸银）法、示波极谱法、原子吸收分光光度法等。本文介绍银盐法定量测定饲料中总砷的含量。

1. 原理　样品经酸消解或干灰化破坏有机物，使砷呈粒子状态存在，经碘化钾、氯化亚锡将高价砷还原为三价砷，然后被锌粒和酸产生的新生态氢还原为砷化氢。在密闭装置中，被二乙基二硫代氨基甲酸银（Ag-DDTC）的三氯甲烷溶液吸收，形成黄色或棕红色银溶胶，其颜色深浅与砷含量成正比，用分光光度计比色测定。

2. 主要仪器设备

（1）砷化氢发生器：100mL，带 30mL、40mL、50mL 刻度线和侧管的锥形瓶。

（2）导气管：管径为 8.0～8.5mm；尖端孔径为 2.5～3.0mm。

（3）吸收瓶：下部带 5mL 刻度线。

（4）分光光度计：波长范围 360～800nm。

（5）分析天平：感量 0.000 1g。

（6）可调式电炉。

（7）瓷坩埚：30mL。

（8）高温炉：温控 0～950℃。

3. 主要试剂和材料

（1）硝酸、硫酸、高氯酸、盐酸、乙酸、碘化钾、L-抗坏血酸。

（2）无砷锌粒：粒径（3.0±0.2）mm。

（3）混合酸溶液：HNO_3：H_2SO_4：$HClO_4$＝23：3：4。

（4）盐酸溶液：1.0mol/L。84.0mL 盐酸，加入适量蒸馏水中，用蒸馏水稀释至 1L。

（5）盐酸溶液：3.0mol/L。250.0mL 盐酸，加入适量蒸馏水中，用蒸馏水稀释至 1L。

（6）乙酸铅溶液：200g/L。

（7）硝酸镁溶液：150g/L。30.0g 硝酸镁［$Mg(NO_3) \cdot 6H_2O$］溶于蒸馏水中，稀释至 200mL。

（8）碘化钾溶液：150g/L。75.0g 碘化钾溶于蒸馏水中，定容至 500mL，贮存于棕色瓶中。

（9）酸性氯化亚锡溶液：400g/L。20.0g 氯化亚锡（$SnCl_2 \cdot 2H_2O$）溶于 50mL 盐酸中，加入数颗金属锌粒，可用 1 周。

（10）二乙氨基二硫代甲酸银（Ag-DDTC）-三乙胺-三氯甲烷吸收溶液：2.5g/L。2.5g（精确至 0.000 1g）Ag-DDTC 置于干燥的烧杯中，加适量三氯甲烷，待完全溶解后，转入 1 000mL 容量瓶中，加入 20mL 三乙胺，用三氯甲烷定容，置于棕色瓶中冷暗处贮存。若有沉淀应过滤后使用。

（11）乙酸铅棉花：将医用脱脂棉在 100g/L 乙酸铅溶液浸泡约 1h，压除多余溶液，自然晾干，或在 90～100℃烘干，保存于密闭瓶中。

（12）砷标准贮备溶液：1.0mg/mL。精确称取 0.660g 三氧化二砷（110℃，干燥 2h），加入 5mL 200g/L 氢氧化钠溶液使之溶解，然后加入 25mL 硫酸溶液（60mL/L）中和，定容至 500mL。此溶液含砷 1.0mg/mL，于塑料瓶中贮存于冷暗处。

（13）砷标准工作溶液：1.0μg/mL。准确吸取 5.00mL 砷标准贮备溶液于 100mL 容量瓶中，加蒸馏水定容，此溶液含砷 50μg/mL。准确吸取 50μg/mL 砷标准溶液 2.00mL 于 100mL 容量瓶中，加 1mL 盐酸，加蒸馏水定容，摇匀，此溶液含砷 1.0μg/mL。

4. 测定步骤

（1）样品处理：

①混合酸消解法：配合饲料及单一饲料，宜采用硝酸-硫酸-高氯酸消解法。称取试样 3～4g（精确至 0.000 1g），置于 250mL 凯氏瓶中，加少许蒸馏水湿润试样，加 30mL 混合酸溶液，放置 4h 以上或过夜，置于电炉上从室温开始消解。待棕色气体消失后，提高消解温度，至冒白烟（SO_3）数分钟（务必赶尽硝酸），此时溶液应清亮无色或淡黄色，瓶内溶液体积近似硝酸用量，残渣为白色。若瓶内溶液呈棕色，冷却后添加适量硝酸和高氯酸，直到溶解完全。冷却，加 10mL 1.0mol/L 盐酸溶液煮沸，稍冷，转移到 50mL 容量瓶中，用蒸馏水洗涤凯氏瓶 3～5 次，洗液并入容量瓶中，然后用蒸馏水定容，摇匀，待测。同时于相同条件下，做试剂空白试验。

②盐酸溶解法：矿物元素饲料添加剂不宜加硫酸，应用盐酸溶解样品。称取试样 1～3g

（精确至 0.000 1g）于 100mL 高型烧杯中，加少许蒸馏水湿润试样，慢慢滴加 10mL 3.0mol/L 盐酸溶液，待激烈反应过后，再缓慢加入 8mL 3.0mol/L 盐酸溶液，用蒸馏水稀释至约 30mL，煮沸。转移到 50mL 容量瓶中，洗涤烧杯 3~4 次，洗液并入容量瓶中，用蒸馏水定容，摇匀，待测。同时于相同条件下，做试剂空白试验。

③干灰化法：添加剂预混合饲料、浓缩饲料、配合饲料、单一饲料及饲料添加剂可选择干灰化法。称取试样 2~3g（精确至 0.000 1g）于 30mL 瓷坩埚中，加入 5mL 150g/L 硝酸镁溶液，混匀，于低温或沸水浴中蒸干，低温炭化至无烟后，转入高温炉中 550℃恒温灰化 3.5~4h。取出冷却，缓慢加入 10mL 3.0mol/L 盐酸溶液，待激烈反应过后，煮沸并转移到 50mL 容量瓶中，用蒸馏水洗涤坩埚 3~5 次，洗液并入容量瓶中，定容，摇匀，待测。同时于相同条件下，做试剂空白试验。

（2）标准曲线绘制：准确吸取砷标准工作溶液（1.0μg/mL）0.00mL、1.00mL、2.00mL、4.00mL、6.00mL、8.00mL、10.00mL 于砷化氢发生器中，加入 10mL 盐酸，加蒸馏水稀释至 40mL，从加入 2mL 碘化钾溶液起，按下述测定步骤操作，测其吸光度，求出回归方程或绘制标准曲线。当更换锌粒批号或新配置 Ag-DDTC 吸收液、碘化钾溶液和氯化亚锡溶液时，应重新绘制标准曲线。

（3）试样测定：从前述处理好的试样待测溶液中，准确吸取适量溶液（砷含量应≥1.0μg）于砷化氢发生器中，补加盐酸至总量为 10mL，并用蒸馏水稀释至 40mL，使溶液盐酸物质的量浓度为 3mol/L，然后向试样溶液、试剂空白溶液、标准系列溶液各发生器中，加入 2mL 150g/L 碘化钾溶液，摇匀，加入 1mL 400g/L 氯化亚锡溶液，摇匀，静置 15min。

准确吸取 5.00mL Ag-DDTC 吸收液于吸收瓶中，连接好发生吸收装置（勿漏气，导管塞有蓬松的乙酸铅棉花）。从发生器侧管迅速加入 4g 无砷铅粒，反应 45min，当室温低于 15℃时，反应延长至 1h。反应中轻摇发生器 2 次。反应结束后，取下吸收瓶，用三氯甲烷定容至 5mL，摇匀，测定。以 2.5g/L 二乙氨基二硫代甲酸银（Ag-DDTC）-三乙胺-三氯甲烷吸收溶液为参比，在 520nm 处，用 1cm 比色皿测定吸光度值。

5. 结果计算　试样中砷含量 X（mg/kg）按下式计算。

$$X = \frac{(A - A_0) \times V}{m \times V_0}$$

式中：V 为试样消解液定容总体积（mL）；V_0 为分取试样消解液体积（mL）；A 为试样溶液含砷量（μg）；A_0 为试剂空白溶液含砷量（μg）；m 为试样质量（g）。

二、饲料中铅的分析与测定［饲料重金属（以铅计）含量测定］

饲料中铅的定性测定可采用铬酸铅法，定量测定可采用原子吸收分光光度法、二硫腙比色法和阳极溶出伏安法等。二硫腙比色法是经典方法，可以得到满意的结果，但操作复杂，干扰因素多，须小心操作；阳极溶出伏安法可实现铜、铅、锌、镉的同时测定，但操作过程较复杂，干扰因素多，灵敏度较低，在饲料测定中不常用；原子吸收分光光度法快速、准确，干扰因素少，是饲料中铅测定的广泛应用方法。本文以铬酸铅法和原子吸收分光光度法介绍饲料中铅的定性和定量测定。

（一）铬酸铅法（定性测定）

1. 原理　铅盐与铬酸钾在中性或弱酸性溶液中生成铬酸铅黄色沉淀。

$$Pb(NO_3)_2 + K_2CrO_4 \longrightarrow PbCrO_4 + KNO_3$$

2. 主要试剂 10%铬酸钾或重铬酸钾溶液。

3. 测定步骤

（1）样品前处理：

①干灰化法：同砷的处理。

②硝酸-硫酸湿法消化法：称取5g或10g粉碎样品于250～500mL凯氏瓶中，加蒸馏水润湿，加玻璃珠数粒、10～15mL硝酸硫酸混合液，放置片刻，小火缓慢加热，待作用缓和后，沿瓶壁小心加入5mL或10mL硫酸，再加热，至瓶中液体开始变成棕色时，不断沿瓶壁滴加硝酸硫酸混合液至有机质分解完全。加大火力至产生白烟，溶液澄明无色或淡黄色，放冷。加20mL蒸馏水煮沸，除去残余的硝酸至产生白烟为止，如此处理2次，将冷却后的溶液移入50mL或100mL容量瓶中，放冷，稀释至刻度。

（2）测定：取待检液少量于试管中，加10%铬酸钾溶液数滴，如有铅离子存在，即出现黄色沉淀。

（二）原子吸收分光光度法（定量测定）

1. 原理 试样经干灰化、酸溶或湿消化后，使铅溶出，用原子吸收分光光度计在283.3nm处测定吸光度值，并与标准曲线进行比较定量。

2. 主要仪器设备

（1）原子吸收分光光度计：配火焰原子化器，铅的空心阴极灯。

（2）分析天平：感量0.000 1g。

（3）马弗炉：(550±15)℃。

（4）瓷坩埚：内层光滑未被腐蚀，使用前以0.6mol/L盐酸溶液煮2h，用蒸馏水冲洗干净。

（5）可调式电炉或电热板。

（6）平底柱型四氟乙烯坩埚：60cm³，使用前用0.6mol/L盐酸溶液浸泡过夜，用蒸馏水冲洗干净。

（7）玻璃器皿：使用前用0.6mol/L盐酸溶液浸泡过夜，用蒸馏水冲洗干净。

3. 主要试剂和材料

（1）硝酸、高氯酸、氢氟酸。

（2）盐酸溶液：0.6mol/L。5.0mL盐酸，用蒸馏水稀释至100mL，混匀。

（3）盐酸溶液：6mol/L。50.0mL盐酸，用蒸馏水稀释至100mL，混匀。

（4）硝酸溶液：0.5mol/L。3.6mL硝酸，用蒸馏水稀释至100mL，混匀。

（5）硝酸溶液：6mol/L。43.0mL硝酸，用蒸馏水稀释至100mL，混匀。

（6）磷酸二氢铵溶液：10.0mol/L。1.0g磷酸二氢铵，用蒸馏水溶解并稀释至100mL，混匀。

（7）铅标准贮备溶液：1.0mg/mL。准确称取1.598g硝酸铅[Pb(NO₃)₂]，加入10mL 6mol/L硝酸溶液全部溶解后，转移至1 000mL容量瓶中，加蒸馏水稀释定容，混匀。贮存于聚四氟乙烯瓶中，4℃保存，有效期6个月。

（8）铅标准中间溶液：10.0μg/mL。准确移取1.00mL 1.0mg/mL铅标准贮备溶液于100mL容量瓶中，加蒸馏水稀释至刻度，混匀。临用现配。

（9）铅标准工作溶液：100ng/mL。准确移取 1.00mL 10.0μg/mL 铅标准工作溶液于 100mL 容量瓶中，用 0.5mol/L 硝酸溶液稀释定容，混匀。临用现配。

4. 测定步骤

（1）样品处理：

①干灰化法：适用于含有机物较多的饲料原料、配合饲料、浓缩饲料和精料补充料。称取粉碎并过 1mm 孔径尼龙筛的试样 5g（精确至 0.000 1g）于瓷坩埚中。在 100～300℃可调式电炉上缓慢加热使试样炭化至无烟产生，将坩埚移入 550℃马弗炉中灰化 2～4h，冷却后用 2mL 蒸馏水将炭化物润湿。如果仍有少量炭粒，可滴入 6mol/L 硝酸溶液使残渣润湿，将坩埚移至可调电炉或电热板上小火干燥，再移至马弗炉中灰化 2h，冷却后，沿坩埚壁加入 2mL 蒸馏水。吸取 5mL 6mol/L 盐酸溶液，逐滴加入坩埚中，边加边转动坩埚，直到溶液无气泡溢出，然后将剩余盐酸溶液全部加入，再加入 5mL 6mol/L 硝酸溶液，转动坩埚并用可调式电炉或电热板小火加热直到消化液至 2～3mL（防止溅出），取下。冷却后，用蒸馏水将消化液转移至 50mL 容量瓶中，加少许蒸馏水多次冲洗坩埚，洗液并入容量瓶中，并稀释至刻度，摇匀，用无灰滤纸过滤，待测。同时于相同条件下，做试剂空白试验。

②高氯酸消化法【警告：使用高氯酸时注意不要烧干，小心爆炸！】：适用于含有机物的添加剂预混合饲料。称取粉碎并过 1mm 孔径尼龙筛的试样 1g（精确至 0.000 1g）于聚四氟乙烯坩埚中，加蒸馏水湿润样品，加入 10mL 硝酸（含硅酸盐较多的样品，需再加入 5mL 氢氟酸），放置在通风橱中静置 2h 后，加入 5mL 高氯酸，在温度 250℃的可调式电炉上小火加热消化，待消化液冒白烟为止，取下。冷却后，用蒸馏水转移至 50mL 容量瓶中，加少许蒸馏水多次冲洗坩埚，洗液并入容量瓶中，并稀释至刻度，摇匀，用无灰滤纸过滤，待测。同时于相同条件下，做试剂空白试验。

③盐酸溶解法：适用于不含有机物的添加剂预混合饲料。称取粉碎并过 1mm 孔径尼龙筛的试样 1～5g（精确至 0.000 1g）于瓷坩埚中，加蒸馏水 2mL 将样品润湿，吸取 5mL 6mol/L 盐酸溶液，逐滴加入到坩埚中，边加边转动坩埚，直到溶液无气泡溢出，然后将剩余盐酸溶液全部加入，再加入 5mL 6mol/L 硝酸溶液，将坩埚移至可调式电炉，小火加热消化，直到消化液至 2～3mL（防止溅出），取下。冷却后，用蒸馏水将消化液转移至 50mL 容量瓶中，加少许蒸馏水多次冲洗坩埚，洗液并入容量瓶中，并稀释至刻度，摇匀，用无灰滤纸过滤，待测。同时于相同条件下，做试剂空白试验。

（2）标准曲线绘制：将仪器设置为扣背景模式。分别吸取 0mL、1.0mL、2.0mL、4.0mL、6.0mL、8.0mL 10.0μg/mL 铅标准中间溶液于 50mL 容量瓶中，加入 1mL 6mol/L 盐酸溶液，用蒸馏水定容至刻度，摇匀，导入原子吸收分光光度计。用蒸馏水调零，在 283.3nm 波长处测定吸光度值，以吸光度值为纵坐标，质量浓度为横坐标绘制标准曲线。

（3）试样测定：在相同试验条件下，测定试样溶液和试剂空白溶液的吸光度值，并与标准曲线进行比较定量。

5. 结果计算　试样中铅含量 X（mg/kg）按下式计算。

$$X = \frac{(A - A_0) \times V}{m}$$

式中：A 为试样溶液中铅的质量浓度（$\mu g/mL$）；A_0 为试剂空白溶液中铅的质量浓度（$\mu g/mL$）；V 为试样溶液总体积（mL）；m 为试样质量（g）。

三、饲料中氟的分析与测定

饲料中氟的定量测定方法有很多种，包括扩散-氟试剂比色法、灰化蒸馏-氟试剂比色法、盐酸提取-氟离子选择电极法、灰化处理-氟离子选择电极法；定性测定法有杰氏法（Gettler）等。本文以离子选择电极法介绍饲料中氟的定量测定。

1. 原理　试样经盐酸溶液提取，用总离子强度缓冲液调节 pH 至 5～6，消除酸度和 Al^{3+}、Fe^{3+}、Ca^{2+}、Mg^{2+} 及 SiO_3^{2-} 等能与氟离子形成络合物的离子干扰，再用离子计测定氟离子选择性电极和饱和甘汞电极的电位差，该电位差与溶液中氟离子活度（浓度）的对数呈线性关系，用已知浓度的氟标准系列所测电位差得到的线性方程，求得未知样品溶液电位差对应的氟离子浓度，计算试样中氟的含量。

2. 主要仪器设备

（1）离子计：测量范围 $0.0～\pm 1\,800mV$，或与之相当的 pH 计或电位计。

（2）氟离子电极：测量范围 $10^{-1}～10^{-6}mol/L$，pF-1 型，或与之相当的复合电极。

（3）参比电极：饱和甘汞电极，或与之相当的电极。

（4）分析天平：感量 0.000 1g。

（5）电热恒温干燥箱、磁力搅拌器、高温炉、超声波提取器、镍坩埚或铂金坩埚。

3. 主要试剂和材料

（1）盐酸。

（2）乙酸钠溶液：3mol/L。取 204g 三水合乙酸钠，加蒸馏水约 300mL，搅拌溶解，用乙酸溶液（1→10）调节 pH 至 7.0，移入 500mL 容量瓶中，定容至刻度。

（3）柠檬酸钠溶液：0.75mol/L。取 110g 二水合柠檬酸钠，溶于约 300mL 水中，加高氯酸 14mL，移入 500mL 容量瓶，定容至刻度。

（4）总离子强度缓冲液：3mol/L 乙酸钠溶液与 0.75mol/L 柠檬酸钠溶液等量混合，现配现用。

（5）盐酸溶液：1mol/L。取 9mL 盐酸，加蒸馏水稀释至 100mL。

（6）NaOH 溶液：15mol/L。取 60g 氢氧化钠，加蒸馏水溶解成 100mL。

（7）氟标准贮备溶液：准确称取经 100℃ 干燥 4h 并冷却的氟化钠 0.221 0g，置于 100mL 聚乙烯容量瓶中，加蒸馏水溶解并稀释至刻度，混匀，贮备于塑料瓶中，冰箱内保存。此溶液含氟 1.0mg/mL。

（8）氟标准工作溶液 Ⅰ：吸取氟标准贮备溶液 10.00mL，置于 100mL 聚乙烯容量瓶中，加蒸馏水稀释至刻度，混匀。现用现配。此溶液含氟 0.1mg/mL。

（9）氟标准工作溶液 Ⅱ：吸取 10.00mL 氟标准工作溶液 Ⅰ，置于 100mL 聚乙烯容量瓶中，加蒸馏水稀释至刻度，混匀。现用现配。此溶液含氟 $10.0\mu g/mL$。

4. 测定步骤

（1）氟标准系列溶液制备：准确吸取氟标准工作溶液 Ⅱ 0.50mL、1.00mL、2.00mL、5.00mL、10.00mL 和氟标准工作溶液 Ⅰ 2.00mL、5.00mL，分别置于 50mL 容量瓶中，分别加 1mol/L 盐酸溶液 5.0mL、总离子强度缓冲液 25mL，加蒸馏水至刻度，混匀。上述氟标准系列的质量浓度分别为 0.1μg/mL、0.2μg/mL、0.4μg/mL、1.0μg/mL、2.0μg/mL、4.0μg/mL、10.0μg/mL。

（2）试样溶液制备：

①饲料和饲料原料试样溶液制备：称取粉碎并过 0.425mm 孔径分子筛的试样 0.5～1g（精确至 0.000 1g），置于 50mL 容量瓶中，加 1mol/L 盐酸溶液 5.0mL，提取 1h，期间不时轻轻摇动容量瓶，避免样品粘于瓶壁上，或超声提取 20min，提取后加总离子强度缓冲液 25mL，加蒸馏水至刻度，混匀，用滤纸过滤，滤液供测定用。

②磷酸盐类试样溶液制备：称取粉碎并过 0.425mm 孔径分子筛的试样约 1g（约相当于 2 000μg 的氟，精确至 0.000 1g），置于 100mL 容量瓶中，用 1mol/L 盐酸溶液溶解并定容，混匀，取上清液 5.00mL，置于 50mL 容量瓶中，加总离子强度缓冲液 25mL，加蒸馏水至刻度，混匀，供测定用。

③石粉试样溶液制备：称取粉碎并过 0.425mm 孔径分子筛的试样 0.5～1g（精确至 0.000 1g），置于 50mL 容量瓶中，缓慢加入 1mol/L 盐酸溶液 20mL（防止反应过于激烈溅出），提取 1h，期间不时轻轻摇动容量瓶，避免样品粘于瓶壁上，或超声提取 20min，提取后加总离子强度缓冲液 25mL，加蒸馏水至刻度，混匀，用滤纸过滤，滤液供测定用。

④以硅酸盐类为载体的混合型饲料添加剂溶液制备：称取粉碎并过 0.425mm 孔径分子筛的试样约 0.5g（精确至 0.000 1g），置于 50mL 镍坩埚或铂金坩埚中，用少量蒸馏水润湿样品，加 15mol/L NaOH 溶液 3mL，轻敲样品使样品分散均匀，置于 150℃烘箱中 1h，取出，将坩埚放入 600℃高温炉中灼烧 30min，取出，冷却，加 5mL 蒸馏水，微热使熔块完全熔解，然后缓缓滴加盐酸约 3.5mL，调节 pH 至 8～9，冷却后转移至 50mL 容量瓶中，用蒸馏水定容至刻度，混匀，用滤纸过滤，精密吸取滤液适量（约相当于 100μg 的氟），置于 50mL 容量瓶中，加 25mL 总离子强度缓冲液，加蒸馏水至刻度，混匀，供测定用。

（3）试样测定：

①将氟离子选择性电极和饱和甘汞电极与离子计的负端和正端相连接。将电极插入盛有 50mL 蒸馏水的聚乙烯塑料杯中，预热仪器，在磁力搅拌器上以恒速搅拌，更换 2～3 次蒸馏水，待电位平衡后，即可进行电位测定。

②将氟标准系列溶液置于聚乙烯塑料杯中，由低浓度到高浓度分别测定相应的电位，同法测定试样溶液的电位。以氟标准系列溶液测得的电位为纵坐标，氟离子质量浓度对数值为横坐标，绘制标准曲线或计算回归方程，再根据试样溶液的电位值在标准曲线上查出或用回归方程计算出试样溶液中氟的含量。

5. 结果计算　试样中氟含量 X（mg/kg）按下式计算。

$$X = \frac{m_1 \times f \times 1\,000}{m \times 1\,000}$$

式中：m_1 为试样溶液中氟的质量（μg）；f 为稀释倍数；m 为试样质量（g）。

四、饲料中汞的分析与测定

饲料中汞的检测方法有原子吸收法、原子荧光法、二硫腙比色法等。本文介绍原子吸收法测定饲料中汞的含量。

1. 原理 在原子吸收光谱中，汞原子对波长 253.7nm 的共振线有强烈的吸收作用。试样经硝酸-硫酸消化使汞转化为离子状态，在强酸中，氯化亚锡将汞离子还原成元素汞，以干燥清洁空气为载体吹出，进行冷原子吸收，与标准系列比较定量。

2. 主要仪器设备

（1）分析天平：感量 0.000 1g。

（2）测汞仪。

（3）消化装置。

（4）还原瓶：50mL（测汞仪附件）。

3. 主要试剂和材料

（1）硝酸、盐酸、硫酸。

（2）10%氯化亚锡溶液：10g 氯化亚锡，加 20mL 浓盐酸，微微加热使其溶解透明，加蒸馏水稀释至 100mL，现用现配。

（3）混合酸液：量取 10mL 硫酸，加入 10mL 硝酸，慢慢倒入 50mL 蒸馏水中，冷却后加蒸馏水稀释至 100mL。

（4）汞标准贮备溶液：准确称取 0.135g 氯化汞，溶于蒸馏水，移入 1 000mL 容量瓶中，稀释至刻度，此溶液含汞 1mg/mL。

（5）汞标准工作溶液：吸取 1.0mL 汞标准贮备溶液，置于 100mL 容量瓶中，加混合酸液稀释至刻度，此溶液含汞 10μg/mL。再吸取此液 1.0mL，置于 100mL 容量瓶中，加混合酸液稀释至刻度，此溶液含汞 0.1μg/mL。现用现配。

4. 测定步骤

（1）试样处理：称取 1～5g 试样（精确至 0.000 1g），置于三角烧瓶中，加玻璃珠数粒，加 25mL 硝酸、5mL 硫酸，转动三角烧瓶并防止局部炭化，装上冷凝管，小火加热，待开始发泡即停止加热，发泡停止后，再加热回流 2h。冷却后，从冷凝管上端小心加入 20mL 蒸馏水，继续加热回流 10min，放冷，用适量蒸馏水冲洗冷凝管，洗液并入消化液。消化液经玻璃棉或滤纸滤于 100mL 容量瓶内，用少量蒸馏水洗三角烧瓶和滤器，洗液并入容量瓶内，加蒸馏水至刻度，混匀。取试样相同量的硝酸、硫酸，同法做试剂空白试验。

若试样为石粉，称取 1g（精确至 0.000 1g），置于三角烧瓶中，加玻璃珠数粒，装上冷凝管后，从冷凝管上端小心加入 15mL 硝酸，用小火加热 15min，放冷，用适量蒸馏水冲洗冷凝管，移入 100mL 容量瓶内，加蒸馏水至刻度，混匀。

（2）标准曲线绘制：吸取 0mL、0.10mL、0.20mL、0.30mL、0.40mL、0.50mL 汞标准工作溶液（相当于 0μg、0.01μg、0.02μg、0.03μg、0.04μg、0.05μg 汞），置于还原瓶内，各加 10mL 混合酸液，加 2mL 10%氯化亚锡溶液后立即盖紧还原瓶 2min，记录测汞仪读数指示器最大吸光度值。以吸光度值为纵坐标，汞质量浓度为横坐标，绘制标准曲线或计算回归方程。

（3）试样测定：量取 10mL 试样消化液及同量试剂空白溶液，分别置于还原瓶内，加 2mL 10%氯化亚锡溶液后立即盖紧还原瓶 2min，记录测汞仪读数指示器最大吸光度值。根据试样消化液的最大吸光度值在标准曲线上查出或用回归方程计算出试样消化液中汞的质量。

5. 结果计算 试样中汞含量 X（mg/kg）按下式计算。

$$X = \frac{(m_1 - m_0) \times 1\,000}{m \times \dfrac{V_2}{V_1} \times 1\,000} = \frac{V_1 \times (m_1 - m_0)}{m \times V_2}$$

式中：m_1 为测定用试样消化液中汞的质量（μg）；m_0 为试剂空白溶液中汞的质量（μg）；m 为试样质量（g）；V_1 为试样消化液总体积（mL）；V_2 为测定用试样消化液体积（mL）。

五、饲料中镉的分析与测定

饲料中镉的测定方法有镉试剂法、原子吸收分光光度法等，前者为定性测定方法，后者为定量测定方法。

（一）镉试剂法（定性测定）

1. 原理　在碱性介质中，镉与镉试剂作用生成红色络合物。加入酒石酸钾钠可隐蔽其他金属的干扰，以便鉴定样液中的镉。

2. 主要仪器设备

（1）马弗炉。

（2）电热板。

3. 主要试剂和材料

（1）10%酒石酸钠溶液。

（2）氢氧化钾乙醇溶液：0.02mol/L。取 0.112g 氢氧化钾，溶于 10mL 蒸馏水中，用乙醇稀释至 100mL。

（3）0.02%镉试剂：取 0.02g 对硝基偶氮氨基偶氮苯，溶于 100mL 氢氧化钾乙醇溶液（0.02mol/L）中。

（4）氢氧化钾溶液：2mol/L。取 112g 氢氧化钾，溶于适量蒸馏水中，用蒸馏水稀释至 1L。

（5）硝酸。

（6）盐酸溶液：1mol/L。取 84.0mL 盐酸，加入适量蒸馏水中，用蒸馏水稀释到 1L。

4. 测定步骤

（1）试样处理：称取 5～10g 试样于 1 000mL 硬制烧杯中，置于马弗炉中，微开炉门，由低温开始，200℃保持 1h，最后升至 500℃灼烧 16h，直至样品成白色无炭粒为止。取出冷却，加适量蒸馏水润湿，加 10mL 硝酸，在电热板上加热分解至近干，冷却后加 10mL 1mol/L 盐酸溶液，将盐类加热溶解，内容物移入 50mL 容量瓶中。用 1mol/L 盐酸反复洗涤烧杯，洗液并入容量瓶中，并以 1mol/L 盐酸稀释至刻度，摇匀，待测。

（2）测定：取处理好的待测液 5mL 置于试管中，用 2mol/L 氢氧化钾溶液中和后，加入 10%酒石酸钠溶液 1mL、2mol/L 氢氧化钾溶液 7mL、0.02%镉试剂 1mL，混匀，观察其颜色变化。

（3）结果判定：如样液出现橙红色络合物，则说明样品中有镉存在。

（二）原子吸收分光光度法（定量测定）

1. 原理　以干灰化法分解样品，在酸性条件下，有碘化钾存在时，镉离子与碘离子形成络合物，被甲基异丁酮萃取分离，将有机相喷入空气-乙炔火焰，使镉原子化，测定其对特征共振线 228.8nm 的吸光度值，与标准系列比较而求得镉的含量。

2. 主要仪器设备

（1）分析天平：感量 0.000 1g。

（2）马弗炉。

（3）原子吸收分光光度计。

3. 主要试剂和材料

（1）硝酸。

（2）盐酸。

（3）碘化钾溶液：2mol/L。取 332g 碘化钾，溶于蒸馏水，加蒸馏水稀释至 1 000mL。

（4）5％抗坏血酸溶液：取 5g 抗坏血酸，溶于蒸馏水，加蒸馏水稀释至 100mL。现用现配。

（5）盐酸溶液：1mol/L。取 10mL 盐酸，加入 110mL 蒸馏水中，摇匀。

（6）甲基异丁酮。

（7）镉标准贮备溶液：称取高纯金属镉（Cd，99.99％）0.100 0g 于 250mL 三角瓶中，加入 1∶1 硝酸 10mL，在电热板上加热溶解完全后，蒸干，取下冷却，加入 1∶1 盐酸 20mL 及 20mL 蒸馏水，继续加热溶解，取下冷却后，移入 1 000mL 容量瓶中，用蒸馏水稀释至刻度，摇匀，此溶液含镉 100μg/mL。

（8）镉标准中间溶液：吸取 10mL 镉标准贮备溶液于 100mL 容量瓶中，以盐酸溶液（1mol/L）稀释至刻度，摇匀，此溶液含镉 10μg/mL。

（9）镉标准工作溶液：吸取 10mL 镉标准中间溶液于 100mL 容量瓶中，以盐酸溶液（1mol/L）稀释至刻度，摇匀，此溶液含镉 1μg/mL。

4. 测定步骤

（1）试样处理：称取 5～10g（精确至 0.000 1g）粉碎后过 1mm 筛的试样于 100mL 硬制烧杯中，置于马弗炉中，微开炉门，由低温开始，先升至 200℃保持 1h，再升至 300℃保持 1h，最后升至 500℃灼烧 16h，直至样品成白色或灰白色为止。取出冷却，加适量蒸馏水润湿，加 10mL 硝酸，在电热板或沙浴上加热分解试样至近干，冷却后加 10mL 1mol/L 盐酸溶液，将盐类加热溶解，内容物移入 50mL 容量瓶中。用 1mol/L 盐酸溶液反复洗涤烧杯，洗液并入容量瓶中，并以 1mol/L 盐酸溶液稀释至刻度，摇匀，待测。

（2）标准曲线绘制：精确分取镉标准工作溶液 0.00mL、1.25mL、2.50mL、5.00mL、7.50mL、10.00mL，分别置于 25mL 具塞比色管中，以 1mol/L 盐酸溶液稀释至 15mL，加入 2mL 2mol/L 碘化钾溶液，摇匀，加 1mL 5％抗坏血酸溶液，摇匀，准确加入 5mL 甲基异丁酮，振动萃取 3～5min，静置分层后，有机相导入原子吸收分光光度计，在波长 228.8nm 处测定其吸光度值。以吸光度值为纵坐标，质量浓度为横坐标，绘制标准曲线或计算回归方程。

（3）试样测定：准确分取 15～20mL 待测试样溶液及同量试剂空白溶液，分别置于 25mL 具塞比色管中，加入 2mL 2mol/L 碘化钾溶液，摇匀，加 1mL 5％抗坏血酸溶液，摇匀，准确加入 5mL 甲基异丁酮，振动萃取 3～5min，静置分层后，有机相导入原子吸收分光光度计，在波长 228.8nm 处测定其吸光度值。根据待测试样溶液的吸光度值在标准曲线上查出或用回归方程计算出待测试样溶液中镉的质量。

5. 结果计算 试样中镉含量 X （mg/kg）按下式计算。

$$X = \frac{A_1 - A_2}{m \times \dfrac{V_2}{V_1}} = \frac{V_1 \times (A_1 - A_2)}{m \times V_2}$$

式中：A_1 为待测试样溶液中镉的质量（μg）；A_2 为试剂空白溶液中镉的质量（μg）；m 为试样质量（g）；V_1 为试样处理液总体积（mL）；V_2 为待测试样溶液体积（mL）。

六、饲料中铬的分析与测定

测定铬的常用方法有比色法和原子吸收分光光度法。比色法普遍采用二苯胺基脲做显色剂，该法反应灵敏，专一性强，但由于受一些元素干扰，超过一定量后，需分离或萃取后测定。原子吸收分光光度法简便、快速，具有更高的灵敏度，较为常用。

（一）二苯胺基脲法（定性测定）

1. 原理 在一定酸性条件下，试样消化液中 Cr^{6+} 与二苯胺基脲反应生成红紫色络合物。

2. 主要试剂和材料

二苯胺基脲试剂：0.25g 二苯胺基脲与 50g 干燥焦硫酸钾充分混合均匀。

3. 测定步骤

（1）取适量试样加蒸馏水浸渍后温热，过滤，取滤液 2mL，置于试管中，加入二苯胺基脲试剂一小勺，振摇 2min。

（2）试样溶液出现紫红色则说明有铬离子存在。

（二）原子吸收分光光度法（定量测定）

1. 原理 试样经高温灰化，用酸溶解后，注入原子吸收光谱检测器中，在一定浓度范围内，其吸收值与铬含量成正比，与标准系列比较定量。

2. 主要仪器设备

（1）分析天平：感量 0.000 1g。

（2）瓷坩埚：60mL。

（3）可控温电炉。

（4）马弗炉。

（5）原子吸收分光光度计。

3. 主要试剂和材料

（1）硝酸。

（2）硝酸溶液：硝酸∶蒸馏水＝2∶98（体积比）。

（3）硝酸溶液：硝酸∶蒸馏水＝20∶80（体积比）。

（4）铬标准贮备溶液：100mg/L。称取 0.283 0g 经 100～110℃烘至恒重的重铬酸钾，用蒸馏水溶解，移入 1 000mL 容量瓶中，稀释至刻度，此溶液含铬 0.1mg/mL。

（5）铬标准溶液Ⅰ：20mg/L。量取 10.0mL 铬标准贮备溶液于 50mL 容量瓶中，加硝酸溶液（2∶98，体积比）稀释至刻度，此溶液含铬 20μg/mL。

（6）铬标准溶液Ⅱ：2mg/L。量取 1.0mL 铬标准贮备溶液于 50mL 容量瓶中，加硝酸溶液（2∶98，体积比）稀释至刻度，此溶液含铬 2μg/mL。

（7）铬标准溶液Ⅲ：0.2mg/L。量取 10.0mL 铬标准溶液Ⅱ于 100mL 容量瓶中，加硝酸溶液（2：98，体积比）稀释至刻度，此溶液含铬 0.2μg/mL。

4. 测定步骤

（1）试样溶液的制备：称取 0.1～10.0g 粉碎并过 1mm 分子筛的试样（精确至 0.000 1g），置于瓷坩埚内，在电炉上炭化完全后，置于马弗炉中，由室温开始，徐徐升温，至 600℃灼烧 5h，直至试样呈白色或灰白色、无炭粒为止。冷却后取出，加入硝酸溶液（20：80，体积比）5mL 溶解，过滤至 50mL 容量瓶，并用蒸馏水反复冲洗坩埚和滤纸，洗液并入容量瓶中，定容，混匀，待测。同时配制试剂空白溶液。

（2）测定条件：

①火焰法：

光源：Cr 空心阴极灯。

波长：359.3nm。

灯电流：7.5mA。

狭缝宽度：1.30nm。

燃烧头高度：7.5nm。

火焰：空气-乙炔。

助燃气压力：160kPa（流速 15.0L/min）。

燃气压力：35kPa（流速 2.3L/min）。

氘灯背景校正。

②石墨炉法：

波长：359.3nm。

灯电流：7.5mA。

狭缝宽度：1.30nm。

干燥温度：100℃，30S。

灰化温度：900℃，20S。

原子化温度：2 600℃，6S。

清洗温度：2 700℃，4S。

背景校正为塞曼效应。

（3）标准曲线绘制：

①火焰法：吸取 0.00mL、1.25mL、2.50mL、5.00mL、10.00mL、20.00mL 铬标准溶液Ⅰ，分别置于 20mL 容量瓶中，加硝酸溶液（2：98，体积比）稀释至刻度，混匀，制成标准工作溶液。每毫升溶液分别相当于 0.00μg、1.25μg、2.50μg、5.00μg、10.00μg、20.00μg 铬。

②石墨炉法：吸取 0.00mL、1.25mL、2.50mL、5.00mL、10.00mL、20.00mL 铬标准溶液Ⅲ，分别置于 50mL 容量瓶中，加硝酸溶液（2：98，体积比）稀释至刻度，混匀，制成标准工作溶液。每毫升溶液分别相当于 0.0ng、5.0ng、10.0ng、20.0ng、40.0ng、80.0ng 铬。

（4）试样测定：将各铬标准工作溶液、试剂空白溶液和试样溶液分别导入调至最佳条件的原子化器中进行测定，测定其吸光度值。根据试样溶液的吸光度值在标准曲线上查出或用回归方程计算出试样消化液中铬的含量。石墨炉法自动注入 20μL。

5. 结果计算

①火焰法：试样中铬含量 X（$\mu g/g$）按下式计算。

$$X = \frac{(A_1 - A_2) \times V}{m}$$

式中：A_1 为测定用试样溶液中铬的含量（$\mu g/mL$）；A_2 为试剂空白溶液中铬的含量（$\mu g/mL$）；V 为试样溶液的总体积（mL）；m 为试样质量（g）。

②石墨炉法：试样中铬含量 X（ng/g）按下式计算。

$$X = \frac{(m_1 - m_2) \times V}{m \times V_1}$$

式中：m_1 为测定用试样溶液中铬的质量（ng）；m_2 为测定用试剂空白溶液中铬的质量（ng）；m 为试样质量（g）；V 为试样溶液的总体积（mL）；V_1 为测定用试样溶液体积（mL）。

第三节　饲料中有害微生物的分析与测定

饲料的微生物污染主要包括细菌污染和霉菌污染。本节主要介绍沙门氏菌和霉菌的国家标准检测方法。沙门氏菌是主要的人兽共患病病原体，沙门氏菌污染饲料会造成动物染病，因此国家已经规定饲料中不得检出沙门氏菌。霉变饲料可导致畜禽急性和慢性中毒甚至癌症等。许多原因不明的疾病被认为与饲料的霉菌污染有关。霉菌可破坏饲料蛋白质，使饲料中氨基酸含量减少。霉菌生长需要大量维生素，如维生素 A、维生素 D、维生素 E、维生素 K、维生素 B_{12} 以及硫胺素、核黄素、尼克酸、吡哆醇和生物素等，所以霉菌的广泛生长可使饲料中这些维生素含量大大减少。发霉饲料引起动物中毒会破坏动物的免疫机能。因饲料霉菌污染对动物健康的影响，国家饲料卫生标准严格规定了各种饲料中霉菌总数不得超出的允许量。

一、饲料中沙门氏菌的测定方法

目前对饲料中沙门氏菌的检查主要依赖于常规微生物学方法，即按照《饲料中沙门氏菌的检测方法》（GB/T 13091）规定的步骤进行检测，采用增菌培养、生化反应、血清学鉴定等传统的分析方法，一般耗时 5～7d。

1. 原理　沙门氏菌的检测需要四个连续的阶段：第一步预增菌，在含有营养的非选择性培养基中增菌，使受伤的沙门氏菌恢复到稳定的生理状态；第二步选择性增菌，根据沙门氏菌的生理特征，选择有利于沙门氏菌增殖而大多数细菌生长受到抑制的培养基，进行选择性增菌；第三步选择性平板分离，采用固体选择性培养基，抑制非沙门氏菌的生长，提供肉眼可见的疑似沙门氏菌纯菌落的识别；第四步鉴定，挑出可疑沙门氏菌落，再次培养，用合适的生化和血清学试验进行鉴定。

2. 主要设备和材料

（1）高压灭菌锅或灭菌箱。

（2）干热灭菌锅：[（37～55）±1]℃。

（3）培养箱：（36±1）℃，（42±1）℃。

（4）恒温水浴装置：$(36\pm1)℃$，$(45\pm1)℃$，$(55\pm1)℃$，$(70\pm1)℃$。

（5）接种环：铂铱或镍铬丝，直径约 3mm。

（6）pH 计。

（7）培养瓶或三角瓶（注：可用无毒金属或塑料螺丝盖的培养瓶或三角瓶）。

（8）培养试管：直径 8mm，长度 160mm。

（9）量筒。

（10）刻度吸管。

（11）平皿：皿底直径 9cm 或 14mm。

3. 主要培养基和试剂

（1）缓冲蛋白胨水（BP）。

（2）氯化镁-孔雀绿增菌液（RV）。

（3）亚硒酸盐胱氨酸增菌液（SC）。

（4）选择性划线固体培养基：①酚红煌绿琼脂；②DHL 琼脂。

（5）营养琼脂。

（6）三糖铁琼脂。

（7）尿素琼脂。

（8）赖氨酸脱羧试验培养基。

（9）β-半乳糖苷酶试剂。

（10）V-P 反应培养基：①V-P 培养基；②肌酸溶液；③α-萘酚乙醇溶液；④氢氧化钾溶液。

（11）靛基质反应培养基：①胰蛋白胨色氨酸培养基；②柯凡克试剂。

（12）半固体营养琼脂。

（13）盐水溶液。

（14）沙门氏菌因子 O、Vi、H 型血清。

培养基和试剂制备详见附 10-2。

4. 样品采集　参照国家标准 GB/T 14699.1 执行（器具要经过消毒）。

5. 检验程序　沙门氏菌检验程序如图 10-1 所示。

6. 操作

（1）预增菌培养：取检验样品 25g，加入装有 225mL 缓冲蛋白胨水的 500mL 广口瓶内（粒状可用均质器，以 8 000～10 000r/min 打碎 1min，或用乳钵加灭菌砂磨碎），在 $(36\pm1)℃$培养 16～20h。

（2）选择性增菌培养：取预增菌培养物 1mL，接种于装有 10mL 氯化镁-孔雀绿增菌液的试管中，另取预增菌培养物 1mL，接种于装有 10mL 亚硒酸盐胱氨酸增菌液的试管中，氯化镁-孔雀绿增菌液试管在 $(42\pm1)℃$培养 24h，亚硒酸盐胱氨酸增菌液试管在 $(36\pm1)℃$培养 24h 或 48h。

注意：在某些情况下，可以将亚硒酸盐胱氨酸培养基的培养温度增加至 $(42\pm1)℃$，但需在检验报告中提及此改动。

（3）分离培养：

①在培养 24h 后，取选择性增菌培养物，分别用接种环划线接种在酚红煌绿琼脂平皿和

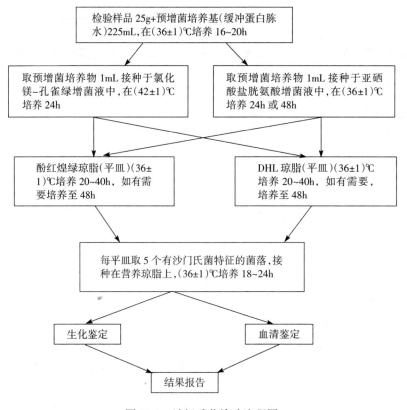

图 10-1　沙门氏菌检验流程图

DHL 琼脂平皿上，为取得明显的单个菌落，取一环培养物，接种两个平皿，第一个平皿接种后，不烧接种环，连续在第二个平皿上划线接种，将平皿底部向上在（36±1)℃培养，必要时可取选择性增菌培养物重复培养一次。

②亚硒酸盐胱氨酸培养基在培养 48h 后，重复第一步操作。

③培养 20～24h 后，检查平皿中是否出现沙门氏菌典型菌落，生长在酚红煌绿琼脂上的沙门氏菌典型菌落，使培养基颜色由粉红变红，菌落为红色透明；生长在 DHL 培养基上的沙门氏菌典型菌落为黄褐色透明、中心为黑色，或为黄褐色透明的小型菌落。

④如生长微弱，或无典型沙门氏菌落出现时，可在（36±1)℃重新培养 18～24h。再检验平皿是否有典型沙门氏菌菌落。

注意：辨认沙门氏菌菌落，在很大程度上依靠经验，它们外表各有不同，不仅是种与种之间，每批培养基之间也有不同，此时，可用沙门氏菌多价因子血清，先与菌落做凝集反应，以帮助辨别可疑菌落。

（4）鉴定培养：在每种分离平皿培养基上，挑取 5 个可疑菌落，如一个平皿上典型或可疑菌落少于 5 个时，可将全部典型或可疑菌落进行鉴定。

挑选的菌落在营养琼脂平皿上划线培养，在（36±1)℃培养 18～24h，用纯培养物做生化和血清鉴定。

①生化鉴定：将从鉴定培养基上挑选的典型菌落，接种在以下 a～f 培养基上。

a. 三糖铁培养基：在琼脂斜面上划线和穿刺，在（36±1）℃培养 24h。培养基变化见表 10-1。

表 10-1　三糖铁培养基变化表

培养基部位		培养基变化
琼脂斜面	黄色	乳糖和蔗糖阳性（利用乳糖或蔗糖）
	红色或不变色	乳糖和蔗糖阴性（不利用乳糖或蔗糖）
琼脂深部	底端黄色	葡萄糖阳性（发酵葡萄糖）
	红色或不变色	葡萄糖阴性（不发酵葡萄糖）
	穿刺黑色	形成硫化氢
	气泡或裂缝	葡萄糖产气

典型沙门氏菌培养基，斜面是红色，底端显黄色，有气体产生，有 90% 形成硫化氢，琼脂变黑。当分离到乳糖阳性沙门氏菌时，三糖铁斜面是黄色的，因而证实沙门氏菌，不应仅限于三糖铁培养的结果。

b. 尿素琼脂培养基：在琼脂表面划线，在（36±1）℃培养 24h，应不时检查，如反应是阳性，尿素极快地释放氨，它使酚红的颜色变成玫瑰红色至桃红色，以后再变成深粉红色，反应常在 2~24h 之间出现。

c. L-赖氨酸脱羧反应培养基：将培养物刚好接种在液体表面之下，在（36±1）℃培养 24h，生长后产生紫色，表明是阳性反应。

d. 检查 β-半乳糖苷酶的反应：取一接种环可疑菌落，悬浮于装有 0.25mL 生理盐水的试管中，加甲苯 1 滴，振摇混匀，将试管在（36±1）℃恒温水浴装置中放置数分钟，加 ONPG 溶液 0.25mL，将试管重新放入（36±1）℃恒温水浴装置中 24h，不时检查，黄色表明为阳性反应，反应常在 20min 后明显出现。

e. V-P 反应培养基：将可疑菌落接种在 V-P 反应培养基上，在（36±1）℃培养 24h，取培养物 0.2mL 于灭菌试管中，加肌酸溶液 2 滴，充分混合后加入 α-萘酚乙醇溶液 3 滴，充分混合后再加氢氧化钾溶液 2 滴，再充分振摇混匀，在 15min 内，形成桃红色，表明为阳性反应。

f. 靛基质反应培养基：取可疑菌落，接种于装有 5mL 胰蛋白胨色氨酸培养基的试管中，在（36±1）℃培养 24h，培养结束后，加柯凡克试剂 1mL，形成红色，表明为阳性反应。

g. 生化试验：详见表 10-2。

表 10-2　生化试验表

可疑菌在培养基上的反应	阳性或阴性	出现此反应者沙门氏菌株百分率
三糖铁葡萄形成酸	＋	100
三糖铁葡萄糖产气	＋	91.9[a]
三糖铁乳糖	－	99.2[b]
三糖铁蔗糖	－	99.5

（续）

可疑菌在培养基上的反应	阳性或阴性	出现此反应者沙门氏菌株百分率
三糖铁硫化氢	+	91.6
尿素分解	—	100
赖氨酸脱羧反应	+	94.6c
β-半乳糖苷酶反应	—	98.5b
V-P 反应	—	98.5
靛基质反应	—	98.5

注：a. 伤寒沙门氏菌（*Salmonnella typhi*）不产气。

b. 沙门氏菌亚属Ⅲ（亚利桑那属）乳糖反应可阴可阳，但 β-半乳糖苷酶反应总是阳性的。沙门氏菌属Ⅱ乳糖反应阴性，β-半乳糖苷酶反应阳性。对这些菌株，可补充生化试验。

c. 甲型副伤寒沙门氏菌（*Salmonnella paratyphi*）赖氨酸脱羧反应阴性。

②血清鉴定：以纯培养菌落，用沙门氏菌因子血清 O、Vi 或 H 型，用平板凝集法，检查其抗原的存在。

a. 除去能自凝的菌株：在仔细擦净的玻璃板上，放 1 滴生理盐水，使部分被检菌落分散于生理盐水中，均匀混合后，轻轻摇动 30～60s，对着黑色的背景观察，如果细菌已凝集成或多或少的清晰单位，此菌株被认为能自凝。不宜提供做抗原鉴定。

b. O 抗原检查：用认为无自凝能力的纯菌落，按 a 的方法，用 1 滴 O 型血清代替生理盐水，如发生凝集，判为阳性。

c. Vi 抗原检查：用认为无自凝能力的纯菌落，按 a 的方法，用 1 滴 Vi 型血清代替生理盐水，如发生凝集，判为阳性。

d. H 抗原检查：用认为无自凝能力的纯菌落接种在半固体营养琼脂中，在（36±1）℃培养 18～20h，用这种培养物作检查 H 抗原用，按照 a 的方法，用 1 滴 H 血清代替生理盐水，如发生凝集，判为阳性。

③生化和血清试验综合鉴定：见表 10-3。

表 10-3　生化和血清试验综合鉴定表

生化反应	有无自凝	血清学反应	说　明
典型	无	O、Vi 或 H 抗原阳性	被认为是沙门氏菌菌株
典型	无	全为阴性反应	可能是沙门氏菌
典型	有	未做检查	可能是沙门氏菌
无典型反应	无	O、Vi 或 H 抗原阳性	可能是沙门氏菌
无典型反应	无	全为阴性反应	不认为是沙门氏菌

注：沙门氏菌可疑菌株，送专门菌种鉴定中心进行鉴定。

7. 检验报告　综合以上生化试验、血清鉴定结果，报告检验样品是否含有沙门氏菌。

◆ **附 10-3 培养基与试剂制备**

除特殊规定外，所用化学试剂为分析纯或化学纯；生物制剂为细菌培养用；水为蒸馏水。

1. 缓冲蛋白胨水

（1）成分：

蛋白胨	10g
氯化钠（GB 1266）	5g
磷酸氢二钠（$Na_2HPO_4 \cdot 12H_2O$，GB 1263）	9g
磷酸二氢钾（KH_2PO_4，GB 1274）	1.5g
蒸馏水	1 000mL
pH	7.0

（2）制法：按上述成分配好后，校正 pH，分装于大瓶中，121℃高压灭菌 20min，临用时分装在 500mL 瓶中，每瓶装 225mL，或配好校正 pH，分装于 500mL 瓶中，每瓶 225mL，121℃高压灭菌 20min 后备用。

2. 氯化镁-孔雀绿增菌液

（1）溶液 A：

①成分：

蛋白胨	5.0g
氯化钠	8.0g
磷酸二氢钾	1.6g
蒸馏水	1 000mL
pH	7.0

②制法：将各成分加入蒸馏水中，加热至约 70℃溶解，此溶液需现配现用。

（2）溶液 B：

①成分：

氯化镁（$MgCl_2 \cdot 6H_2O$）	400g
蒸馏水	1 000mL

②制法：将 $MgCl_2 \cdot 6H_2O$ 溶于水中。

（3）溶液 C：

①成分：

孔雀绿	0.4g
蒸馏水	100mL

②制法：将孔雀绿溶于蒸馏水中，溶液可室温保存于棕色玻璃瓶中。

（4）完全培养基：

①成分：

溶液 A	1 000mL
溶液 B	100mL

溶液 C	10mL

②制法：按上述比例配制，校正 pH，使灭菌后 pH 为 5.2，分装于试管中，每管 10mL。115℃高压灭菌 15min。冰箱保存。

3. 亚硒酸盐胱氨酸增菌液

（1）基础液：

①成分：

胰蛋白胨	5g
乳糖	4g
磷酸氢二钠（$Na_2HPO_4 \cdot 12H_2O$）	10g
亚硒酸钠	4g
蒸馏水	1 000mL
pH	7.0

②制法：溶解前 3 种成分于蒸馏水中，煮沸 5min，冷却后加入亚硒酸钠，校正 pH 后分装，每瓶 1 000mL。

（2）L-胱氨酸溶液：

①成分：

L-胱氨酸	0.1g
1mol/L 氢氧化钠（GB 629—1997）溶液	15mL
灭菌水	85mL

②制法：在灭菌瓶中，用灭菌水将上述成分稀释到 100mL，无须蒸汽灭菌。

（3）完全培养基：

①成分：

基础液	1 000mL
L-胱氨酸溶液	10mL
pH	7.0

②制法：基础液冷却后，以无菌操作加 L-胱氨酸溶液。将培养基分装于适当容量的灭菌瓶中，每瓶 100mL。

注：培养基现配现用。

4. 酚红煌绿琼脂

（1）基础液：

①成分：

牛肉浸膏	5g
蛋白胨	10g
酵母浸液粉末	3g
磷酸氢二钠（Na_2HPO_4）	1g
磷酸二氢钠（NaH_2PO_4，GB 1267）	0.6g
琼脂	12～18g
蒸馏水	900mL

pH		7.0

②制法：将上述成分加蒸馏水煮沸溶解，校正 pH，121℃高压灭菌 20min。

（2）糖-酚红溶液：

①成分：

乳糖	10g
蔗糖	10g
酚红	0.09g
蒸馏水	加至 100mL

②制法：将各成分溶解于蒸馏水中，在 70℃水浴锅中加温 20min，冷却至 55℃立即使用。

（3）煌绿溶液：

①成分：

煌绿	0.5g
蒸馏水	100mL

②制法：将煌绿溶于蒸馏水中，放在暗处，不少于 1d，使其自然灭菌。

（4）完全培养基：

①成分：

基础液	900mL
糖-酚红溶液	100mL
煌绿溶液	1mL

②制法：在无菌条件下，将煌绿溶液加入冷却至 55℃的糖-酚红溶液中，再将糖-酚红-煌绿溶液加入 50～55℃基础液中混合。

（5）琼脂平皿制备：将 4（4）制备的培养基在恒温水浴装置中溶解，冷却至 50～55℃，倾注入灭菌的平皿中。大号平皿，倾入约 40mL；小号平皿，倾入约 15mL。待凝固后备用。平皿在室温保存，不超过 4h；在冰箱中保存，不超过 24h。

5. DHL 琼脂

（1）成分：

蛋白质	20g
牛肉浸膏	30g
乳糖	10g
蔗糖	10g
去氧胆酸钠	1g
硫代硫酸钠	2.3g
柠檬酸钠	1g
柠檬酸铁铵	1g
中性红	0.03g
琼脂	18～20g
蒸馏水	1 000mL

pH	7.3

（2）制法：将除中性红和琼脂以外的成分溶解于400mL蒸馏水中，校正pH，再将琼脂于600mL蒸馏水中煮沸溶解，两液合并，加入0.5%中性红水溶液6mL，待冷却至50～55℃，倾注平皿。

6. 营养琼脂

（1）成分：

牛肉浸膏	3g
蛋白胨	5g
琼脂	9～18g
蒸馏水	1 000mL
pH	7.0

（2）制法：将上述各成分煮沸溶解，校正pH，121℃高温灭菌20min。

（3）平皿制备：将6（2）制备的营养琼脂在恒温水浴装置里溶解，冷却至50～55℃时，倾注入灭菌平皿中，每皿约15mL。

7. 三糖铁琼脂

（1）成分：

牛肉浸膏	3g
酵母浸膏	3g
蛋白胨	20g
氯化钠	5g
乳糖	10g
蔗糖	10g
葡萄糖	1g
柠檬酸铁	0.3g
硫代硫酸钠	0.3g
酚红	0.024g
琼脂	12～18g
蒸馏水	1 000mL
pH	7.4

（2）制法：将除琼脂和酚红以外的各成分溶解于蒸馏水中，校正pH，加入琼脂，加热煮沸，以溶化琼脂，再加入0.2%酚红溶液12mL，摇匀，分装试管，装量宜多些，以便得到较高的底层，121℃高压灭菌20min，放置高层斜面备用。

8. 尿素琼脂

（1）基础液：

①成分：

蛋白胨	1g
葡萄糖	1g
氯化钠	5g

磷酸二氢钾	2g
酚红	0.012g
琼脂	12～18g
蒸馏水	1 000mL
pH	6.8

②制法：将上述成分溶于蒸馏水中，煮沸，校正 pH，121℃高压灭菌 20min。

（2）尿素溶液：

①成分：

尿素	400g
蒸馏水	加至 1 000mL

②制法：将尿素溶于蒸馏水中，用过滤器除菌，并检查灭菌情况。

（3）完全培养基：

①成分：

基础液	950mL
尿素溶液	50mL

②制法：在无菌条件下，将尿素溶液加到事先溶化并冷却至 45℃的基础液中，分装试管，放置成斜面备用。

9. 赖氨酸脱羧试验培养基

（1）成分：

L-赖氨酸盐酸盐	5g
酵母浸膏	3g
葡萄糖	1g
溴甲酚紫	0.015g
蒸馏水	1 000mL
pH	6.8

（2）制法：将上述各成分溶于蒸馏水中煮沸，校正 pH，分装于小试管中，每支约 5mL，121℃高压灭菌 20min，备用。

10. V-P 反应培养基

（1）培养基：

①成分：

蛋白脂	7g
葡萄糖	6g
磷酸氢二钾	5g
蒸馏水	1 000mL
pH	6.9

②制法：将上述成分溶于蒸馏水中，加热溶解，校正 pH，分装在小试管中，每支约 3mL，115℃高压蒸汽灭菌 20min。

（2）肌酸溶液：

①成分：

肌酸单水化合物	0.5g
蒸馏水	100mL

②制法：将肌酸单水化合物溶于蒸馏水中，备用。

（3）α-萘酚乙醇溶液：

①成分：

α-萘酚	6g
96%乙醇溶液	100mL

②制法：将α-萘酚溶于96%乙醇溶液中。

（4）氢氧化钾溶液：

①成分：

氢氧化钾	40g
蒸馏水	100mL

②制法：将氢氧化钾溶于蒸馏水中。

11. 靛基质反应培养基

（1）胰蛋白胨色氨酸培养基：

①成分：

胰蛋白胨	10g
氯化钠	5g
DL-色氨酸	1g
蒸馏水	1 000mL
pH	7.5

②制法：将上述各成分溶解于100℃蒸馏水中，过滤，校正pH，分装于小试管中，每支5mL，121℃高压灭菌15min。

（2）柯凡克试剂：

①成分：

对二甲氨基苯甲醛	5g
盐酸	25mL
戊醇	75mL

②制法：将对二甲氨基苯甲醛溶于戊醇中，然后缓缓加入浓盐酸。

12. $β$-半乳糖苷酶试剂

（1）缓冲液：

①成分：

磷酸二氢钠（NaH_2PO_4）	6.9g
0.1mol/L氢氧化钠溶液	3mL
蒸馏水	加至50mL

②制法：将磷酸二氢钠溶于大约45mL蒸馏水中，用0.1mol/L氢氧化钠溶液调pH为7.0，加蒸馏水至最后容量50mL，保存于冰箱中备用。

（2）ONPG 溶液：

①成分：

邻硝基苯酚-β-D-半乳糖苷（ONPG）	80mg
蒸馏水	15mL

②制法：将 ONPG 溶解于 50℃蒸馏水中后冷却。

（3）完全试剂：

①成分：

缓冲液	5mL
ONPG 溶液	15mL

②制法：将缓冲液加入到 ONPG 溶液中。

13. 半固体营养琼脂

（1）成分：

牛肉浸膏	3g
蛋白胨	5g
琼脂	4～5g
蒸馏水	1 000mL
pH	7.0

（2）制法：将上述成分溶于蒸馏水中，校正 pH，121℃高压灭菌 20min。

14. 盐水溶液

（1）成分：

氯化钠	8.5g
蒸馏水	1 000mL
pH	7.0

（2）制法：将氯化钠溶解于蒸馏水煮沸，校正 pH 后分装，121℃灭菌 20min。

二、饲料中霉菌的测定方法

我国于 1986 年首次发布了饲料中霉菌总数测定的国家标准，并于 1991 年做出了第一次修订，现行有效的国家标准是在 2006 年发布的《饲料中霉菌总数的测定》（GB/T 13092—2006）。值得注意的是，现行的检测方法并未区分不同的霉菌属，无法深层次反映饲料霉菌污染情况。

1. 原理　根据霉菌的生理特性，选择适宜于霉菌生长而不适宜于细菌生长的培养基，采用平皿计数方法，测定霉菌数。

2. 主要设备和材料

（1）分析天平：感量 0.001g，最大称量 1 000g。

（2）显微镜：1 500 倍。

（3）温箱：[(25～28)±1]℃。

（4）冰箱：普通冰箱。

（5）高压灭菌器：2.5kg。

（6）干燥箱：50～250℃。

（7）恒温水浴装置：[(45～77)±1]℃。

（8）振荡器：往复式。

（9）微型混合器：2 900r/min。

（10）电炉。

（11）酒精灯。

（12）接种棒：镍铬丝。

（13）温度计：(100±1)℃。

（14）载玻片与盖玻片。

（15）乳钵。

（16）试管架。

（17）玻璃三角瓶：250mL、500mL。

（18）试管：15mm×150mm。

（19）平皿：直径9cm。

（20）吸管：1mL、10mL。

（21）玻璃珠：直径5mm。

（22）广口瓶：100mL、500mL。

（23）金属勺、刀、橡皮乳头。

3. 主要培养基和稀释液 除特殊注明，所用试剂均为分析纯；水符合 GB/T 6682—2008 三级水规格。

（1）高盐察氏培养基。

（2）稀释液。

（3）实验室常用消毒药品。

培养基和稀释液制备详见附10-4。

4. 样品采集 采样时必须特别注意样品的代表性和避免采样时的污染。首先准备好灭菌容器和采样工具，如灭菌牛皮纸袋或广口瓶、金属勺和刀，在卫生学调查基础上，采取有代表性的样品，样品采集后应尽快检验，否则应将样品放在低温干燥处。

根据饲料仓库、饲料垛的大小和类型，分层定点采样，一般可分为三层五点或分层随机采样，不同点的样品，充分混合后，取500g左右送检，小量存贮的饲料可使用金属勺采取上、中、下各部位的样品混合。

海运进口饲料采样：每一船舱采取表层、上层、中层及下层四个样品，每层从五点取样混合，如船舱盛饲料超过10 000t，则应加采一个样品。必要时采取有疑问的样品送检。

5. 检验程序 霉菌检验程序如图10-2。

6. 操作步骤

（1）以无菌操作称取样品25g（或25mL），放入含有225mL灭菌稀释液的玻璃塞三角瓶中，置于振荡器上，振荡30min，即为1∶10的稀释液。

（2）用灭菌吸管吸取1∶10稀释液10mL，注入带玻璃珠的试管中，置于微型混合器上混合3min，或注入试管中，另用带橡皮乳头的1mL灭菌吸管反复吹吸50次，使霉菌孢子分散开。

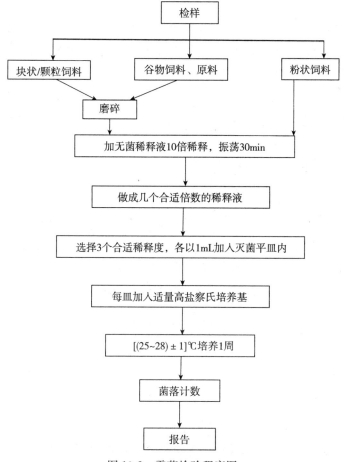

图 10-2　霉菌检验程序图

（3）取 1mL 1∶10 稀释液，注入含有 9mL 灭菌稀释液的试管中，另换一支吸管吹吸 5 次，此液为 1∶100 稀释液。

（4）按上述操作顺序做 10 倍递增稀释液，每稀释一次，换用一支 1mL 灭菌吸管，根据对样品污染情况的估计，选择 3 个合适稀释度，分别在做 10 倍稀释的同时，吸取 1mL 稀释液于灭菌平皿中，每个稀释度做两个平皿，然后将冷却至 45℃ 左右的高盐察氏培养基注入平皿中，充分混合，待培养基凝固后，倒置于 ［(25～28) ±1]℃ 恒温培养箱中，培养 3d 后开始观察，应培养观察一周。

7. 计算与结果报告　通常选择菌落数在 30～100 个之间的平皿进行计数，同稀释度的 2 个平皿的菌落平均数乘以稀释倍数，即为每克（或每毫升）检样中所含霉菌总数。

结果报告以每克（或毫升）饲料中含霉菌数 ［个/g（或个/mL）］ 表示。

◆ 附 10-4　培养基与稀释液制备

除特殊规定外，本试验所用化学试剂为分析纯或化学纯，生物制剂为细菌培养用，水为蒸馏水。

1. 高盐察氏培养基

（1）成分：

硝酸钠（GB 636）	2g
磷酸二氢钾（GB 1274）	1g
硫酸镁（$MgSO_4 \cdot 7H_2O$，GB 671）	0.5g
氯化钾（GB 646）	0.5g
硫酸亚铁（GB 664）	0.01g
氯化钠（GB 1266）	60g
蔗糖（HG 3-1001）	30g
琼脂	20g
蒸馏水	1 000mL

（2）制法：加热溶解，分装后115℃高压灭菌30min。必要时，可酌量增加琼脂。

2. 稀释液

（1）成分：

氯化钠（GB 1266）	8.5g
蒸馏水	1 000mL

（2）制法：加热溶解，分装后121℃高压灭菌30min。

📝 **本章小结**

本章系统介绍了饲料中主要有毒有害化合物、有毒元素、有害微生物的检测和分析方法。着重介绍了有毒化合物、有毒元素的定量分析方法和沙门氏菌、霉菌的检验方法。

📝 **思考题**

1. 饲料中的有毒有害化合物主要有哪些？
2. 霉菌检测的注意事项有哪些？

第十一章　一些特殊指标的分析与测定

第一节　饲料中酶活性的分析与测定

一、大豆制品中尿素酶活性的分析与测定

尿素酶（UA）活性的定义为在（30±0.5)℃和 pH 为 7 的条件下，每分钟每克大豆制品分解尿素所释放的氨态氮的量（mg）。加工厂或饲料厂利用测定尿素酶的活性来预测大豆制品加工程度是否合适及营养品质的好坏。

1. 原理　将粉碎的大豆制品与中性尿素缓冲液混合，在 30℃左右保持 30min，尿素酶催化尿素水解产生氨。用过量盐酸中和所产生的氨，再用氢氧化钠标准溶液回滴。

2. 主要仪器

（1）标准筛：孔径 2mm。

（2）酸度计：精度 0.02pH，附有磁力搅拌器和滴定装置。

（3）恒温水浴装置。

（4）试管：直径 18mm，长 15cm，有磨口塞子。

（5）计时器。

（6）粉碎机。

（7）分析天平：感量 0.1mg。

（8）移液管：10mL。

3. 主要试剂

（1）尿素：AR 级。

（2）磷酸氢二钠：AR 级。

（3）磷酸二氢钾：AR 级。

（4）尿素缓冲液（pH 6.9～7.0）：称取 4.45g 磷酸氢二钠和 3.40g 磷酸二氢钾，溶于水中并稀释至 1 000mL，再将 30g 尿素溶在此缓冲液中，可保存 30d。

4. 测定方法

（1）试样制备：用粉碎机将 10g 试样粉碎，使之全部通过孔径 2mm 的标准筛。

（2）试样测定：称取 0.2g 试样（精确至 0.000 1g）置于试管中，加入 10mL 尿素缓冲液，盖好管塞并剧烈摇动，然后马上置于（30±0.5)℃的恒温水浴装置中，准确保持 30min，立刻加入 10mL 0.1mol/L 盐酸溶液，迅速冷却到 20℃。将试管内容物全部移入烧杯，用 5mL 蒸馏水冲洗试管 2 次，立即用 0.1mol/L 氢氧化钠标准溶液滴定至 pH 4.7。

另做空白试验，只加入 10mL 尿素缓冲溶液、10mL 0.1mol/L 盐酸溶液。称取与上述

试样量相当的试样（精确至 0.000 1g），迅速加入到此试管中。立即塞好管塞并剧烈摇动。将试管置于（30±0.5）℃的恒温水浴装置中，准确保持 30min 后冷却到 20℃，将试管内容物全部移入烧杯，用 5mL 蒸馏水冲洗试管 2 次，并用 0.1mol/L 氢氧化钠标准溶液滴定至 pH 4.7。

5. 结果计算 以每分钟每克大豆制品释放氮的质量（mg）表示尿素酶活性 U，按下式计算。

$$U = \frac{14 \times c \times (V_0 - V)}{30 \times m}$$

式中：c 为氢氧化钠标准溶液的物质的量浓度（mol/L）；V_0 为空白试验溶液消耗氢氧化钠标准溶液的体积（mL）；V 为试样溶液消耗氢氧化钠标准溶液的体积（mL）；14 为氮的摩尔质量（g/mol）；m 为试样的质量（g）。

注：若试样经粉碎前的预干燥处理，则

$$U = \frac{14 \times c \times (V_0 - V)}{30 \times m} \times (1 - S)$$

式中：S 为预干燥时试样失重的百分率。

6. 重复性 同一分析人员用相同方法，连续两次测定结果之差不超过平均值的 10%，以其算术平均值报告结果。

◆ **附 11-1 尿素酶活性快速测定法——酚红法**

1. 原理 尿素酶（UA）可以将尿素转化为氨气。氨气在酚红指示剂中，会使样品的表面显示红色，借红色的程度，可做定性判断。

2. 主要试剂

(1) 氢氧化钠溶液：0.1mol/L。称取 0.4g 氢氧化钠加入蒸馏水至 100mL。

(2) 硫酸溶液：0.05mol/L。取 2.77mL 浓硫酸稀释至 1 000mL 蒸馏水中。

(3) 尿素-酚红溶液：

①将 0.14g 酚红溶于 35mL 蒸馏水中，然后加 7mL 0.1mol/L 氢氧化钠溶液。

②将 21g 尿素溶于 300mL 蒸馏水中。

③将以上两种溶液混合均匀，然后用 0.05mol/L 硫酸溶液滴定至琥珀色（由蜡黄色至红褐色）。

3. 测定步骤 取少量待测样品于玻璃皿中，加入适量调制好的琥珀色溶液使样品均匀浸湿，静置 5min，观察样品表面红点的情况。

4. 尿素酶活性的判定结果表示

(1) 少量红点：pH 为 0.05～0.10，活性为微量活跃（适中）。

(2) 约 25% 红点：pH 为 0.1～0.2，活性为中度活跃。

(3) 约 50% 红点：pH 为 0.3～0.5，表示活性活跃。

(4) 约 75% 红点：pH＞2，表示活性非常活跃（活性很强），豆饼粕过生或完全未经热处理，须重新加工。

(5) 若 5min 都没有红点出现，再停留 20min，若仍然没有红点出现，则表示加热过度。

◆ **附 11-2   pH 增值法（ΔpH 法）**

此法是美国、日本、俄罗斯等国家常用的方法。尿素水解释放的氨是碱性的，可使溶液 pH 升高。试样反应 30min 后，与空白溶液 pH 的差值，可间接表示氨量。

1. 原理   用样品溶液的 pH 与试剂空白的 pH 差计算尿素酶活性。

2. 主要仪器   pH 计（带玻璃电极、甘汞电极），恒温水浴装置，50mL 试管。

3. 主要试剂

（1）磷酸缓冲液：称取 3.403g 磷酸二氢钾，溶于 100mL 水中。再称取 4.335g 磷酸氢二钾，溶于 100mL 水中。合并上述两种溶液并配成 1 000mL，用酸溶液或碱溶液调 pH 为 7。保存期 90d。

（2）尿素缓冲液：称取 15g 尿素，溶于 500mL 磷酸缓冲液中。溶液 pH 调为 7。为防止霉菌滋生，加入 5mL 甲苯。

4. 测定步骤   准确称取 0.400g 样品 2 份，分别置于 2 支试管中。一支试管中加入 20mL 磷酸缓冲液，作为空白试验（A 管）。另一支试管中加入 20mL 尿素缓冲液（B 管）。盖塞混匀，在 30℃ 恒温水浴装置中准确保持 30min。在此期间，每隔 5min 摇匀一次。取出立即在流水中冷却，5min 内测定溶液 pH。

5. 结果计算   溶液 pH 与试剂空白 pH 差为尿素酶活性，计算公式如下。

$$尿素酶活性＝pH_B－pH_A$$

式中：pH_B 为 B 管的 pH；pH_A 为 A 管的 pH。

6. 注意事项

（1）应提早一天浸泡电极，保持电极清洁。

（2）有时样品中的大豆可溶性物质附着在电极上，使电解质经过甘汞电极的多孔纤维流速降低。操作时应迅速果断。

二、大豆制品中抗胰蛋白酶活性的分析与测定

大豆粕中抗胰蛋白酶（TIA）活性是评价大豆粕质量最为可靠的化学方法之一。随着热加工处理时间的延长，TIA 值减小。

1. 主要试剂

（1）Tris 缓冲液：称取 6.05g Tris 和 2.22g 氯化钙溶于 900mL 水中，用盐酸调 pH 为 8.2，用蒸馏水稀释至 1 000mL。

（2）醋酸溶液：移取 30mL 冰醋酸，加到 100mL 容量瓶中，定容。

（3）氢氧化钠标准溶液：配制 0.01mol/L 的氢氧化钠标准溶液 1 000mL。

（4）HCl 溶液：配制 0.01mol/L 的 HCl 标准溶液 1 000mL。

（5）PABA 作用物溶液：将 40mg 苯甲酰 *DL*-精氨酸-*P*-硝苯基胺盐酸化物（PABA）溶解于 1mL 二甲亚砜并用预热至 37℃ 的 Tris 缓冲液稀释至 100mL。现配现用，保持在 37℃。

（6）胰蛋白酶溶液：将 4g 无盐胰蛋白酶溶解于 200mL 0.01mol/L 的 HCl 标准溶液中。

2. 测定步骤

（1）称取 50mg 研磨后的大豆粕样品于三角瓶中，每瓶加入 10mL 0.01mol/L 的氢氧化钠标准溶液，在 1h 内不断摇动。然后过滤。取一部分滤液用 PABA 作用的溶液水解。

（2）分别取上清液 0mL、0.5mL、1.0mL、1.5mL 和 2.0mL 分装于试管中。每管加入 Tris 缓冲液至 2mL。另用一试管加入 2mL Tris 缓冲液做空白对照。

（3）除空白对照管外，每管加入 2mL 胰蛋白酶溶液，全部试管置于 37℃水浴中。

（4）温度平衡后，每管加入 5.0mL PABA 作用物溶液，反应持续 10min。

（5）为终止反应，10min 后在每管中加入 1mL 醋酸溶液，然后在空白对照管中加入 2mL 胰蛋白酶溶液。

（6）所有试管中溶液用滤纸过滤，然后用空白调零，于 410nm 波长处测定样品过滤液的吸光度值。每毫升大豆粕浸出液吸光度值的变化可用回归法计算。

注意：①样品中 TIA 活性是以抗胰蛋白酶单位（TIU）来表示的。②TIU 的定义为 10mL 反应液改变 0.01 个吸收单位。

三、饲用植酸酶活性的分析与测定

随着植酸酶的大量应用，饲料企业正确选择和鉴别植酸酶产品，并确保植酸酶在饲料高温制粒后保留足够的活性，是确保饲料产品质量的重要环节。植酸酶活性定义为在温度 37℃，pH 5.50 条件下，每分钟从物质的量浓度为 5.0mmol/L 植酸钠溶液中释放 1μmol 无机磷，即为一个植酸酶活性单位，以 U 表示。

1. 原理　植酸酶在一定温度和 pH 条件下，将底物植酸钠水解生成正磷酸和肌醇衍生物，在酸性溶液中能与钒钼酸铵生成黄色的复合物，可于波长 415nm 下进行比色测定。

2. 主要仪器和设备

（1）分析天平：感量 0.1mg。

（2）恒温水浴装置：（37±0.1）℃。

（3）分光光度计：有 10mm 比色皿，可在 415nm 下测定吸光度。

（4）磁力搅拌器。

（5）涡流式混合器。

（6）酸度计：pH 精确至 0.01。

（7）离心机：转速为 4 000r/min 以上。

（8）超声波溶解器。

（9）回旋式振荡器。

3. 主要试剂和材料

（1）磷酸二氢钾：基准物。

（2）乙酸缓冲液（1）：c（CH_3COONa）＝0.25mol/L。称取 20.52g 无水乙酸钠于 1 000mL 烧杯中，加入 900mL 蒸馏水搅拌溶解，用冰乙酸调节 pH 至 5.50±0.01，再转移至 1 000mL 容量瓶中，并用蒸馏水定容至刻度。室温下存放 2 个月内有效。

（3）乙酸缓冲液（2）：c（CH_3COONa）＝0.25mol/L。称取 20.52g 无水乙酸钠，0.5g 曲拉通 X-100（Triton X-100），0.5g 牛血清白蛋白（BSA）于 1 000mL 烧杯中，加入 900mL 蒸馏水搅拌溶解，用冰乙酸调节 pH 至 5.50±0.01，再转移至 1 000mL 容量瓶中，并用蒸馏水定容至刻度。室温下存放 2 个月内有效。

（4）底物溶液：$c(C_6H_6O_{24}P_6Na_{12})=7.5mmol/L$。称取 0.69g 植酸钠（$C_6H_6O_{24}P_6Na_{12}$，相对分子质量为 923.8，纯度为 95%），精确至 0.1mg，置于 100mL 烧杯中，用约 80mL 乙酸缓冲液（1）溶解，用冰乙酸调节 pH 至 5.50±0.01，转移至 100mL 容量瓶中，并用乙酸缓冲液（2）定容至刻度，现用现配（实际反应液中的最终物质的量浓度为 5.0mmol/L）。

（5）硝酸溶液：1+2 水溶液，即 1 体积硝酸与 2 体积纯蒸馏水相混溶。

（6）钼酸铵溶液：100g/L。称取 10g 钼酸铵〔$(NH_4)_6Mo_7O_{24}\cdot 4H_2O$〕于 50mL 烧杯中，加蒸馏水溶解，必要时可微加热，再转移至 100mL 容量瓶中，加入 1.0mL 氨水（25%），用蒸馏水定容。

（7）偏钒酸铵溶液：2.35g/L。称取 0.235g 偏钒酸铵（NH_4VO_3）于 50mL 烧杯中，加入 2mL 硝酸溶液及少量蒸馏水，并用玻璃棒研磨溶解，再转移至 100mL 棕色容量瓶中，用蒸馏水定容。避光条件下保存一周内有效。

（8）酶解反应终止及显色液：移取 2 份硝酸溶液（1：2，体积比），1 份 100g/L 钼酸铵溶液，1 份 2.35g/L 偏钒酸铵溶液，混合后使用，现用现配。

4. 试样制备

（1）固体样品：按 GB/T 14699.1 的规定进行采样，选取有代表性样品，用四分法将试样缩分至 100g，植酸酶产品不需要粉碎，配合饲料需要粉碎过 0.45mm 标准筛，装入密封容器，防止试样成分变化。

（2）液体样品：按 GB/T 14699.1 的规定进行采样，选取有代表性样品，用前摇匀。

5. 测定步骤

（1）标准曲线的制作：准确称取 0.680 4g 在 105℃烘至恒重的基准磷酸二氢钾于 100mL 容量瓶中，用乙酸缓冲液（1）溶解，并定容至刻度，物质的量浓度为 50.0mmol/L。用乙酸缓冲液（2）稀释成不同浓度与待测试样一起反应测定。以无机磷的量为横坐标，吸光度值为纵坐标，列出直线回归方程（$y=a+bx$）。

（2）试样溶液的制备：

①酶制剂样品中酶的提取：称取植酸酶试样 2 份，精确至 0.000 1g，置于 100mL 容量瓶中，加入乙酸缓冲液（2）摇匀并定容。放入一个磁力棒，在磁力搅拌器上高速搅拌 30min，或在超声波溶解器上超声溶解 15min，再放入回旋式振荡器中振荡 30min。

②加酶饲料样品中酶的提取：称取添加植酸酶的饲料试样 2 份，精确至 0.000 1g，置于 200mL 刻度锥形瓶中，加入乙酸缓冲液（2）100mL。在超声波溶解器上超声溶解 15min，再放入回旋式振荡器中振荡 30min。所有提取后的试样必要时在离心机上以 4 000r/min 离心 10min。分取不同体积的上清液用乙酸缓冲液（2）稀释，使试样溶液的浓度保持在 0.4U/mL 左右，待反应。

建议在测定样品时附加一个已知活性的植酸酶参考样，便于检验整个操作过程是否有偏差。

（3）反应：取 10mL 试管，按下面的反应顺序进行操作（总体积为 10mL）。

①加入乙酸缓冲液（1）1.8mL。

②加入待反应液 0.2mL。

③混合。

④水浴中 37℃预热 5min。

⑤加入底物溶液 4mL。

⑥混合。

⑦水浴中 37℃水解 30min。

⑧依次加入终止及显色液。

⑨混合。

标准空白加入 0.2mL 乙酸缓冲液（2），在反应过程中，从加入底物溶液开始，向每支试管中加入试剂的时间间隔要一致，在恒温水浴装置中 37℃水解 30min。

（4）样品测定：反应后的试样在室温下静置 10min，如出现混浊需要在离心机上以 4 000r/min 离心 10min，上清液以标准曲线的空白调零，在分光光度计 415nm 波长处测定试样空白（A_0）和试样溶液（A）的吸光度值，$A-A_0$ 为实测吸光度值。用直线回归方程计算植酸酶的活性。

6. 结果计算和表示

（1）结果计算：试样中植酸酶活性以 X 表示，单位为酶活性单位每克（U/g）或酶活性单位每毫升（U/mL），按下式计算。

$$X = \frac{Y}{m \times t} \times n$$

式中：Y 为根据实际试样溶液的吸光度值由直线回归方程计算出的无机磷的量（μmol）；m 为试样的量（g/mL）；t 为酶解反应时间（min）；n 为试样的稀释倍数。

（2）结果表示：两个平行试样的测定结果用算术平均值表示，酶制剂样品保留整数，加酶饲料样品保留三位有效数字。

（3）重复性：同一试样两个平行测定值的相对偏差，植酸酶产品不大于 8%，添加植酸酶的各种饲料样品不大于 15%。

（4）试样建议称样量：植酸酶活性在 5 000U/g 以上，建议称样量 0.1～1g；植酸酶活性在 1 000～5 000U/g，建议称样量 0.2～1g；植酸酶活性在 500～1 000U/g，建议称样量 1～2g；植酸酶活性在 1～500U/g，建议称样量 2～5g；植酸酶活性在 0.13～1U/g，建议称样量 5～10g。

第二节　鱼粉新鲜度及鱼粉掺假的分析与测定

一、鱼粉新鲜度的分析与测定

作为主要的动物蛋白质饲料原料，鱼粉具有蛋白质含量高、氨基酸含量丰富、消化率较高和适口性较好等优点。鱼粉的加工及贮藏过程会影响鱼粉的新鲜度，而鱼粉的新鲜度与饲料的适口性和有毒物质的含量关系密切，是评价鱼粉质量优劣的重要指标之一。

（一）感官方法评定鱼粉新鲜度

从外观观察鱼粉的形状、结构、色泽、质地、气味、颗粒度等特征而进行鱼粉新鲜度感官评定。具体的感官评定方法如下。

1. 触觉　新鲜优质的鱼粉用手触摸时蓬松、不结块、不发黏、不成团。如果手感变硬、无弹性、无油腻感，则为加工温度过高或贮藏过程中发热的鱼粉。

2. 色泽　新鲜优质的红鱼粉呈黄棕色、黄褐色，白鱼粉呈黄白色。而发生霉变不新鲜的鱼粉则颜色深、偏黑红色、外表失去光泽。这是由于贮存不当而引起的鱼粉自燃所造成的。

3. 嗅觉　新鲜鱼粉气味纯正，气味具有较浓的烤鱼味、稍有鱼腥味、无其他异味。而在贮藏过程中脂肪变性的鱼粉有氨臭味，不新鲜的鱼粉有油臭味、呛味，是脂肪氧化的结果。

该法具有快捷、方便、实用的特点。应用范围较广，能及时提供鱼粉品质信息，有效对鱼粉鲜度进行分级。但它需要专业培训的测评小组，且极易受测评人员身体和心理状况影响，具有较强的主观性，故应结合其他评定方法来综合评定鱼粉的新鲜度。

（二）化学方法评定鱼粉新鲜度

1. 组胺的测定方法

（1）原理：鱼体中组胺用正戊醇提取，遇偶氮试剂显橙色，与标准系列比较定量。

（2）主要试剂：

①正戊醇。

②三氯乙酸溶液：100g/L。

③碳酸钠溶液：50g/L。

④氢氧化钠溶液：250g/L。

⑤盐酸溶液：1∶11。

⑥组胺标准贮备溶液：准确称取 0.276 7g 于（100±5）℃干燥 2h 的磷酸组胺，溶于蒸馏水，移入 100mL 容量瓶，再加蒸馏水稀释至刻度，此溶液含组胺 1.0mg/mL。

⑦组胺标准溶液：吸取 1.0mL 组胺标准贮备溶液，置于 50mL 容量瓶中，加蒸馏水稀释至刻度，此溶液含组胺 20.0μg/mL。

⑧偶氮试剂：

甲液：称取 0.5g 对硝基苯胺，加 5mL 盐酸溶液溶解后，再加蒸馏水稀释至 200mL，置于冰箱中。

乙液：5g/L 亚硝酸钠溶液，临用现配。

吸取甲液 5mL、乙液 40mL 混合后立即使用。

（3）测定步骤：

①试样处理：称取 5.00～10.00g 绞碎并混合均匀的试样，置于具塞锥形瓶中，加入 15～20mL 100g/L 三氯乙酸溶液，浸泡 2～3h，过滤。吸取 2.0mL 滤液，置于分液漏斗中，加 250g/L 氢氧化钠溶液使呈碱性，每次加入 3mL 正戊醇，振摇 5min，提取 3 次，合并正戊醇并稀释至 10.0mL。吸取 2.0mL 正戊醇提取液于分液漏斗中，每次加 3mL 盐酸溶液（1∶11）振摇提取 3 次，合并盐酸提取液并稀释至 10.0mL 备用。

②测定：称取 2.0mL 盐酸提取液于 10mL 比色管中，另吸取 0mL、0.20mL、0.40mL、0.60mL、0.80mL、1.0mL 组胺标准溶液（相当于 0μg、4.0μg、8.0μg、12μg、16μg、20μg 组胺），分别置于 10mL 比色管中，加蒸馏水至 1mL，再各加 1mL 盐酸（1∶11）蒸馏。试样与标准管各加 3mL 50g/L 碳酸钠溶液，3mL 偶氮试剂，加蒸馏水至刻度，混匀，放置 10min 后用 1cm 比色杯以零管调节零点，于 480nm 波长处测吸光度值，绘制标准曲线比较，或与标准系列目测比较。

（4）结果计算：试样中组胺的含量（mg/100g）按下式计算。

$$X=\frac{m_1}{m_2\times\dfrac{2}{V_1}\times\dfrac{2}{10}\times\dfrac{2}{10}\times1\,000}\times100$$

式中：X 为试样中组胺的含量（mg/100g）；V_1 为加入三氯乙酸溶液（100g/L）的体积（mL）；m_1 为测定时试样中组胺的质量（μg）；m_2 为试样质量（g）。

计算结果保留到小数点后一位。

（5）精密度：在重复性条件下获得的两次独立测定结果的绝对差值不得超过算术平均值的 10%。

2. 挥发性盐基态氮的测定方法——半微量定氮法

（1）原理：挥发性盐基氮是指动物性食品由于酶和细菌的作用，在腐败过程中，使蛋白质分解而产生氨以及胺类等碱性含氮物质。此类物质具有挥发性，在碱性溶液中蒸出后，用标准酸溶液滴定计算含量。

（2）主要仪器：

①半微量定氮器。

②微量滴定管：最小分度 0.01mL。

（3）主要试剂：

①氧化镁混悬液：10g/L。称取 1.0g 氧化镁，加 100mL 蒸馏水，振摇成混悬液。

②硼酸吸收液：20g/L。

③盐酸［$c(HCl)=0.010$mol/L］或硫酸［$c(1/2H_2SO_4)=0.010$mol/L］标准滴定溶液。

④甲基红-乙醇指示剂：2g/L。

⑤次甲基蓝指示剂：1g/L。

临用时将上述两种指示剂等量混合为混合指示液。

（4）测定步骤：

①试样处理：将试样除去脂肪、骨及腱后，绞碎搅匀，称取约 10.0g，置于锥形瓶中，加 100mL 蒸馏水，不时振摇，浸渍 30min 后过滤，滤液置于冰箱备用。

②蒸馏滴定：将盛有 10mL 吸收液及 5～6 滴混合指示液的锥形瓶置于冷凝管下端，并使其下端插入吸收液的液面下，准确吸取 5.0mL 上述试样滤液于蒸馏器反应室内，加 5mL 10g/L 氧化镁混悬液，迅速盖塞，并加蒸馏水以防漏气，通入蒸汽，进行蒸馏，蒸馏 5min 即停止，吸收液用 0.010mol/L 盐酸标准滴定溶液或 0.010mol/L 硫酸标准滴定溶液滴定，终点至蓝紫色。同时做试剂空白试验。

（5）结果计算：试样中挥发性盐基氮的含量 X（mg/100g）按下式计算。

$$X=\frac{(V_1-V_2)\times c\times14}{m\times5/100}\times100$$

式中：V_1 为测定用试样液消耗盐酸或硫酸标准滴定溶液的体积（mL）；V_2 为试剂空白消耗盐酸或硫酸标准滴定溶液的体积（mL）；c 为盐酸或硫酸标准滴定溶液的实际物质的量浓度（mol/L）；14 为与 1.00mL 盐酸标准滴定溶液［$c(HCl)=1.000$mol/L］或硫酸标准滴定溶液［$c(1/2H_2SO_4)=1.000$mol/L］相当的氮的质量（mg）；m 为试样质量（g）。

计算结果保留三位有效数字。

（6）精密度：在重复性条件下获得的两次独立测定结果的绝对差值不得超过算术平均值的 10%。

3. 挥发性盐基氮的测定方法——微量扩散法

（1）原理：挥发性含氮物质可在 37℃ 碱性溶液中释出，挥发后吸收于吸收液中，用标准酸溶液滴定，计算含量。

（2）主要仪器：

扩散皿（标准型）：玻璃质，内外室总直径 61mm，内室直径 35mm；外室深度 10mm，内室深度 5mm；外室壁厚 3mm，内室壁厚 2.5mm，加磨砂厚玻璃盖。

（3）主要试剂：

①饱和碳酸钾溶液：称取 50g 碳酸钾，加 50mL 蒸馏水，微加热助溶，使用上清液。

②水溶性胶：称取 10g 阿拉伯胶，加 10mL 水，再加 5mL 甘油及 5g 无水碳酸钾（或无水碳酸钠），研匀。

③吸收液、混合指示液、盐酸或硫酸标准滴定溶液（0.010mol/L）。

（4）测定步骤：将水溶性胶涂于扩散皿的边缘，在皿中央内室加入 1mL 吸收液及 1 滴混合指示液。在皿外室一侧加入 1.00mL，按半微量定氮法（4）制备的样液，另一侧加入 1mL 饱和碳酸钾溶液，注意勿使两液接触，立即盖好；密封后将皿于桌面上轻轻转动，使样液与碱液混合，然后于 37℃ 温箱内放置 2h，揭去盖，用盐酸或硫酸标准滴定溶液（0.010mol/L）滴定，终点呈蓝紫色。同时做试剂空白试验。

（5）结果计算：试样中挥发性盐基氮的含量 X（mg/100g）按下式计算。

$$X = \frac{(V_1 - V_2) \times c \times 14}{m \times 1/100}$$

式中：V_1 为测定用样液消耗盐酸或硫酸标准滴定溶液的体积（mL）；V_2 为试剂空白消耗盐酸或硫酸标准滴定溶液的体积（mL）；c 为盐酸或硫酸标准滴定溶液的实际物质的量浓度（mol/L）；14 为与 1.00mL 盐酸标准滴定溶液 [c（HCl）＝1.000mol/L] 或硫酸标准滴定溶液 [c（1/2H$_2$SO$_4$）＝1.000mol/L] 相当的氮的质量（mg）；m 为试样质量（g）。

计算结果保留三位有效数字。

（6）精密度：在重复性条件下获得的两次独立测定结果的绝对差值不得超过算术平均值的 10%。

4. 酸价的测定方法

（1）原理：鱼粉中游离脂肪酸用氢氧化钾标准溶液滴定，每克鱼粉消耗氢氧化钾的质量（以毫克计）称为酸价。

（2）主要试剂：

①酚酞指示液：

②1% 乙醇溶液。

③氢氧化钾标准溶液：0.1mol/L。

④乙醚-乙醇混合液：按乙醚和乙醇 2：1 混合，用 0.1mol/L 氢氧化钾溶液中和至对酚酞指示液呈中性。

（3）测定步骤：称取 5g 试样（精确至 0.001g），置于锥形瓶中，加入 50mL 中性乙醚-乙醇混合液摇匀，静止 30min，过滤。滤渣用 20mL 中性乙醚-乙醇混合液清洗，并重复洗一次，滤液合并后加入酚酞指示液 2～3 滴，以 0.1mol/L 氢氧化钾标准溶液滴定，至初显微红色且 0.5min 内不褪色为终点。

（4）结果计算：试样酸价值按下式计算。

$$X = \frac{V \times c \times 56.11}{m}$$

式中：X 为样品酸价值（KOH），每克样品消耗的氢氧化钾的毫克数（mg/g）；V 为样品消耗氢氧化钾标准溶液的体积（mL）；c 为氢氧化钾标准溶液物质的量浓度（mol/L）；m 为鱼粉试样质量（g）；56.11 为每毫升 1mol/L 氢氧化钾溶液相当氢氧化钾质量（以 mg 计）。

（5）重复性：每个样品做两个平行样，结果以算术平均值计。酸价（KOH）在 2.0 mg/g 及以下时两个平行试样的相对偏差不得超过 8%，在 2.0mg/g 以上时两个平行样相对偏差不得超过 5%，否则需要重做。

二、鱼粉掺假的检测方法

鱼粉是目前掺假最多的饲料，掺假种类包括掺尿素、食盐、锯末类高纤维物质、血粉、皮革粉、石粉、贝壳粉、淀粉、羽毛粉、大豆粉、双缩脲、沙土、棉籽粕等。相应的检测方法包括感官检查法、显微镜检查法、物理检查法和化学检查法。

（一）鱼粉中掺尿素的检测

若检测到鱼粉蛋白质含量很高就要怀疑掺尿素的可能。

检测原理为：黄豆中所含脲酶可与尿素迅速反应放出氨气。

检测步骤为取 5g 鱼粉，加 10mL 蒸馏水，放入三角瓶中。另取 2g 黄豆，研磨后放入三角瓶中，加入 10mL 30℃的蒸馏水。两瓶混合。若有氨味，则表示掺有尿素。也可把湿润的紫色石蕊试纸放在瓶口，若试纸变红，则证明有氨气放出，鱼粉中掺了尿素。

（二）鱼粉中掺食盐的检测

鱼粉中掺食盐量大，通过观察或口尝即可判断。掺食盐量少，则要通过化验的方法确定，一般用铬酸钾法。

检测步骤为取 5g 鱼粉，放入器皿中，加 200mL 蒸馏水，搅拌 15min。静置 15min。取上清液 20mL，加 1mL 10%铬酸钾溶液。用 1%硝酸银溶液滴定，直至出现砖红色沉淀为止，记下此时所用硝酸银溶液的量，利用以下公式来计算鱼粉中食盐含量。

$$食盐含量 = V \times N \times 58.45/m \times 100\%$$

式中：V、N 分别为所用硝酸银溶液的体积和物质的量浓度；m 为饲料的质量。

根据所得结果，对照鱼粉中氯化钠的含量标准，即可检测出鱼粉中是否掺有食盐。

（三）鱼粉中掺锯末类高纤维物质的检测

检测步骤为将少量鱼粉置于培养皿中，用 95%乙醇浸泡，滴入几滴盐酸。若出现深红色，则加入少量蒸馏水，深红色物质浮在水面，则表示鱼粉中掺有锯末。取少量鱼粉，用 2%间苯三酚溶液浸泡几分钟，滴入几滴浓盐酸，若溶液变红有红色颗粒出现，则为木质素。

（四）鱼粉中掺沙土的检测

检测步骤为取鱼粉试样 5g，置于已知恒重的坩埚中，先在电炉上炭化，然后移入 600℃高温电阻炉内灰化 5h，取出，冷却。加入 3mL 蒸馏水和 30mL 30%盐酸溶液，在水浴上温热 15min，用定量滤纸过滤，热蒸馏水洗至无氯离子（用 3‰硝酸银检验）。将残渣和滤纸移入原坩埚中，烘干，炭化。600℃高温电阻炉内灰化 2h，取出冷却。称量至恒重。

利用以下公式来计算鱼粉中沙土的含量。

$$W = \frac{m}{M} \times 100\%$$

式中：W 为样品含沙土量；m 为残渣的质量（g）；M 为试样的质量（g）。

第三节　饼（粕）类饲料蛋白溶解度的分析与测定

1. 原理　蛋白溶解度（PS）可以区别不同程度的过度加热，蛋白溶解度测定值随加热时间的增加而递减。如在日常分析中，200 型菜粕蛋白溶解度大于 35%，菜饼（青）蛋白溶解度大于 70%，差的混合型（褐饼）溶解度在 12%～20%不等。

2. 主要试剂和材料

（1）0.042mol/L 氢氧化钾溶液（0.2%）：准确称取 2.62g 氢氧化钾（纯度 90.0%），溶解于蒸馏水，并稀释至 1 000mL。

（2）测定粗蛋白质的所有试剂。

3. 主要仪器

（1）样品粉碎机。

（2）60 目筛。

（3）水浴恒温振荡器。

（4）250mL 锥形瓶。

（5）50mL 离心管。

（6）离心机。

（7）移液管。

（8）消化炉。

（9）全自动定氮仪。

4. 测定步骤

（1）室温和氢氧化钾溶液的温度控制：由于温度对待测饼（粕）类饲料，尤其是菜籽粕溶解度影响很大，所以使实验室温度保持在 20～25℃，氢氧化钾溶液的温度控制在 25℃。

（2）样品前处理：称取 1.0g 经粉碎（防止过热）过 60 目筛后的饼（粕）放入 250mL锥形瓶中，加入 25℃ 75mL 0.2%氢氧化钾溶液混匀，用水浴恒温振荡器 180r/min 震荡 20min，再将搅拌好的溶液转至 50mL 离心管中，4 000r/min 离心 8min（室温），过滤上清液，过滤后移 15mL 溶液放入消化管中，用全自动定氮仪测定其中的粗蛋白质含量。同时测定原饲料样粗蛋白质含量。

5. 结果计算　试样的蛋白溶解度可用下式计算。

$$蛋白溶解度 = \frac{0.2\%KOH 提取液中粗蛋白质含量}{样品总粗蛋白质含量} \times 100\%$$

6. 注意事项

（1）饼（粕）必须磨得很细，至少过 60 目筛。

（2）高脂肪样品容易结块，需要细心操作并适当搅拌和混合。

（3）饼（粕）各部分蛋白质变化很大，样品必须磨细并混合均匀，取有代表性的样品。

本章小结

饲料酶制剂的应用已经基本普及，但是饲料酶活性的标准检测方法还有待完善。本章主要介绍了饲料抗营养因子尿素酶和胰蛋白酶的活性测定以及应用最广泛的植酸酶活性测定。作为主要动物蛋白质来源的鱼粉在生产实际中主要检测掺假。蛋白溶解度是衡量蛋白质质量的一个主要指标。

思 考 题

1. 尿素酶测定的主要原理是什么？

2. 蛋白溶解度测定有什么注意事项？

3. 如何高效识别鱼粉掺假？

附 录

一、常用固态化合物的分子式与分子质量对照表

名　称	分　子　式	分子质量（u）
草酸	$H_2C_2O_4 \cdot 2H_2O$	126.07
柠檬酸	$H_3C_6H_5O_7 \cdot H_2O$	210.14
氢氧化钾	KOH	56.10
氢氧化钠	NaOH	40.00
碳酸钠	Na_2CO_3	106.00
磷酸氢二钠	$Na_2HPO_4 \cdot 12H_2O$	358.20
磷酸二氢钾	KH_2PO_4	136.00
重铬酸钾	$K_2Cr_2O_7$	294.20
碘化钾	KI	166.00
高锰酸钾	$KMnO_4$	158.00
醋酸钠	$NaC_2H_3O_2$	82.04
硫代硫酸钠	$Na_2S_2O_3 \cdot 5H_2O$	248.20
邻苯二甲酸氢钾	$C_8H_5KO_4$	204.23
硼砂	$Na_2BO_7 \cdot H_2O$	381.43

二、常用缓冲溶液的配制方法

1. 甘氨酸-盐酸缓冲溶液（0.05mol/L）　xmL 0.2mol/L 甘氨酸溶液＋ymL 0.2mol/L HCl，再加蒸馏水稀释到 200mL。

pH	x	y	pH	x	y
2.2	50	44.0	3.0	50	11.4
2.4	50	32.4	3.2	50	8.2
2.6	50	24.2	3.4	50	6.4
2.8	50	16.8	3.6	50	5.0

甘氨酸分子质量为 75.07u；0.2mol/L 甘氨酸溶液甘氨酸质量浓度为 15.01g/L。

2. 邻苯二甲酸氢钾-盐酸缓冲液（0.05mol/L）　　xmL 0.2mol/L 邻苯二甲酸氢钾＋

ymL 0.2mol/L HCl，再加蒸馏水稀释到 20mL。

pH (20℃)	x	y	pH (20℃)	x	y
2.2	5	4.670	3.2	5	1.470
2.4	5	3.960	3.4	5	0.990
2.6	5	3.295	3.6	5	0.597
2.8	5	2.642	3.8	5	0.263
3.0	5	2.032			

邻苯二甲酸氢钾分子质量为 204.23u；0.2mol/L 邻苯二甲酸氢钾溶液邻苯二甲酸氢钾质量浓度为 40.85g/L。

3. 磷酸氢二钠-柠檬酸缓冲液（0.01mol/L）

pH	0.2mol/L Na_2HPO_4 (mL)	0.1mol/L 柠檬酸 (mL)	pH	0.2mol/L Na_2HPO_4 (mL)	0.1mol/L 柠檬酸 (mL)
2.2	0.40	19.60	3.8	7.10	12.90
2.4	1.24	18.76	4.0	7.71	12.29
2.6	2.18	17.82	4.2	8.28	11.72
2.8	3.17	16.83	4.4	8.82	11.18
3.0	4.11	15.89	4.6	9.35	10.65
3.2	4.94	15.06	4.8	9.86	10.14
3.4	5.70	14.30	5.0	10.30	9.70
3.6	6.44	13.56	5.2	10.72	9.28
5.4	11.15	8.85	6.8	15.45	4.55
5.6	11.60	8.40	7.0	16.47	3.53
5.8	12.09	7.91	7.2	17.39	2.65
6.0	12.63	7.37	7.4	18.17	1.83
6.2	13.22	6.78	7.6	18.73	1.27
6.4	13.85	6.15	7.8	19.15	0.85
6.6	14.55	5.45	8.0	19.45	0.55

Na_2HPO_4 分子质量为 141.96u；0.2mol/L 磷酸氢二钠溶液磷酸氢二钠质量浓度为 28.39g/L。

$Na_2HPO_4 \cdot 2H_2O$ 分子质量为 177.99u；0.2mol/L 磷酸氢二钠溶液 $Na_2HPO_4 \cdot 2H_2O$ 质量浓度为 35.60g/L。

$C_6H_8O_7 \cdot H_2O$ 分子质量为 210.14u；0.1mol/L 柠檬酸溶液 $C_6H_8O \cdot 7H_2O$ 质量浓度为 21.01g/L。

4. 柠檬酸-氢氧化钠-盐酸缓冲液

pH	钠离子物质的量浓度（mol/L）	柠檬酸（$C_6H_8O_7 \cdot H_2O$, g）	氢氧化钠（NaOH, 97%, g）	盐酸（浓）	最终体积[①]（L）
2.2	0.2	210	84	160	10
3.1	0.2	210	83	116	10
3.3	0.2	210	83	106	10
4.3	0.2	210	83	45	10
5.3	0.35	245	144	68	10
5.8	0.45	285	186	105	10
6.5	0.38	266	156	126	10

[①]使用时可以每升中加1g酚，若最后pH有变化，再用少量50%氢氧化钠溶液或盐酸（浓）调节，冰箱保存。

5. 柠檬酸-柠檬酸钠缓冲液（0.1mol/L）

pH	0.1mol/L 柠檬酸（mL）	0.1mol/L 柠檬酸钠（mL）	pH	0.1mol/L 柠檬酸（mL）	0.1mol/L 柠檬酸钠（mL）
3.0	18.6	1.4	5.0	8.2	11.8
3.2	17.2	2.8	5.2	7.3	12.7
3.4	16.0	4.0	5.4	6.4	13.6
3.6	14.9	5.1	5.6	5.5	14.5
3.8	14.0	6.0	5.8	4.7	15.3
4.0	13.1	6.9	6.0	3.8	16.2
4.2	12.3	7.7	6.2	2.8	17.2
4.4	11.4	8.6	6.4	2.0	18.0
4.6	10.3	9.7	6.6	1.4	18.6
4.8	9.2	10.8			

柠檬酸 $C_6H_8O_7 \cdot H_2O$ 分子质量为 210.14u；0.1mol/L 柠檬酸溶液中 $C_6H_8O_7 \cdot H_2O$ 质量浓度为 21.01g/L。

柠檬酸钠 $NaC_6H_5O_7 \cdot 2H_2O$ 分子质量为 294.12u；0.1mol/L 柠檬酸钠溶液 $NaC_6H_5O_7 \cdot 2H_2O$ 质量浓度为 29.41g/L。

6. 乙酸-乙酸钠缓冲液（0.2mol/L）

pH（18℃）	0.2mol/L NaAc（mL）	0.2mol/L HAc（mL）	pH（18℃）	0.2mol/L NaAc（mL）	0.2mol/L HAc（mL）
3.6	0.75	9.25	4.8	5.90	4.10
3.8	1.20	8.80	5.0	7.00	3.00
4.0	1.80	8.20	5.2	7.90	2.10
4.2	2.65	7.35	5.4	8.60	1.40
4.4	3.70	6.30	5.6	9.10	0.90
4.6	4.90	5.10	5.8	9.40	0.60

NaAc·3H$_2$O 分子质量为 136.09u；0.2mol/L 乙酸钠溶液 NaAc·3H$_2$O 质量浓度为 27.22g/L。

7. 磷酸盐溶液

（1）磷酸氢二钠-磷酸二氢钠缓冲液（0.2mol/L）：

pH	0.2mol/L Na$_2$HPO$_4$ (mL)	0.2mol/L NaH$_2$PO$_4$ (mL)	pH	0.2mol/L Na$_2$HPO$_4$ (mL)	0.2mol/L NaH$_2$PO$_4$ (mL)
5.8	8.0	92.0	7.0	61.0	39.0
5.9	10.0	90.0	7.1	67.0	33.0
6.0	12.3	87.7	7.2	72.0	28.0
6.1	15.0	85.0	7.3	77.0	23.0
6.2	18.5	81.5	7.4	81.0	19.0
6.3	22.5	77.5	7.5	84.0	16.0
6.4	26.5	73.5	7.6	87.0	13.0
6.5	31.5	68.5	7.7	89.5	10.5
6.6	37.5	62.5	7.8	91.5	8.5
6.7	43.5	56.5	7.9	93.0	7.0
6.8	49.0	51.0	8.0	94.7	5.3
6.9	55.0	45.0			

Na$_2$HPO$_4$·2H$_2$O 分子质量为 178.05u；0.2mol/L 磷酸氢二钠溶液 Na$_2$HPO$_4$·2H$_2$O 质量浓度为 35.61g/L。

Na$_2$HPO$_4$·12H$_2$O 分子质量为 358.22u；0.2mol/L 磷酸氢二钠溶液 Na$_2$HPO$_4$·12H$_2$O 质量浓度为 71.63g/L。

NaH$_2$PO$_4$·H$_2$O 分子质量为 138.01u；0.2mol/L 磷酸二氢钠溶液 NaH$_2$PO$_4$·H$_2$O 质量浓度为 27.6g/L。

NaH$_2$PO$_4$·2H$_2$O＝分子质量为 156.03u；0.2mol/L 磷酸二氢钠溶液 NaH$_2$PO$_4$·2H$_2$O 质量浓度为 31.21g/L。

（2）磷酸氢二钠-磷酸二氢钾缓冲液（1/15mol/L）：

pH	1/15mol/L Na$_2$HPO$_4$ (mL)	1/15mol/L KH$_2$PO$_4$ (mL)	pH	1/15mol/L Na$_2$HPO$_4$ (mL)	1/15mol/L KH$_2$PO$_4$ (mL)
4.92	0.10	9.90	7.17	7.00	3.00
5.29	0.50	9.50	7.38	8.00	2.00
5.91	1.00	9.00	7.73	9.00	1.00
6.24	2.00	8.00	8.04	9.50	0.50
6.47	3.00	7.00	8.34	9.70	0.25
6.64	4.00	6.00	8.67	9.90	0.10
6.81	5.00	5.00	8.18	10.00	0
6.98	6.00	4.00			

Na$_2$HPO$_4$·2H$_2$O 分子质量为 178.05u；1/15mol/L 磷酸氢二钠溶液 Na$_2$HPO$_4$·2H$_2$O 质量浓度为 11.876g/L。

KH$_2$PO$_4$ 分子质量为 136.09u；1/15mol/L 磷酸二氢钾溶液 KH$_2$PO$_4$ 质量浓度为 9.078g/L。

8. 磷酸二氢钾-氢氧化钠缓冲液（0.05mol/L）　　xmL 0.2mol/L KH$_2$PO$_4$ ＋ ymL 0.2mol/L NaOH，加蒸馏水稀释至 20mL。

pH（20℃）	x	y	pH（20℃）	x	y
5.8	5	0.372	7.0	5	2.963
6.0	5	0.570	7.2	5	3.500
6.2	5	0.860	7.4	5	3.950
6.4	5	1.260	7.6	5	4.280
6.6	5	1.780	7.8	5	4.520
6.8	5	2.365	8.0	5	4.680

9. 巴比妥钠-盐酸缓冲液（18℃）

pH	0.04mol/L 巴比妥钠溶液（mL）	0.2mol/L 盐酸溶液（mL）	pH	0.04mol/L 巴比妥钠溶液（mL）	0.2mol/L 盐酸溶液（mL）
6.8	100	18.4	8.4	100	5.21
7.0	100	17.8	8.6	100	3.82
7.2	100	16.7	8.8	100	2.52
7.4	100	15.3	9.0	100	1.65
7.6	100	13.4	9.2	100	1.13
7.8	100	11.47	9.4	100	0.70
8.0	100	9.39	9.6	100	0.35
8.2	100	7.21			

巴比妥钠盐分子质量为 206.18u；0.04mol/L 巴比妥钠溶液巴比妥钠质量浓度为 8.25g/L。

10. Tris-盐酸缓冲液（0.05mol/L，25℃）　　xmL 0.1mol/L 三羟甲基氨基甲烷（Tris）溶液与 ymL 0.1mol/L 盐酸混匀后，加蒸馏水稀释至 100mL。

pH	x	y	pH	x	y
7.10	50	45.7	8.10	50	26.2
7.20	50	44.7	8.20	50	22.9
7.30	50	43.4	8.30	50	19.9
7.40	50	42.0	8.40	50	17.2
7.50	50	40.3	8.50	50	14.7
7.60	50	38.5	8.60	50	12.4
7.70	50	36.6	8.70	50	10.3
7.80	50	34.5	8.80	50	8.5
7.90	50	32.0	8.90	50	7.0
8.00	50	29.0			

三羟基氨基甲烷（Tris）分子质量为 121.14u，化学结构式为

$$HOH_2C-\underset{\underset{NH_2}{|}}{\overset{\overset{CH_2OH}{|}}{C}}-CH_2OH$$

（结构：中心 C 连接 HOH₂C、CH₂OH、HOH₂C、NH₂）

0.1mol/L 三羟基氨基甲烷溶液三羟基氨基甲烷质量浓度为 12.114g/L。Tris 溶液可从空气中吸收二氧化碳，使用时注意将瓶盖严。

11. 硼酸-硼砂缓冲液（0.2mol/L 硼酸根）

pH	0.05mol/L 硼砂（mL）	0.2mol/L 硼酸（mL）	pH	0.05mol/L 硼砂（mL）	0.2mol/L 硼酸（mL）
7.4	1.0	9.0	8.2	3.5	6.5
7.6	1.5	8.5	8.4	4.5	5.5
7.8	2.0	8.0	8.7	6.0	4.0
8.0	3.0	7.0	9.0	8.0	2.0

硼砂（$Na_2BO_7 \cdot H_2O$）分子质量为 381.43u；0.05mol/L 硼砂溶液（=0.2mol/L 硼酸根）硼砂质量浓度为 19.07g/L。

硼酸（H_3BO_3），分子质量为 61.84u，0.2mol/L 硼酸溶液硼酸质量浓度为 12.37g/L。硼砂易失去结晶水，必须在带塞的瓶中保存。

12. 甘氨酸-氢氧化钠缓冲液 xmL 0.2mol/L 甘氨酸＋ymL 0.2mol/L NaOH，加蒸馏水稀释至 200mL。

pH	x	y	pH	x	y
8.6	50	4.0	9.6	50	22.4
8.8	50	6.0	9.8	50	27.2
9.0	50	8.8	10.0	50	32.0
9.2	50	12.0	10.4	50	38.6
9.4	50	16.8	10.6	50	45.6

甘氨酸分子质量为 75.07u；0.2mol/L 甘氨酸溶液甘氨酸质量浓度为 15.01g/L。

13. 硼砂-氢氧化钠缓冲液（0.05mol/L 硼酸根）　xmL 0.05mol/L 硼砂＋ymL 0.2mol/L NaOH，加蒸馏水稀释至 200mL。

pH	x	y	pH	x	y
9.3	50	6.0	9.8	50	34.0
9.4	50	11.0	10.0	50	43.0
9.6	50	23.0	10.1	50	46.0

14. 碳酸-氢氧化钠缓冲液 （0.1mol/L）　Ca^{2+}、Mg^{2+} 存在时不得使用。

pH		0.1mol/L Na_2CO_3	0.1mol/L $NaHCO_3$
20℃	37℃	（mL）	（mL）
9.16	8.77	1	9
9.40	9.12	2	8
9.51	9.40	3	7
9.78	9.50	4	6
9.90	9.72	5	5
10.14	9.9	6	4
10.28	10.08	7	3
10.53	10.28	8	2
10.83	10.57	9	1

$Na_2CO_3 \cdot 10H_2O$ 分子质量为 286.2u；0.1mol/L 碳酸钠溶液 $Na_2CO_3 \cdot 10H_2O$ 质量浓度为 28.62g/L。

$NaHCO_3$ 分子质量为 84.0u；0.1mol/L 碳酸氢钠溶液 $NaHCO_3$ 质量浓度为 8.40g/L。

15. 氯化钾-盐酸缓冲溶液　xmL 0.2mol/L KCl＋ymL 0.2mol/L HCl，加蒸馏水稀释至 200mL。

pH（20℃）	x	y	pH（20℃）	x	y
1.0	50	17.0	1.8	50	16.6
1.2	50	64.5	2.0	50	10.6
1.4	50	41.5	2.2	50	6.7
1.6	50	26.3			

16. 邻苯二甲酸氢钾-氢氧化钾缓冲溶液　xmL 0.2mol/L $KHC_8H_4O_4$＋ymL 0.2mol/L KOH，加蒸馏水稀释至 200mL。

pH（20℃）	x	y
2.2	50	46.70
2.6	50	32.95
3.0	50	20.32
3.4	50	9.90
3.8	50	2.63

17. 邻苯二甲酸氢钾-氢氧化钠缓冲溶液　xmL 0.2mol/L $KHC_8H_4O_4$＋ymL 0.2mol/L NaOH，加蒸馏水稀释至 200mL。

pH（20℃）	x	y
4.0	50	0.40

（续）

pH（20℃）	x	y
4.4	50	7.50
4.8	50	17.70
5.2	50	29.95
5.6	50	39.85

18. 氨水-氯化铵缓冲溶液 xmL 0.2mol/L NH$_3$·H$_2$O＋ymL 0.2mol/L NH$_4$Cl。

pH（20℃）	x	y
8.0	1	32
8.58	1	8
9.19	1	2
9.8	2	1
10.4	8	1
11.0	32	1

三、筛号与筛孔直径对照表

筛号	孔径（mm）	网线直径（mm）	筛号	孔径（mm）	网线直径（mm）
3.5	5.66	1.448	35	0.50	0.290
4	4.76	1.270	40	0.42	0.249
5	4.00	1.117	45	0.35	0.221
6	3.36	1.016	50	0.297	0.188
8	2.38	0.841	60	0.250	0.163
10	2.00	0.759	70	0.210	0.140
12	1.68	0.691	80	0.177	0.119
14	1.41	0.610	100	0.149	0.102
16	1.19	0.541	120	0.125	0.086
18	1.00	0.480	140	0.105	0.074
20	0.84	0.419	170	0.088	0.063
25	0.71	0.371	200	0.074	0.053
30	0.59	0.330	230	0.062	0.046

四、容量分析基准物质的干燥

基准物质	干燥温度和时间	基准物质	干燥温度和时间
碳酸钠 (Na_2CO_3)	270～300℃，40～50min	氯化物 (NaCl)	500～650℃，干燥 40～50min
草酸钠 ($Na_2C_2O_4$)	105～110℃，1～1.5h	硝酸银 ($AgNO_3$)	室温，硫酸干燥器中至恒温
草酸 ($H_2C_2O_4 \cdot 2H_2O$)	室温，空气干燥 2～4h	碳酸钙 ($CaCO_3$)	120℃，干燥至恒重
硼砂 ($Na_2B_2O_7 \cdot 10H_2O$)	室温，在 NaCl 和蔗糖饱和液的干燥器中，4h	氧化锌 (ZnO)	800℃，灼烧至恒重
邻苯二甲酸氢钾 ($KHC_8H_4O_4$)	100～120℃，干燥至恒重	锌 (Zn)	室温，干燥器中 24h 以上
重铬酸钾 ($K_2Cr_2O_7$)	100～110℃，干燥 3～4h	氧化镁 (MgO)	800℃，灼烧至恒重

五、酸碱指示剂（18～25℃）

溶液的组成	变色 pH 范围	颜色变化	溶液配制方法
甲基紫 （第一变色范围）	0.13～0.5	黄～绿	0.1％或 0.05％的水溶液
苦味酸	0.0～1.3	无色～黄色	0.1％水溶液
甲基绿	0.1～2.0	黄～绿～浅蓝	0.05％水溶液
孔雀绿 （第一变色范围）	0.13～2.0	黄～浅蓝～绿	0.1％水溶液
甲酚红 （第一变色范围）	0.2～1.8	红～黄	0.04g 指示剂溶于 100mL 50％乙醇中
甲基紫 （第二变色范围）	1.0～1.5	绿～蓝	0.1％水溶液
百里酚蓝 （麝香草酚蓝） （第一变色范围）	1.2～2.8	红～黄	0.1g 指示剂溶于 100mL 20％乙醇中
甲基紫 （第三变色范围）	2.0～3.0	蓝～紫	0.1％水溶液
茜素黄 R （第一变色范围）	1.9～3.3	红～黄	0.1％水溶液
二甲基黄	2.9～4.0	红～黄	0.1g 或 0.01g 指示剂溶于 100mL 90％乙醇中
甲基橙	3.1～4.4	红～橙黄	0.1％水溶液
溴酚蓝	3.0～4.6	黄～蓝	0.1g 指示剂溶于 100mL 20％ 乙醇中

（续）

溶液的组成	变色 pH 范围	颜色变化	溶液配制方法
刚果红	3.0～5.2	蓝紫～红	0.1%水溶液
茜素红 S（第一变色范围）	3.7～5.2	黄～紫	0.1%水溶液
溴甲酚绿	3.8～5.4	黄～蓝	0.1g 指示剂溶于 100mL 20%乙醇中
甲基红	4.4～6.2	红～黄	0.1g 或 0.2g 指示剂溶于 100mL 60%乙醇中
溴酚红	5.0～6.8	黄～红	0.1g 或 0.04g 指示剂溶于 100mL 20%乙醇中
溴甲酚紫	5.2～6.8	黄～紫红	0.1g 指示剂溶于 100mL 20%乙醇中
溴百里酚蓝	6.0～7.6	黄～蓝	0.05g 指示剂溶于 100mL 20%乙醇中
中性红	6.8～8.0	红～亮黄	0.1g 指示剂溶于 100mL 60%乙醇中
酚红	6.8～8.0	黄～红	0.1g 指示剂溶于 100mL 20%乙醇中
甲酚红	7.2～8.8	亮黄～紫红	0.1g 指示剂溶于 100mL 50%乙醇中
百里酚蓝（麝香草酚蓝）（第二变色范围）	8.0～9.0	黄～蓝	参看第一变色范围
酚酞	8.2～10.0	无色～紫红	①0.1g 指示剂溶于 100mL 60%乙醇中；②1g 酚酞溶于 100mL 90%乙醇中
百里酚酞	9.4～10.6	无色～蓝	0.1g 指示剂溶于 100mL 90%乙醇中
茜素红 S（第二变色范围）	10.0～12.0	紫～淡黄	参看第一变色范围
茜素黄 R（第二变色范围）	10.1～12.1	黄～淡紫	0.1%水溶液
孔雀绿（第二变色范围）	11.5～13.2	蓝绿～无色	参看第一变色范围
达旦黄	12.0～13.0	黄～红	0.1%水溶液

六、混合酸碱指示剂

指示剂溶液的组成	变色点 pH	颜色变化		备注
		酸色	碱色	
1 份 0.1%甲基黄乙醇溶液，1 份 0.1%次甲基蓝乙醇溶液	3.25	蓝紫	绿	pH 3.2 蓝紫色，pH 3.4 绿色
4 份 0.2%溴甲酚绿乙醇溶液，1 份 0.2%二甲基黄乙醇溶液	3.9	橙	绿	变色点黄色
1 份 0.2%甲基橙溶液，1 份 0.25%靛蓝（二磺酸）乙醇溶液	4.1	紫	黄绿	调节两者的比例，直至终点敏锐
1 份 0.1%溴百里酚绿钠盐水溶液，1 份 0.2%甲基橙水溶液	4.3	黄	蓝绿	pH 3.5 黄色，pH 4.0 黄绿色，pH 4.3 绿色

（续）

指示剂溶液的组成	变色点 pH	颜色变化		备注
		酸色	碱色	
3 份 0.1％溴甲酚绿 20％乙醇溶液，1 份 0.2％甲基红 60％乙醇溶液	5.1	酒红	绿	颜色变化极为鲜明
1 份 0.2％甲基红乙醇溶液，1 份 0.1％次甲基蓝乙醇溶液	5.4	红紫	绿	pH 5.2 红紫，pH 5.4 暗蓝，pH 4.3 绿
1 份 0.1％溴甲酚绿钠盐水溶液，1 份 0.1％氯酚红钠盐水溶液	6.1	黄绿	蓝紫	pH 5.4 蓝绿，pH 5.8 蓝，pH 6.2 蓝紫
1 份 0.1％溴甲酚紫钠盐水溶液，1 份 0.1％溴百里酚蓝钠盐水溶液	6.7	黄	蓝紫	pH 6.2 黄紫，pH 6.6 紫，pH 6.8 蓝紫
1 份 0.1％中性红乙醇溶液，1 份 0.1％次甲基蓝乙醇溶液	7.0	蓝紫	绿	pH 7.0 蓝紫
1 份 0.1％溴百里酚蓝钠盐水溶液，1 份 0.1％酚红钠盐水溶液	7.5	黄	紫	pH 7.2 暗绿，pH 7.4 淡紫，pH 7.6 深紫
1 份 0.1％甲酚红 50％乙醇溶液，6 份 0.1％百里酚蓝 50％乙醇溶液	8.3	黄	紫	pH 8.2 玫瑰色，pH 8.4 紫色，变色点微红色
1 份 0.1％氯酚红钠盐水溶液，1 份 0.1％苯胺蓝水溶液	5.8	绿	紫	pH 5.8 淡紫色

七、有机溶剂的物理常数

有机溶剂	沸点（℃）	密度（g/mL）	共沸混合物	
			沸点（℃）	水分（％）
苯	80.2	0.88	69.25	8.8
甲苯	110.7	0.86	84.1	19.6
四氯化碳	76.8	1.59	66.0	4.1
异戊醇	132	0.81	95.2	49.6
氯仿	61	1.50	56.1	2.8
环己烷	81	0.78	68.95	9.0

八、相对原子质量表

元素	符号	相对原子质量	元素	符号	相对原子质量	元素	符号	相对原子质量
银	Ag	107.868	铪	Hf	178.49	铷	Rb	85.467 8
铝	Al	26.981 54	汞	Hg	200.59	铼	Re	186.207
氩	Ar	39.948	钬	Ho	164.930 4	铑	Rh	102.905 5
砷	As	74.921 6	碘	I	126.904 5	钌	Ru	101.07
金	Au	196.966 5	铟	In	114.82	硫	S	32.06

（续）

元素	符号	相对原子质量	元素	符号	相对原子质量	元素	符号	相对原子质量
硼	B	10.81	铱	Ir	192.22	锑	Sb	121.75
钡	Ba	137.33	钾	K	39.098 3	钪	Sc	44.955 9
铍	Be	9.012 2	氪	Kr	83.80	硒	Se	78.96
铋	Bi	208.980 4	镧	La	138.905 5	硅	Si	28.085 5
溴	Br	79.904	锂	Li	6.941	钐	Sm	150.4
碳	C	12.011	镥	Lu	174.97	锡	Sn	118.69
钙	Ca	40.08	镁	Mg	24.305	锶	Sr	87.62
镉	Cd	112.41	锰	Mn	54.938 0	钽	Ta	180.947 9
铈	Ce	140.12	钼	Mo	95.94	铽	Tb	158.925 4
氯	Cl	35.453	氮	N	14.006 7	碲	Te	127.60
钴	Co	58.933 2	钠	Na	22.989 8	钍	Th	232.038 1
铬	Cr	51.996	铌	Nb	92.906 4	钛	Ti	47.90
铯	Cs	132.905 4	钕	Nd	144.24	铊	Tl	204.37
铜	Cu	63.546	氖	Ne	20.179	铥	Tm	168.934 2
镝	Dy	162.50	镍	Ni	58.70	铀	U	238.029
铒	Er	167.26	镎	Np	237.048 2	钒	V	50.941 4
铕	Eu	151.96	氧	O	15.999 4	钨	W	183.85
氟	F	18.998 403	锇	Os	190.2	氙	Xe	131.30
铁	Fe	55.847	磷	P	30.973 8	钇	Y	88.905 9
镓	Ga	69.72	铅	Pb	207.2	镱	Yb	173.04
钆	Gd	157.25	钯	Pd	106.4	锌	Zn	65.38
锗	Ge	72.59	镨	Pr	140.907 7	锆	Zr	91.22
氢	H	1.007 9	铂	Pt	195.09			
氦	He	4.002 60	镭	Ra	226.025 4			

九、普通酸碱溶液的配制

名称 （分子式）	相对密度	含量 （%）	近似物质的量浓度 （mol/L）	欲配溶液的物质的量浓度（mol/L）			
				6	3	2	1
				配制 1L 溶液所用的体积（mL）或质量（g）			
盐酸（HCl）	1.18~1.19	36~38	12	500	250	167	83
硝酸（HNO₃）	1.39~1.40	65~68	15	381	191	128	64
硫酸（H₂SO₄）	1.83~1.84	95~98	18	84	42	28	14
冰醋酸（HAc）	1.05	99.9	17	353	177	118	59
磷酸（H₃PO₄）	1.69	85	15	400	200	234	67

（续）

名称 （分子式）	相对密度	含量 （%）	近似物质的 量浓度 （mol/L）	欲配溶液的物质的量浓度（mol/L）			
				6	3	2	1
				配制 1L 溶液所用的体积（mL）或质量（g）			
氨水（NH$_3$·H$_2$O）	0.90~0.91	28	15	400	200	134	77
氢氧化钠（NaOH）				240	120	80	40
氢氧化钾（KOH）				339	170	113	56.5

主要参考文献

陈喜斌，2003. 饲料学. 北京：科学出版社.

成恒蒿，1993. 饲料分析实用手册. 南京：江苏科学技术出版社.

崔淑文，陈必芳，1991. 饲料标准汇编（1）. 北京：中国标准出版社.

丁丽敏，计成，戎易，等，1997. 蛋白溶解度作为评定豆粕过熟程度指标的研究. 饲料工业，18（6）：34-37.

顾君化，1990. 饲料分析. 学术书刊出版社.

国家认证认可监督管理委员会，2016. 进出口粮食、饲料不完善粒检验方法：SN/T 0800.7—2016. 北京：中国标准出版社.

国家药品监督管理局，1999. 饲料添加剂 维生素 A 乙酸酯微粒：GB/T 7292—1999. 北京：中国标准出版社.

韩友文，1990. 饲料与饲养学. 北京：中国农业出版社.

胡坚，张婉如，王振权，1994. 动物饲养学实习指导. 吉林：吉林科学技术出版社.

黄惠明，徐群英，胡敏，2001. 黄曲霉毒素检测方法研究的概述. 中国卫生检验，1（4）：510-512.

卡佳仁，辛杰姆西里，汉邦崇，1982. 饲料显微镜检与质量控制手册. 吴锦圃，译. 美国大豆谷物协会.

匡佩琳，2000. 中药黄曲霉毒素 B_1 的含量测定. 中成药，22（7）：78-79.

李德发，1996. 现代饲料生产. 北京：中国农业大学出版社.

刘素云，董慕新，汪德成，等，1995. 饲料中水溶性氯化物快速测定方法的研究. 中国饲料（22）：27-28.

刘约权，1998. 实验化学. 北京：高等教育出版社.

刘志祥，李冰，王书华，1998. 测定饲料中游离棉酚应注意的几个问题. 饲料博览，10（6）：31.

刘作新，高军侠，2004. 黄曲霉毒素的检测方法研究进展. 安徽农业大学学报，31（2）：223-226.

美国公职分析家协会，1986. AOAC 分析方法手册（上下）（中译本）. 中国光学学会光谱专业委员会出版.

宁开桂，1992. 实用饲料分析手册. 北京：中国农业科学技术出版社.

欧阳克蕙，付月华，1999. 近红外光谱分析技术在饲料质量监测上的应用. 江西畜牧兽医杂志（5）：21-29.

全国饲料工业标准化技术委员会，1991. 饲料中噁唑烷硫酮的测定方法：GB/T 13089—1991. 北京：中国标准出版社.

全国饲料工业标准化技术委员会，1991. 饲料中镉的测定方法：GB/T 13082—1991. 北京：中国标准出版社.

全国饲料工业标准化技术委员会，1991. 饲料中异硫氰酸酯的测定方法：GB/T 13087—1991. 北京：中国标准出版社.

全国饲料工业标准化技术委员会，1991. 饲料中游离棉酚的测定方法：GB/T 13086—1991. 北京：中国标准出版社.

全国饲料工业标准化技术委员会，1999. 饲料中总抗坏血酸的测定 邻苯二胺荧光法：GB/T 17816—1999. 北京：中国标准出版社.

全国饲料工业标准化技术委员会，2005. 预混料中 d-生物素的测定：GB/T 17778—2005. 北京：中国标准出版社.

全国饲料工业标准化技术委员会，2006. 饲料添加剂 D-泛酸钙：GB/T 7299—2006. 北京：中国标准出版社.

全国饲料工业标准化技术委员会，2006. 饲料添加剂 维生素 B_2（核黄素）：GB/T 7297—2006. 北京：中国标准出版社.

全国饲料工业标准化技术委员会，2006. 饲料添加剂 维生素 B_{12}（氰钴胺）粉剂：GB/T 9841—2006. 北京：中国标准出版社.

全国饲料工业标准化技术委员会，2006. 饲料中铬的测定：GB/T 13088—2006. 北京：中国标准出版社.

全国饲料工业标准化技术委员会，2006. 饲料中汞的测定：GB/T 13081—2006. 北京：中国标准出版社.

全国饲料工业标准化技术委员会，2006. 饲料中霉菌总数测定方法：GB/T 13092—2006. 北京：中国标准出版社.

全国饲料工业标准化技术委员会，2006. 饲料中氰化物的测定：GB/T 13084—2006. 北京：中国标准出版社.

全国饲料工业标准化技术委员会，2006. 饲料中总砷的测定：GB/T 13079—2006. 北京：中国标准出版社.

全国饲料工业标准化技术委员会，2007. 饲料中三聚氰胺的测定：NY/T 1372—2007. 北京：中国标准出版社.

全国饲料工业标准化技术委员会，2008. 饲料中维生素 E 的测定 高效液相色谱法：GB/T 17812—2008. 北京：中国标准出版社.

全国饲料工业标准化技术委员会，2008. 预混料中氯化胆碱的测定：GB/T 17481—2008. 北京：中国标准出版社.

全国饲料工业标准化技术委员会，2010. 饲料中维生素 A 的测定 高效液相色谱法：GB/T 17817—2010. 北京：中国标准出版社.

全国饲料工业标准化技术委员会，2010. 饲料中维生素 D_3 的测定 高效液相色谱法：GB/T 17818—2010. 北京：中国标准出版社.

全国饲料工业标准化技术委员会，2014. 复合预混合饲料中泛酸的测定 高效液相色谱法：GB/T 18397—2014. 北京：中国标准出版社.

全国饲料工业标准化技术委员会，2017. 饲料添加剂 $DL\text{-}\alpha\text{-}$生育酚乙酸酯：GB 9454—2017. 北京：中国标准出版社.

全国饲料工业标准化技术委员会，2017. 饲料添加剂 $DL\text{-}\alpha\text{-}$生育酚乙酸酯（粉）：GB 7293—2017. 北京：中国标准出版社.

全国饲料工业标准化技术委员会，2017. 饲料添加剂 氯化胆碱：GB 34462—2017. 北京：中国标准出版社.

全国饲料工业标准化技术委员会，2017. 饲料添加剂 维生素 B_6（盐酸吡哆醇）：GB 7298—2017. 北京：中国标准出版社.

全国饲料工业标准化技术委员会，2017. 饲料添加剂 维生素 D_3（微粒）：GB 9840—2017. 北京：中国标准出版社.

全国饲料工业标准化技术委员会，2017. 饲料添加剂 亚硫酸氢钠甲萘醌（维生素 K_3）：GB 7294—2017. 北京：中国标准出版社.

全国饲料工业标准化技术委员会，2017. 饲料添加剂 烟酸：GB 7300—2017. 北京：中国标准出版社.

全国饲料工业标准化技术委员会，2017. 饲料添加剂 烟酸胺：GB 7301—2017. 北京：中国标准出版社.

全国饲料工业标准化技术委员会，2017. 饲料中维生素 K_3 的测定 高效液相色谱法：GB/T 18872—2017. 北京：中国标准出版社.

全国饲料工业标准化技术委员会，2017. 添加剂预混合饲料中维生素 B_{12} 的测定 高效液相色谱法：GB/T 17819—2017. 北京：中国标准出版社.

全国饲料工业标准化技术委员会，2018. 饲料中氟的测定 离子选择电极法：GB/T 13083—2018. 北京：中国标准出版社.

全国饲料工业标准化技术委员会，2018. 饲料中黄曲霉毒素 B_1 的测定 高效液相色谱法：GB/T 36858—

2018. 北京：中国标准出版社.

全国饲料工业标准化技术委员会，2018. 饲料中铅的测定　原子吸收光谱法：GB/T 13080—2018. 北京：中国标准出版社.

全国饲料工业标准化技术委员会，2018. 饲料中沙门氏菌的测定：GB/T 13091—2018. 北京：中国标准出版社.

全国饲料工业标准化技术委员会，2018. 饲料中维生素 B_1 的测定：GB/T 14700—2018. 北京：中国标准出版社.

全国饲料工业标准化技术委员会，2018. 饲料中维生素 B_6 的测定：GB/T 14702—2018. 北京：中国标准出版社.

全国饲料工业标准化技术委员会，2018. 添加剂预混合饲料中烟酸与叶酸的测定　高效液相色谱法：GB/T 17813—2018. 北京：中国标准出版社.

全国饲料工业标准化技术委员会，2019. 饲料中维生素 B_2 的测定：GB/T 14701—2019. 北京：中国标准出版社.

全国饲料工业标准化技术委员会，等，2018. 饲料工业标准汇编. 4 版. 北京：中国标准出版社.

涂文升，2002. 高效液相色谱法同时检测食品中四种黄曲霉毒素. 中华预防医学，36（5）：343-345.

夏玉宇，朱丹，1994. 饲料质量分析检验. 北京：化学工业出版社.

杨红，2001. 有机化学. 北京：中国农业出版社.

杨胜，1996. 饲料分析及饲料质量检测技术. 北京：北京农业大学出版社.

杨曙明，等，2002. 应用酶联免疫吸收法测定饲料克伦特罗. 中国饲料，10：15-16.

杨曙明，张辉，1994. 饲料中有毒有害物质的控制与测定. 北京：北京农业大学出版社.

叶雪珠，2003. 黄曲霉毒素 B_1 检测方法的分析. 食品与发酵工业，29（10）：90-92.

于炎湖，1991. 饲料毒物学附毒物分析. 北京：农业出版社.

翟明仁，1995. 饲料中有毒有害物质的来源与危害. 中国饲料（9）：33-35.

张丽英，2003. 饲料分析及饲料质量检测技术. 2 版. 北京：中国农业大学出版社.

张琳，何晖，2009. 饲料中三聚氰胺测定方法的比较. 福建畜牧兽医，31（1）：3-4，6.

张龙翔，张庭芳，李令媛，1997. 生化实验方法和技术. 2 版. 北京：高等教育出版社.

赵飞，焦彦朝，连宾，等，2006. 黄曲霉毒素检测方法的研究进展. 贵州农业科学，34（5）：123-126.

中国机械工业联合会，2007. 饲料粉碎机试验方法：GB/T 6971—2007. 北京：中国标准出版社.

中国农业科学院畜牧研究所，中国动物营养研究会，1985. 中国饲料成分及营养价值表. 北京：农业出版社.

中华人民共和国国家出入境检验检疫局，1999. 进出口粮油、饲料检验名词术语：SN/T 0798—1999. 北京：中国标准出版社.

中华人民共和国国家出入境检验检疫局，1999. 进出口粮食、饲料杂质检验方法：SN/T 0800.18—1999. 北京：中国标准出版社.

中华人民共和国国家卫生和计划生育委员会，2016. 食品安全国家标准　食品 pH 值的测定：GB 5009.237—2016. 北京：中国标准出版社.

中华人民共和国国家卫生和计划生育委员会，2016. 食品安全国家标准　食品中挥发性盐基氮的测定：GB 5009.228—2016. 北京：中国标准出版社.

中华人民共和国国家卫生和计划生育委员会，国家食品药品监督管理总局，2016. 食品安全国家标准　食品中黄曲霉毒素 B 族和 G 族的测定：GB 5009.22—2016. 北京：中国标准出版社.

中华人民共和国国家卫生和计划生育委员会，国家食品药品监督管理总局，2016. 食品安全国家标准　食品中生物胺的测定：GB 5009.208—2016. 北京：中国标准出版社.

中华人民共和国农业农村部，2018. 饲料添加剂　L-抗坏血酸（维生素 C）：GB 7303—2018. 北京：中国标准出版社．

中华人民共和国农业农村部，2018. 饲料添加剂 硝酸硫胺（维生素 B_1）：GB 7296—2018. 北京：中国标准出版社．

中华人民共和国农业农村部，2018. 饲料添加剂 盐酸硫胺（维生素 B_1）：GB 7295—2018. 北京：中国标准出版社．

中华人民共和国农业农村部，2018. 饲料添加剂 叶酸：GB 7302—2018. 北京：中国标准出版社．

中华人民共和国卫生部，2003. 水产品卫生标准的分析方法：GB/T 5009.45—2013. 北京：中国标准出版社．

钟国清，1998. 饲料中水溶性氯化物测定方法研究. 饲料工业，19（5）：21-22.

周安国，陈代文，2011. 动物营养学 . 3 版 . 北京：中国农业出版社.

周坚成，2000. 豆粕脲酶活性的快速测定及其对肉用仔鸡生长的影响. 饲料工业，21（5）：21-22.

周培根，1993. 分析化学. 沈阳：辽宁科学技术出版社．

ARC，1992. Technical Committee on the response to Nutrients. Report No 9. Nutrient Requirements of Ruminant Animals：Protein.

Clarence B Ammerman，David H Baker，Austin J Lewis，1995. Bioavailability of nutrients for animals. San Diego：Academic press.

Clegg K M，1956. The application of theanthrone reagent to the estimation of starch in Cereals. J Sci Food Agric，7：40.

Ellis R，Morris E R，1986. Appropriate resin selection for rapidphytate analysis by ion-exchange chromatography. Cereal Chem.，63（1）：58-59.

Englyst H N，Hudson G J，1993. Dietary fiber and Human Nutrition（Ed. Spiller，GA），2nd ed. 53-71，Floride：CRC Press.

Harland B F，Oberleas D，1977. A modified method for phytate analysis using an ion-exchange procedure：Application to textured vegetable proteins. Cereal Chem.，54（4）：827-832.

Mcdonald P，Edwards R A，Greenhalgh J F D，et al.，2002. Animal nutrition. 6th ed. Prentice Hall.

O Theander E Westerland，1993. Dietary fiber and Human Nutrition（Ed. Spiller，GA）. 2nd ed. Floride：CRC Press.

Southgate D A，1969. Determination of carbohydrates in foods. I. Available carbohydrate. J. Sci. Fd. Agric. 20（6）326-330.

Vaintrub Iosif A，Lapteva Natalya A，1988. Colorimeter determination of phytate in unpurified extracts of seeds and the products of their processing. Anal. Biochem.，175：227-230.

Van Soest P J，Robertson J B，Lewis B A，1991. Methods for dietary fiber，neutral detergent fiber and non-starch polysaccharides in relation to animal nutrition. J. Dairy Sci.，74：3583-3597.

Wiseman J，Cole D J A，1990. Feedstuff Evaluation. London：Butterworths.

图书在版编目（CIP）数据

饲料分析与检测/贺建华主编 . —3 版 . —北京：
中国农业出版社，2020.8
　　"十二五"普通高等教育本科国家级规划教材　普通
高等教育"十一五"国家级规划教材　普通高等教育农业
农村部"十三五"规划教材
　　ISBN 978-7-109-26991-0

　　Ⅰ．①饲…　Ⅱ．①贺…　Ⅲ．①饲料分析－高等学校－
教材②饲料－检测－高等学校－教材　Ⅳ．①S816.17

　　中国版本图书馆 CIP 数据核字（2020）第 110838 号

中国农业出版社出版

地址：北京市朝阳区麦子店街 18 号楼

邮编：100125

责任编辑：何　微

版式设计：王　晨　　责任校对：沙凯霖

印刷：北京中兴印刷有限公司

版次：2005 年 4 月第 1 版　　2020 年 8 月第 3 版

印次：2020 年 8 月第 3 版北京第 1 次印刷

发行：新华书店北京发行所

开本：787mm×1092mm　1/16

印张：19.5

字数：456 千字

定价：43.50 元